무적의 바이오기술 시리즈 개정 제4판

단백질실험노트

岡田雅人／宮崎 香 편

안봉애／이용호 역

BIO BIOSCIENCE (주)바이오사이언스출판

개정 제4판 단백질 실험 노트 (상)

초판 인쇄: 2017년 8월 21일
초판 발행: 2017년 8월 30일

편 저 자: 岡田雅人, 宮崎 香
역 자: 안봉애, 이용호
발 행 인: 문정구
발 행 처: (주)바이오사이언스출판
본 사: (우)10410 경기도 안양시 동안구 전파로 107(호계동)
서울 사무소: (우)06569 서울특별시 서초구 도구로 115, 1층(방배동, 월드빌딩)
전 화: (02)581-4057~8 팩스: (02)581-4059
이 메 일: inquiry@biosciencepub.com
홈페이지: http://www.biobooks.co.kr
I S B N: 978-89-6824-070-6
등록번호: 제22-3079호
값 20,000원

이 도서의 국립중앙도서관 출판예정도서목록(CIP)은 서지정보유통지원시스템 홈페이지 (http://seoji.nl.go.kr)와 국가자료공동목록시스템(http://www.nl.go.kr/kolisnet)에서 이용하실 수 있습니다. (CIP제어번호 : CIP2017017356).

제4판 발행에 즈음하여

본서의 초판이 간행된 것이 1996년이다. 당시 나는 Osaka Univ(大阪大學) 단백질연구소에 연구관으로 재직하면서 매일 단백질실험에 힘썼다. 그때 어느 저명한 분자생물학자(동경대학 의과대학 연구소의 山本 雅 교수)로부터 羊土社의 단백질실험서 기획을 의뢰받았다. 그 무렵 생명과학 연구의 중심이 단백질 생화학에서 유전자 공학으로 이행되고 있는 한편, 생명현상의 실행부대인 단백질을 잘 다루지 못하는 분자생물학자가 증가하는 위기에 처해 있었다. 실제로 단백질은 핵산에 비해 압도적으로 불안정하고 각각 특성이 달라서 그 취급에 익숙해지기 위해서는 바른 지식과 어느 정도의 경험이 필요하다. 이로 인해, 단백질실험은 번거로운 것으로 생각되어 뒷전으로 미루어지는 경향이 있었다. 이러한 풍조를 불식시키기 위해서도 분자생물학자나 새롭게 단백질을 다루려는 젊은 연구자에게도 이해하기 쉬운 단백질실험서가 요구되었다. 그래서 많은 연구자가 악전고투하던 신규 단백질의 분리동정을 주제로 단백질의 기본적인 취급방법을 연구의 흐름에 따라 정리한 본서를 기획하게 되었다. 많은 전문가에게「가능한 간결하고 실용적으로」라는 편집부의 엄격한 요구에 따라 초판을 간행하기에 이르렀다. 당초 방침이 많은 독자에게 이해받게 되어 출판을 거듭하여 제4판이 출판되는 단계에 이른 것은 편집자로서 뜻하지 않은 기쁨이다. 모두 담당하신 선생님과 편집하신 분들의 수고의 산물이며 여기서 다시 감사의 뜻을 전하고 싶다. 특히 단백질 정제의 제1인자인 宮崎 香 선생님이 편집자로 참가한 것이 제1의 성공요인이라고 강조하고 싶다.

최근의 생명공학의 극적인 진전은 전 genome 해독과 더불어 여러 가지 정밀기기의 개발과 진화에 의한 바가 크다. 초판 이래 기기와 분석기술의 진보에 맞춰 조금씩 개정을 거듭했다. 그중에서 질량분석 기술의 진보는 단백질의「동정」작업에 극적인 변화를 가져왔다. 종전의 아미노산 sequencer에 의한 서열 결정이나 peptide map에 의한 분석 등의 기술이 없어도 조건이 잘 갖추어져 있으면 단백질의 동정뿐만 아니라 번역 후 변형도 순식간에 분석할 수 있게 되었다. 이와 같은 기술의 진보와 genome 정보 등 database가 충실해짐에 따라 단백질의 동정과 변형 분석만으로는 이미 큰「공적」이 되기 어렵고, 당연하지만 단백질의 생리기능을 보다 빠른 단계에서 분석할 수 있게 되었다. 그래서 제4판에서는 하권의 주제를 "기능분석편"으로 그 내용을 크게 바꾸고 새로운 시대의 요청에 응해야 할 최신 분석방법을 소개하기로 했다. 상권은 크게 바뀌는 것 없이 단백질 조작의 기본 실험이 주체이므로 더 가다듬기로 했다. 이러한 개정에 따라 본 서적이 차세대 생명과학 연구에도 계속 도움이 될 것이라고 확신한다.

2011년 8월

편저자를 대표하여
岡田雅人

초판 서문

인간의 조직에는 약 10만 종류의 단백질이 존재한다고 추정된다. 20종의 L-아미노산으로 구성된 단백질 분자는, 일차구조, 고차구조, 분자크기, 전하적 성질 등 매우 다양하다. 그 구조적 다양성으로부터 유래하는 지극히 다양한 생리 기능이 직접적으로 생명체를 지지하고 있다. 그래서 종래는 단백질을 추출하여 그 구조와 기능을 분석하는 일이 생화학의 가장 기본적인 연구 방법이었다. 생화학을 지망하는 많은 사람은 먼저 단백질의 취급법과 정제법을 배운다. 단백질의 일차구조와 고차구조를 해석하기 위해서는 방대한 시간과 노력이 필요하고 대량의 단백질을 정제하였다. 그러나 유전공학과 고도의 분석기술이 현저하게 발전한 요즈음 이러한 연구 스타일은 크게 변모했다.

최근에는 미량의 부분 정제단백질을 얻게 되면 우선 부분적으로 일차구조를 결정하고 cDNA를 cloning한다. 그 염기서열 단백질의 완전한 일차구조를 결정한 다음 컴퓨터 분석에 의해 이미 알려진 단백질과의 차이점이나 기능해석을 신속하게 할 수 있다. 또한 유전자도입과 knockout mouse를 이용하여 그 유전자가 코딩하는 단백질의 기능을 추측할 수 있다. 이러한 새로운 연구 스타일이 완성된 요즘, 많은 젊은이들은 유전자 해석에 뜻을 두지만 단백질을 정확하게 취급할 수 있는 연구자가 해마다 감소하고 있다. 이러한 현상은 바람직한 상황이 아니다. 왜냐하면 유전공학의 진전에 수반하여 단백질의 화학적인 실험법의 중요성이 낮아지기는커녕 역으로 점점 더 높아지고 있기 때문이다. 생체 내에서 발현하는 많은 유전자, cDNA가 간단하게 분리되어도 그것만으로는 그것이 코딩하는 단백질의 작용을 알 수는 없다. 그것의 생리기능을 이해하기 위해서는 개개의 유전자가 코딩하는 단백질을 발현시키고 분리하여 그것이 어떠한 생체성분과 상호작용하는지를 명백히 하지 않으면 안 된다. 더 상세한 작용기구의 규명을 위해서는 고차구조의 분석도 필요하다. 즉 새로운 생명과학의 연구에서는 유전자 공학기술과 단백질실험기술의 두 가지가 불가결한 것이다.

단백질은 DNA에 비해 어렵다고 한다. 이것은 일반적인 사실일 것이다. DNA와 RNA의 핵산류는 분자는 달라도 매우 유사한 물리화학적 성질을 가지고 있다. 따라서 키트 시약과 판에 박힌 일반적인 방법으로 대부분의 분자를 같게 처리할 수 있다. 핵산분자를 chromatography로 분리정제하는 것은 불가능에 가깝지만 대장균이나 phage를 이용하여 간단하게 cloning할 수 있다. 한편 단백질의 cloning은 불가능하므로 단일 단백질을 얻기 위해서는 chromatography에 의한 분리에 의존할 수밖에 없다. 단백질은 매우 다양한 물리화학적 및 기능적 특성을 나타내므로 개개의 단백질 분자에 대응하는 실험을 하지 않으면 안 된다. 또한 생리활성의 발현에는 특정한 입체 구조가 필요하므로 항상 변성과 불활성화에 주의해야 한다.

지금까지 단백질실험에 관한 많은 실험서가 출판되고 있다. 그 중에는 너무나도 내용이 상세하고 풍부하기 때문에 역설적으로 초보자에게는 도움이 되지 않는 것도 적지 않다. 또한 실험기술과 기기가 해마다 진보하기 때문에 이미 내용이 진부한 것도 있다. 아무리 단백질실험이 DNA

실험에 비해 어렵다고 해도 반드시 많은 지식과 경험이 필요한 것은 아니다. 기본적인 지식이 있으면 그것을 응용하여 많은 단백질에 충분히 대처할 수 있을 것이다. 본서는 초보자가 쉽게 내용을 이해하고 즉시 실험을 시작할 수 있는 것을 목표로 하였다. 단백질실험의 가장 기본이 되는 실험과정을 선택하여, 이러한 실험을 일상적으로 실행하고 있는 연구자들에게 도움이 되도록 가능한 구체적으로 집필하였다. 상권에는 단백질의 추출, 조분획, 분리정제법과 이러한 실험에 필수적인 단백질의 기본 지식과 분석법을 정리하였다. 또한 하권에는 전기영동에 의한 분리분석법, cDNA cloning을 위한 단백질 일차구조의 분석법 및 변형 단백질의 분석법이 기재되어 있다. 본서로 초보자와 경험이 얕은 연구자, 또한 지금까지 단백질실험을 멀리하던 연구자가 단백질 취급에 즐거움을 느끼게 된다면 큰 행복이 되겠다.

1996년 8월

宮崎 香 岡田雅人

편 집

岡田雅人	(Masato Okada)	大阪大学微生物病研究所発癌制御研究分野
宮崎　香	(Kaoru Miyazaki)	横浜市立大学大学院生命ナノシステム科学研究科ゲノムシステム科学専攻細胞生物学分野

집 필 자

池上貴久	(Takahisa Ikegami)	大阪大学蛋白質研究所附属プロテオミクス総合研究センター構造プロテオミクス研究系
上田卓也	(Takuya Ueda)	東京大学大学院新領域創成科学研究科メディカルゲノム専攻
岡田雅人	(Masato Okada)	大阪大学微生物病研究所発癌制御研究分野
奥村宣明	(Nobuaki Okumura)	大阪大学蛋白質研究所蛋白質高次機能学研究部門体内環境統合蛋白質研究グループ
苅谷慶喜	(Yoshinobu Kariya)	福島県立医科大学医学部生化学講座
吉川大和	(Yamato Kikkawa)	東京薬科大学薬学部病態生化学教室
越川直彦	(Naohiko Koshikawa)	東京大学医科学研究所癌・増殖部門腫瘍細胞社会学分野
清水義宏	(Yoshihiro Shimizu)	理化学研究所生命システム研究センター無細胞タンパク質合成研究ユニット
竹内友香	(Tomoka Takeuchi)	横浜市立大学大学院生命ナノシステム科学研究科ゲノムシステム科学専攻生化学分野
中井正人	(Masato Nakai)	大阪大学蛋白質研究所生体反応統御研究室
中井由実	(Yumi Nakai)	大阪医科大学生化学教室
中澤美紀	(Miki Nakazawa)	株式会社インプランタイノベーションズ
中村正彦	(Masahiko Nakamura)	京都学園大学バイオ環境学部バイオサイエンス学科
西　望	(Nozomu Nishi)	香川大学総合生命科学研究センター実験実習機器部門
東　昌市	(Shouichi Higashi)	横浜市立大学大学院生命ナノシステム科学研究科ゲノムシステム科学専攻生化学分野
藤田祐一	(Yuichi Fujita)	名古屋大学大学院生命農学研究科植物分子生理学研究分野
三沢　悟	(Satoru Misawa)	株式会社三菱化学科学技術研究センターバイオ技術研究所
宮崎　香	(Kaoru Miyazaki)	横浜市立大学大学院生命ナノシステム科学研究科ゲノムシステム科学専攻細胞生物学分野
安光英太郎	(Hidetaro Yasumitsu)	横浜市立大学学術院国際総合科学群ゲノムシステム科学研究科ゲノムシステム科学専攻分子生命学研究室
山下栄樹	(Eiki Yamashita)	大阪大学蛋白質研究所附属プロテオミクス総合研究センター超分子構造解析学研究系
和久井世紀	(Seiki Wakui)	横浜市立大学学術院国際総合科学群ゲノムシステム科学研究科ゲノムシステム科学専攻分子生命学研究室

역 자

안봉애

효성여자대학교(現: 대구가톨릭대학교) 일어일문학과

일본 국립니가타(新潟)대학교 대학원 일어교육학과 교육학석사

파고다외국어학원 강사

이용호

現) 대구가톨릭대학교 의생명과학과 교수

고려대학교 생물학과

고려대학교 대학원 생물학과 이학석사, 이학박사

미국 국립보건연구원(NIH) 박사후 연구원

미국 버몬트주립대학교 의학과 연구조교수

본 책자의 사용 방법

우선 목적하는 실험에 대해 대강 훑어보세요. 실험의 개념, 필요한 기구•시약류(사용가능한 보관기간), 소요시간, 자세한 요령 등을 파악할 수 있도록 되어 있습니다.

1 각종 마크에 대하여

본문 중에 나오는 마크는 다음과 같은 의미를 나타냅니다.

준비물 ……… 준비할 물건을 항목별로 소개하고 있습니다. 조제가 필요한 시약에 대해서는 그 조성도 소개하고 있습니다.

Protocol ……… 요령이나 주의할 점, 연구할 점을 해설한 프로토콜입니다.

(시계 마크) …………………… 실험에 필요한 소요시간입니다. 실험계획을 세울 때 정보로 사용하세요.

(달 마크) …………………… Overnight 처리가 필요한 스텝, 또는 overnight가 가능하다는 것을 의미합니다.

원포인트 어드바이스 ………… 작은 요령, 실패에 대한 대처 등, 말 그대로 원포인트입니다.

Troubleshooting …………… 실패했을 때 생각할 수 있는 가능한 원인과, 그에 대한 대처방법을 정리하였습니다. Trouble에 직면했을 때 참고해 주세요.

예)

문제점	가능성 있는 원인	해결을 위한 조치
●세포 파쇄가 불충분하다.	• Spheroplast화가 부족	➡ Spheroplast화의 인큐베이션 시간을 길게 한다. ➡ Zymolyase 양을 늘린다. ➡ Homogenizer를 더 강한 것으로 바꾼다.
●목적단백질이 분해되어 버렸다.	• 내재성의 protease의 활성을 억제하지 못했다.	➡ 사용 직전에 breaking buffer에 PMSF를 넣었는지 점검한다. ➡ Buffer와 기구를 충분히 차게 해두었는지, 분획 과정 중에 세포 현탁액의 온도가 올라가지 않았는지 확인한다. ➡ Protease inhibitor cocktail(예를 들면, Sigma사의 P8215나 Roche의 1836170)을 사용해 본다.

2 물에 관한 표기에 대하여

본 책자에서는 "물"을 다음과 같이 세 가지 그룹으로 나누었습니다.

DW: 증류(또는 역삼투막에 의한 정제)와 이온교환 수지에 의한 정제를 조합해서 만든 순수한 물, 단백질 정제나 전기영동 등의 일반적인 단백질 화학실험에 사용됩니다.

D_2W: 2차 증류수, 세포배양용의 배지 등에 이용되는데 최근에는 MilliQ W로 대체되어 사용되고 있습니다.

MilliQ W: DW를 MilliQ 등의 장치를 이용하여 재차 정제한 초순수 물. 고도의 세포배양용의 배지, 극히 소량의 peptide를 분석하는 HPLC용 buffer, PCR 등 고도의 분자생물학 실험 등에 사용됩니다.

차례

무적의 바이오기술 시리즈 개정 제4판

단백질실험노트

상 단백질을 추출해보자

(추출 · 정제 · 발현 편)

제1장

단백질 실험의 진행방법

I-1 기본적인 실험의 흐름

단백질은 생명현상을 지탱하는 생체분자이다. 포스트 게놈시대에 접어들어, 다수의 미지 유전자가 암호화한 단백질의 기능을 해명하는 일이 주요 과제가 되었다. 이로 단백질을 대규모로 동시에 효율 높게 분석하는 단백질체학(proteomics)*1 연구가 시작되었다. 이를 위한 주된 방법론으로서, DNA chip(또는 DNA array) 분석이나 proteome 분석*1 등 발현분석, 효모 two-hybrid법(**하권 4장 I-3** 참고)과 표면 plasmon법(**하권 4장** I-2 참고) 등을 이용하는 단백질 상호작용 분석, bio-informatics(생물정보학)에 의한 데이터 분석 등이 있다. 이와 같은 연구는 조직이나 세포에서 발현되는 단백질 전체와 그것들의 네트워크를 해명하여 생명현상을 종합적으로 이해하는 것을 목표로 하고 있다. 이를 위한 종합적 연구로서 각각의 생체분자나 세포의 정보를 수리적, 통계학적으로 처리하여 생명시스템을 이해하려는 system biology 연구도 시작되었다. 한편 각각의 생명현상에 주목할 때는, 그것에 관여하는 개별 단백질의 보다 상세한 정보가 필요하다. 이 때문에 개개 단백질의 생물학적 활성이나 발현 분포를 조사하고 그 분자의 세포 내와 생체 내에서의 생리적 역할을 분석한다. 그것들이 어느 정도 분명한 단백질은 입체구조를 분석하여 원자 레벨에서의 작용기작의 해명을 시도한다. 단백질이나 RNA를 암호화하는 유전자 수는 예상외로 적다(약 22,000개)는 사실이 명백하다. 그러나 합성된 개개의 단백질은 인산화, 아세틸화, 메틸화, 글리코실화, 부분적인 분해 등의 생화학반응을 통해 그 성질을 복잡하게 변화시킨다. 그렇기 때문에 이와 같은 화학적 변화와 생리기능의 관계도 중요한 과제가 되었다(**하권 5장** 참고). 본 장에서는 이처럼 개개의 단백질에 주목한 연구에 대한 일반적인 방법론과 단백질 취급상의 주의점을 개략적으로 설명하였다. Proteomics 연구방법에 대해서는 기존 문헌을 참고하기 바란다[1)~4)].

그림 1은 전형적인 단백질 연구의 흐름을 나타낸 것이다. 과거, 특정한 생명현상을 지탱하는 단백질을 조직이나 배양물에서 분리·동정하고, 그 1차 구조나 생물활성을 조사하는 연구가

***1 proteome과 proteomics**

한 개체에 존재하는 한 세트의 유전자가 게놈(genome)이라 불리는 것에 대해서, 게놈이 코딩하는 전체 단백질에 대하여 단백질체(proteome)라는 말이 만들어졌다. 단백질체학(proteomics)은 proteome의 학문(-ics), 즉 단백질의 대규모적으로 효율이 높은 (high throughput) 연구를 의미한다. 세포, 조직, 개체에서 발현하는 모든 단백질을 분석하는 방법을 proteome 분석이라고 한다. 대표적인 것으로, 단백질 추출액을 2차원 전기영동법으로 분리하고 질량분석기로 총망라하여 동정하는 방법이 있다(**하권 2장 III, IV** 참고).

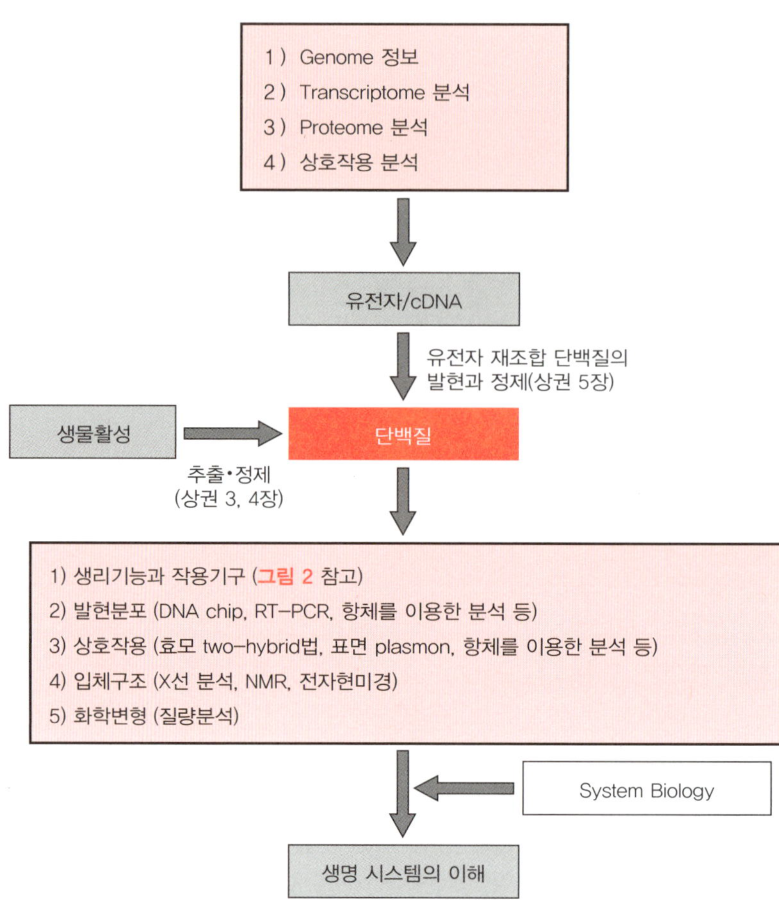

그림 1 단백질 연구의 기본적인 흐름

빈번하게 이루어져 왔다. 질량 분석법이 현저하게 진보한 최근 수년, 게놈 구조가 해명된 생물종에서는 지극히 미량의 단백질로 분자를 동정할 수 있다(**하권 2장 IV**).

최근에는 생물활성이 불명료한 단백질을 게놈 정보, DNA chip 분석, proteome 분석, 단백질 상호작용 분석 등으로 많이 발견할 수 있게 되었다. 이러한 단백질의 생리기능과 구조를 명확히 밝히기 위해서는 그 단백질을 정제하고 상세한 생물활성의 분석이나 X선 결정구조분석, NMR 등에 의한 입체구조의 분석을 해야 한다. 또한 그것을 항원으로 사용하여 항체를 제작할 수 있다면, 면역조직화학에 의한 조직분포나 세포내 분포 분석, 단백질 상호작용 분석, 효소항체법에 의한 조직 추출액이나 체액 중에서 단백질의 정량, 항체 column을 이용한 단백질의 빠른 정제 등이 가능하게 된다(**하권 3장**). 항체는 앞으로 점점 더 중요한 수단이 될 것이다. 어떤 표적단백질을 천연 재료로부터 정제하는 것도 가능하지만, 일반적으로는 천연재료로부터 다량의 단백질을 얻는 것은 쉽지 않다. 특히 입체구조의 분석을 위해서는 수 mg~수십 mg의 정제단백질을 필요로 한다(**상권 5장 IV**). 그 때문에 우선 cDNA를 합성하거나 입수해서 유전자 재조합 단백질을 제작하는 편이 훨씬 유리하다. 현재로서는 사람이나 쥐의 경우에는 굉장히 많은 cDNA를 기업자나 공공 연구기관으로부터 입수할 수 있다. 그것을 이용하여 대장균, 효모, 곤충세포, 동물세포, 또는 시험관에서 간단하게 단백질을 대량으로 발현시킬 수 있다(**상권 5장 I ~ III**). 특히 단백질 tag(표지)를 도입함으로써 단백질의 정제가 매우 간단해진다. 그러나 활성을 지닌 천연형의 단백질을 정제할 수 없는 경우도 많으므로 각 발현시스템의 특징을 보다

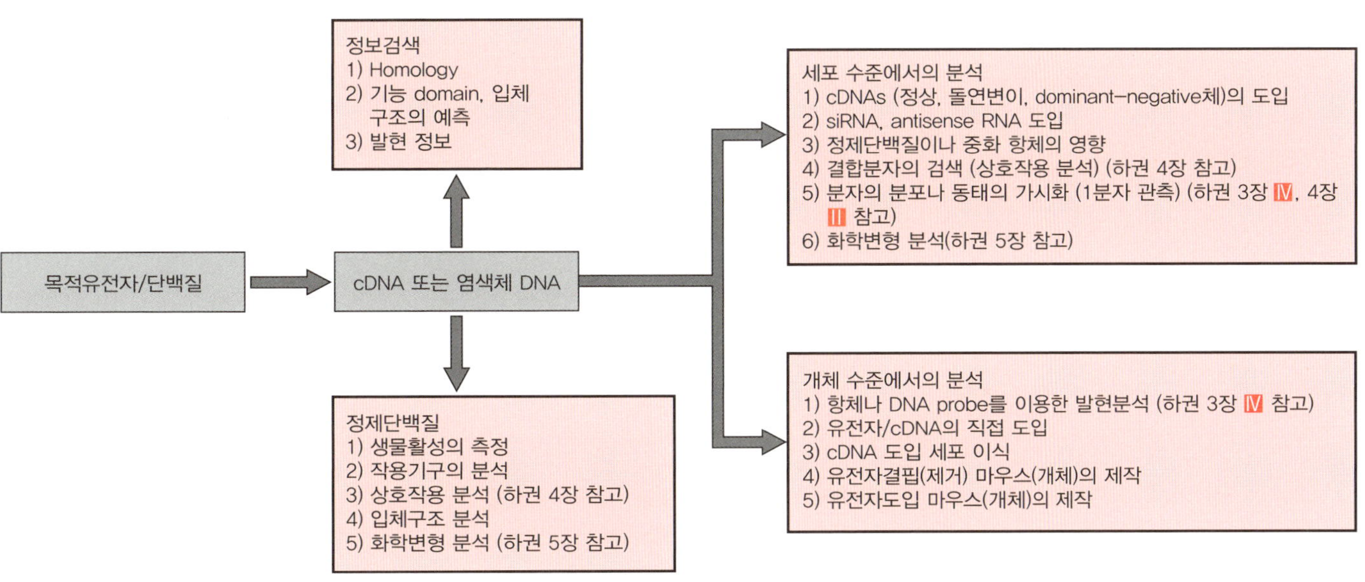

그림 2 단백질 생리기능의 분석법[1)]

잘 이해하여 표적단백질에 맞는 발현시스템을 선택할 필요가 있다.

각각의 단백질의 생리기능 또는 생리적 역할을 밝히기 위해 bioinformatics와 정제단백질을 이용한 연구방법에 덧붙여 cDNA와 염색체 DNA를 이용한 세포 레벨 및 개체 레벨의 다양한 연구방법이 확립되어 있다(그림 2). 특히 정상 혹은 변이 cDNA의 도입과 RNAi(RNA interference)법[*2]에 의한 세포 레벨에서의 분석, 유전자 도입 혹은 결손 개체(transgenic mouse, knockout mouse 등)를 이용한 기능유전체학적인 분석에 의해 중요한 정보를 얻을 수 있다. 또한, 면역조직화학 혹은 GFP(green fluorescent protein) 등의 표지 화합물에 의한 분자의 분포 또는 동태의 확인도 중요한 연구 수단이다(**하권 4장 II-1** 참고). 이와 관련한 상세한 내용은 기존 문헌을 참고하기 바란다[5), 6)].

I-2 단백질 실험의 주요점

앞서 기술한 연구 방법이 결정되면, 그 다음은 실험을 어떻게 잘 진행할 것인가가 중요하다. 단백질을 취급하는 데 있어 가장 중요한 기본적인 사항을 표 1에 제시하였다. 일반적으로 천연 단백질을 정제할 경우에는 재조합 단백질을 정제하는 것에 비해 보다 복잡한 정제 과정이 필요하다(**상권 3장, 4장**). 이 경우, 첫 번째로 목적단백질 양을 가능한 정확하고 간단하게

***2 RNAi(RNA interference: RNA 간섭)법**

표적으로 하는 유전자의 서열과 상동한 21~23 염기의 이중가닥 RNA(short interfering RNA: siRNA)를 동물세포에 도입함으로써 표적 유전자의 단백질발현을 효과적으로 억제하는 방법이다. 이 도입된 siRNA가 RNA-단백질 복합체인 RNA-inducing silence complex(RISC)에 들어가서 표적 mRNA를 인식하여 절단하게 된다. 유전자제거(knockout)법에 비해서 저렴하고, 편리하게 유전자의 생리적 역할을 분석할 수 있기 때문에, 이미 유전자/단백질 기능의 대표적인 분석법이 되었다[7)].

표 1 단백질 실험의 주요 포인트

1) 좋은 정량분석계를 가진다.
2) 좋은 재료를 선택한다.
3) 단백질의 변성, 불활성화를 최소화한다.
4) 목적단백질의 물성, 특징을 안다.

표 2 단백질을 안정하게 보관하기 위한 주의점

1) 저온(1～5℃)에서 처리 및 보관한다.
2) 가급적 단시간에 처리한다.
3) 최적 안정 pH에 유지한다.
4) 안정화 시약을 첨가한다.
5) Proease inhibitor를 첨가한다.
6) 격렬한 교반 등을 하지 않는다.
7) 장기보관의 경우는 동결 보관한다. (가능하다면 초저온냉동고)

측정할 수 있는 정량시스템을 가져야 한다. 둘째로, 양질의 실험 재료를 선택해야 한다. 양질의 재료라는 것은 단순히 목적단백질의 함량이 높다는 것뿐만 아니라 다른 단백질(단백질 불순물)에 비하여 목적단백질의 비율이 높은 재료를 의미한다. 그렇기 때문에 목적단백질의 조직분포와 세포분포를 미리 조사할 필요가 있다.

단백질 취급에서 가장 중요한 것은 목적단백질 고유의 성질을 파악하는 것이다. 목적단백질이 인산화나 당과 결합되어 있거나(**하권 5장**), 단백질 분해효소(protease)에 의해 부분적으로 분해된 경우도 있다. 이러한 화학적 변형에 의해 생물활성이 변화하는 경우가 많다. 또한 모든 단백질은 특정한 입체구조를 가짐으로써 비로소 고유의 기능을 완수할 수 있다. 따라서 단백질의 생물활성을 조사하기 위해서는 **표 2**에 제시한 바와 같이 단백질의 입체구조의 파괴(변성)와 protease에 의한 분해를 최소한으로 억제해야 한다. 또한 유전자 재조합 단백질인 경우에는 본래의 입체구조로 합성되었는지 확인할 필요가 있다(**상권 5장**). 대부분의 단백질은 열, pH, 변성제, 산화 등에 의해 쉽게 변성되고 활성을 잃게 된다. 시약을 용해시키기 위해서는 가열하거나 교반하지만 단백질을 다룰 때는 항상 아이스 버킷, 저온실 또는 냉장고에서 1~5°C로 냉각하여 처리하는 것을 원칙으로 한다. 교반할 때도 가능한 거품이 나지 않도록 천천히 실시한다. 조직 추출액 중의 단백질을 안정적으로 유지하기 위해서는 용액을 저온으로 유지하는 것과 동시에 protease 저해제, 안정화 시약 등을 첨가해야 하는 경우가 많다. 또한, 불안정한 단백질에서는 시간도 중요한 요소이다. 일련의 실험은 가능한 단시간에 실시하고, 부득이하게 실험을 장기간 중단할 경우에는 냉동고(−20 ～ −40°C)나 초저온냉동고(−70°C 이하)에 동결 보관한다. 정제단백질을 장기간 보관할 경우에는 분주해서 동결 보관하던지, 단백질에 따라서는 동결 건조하여 냉장고에 보관하는 것이 무난하다. 단백질의 안정화에 관해서는 **상권 2장 III**에 더욱 상세하게 서술되어 있다. 또한 단백질을 정제하거나, 보관하는 것 이상으로 그 단백질의 등전점, 분자량, pH 안정성, 흡착성, 특정 물질에 대한 결합성 등을 알고 있는 것도 매우 중요하다(**상권 4장 I**).

이상과 같은 기본적인 사항과 더불어 개개의 실험을 얼마나 잘 수행할지가 연구의 성패를 결정하는 중요한 포인트가 된다는 것은 말할 필요도 없다. 실험을 잘 하기 위해서는 그 방법의 원리를 이해하고 실험 요령을 터득하는 것이 중요하다.

현대 생명과학에 있어서 단백질의 연구는 점점 다양화되고 복잡화되고 있다. 한편, 생명과학의 다양화와 확대 발전에 수반하여 연구기기, 분석시스템, 시약 등의 연구 기반도 현저히 발전하였다. 어느 정도의 연구비가 필요하지만 이것을 유효하게 활용하는 것도 연구를 빠르고 효과적으로 실시하는 데 있어서 중요하다.

참고문헌

1) 宮崎 香, 岡田雅人 編：実験医学増刊「探索から機能解析へ向かうプロテオミクス時代のタンパク質研究」, Vol.20, No.14, 羊土社, 2002

2) 小田吉哉, 長野光司 編：実験医学別冊「創薬・タンパク質研究のためのプロテオミクス解析」, 羊土社, 2010

3) 礒辺俊明, 高橋信弘 編：「実験医学別冊 注目のバイオ実験シリーズ プロテオーム解析マニュアル」, 羊土社, 2004

4) 平野 久：「プロテオーム解析－理論と方法」, 東京化学同人, 2001

5) 村松正實, 山本 雅, 岡崎康司 編：「改訂第5版 新 遺伝子工学ハンドブック」, 羊土社, 2010

6) 竹縄忠臣, 伊藤俊樹 編：「改訂 タンパク質実験ハンドブック」, 羊土社, 2011

7) 程久美子, 北條浩彦 編：「RNAi実験なるほどQ&A」, 羊土社, 2006

제2장

단백질의 기본적인 실험조작

I Buffer 조제법

I-1 Buffer 선택

단백질을 용액상태에서 취급할 때는 보통 어떤 buffer(수소이온 buffer)를 사용한다. 단백질용액의 pH를 조절하는 목적은 단백질의 안정화, 효소 등의 활성 측정, 각종 크로마토그래피의 조건 설정 등 여러 가지이므로 목적에 따라 buffer를 선택할 필요가 있다. 그러나 자주 사용되는 buffer의 종류는 한정되어 있어 몇 종류의 buffer(완충제)로 대부분의 실험에 대응할 수 있다.

Buffer를 선택할 때에는 사용하는 pH가 가장 중요한 조건이다. Buffer가 가지고 있는 완충 기능은 pK_a에서 최대이며, 여기에서 멀어짐에 따라 완충 기능이 떨어지기 때문에 사용하는 pH에 따라 buffer의 종류는 제한된다. 일반적으로는 pK_a ±0.5 정도의 pH 범위에서 유효한 완충 작용을 얻을 수 있고, ±1 이상 벌어진 영역에서의 사용은 바람직하지 않다. 또한 온도, buffer 농도, 또는 buffer의 이온조성의 변화에 따라 buffer의 pH가 변동하지만 이 변동이 작은 경우가 중요한 경우도 있다. 사용 pH 이외에는 ① 분광학적 방법에 의한 각종 측정이나 단백질의 검출(크로마토그래피일 경우 등)을 방해하지 않는다. ② 효소적 또는 비효소적인 반응 동안에 buffer 자신이 변화하거나 반응을 저해하지는 않는다. ③ 금속이온과 복합체를 형성하지 않는 등의 성질이 선택의 조건이다. 참고로 **그림 1**에 중요한 buffer와 그 사용 pH 범위를 나타내었다.

아래에 사용빈도가 높은 buffer들을 사용 pH 범위가 낮은 쪽부터 높은 쪽으로 열거하고 그 특징과 사용상의 주의점 등을 기술하였다. 두 개 이상의 해리기를 가지는 buffer에 대해서는 사용 pH에서의 완충 기능에 관여하는 해리기의 pK_a(20°C, glycine buffer의 경우 25°C)를 표시한다.

Glycine(글라이신) buffer (pK_a = 2.35)

이처럼 낮은 pH 영역에서 단백질을 취급하는 경우는 거의 없지만 Protein A/G 또는 항원을 고정화한 담체를 사용하여 항체를 정제할 때 용출액으로서 사용된다(0.1～0.2 M Glycine-HCl, pH 3.0에서 2.5까지). 장기간 보관하면 불용성 물질이 생성되는 경우가 있다. 아미노기의 pK_a(9.57) 부근에서도 buffer로 사용할 수 있다.

사용 가능한 pH 범위의 기준

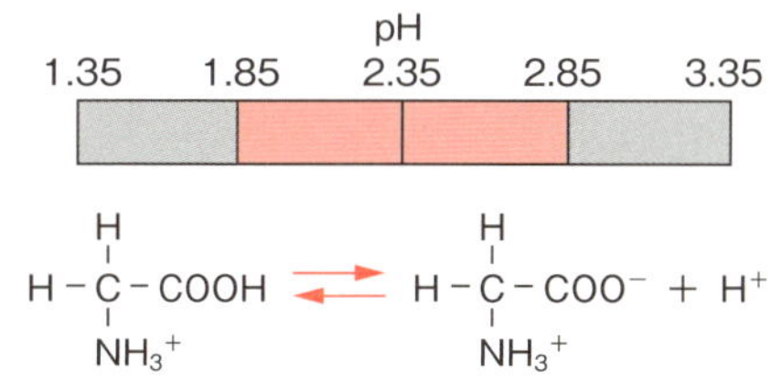

Acetate(초산) buffer (pK_a = 4.76)

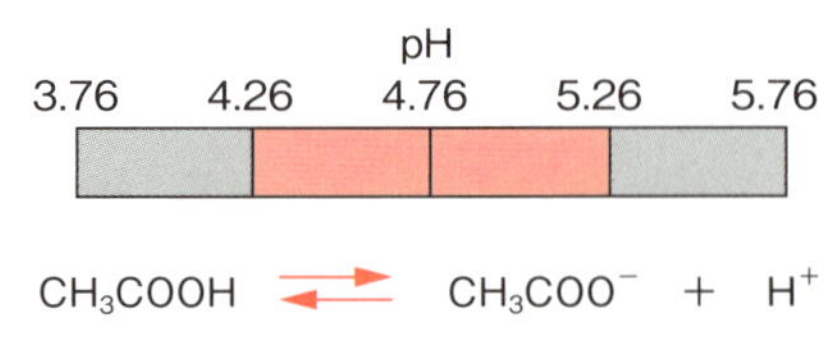

이 부근 pH에서 사용되는 buffer로 acetate buffer 외에 시트르산(Citric acid, pK_{a1}, pK_{a2}, pK_{a3} = 3.14, 4.77, 6.39), 숙신산(Succinic acid, pK_{a1}, pK_{a2} = 4.22, 5.64) 등이 있다.

MOPS buffer: 3-(*N*-morpholino) propanesulfonic acid (pK_a = 7.15)

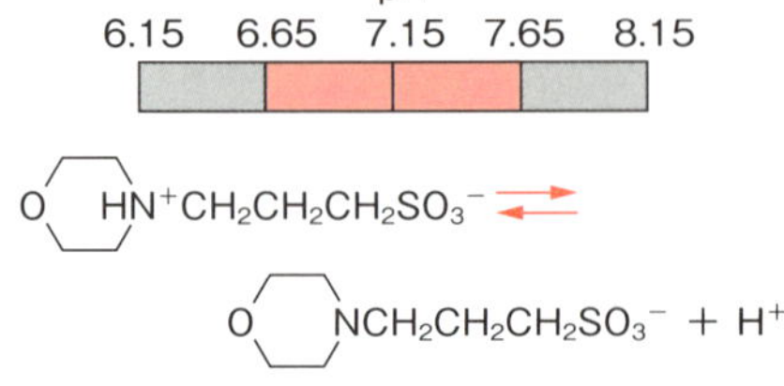

뒤에 기술한 HEPES, Tricine 등과 함께 Good 박사팀[1),2)]이 개발한 buffer 중 하나이다. Good 박사 등은 pH 6~8에서 사용할 수 있는 여러 가지 buffer를 개발하였다. 그들은 주로 광합성 또는 산화적 인산화 반응 연구에 이용하기 위해 개발한 이들 buffer는 뛰어난 성질을 갖추었고 폭넓게 여러 실험에 사용되고 있다. 이 절에서 설명된 것 외에, MES: 2-(*N*-morpholino) ethanesulfonic acid(pK_a = 6.15), PIPES: piperazine-*N*,*N'*-bis(2-ethanesulfonic acid)(pK_a = 6.8), TES: *N*-tris(hydroxymethyl) methyl-2-aminoethanesulfonic acid(pK_a = 7.5), Bicine: *N*,*N'*-bis(2-hydroxyethyl) glycine(pK_a = 8.35) 등 많은 종류가 있지만, 모두 비교적 고가인 것이 결점이라 할 수 있다.

Phosphate(인산) buffer (pK_a = 7.22)

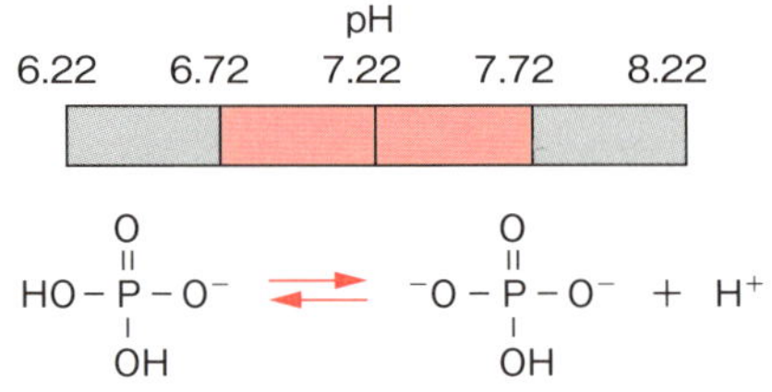

값이 싸고 또한 일수소화합물과 이수소화합물(예를 들면, Na_2HPO_4와 NaH_2PO_4)을 적당한 비율로 혼합하는 것에 따라, pH meter를 사용하지 않아도 pH를 간단하게 조정할 수 있다는 점 때문에 널리 이용되었지만, 다음과 같은 결점이 있다.

① Ca^{2+}, Mg^{2+} 등의 다가 양이온과 불용성 복합체를 형성한다.
② 인산이 작용하거나 인산의 영향을 받는 여러 가지 효소 반응이 존재한다.
③ 농도와 buffer의 이온 조성 변화에 의해 pH의 변동이 크다. 예를 들면, 0.5 M NaH_2PO_4-NaOH(pH 7.2)를 10배 또는 50배 희석할 경우, pH는 각각 약 7.4와 7.6으로 상승하고, 희석할 때 최종 농도가 0.5 M이 되도록 NaCl을 첨가한 경우에는 둘 다 7.0이 된다. 한편, 0.5 M Tris-HCl(pH 8.0)의 경우에는 이런 희석으로는 pH 변화가 거의 없고, NaCl을 첨가한 경우에도 그 변화는 0.1 이하이다.
④ 곰팡이 등의 미생물이 번식하기 쉽다.

Phosphate buffer는 현재도 빈번하게 사용되고 있고, 경우에 따라서는 (Hydroxyapatite chromatography 등) 그 사용이 필수이므로, 이러한 점에 유의할 필요가 있다.

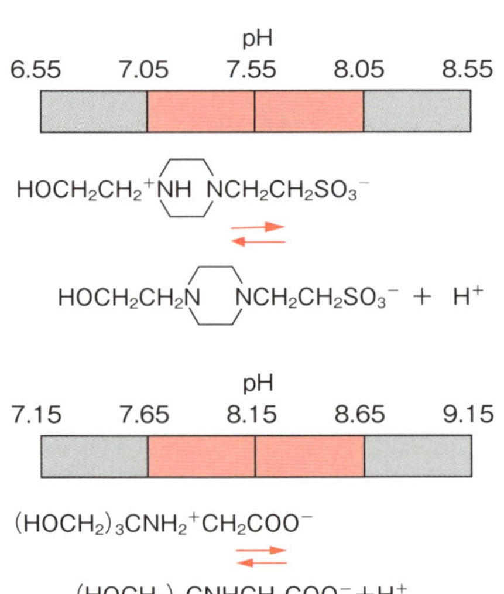

HEPES buffer: *N*-2-hydroxyethylpiperazine-*N'*-ethanesulfonic acid (pK_a = 7.55)

pK_a가 생리적 pH에 가깝고, 세포 독성이 낮아 조직배양의 경우에 많이 이용된다.

Tricine buffer: *N*-tris (hydroxymethyl) methylglycine (pK_a = 8.15)

거의 같은 pH 영역에서 완충기능을 가지는 Tris와 비교하여, 생세포나 엽록체의 산소발생계, 전자전달계 등에 대한 작용의 관점에서 뛰어나고,

Tris를 대신하여 사용될 수 있다고 Good 박사 등은 기술하고 있지만, 고가인 관계로 Tris만큼 이용되고 있지는 않다. Mg^{2+}와는 약하게, Ca^{2+}와 Mg^{2+}와는 중간 정도로, 또한 Cu^{2+}와는 강하게 결합한다.

Tris buffer: tris (hydroxymethyl) aminomethane (pK_a = 8.3)

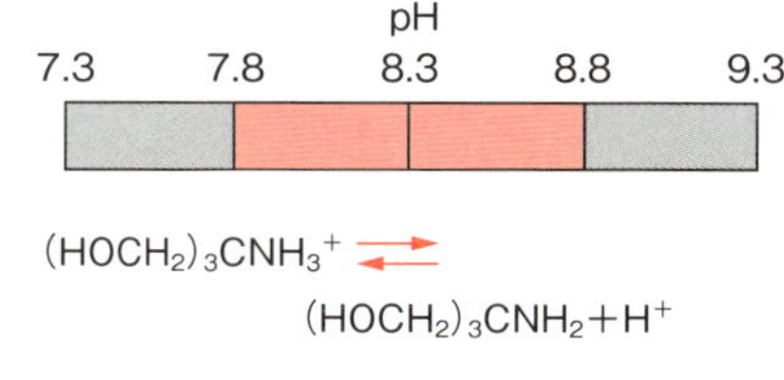

인산과 더불어 현재 가장 널리 이용되고 있는 buffer의 하나이다. 엽록체의 산소발생계에 대한 Tris의 저해작용은 잘 알려져 있어 광합성 실험에는 적합하지 않다. 또한 내부가 산성인 세포소기관(cell organelle)에 축적됨에 따라 세포독성을 나타낸다. 이러한 작용은 Tris의 아미노기에 의한 것이라고 생각된다. 또한 Mono S(GE Healthcare사)와 같은 강산성의 이온교환체는 양(+)이온성의 buffer를 결합하기 때문에 이와 같은 이온교환체를 이용하는 크로마토그래피에는 사용할 수 없다(MES나 HEPES 등의 양쪽성 이온의 buffer는 사용가능). Tris는 pK_a의 산성 쪽으로는 pH 7.5 부근까지는 이용할 수 있다. SDS-PAGE(Laemmli법)에서는 pH 6.8의 Tris buffer를 사용하지만 이것은 예외적인 것이고, 이 영역에서는 완충기능이 낮으므로 pH를 조정할 때는 주의를 요한다.

Tris보다 높은 pH 영역에서 사용할 수 있는 buffer로서, TAPS: *N*-tris(hydroxymethyl) methyl-3-aminopropanesulfonic acid(pK_a = 8.55), 붕산(pK_a = 9.24, 붕산나트륨-수산화나트륨 buffer의 사용 범위는 9.3~10.1), 그리고 앞서 기술한 Glycine buffer 등이 있다.

이러한 것들 외에 특수한 buffer로서, 3.3-dimethylglutaric acid와 Tris 그리고 2-amino-2-methyl-1,3-propanediol의 혼합물(GTA buffer)을 광범위 pH 영역의 buffer(pH 3.5~10)로서 사용하는 경우가 있다. 또한 휘발성 buffer로서 trimethylamine-formic acid(pH 3.0~5.0), trimethylamine-acetic acid(pH 4.0~6.0), triethanolamine-HCl(pH 6.8~8.8), ammonium carbonate-ammonia(pH 8.0~10.5) 등이 있다. 이러한 buffer를 이용하면, 비교적 높은 농도의 buffer를 포함한 단백질 용액을 그대로 동결 건조할 수 있다.

I-2 Buffer의 조제 사례

Phosphate buffer 항목에서 서술한 것처럼, 유리 염기 혹은 유리 산성형 buffer와 그 염(phosphate buffer의 경우에는 일수소염과 이수소염)을 적당한 비율로 혼합하는 것에 따라 buffer를 목표 pH로 맞출 수가 있다. 그러나 현재는 유리 염기형(유리 산성형)의 buffer를 산(염기)으로 적절하게 pH를 조정하는 것이 일반적이다. 단, 이 방법은 신뢰할 수 있는 pH 미터를 사용하는 것이 전제가 된다. Buffer의 이론과 조제법에 관한 Stoll과 Blanchard의 기술[3]도 참고하기 바란다.

Buffer를 조제할 때의 일반적인 주의점으로서, buffer의 희석, 염 등의 첨가물, 또는 온도 변화에 의한 pH의 변동이 있다. 보통 고농도의 buffer(보관용액)를 준비해 두고 이것을 희석할 때에 필요한 첨가물을 가하여 buffer를 만드는 경우가 많기 때문에 희석 후의 pH를 재차 확인할 필요가 있다. 온도에 관해서는, 저온에서 사용하는 경우에도 보통 실온에서 pH를 맞추는 경우가 많다. 하지만 온도의 변화에 의해 pH가 변동하여도 크로마토그래피의 재현성에는 문제가 없는 경우가 대부분이다. pH의 변동이 문제가 되는 경우에는 사용 온도에서 pH를 조정한다. 0.05 M Tris buffer는 25°C에서 5°C로의 온도 저하에 따라 0.5~0.6의 pH가 상승한다[4].

1 Phosohate buffer(인산 buffer)

A) 일수소염과 이수소염의 혼합

준비물

- $NaH_2PO_4 \cdot 2H_2O$(M.W. = 156.01)
- $Na_2HPO_4 \cdot 12H_2O$(M.W. = 358.14)

0.2 M NaH_2PO_4

$NaH_2PO_4 \cdot 2H_2O$	31.20 g

DW를 첨가하여 total 1,000 mL로 맞춘다.
실온에서 1년 이상 보관 가능. 단 pH를 중성부근에 조정한 것을 실온에서 보관하면 곰팡이 등이 번식할 위험성이 있다.

0.2 M Na_2HPO_4

$Na_2HPO_4 \cdot 12H_2O$	71.63 g

DW를 첨가하여 total 1,000 mL로 맞춘다.

Protocol

❶ 0.2 M NaH_2PO_4와 0.2 M Na_2HPO_4를 아래 비율로 혼합하고 DW로 200 mL가 되도록 희석하면 각 pH의 0.1 M NaH_2PO_4–Na_2HPO_4 buffer가 된다.[a]

pH	NaH_2PO_4(mL)	Na_2HPO_4(mL)	pH	NaH_2PO_4(mL)	Na_2HPO_4(mL)
5.8	92.0	8.0	7.0	39.0	61.0
6.0	87.7	12.3	7.2	28.0	72.0
6.2	81.5	18.5	7.4	19.0	81.0
6.4	73.5	26.5	7.6	13.0	87.0
6.6	62.5	37.5	7.8	8.5	91.5
6.8	51.0	49.0	8.0	5.3	94.7

ⓐ 0.01 M부터 2.0 M까지의 다양한 인산 농도에서의 pH와 일수소염/이수소염 비율의 관계, 그리고 초산 buffer(acetic acid–sodium acetate)에 관한 동일한 데이터가 Green 등[5])의 문헌에 제시되어 있다.

B) 이수소염 용액을 수산화나트륨 용액으로 적정

준비물

- $NaH_2PO_4 \cdot 2H_2O$
- NaOH(M.W. = 40.00)

1 M NaOH

NaOH	40 g

DW를 첨가하여 total 1,000 mL로 맞춘다.

Protocol

❶ 비커에 마그네틱바, $NaH_2PO_4 \cdot 2H_2O$ 3.12 g과 DW 160 mL를 넣고 교반기 위에서 완전히 녹인다.

❷ pH 전극을 용액에 담그고 교반하면서 1 M NaOH을 한 방울씩 떨어뜨린다.[b] (각 pH로 조정하는 데 필요한 1 M NaOH의 대략적인 양을 오른쪽의 표에 제시한다)

❸ 목표 pH에 도달하면 DW로 200 mL가 되게 한다(0.1 M NaH_2PO_4–NaOH buffer).

pH	NaOH(mL)
6.0	3
6.5	7
7.0	12.5
7.5	7
8.0	19

ⓑ 목적의 pH로 맞추는 데 필요한 수산화나트륨 용액의 양은 전 항의 프로토콜 ❶의 표에 표시한 수치와 문헌[5)]의 데이터로 계산할 수 있다(어느 방법으로 buffer를 제작하더라도 인산 농도와 pH가 같다면 나트륨 농도도 같아진다).

2 Tris buffer

준비물

• Tris: tris(hydroxymethyl) aminomethane(M.W.=121.1)[c]

2 M HCl	
짙은 염산(약 12 M)	166 mL

DW를 첨가하여 total 1,000 mL이 되도록 한다.[d]

ⓒ Sigma-Aldrich의 경우, Trizma base의 이름으로 여러 등급의 Tris를 판매하고 있다.

ⓓ 진한 염산이나 진한 황산에 물을 첨가하는 것은 위험하기 때문에(희석열에 의한 폭발 가능성 있음), 먼저 500 mL 정도의 DW에 짙은 염산을 서서히 첨가하여 희석한 후 최종 1,000 mL가 되게 만든다.

Protocol

❶ 비커에 마그네틱바, Tris 60.55 g과 DW 700 mL를 넣고 교반기 위에서 완전히 녹인다.

❷ 염산 용액을 이용하여 phosphate buffer의 경우와 마찬가지로 pH를 맞추고, DW로 최종 1,000 mL로 맞춘다(0.5 M Tris–HCl buffer). 각 pH로 조정하는 데 필요한 2 M HCl 용액의 대략적인 양을 아래에 제시한다.

pH	HCl(mL)	pH	HCl(mL)	pH	HCl(mL)	pH	HCl(mL)
9.2	20	8.6	65	8.0	145	7.4	210
9.0	30	8.4	90	7.8	175	7.2	225
8.8	45	8.2	115	7.6	195		

3 GTA buffer

준비물

• 3,3–dimethylglutaric acid(M.W. = 160.2)
• tris(hydroxymethyl) aminomethane(M.W. = 121.1)
• 2–amino–2–methyl–1,3–propanediol(M.W. = 105.1)

0.3 M GTA 용액	
3,3-dimethylglutaric acid	16.02 g
tris(hydroxymethyl) aminomethane	12.11 g
2-amino-2-methyl-1, 3-propanediol	10.51 g

DW를 첨가하여 total 1,000 mL가 되도록 한다.

실온에서 1년 이상 보관가능하다.ⓔ

ⓔ 이 용액은 pH 7.0~7.1을 나타낸다. 만약 더 큰 완충 능력을 필요로 하는 경우에는 0.6 M의 보관용액을 만들고, 사용 농도를 0.3 M으로 한다.

Protocol

❶ 0.3 M GTA 용액을 만든다(조성은 준비물 참고).

⬇

❷ 2 M NaOH 또는 1 M HCl로 pH를 조정하고(pH 3.5~10), DW로 0.15 M(각각의 구성 완충제의 농도는 각 0.05 M)이 되도록 희석한다.

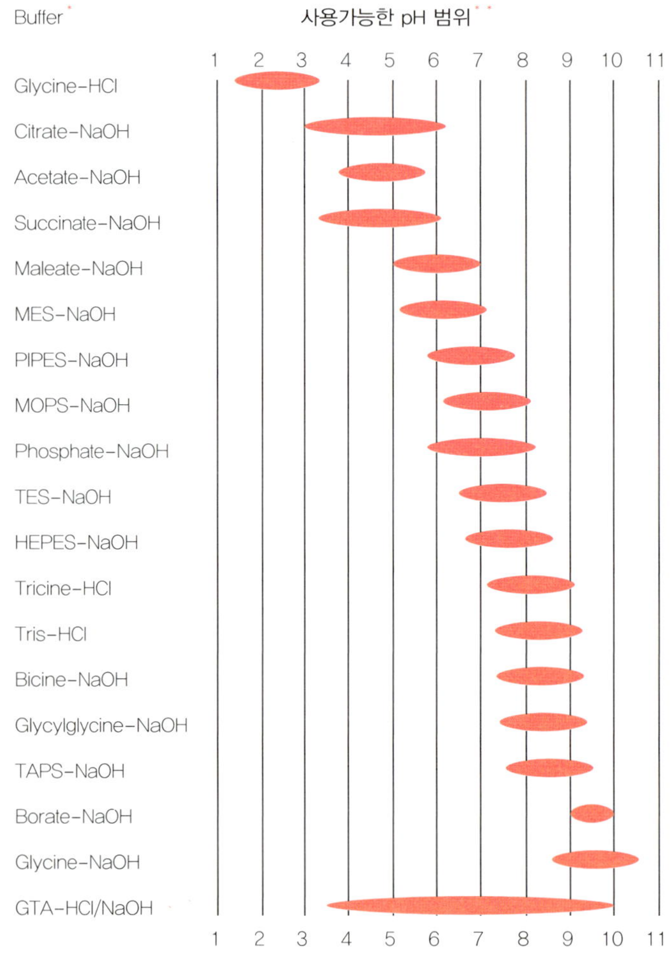

그림 1 대표적인 buffer의 사용 pH 범위

* : 유리 염기형(유리산형)의 buffer를 HCl 또는 NaOH로 적정한 예를 나타낸다. 이들 HCl이나 NaOH 대신에 완충 능력을 갖는 산이나 염기를 사용하는 경우, 보다 넓은 pH 범위에서 사용할 수 있다. 예를 들면, citrate-NaOH buffer를 제작할 때 NaOH의 대신 Na_2HPO_4를 사용하면, phosphate buffer의 영역까지 사용 pH 범위를 넓힐 수 있다.

** : 사용 가능한 pH 범위의 기준으로서, 대략 $pK_a \pm 1$의 범위를 나타내고 있다. 이 범위의 양쪽 끝 근처에서는, 충분한 완충능력을 얻을 수 없는 경우가 있다.

참고문헌

1) Good, N. E. et al. : Biochemistry, 5 : 467-477, 1966
2) Good, N. E. & Izawa, S. : Methods in Enzymology, Vol. 24, Part B, San Pietro, A. ed., Academic Press, New York, 53-68, 1972
3) Stoll, V. S. & Blanchard, J. S. : Methods in Enzymology, Vol. 182, Deutscher, M. P. ed., Academic Press, New York, 24-38, 1990 (Methods in Enzymology, Vol. 463, 43-56, 2009に再録)
4) Sigma Life Scienceカタログ(2011-2012年版), 1924
5) Green, A. A. & Hughes, W. L. : Methods in Enzymology, Vol. 1, Colowick, S. P. & Kaplan N. O. eds., Academic Press, New York, 67-90, 1955

II 단백질의 안정화

이 절에서는, 단백질의 정제 과정이나 보관할 때 일어나는 회수율의 저하를 방지하는 방법에 대하여 설명한다. 회수율의 저하에는 단백질이 가지는 여러 가지 기능을 잃어버리거나(불활성화) 불용화나 용기의 표면 등에 흡착되어 단백질 그 자체가 회수되지 않는 것이 포함된다. 이 중 불활성화는 열, 변성제, 극단적인 pH, protease에 의한 분해 등이 주원인이 되어 단백질 기능에 필요한 구조가 변화함으로써 일어난다. 고차구조와 기능이 밀접하게 연관되어 있음에도 불구하고 비교적 작은 환경변화에도 구조가 변화하고, 더욱이 원래의 상태로 돌아가기 어려운 성질은 생체고분자 중에서도 단백질의 특징적인 것이고, 핵산이 강한 복원력을 가지는 것과는 대조적이다. 단백질의 불활성화를 방지하기 위해서는 고차구조를 변화시키는 요인을 제거하는 것과 동시에 첨가물을 통해 단백질 구조 유지에 관계되는 여러 가지 힘(상호작용)을 보호 또는 증강시키는 방법이 이용된다.

II-1 단백질의 구조

단백질의 입체구조 유지에 기여하는 주된 힘으로써, 시스테인 잔기 사이의 S-S결합과 같은 공유결합 이외에, 이온결합, 수소결합, 소수성 상호작용 등이 있고, 단백질을 구성하는 아미노산과 이들의 상호작용을 어느 정도 관련시킬 수 있다(표 1). 수소결합의 경우에는 polypeptide 주쇄의 C=O와 NH 사이, 주쇄와 측쇄, 측쇄와 측쇄 등 여러 가지가 있지만 Tyr, Ser, Thr, Asn ,Gln 등이 관여한다. 그러나 이와 같은 대응은 고정된 것은 아니고, 그 아미노산 잔기가 존재하는 환경(단백질의 표면이나 내부 또는 근방에 존재하는 다른 아미노산 잔기 등)에 의해 변화한다.

새롭게 합성된 단백질은 이러한 상호작용(다른 단백질이나 저분자 화합물과의 상호작용이 중요하게 되는 경우도 있지만, 주로 분자 내 상호작용)에 의해 입체구조를 형성하고 기능을 획득한다. 단백질이 입체구조를 형성하기 위한 정보는 그 1차 구조(아미노산 서열)에 포함되어 있다고 생각되고 실제로 1차 구조에 근거하여 입체구조를 예측하기 위한 여러 가지 방법이 고안되고 있다. 현재로 이와 같은 예측을 명확히 하는 것은 힘들지만, 입체구조에는 2차, 3차, 4차 구조라고 불리는 계층성이 있고, 2차 구조에 있어서는 어느 정도의 예측이 가능하다.

2차 구조의 기본구조는 α-helix와 β-구조(β-sheet: 이 구조는 단독으로 존재하는 것은 아니고 평면적으로 나란히 배열된 peptide 주쇄 사이의 수소결합에 의해 안정화되어 있다)이고, 이것들이 모여서 α-hairpin, β-hairpin, βαβ′(Rossman fold) 등의 초2차 구조 또는 모티프(motif)라고 불리는 구조를 만든다(**그림 1**). 이들 중 hairpin 부분에서는 peptide 사슬이 크게 방향 전환하여 있고 뒤집어 꺾인 구조로 되어 있다. X선 회절에 의해 구조가 명확해진 단백질에 대해 각 2차 구조에 출현하는 아미노산 잔기 빈도가 조사되고, 아미노산 잔기와 2차 구조의 관련성이 명백해졌다[1), 2)](**표 1**). 이것을 보면 대부분의 아미노산은 특정한 2차 구조와 강한 연관성이 있다는 사실을 알 수 있다. 각 아미노산과 2차 구조의 관련에 근거한 Chou-Fasman 방법[2)]에 의해 60~80%의 적중률로 2차 구조를 예측할 수 있다고 한다.

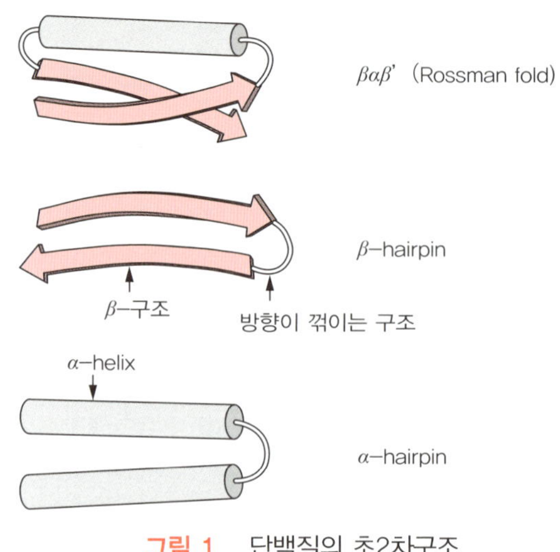

그림 1 단백질의 초2차구조

2차 구조나 각종 모티프로 구성된, 보다 고차원의 입체구조가 3차 구조라고 불린다. 분자량이 큰 단백질의 경우, 전체가 나눌 수 없는 구조로 된 것은 아니고, 도메인(domain)이라고 불

표 1 단백질을 구성하는 주요 아미노산

이름	3문자 표기 (1문자 표기)	2차구조와의 관련		
		α-helix	β-구조	되접어 꺾인 구조
소수성 측쇄를 가진 것				
지방족의 측쇄를 가진 것				
alanine	Ala (A)	++	n	−
methionine	Met (M)	++	n~+	−
leucine	Leu (L)	++	n~+	−−
valine	Val (V)	n~+	++	−−
isoleucine	Ile (I)	n~+	++	−−
glycine	Gly (G)	−−	n~−	++
proline*	Pro (P)	−−	−−	++
방향족 고리를 포함한 측쇄를 가진 것				
phenylalanine	Phe (F)	n~+	+	−
tryptophan	Trp (W)	n~+	+	n~−
tyrosine**	Tyr (Y)	−	++	n~+
친수성의 측쇄를 가진 것				
해리성의 측쇄를 가진 것				
glutamic acid	Glu (E)	++	−−	n~−
aspartic acid	Asp (D)	n	−−	++
arginine	Arg (R)	n	n	n~−
lysine	Lys (K)	+	−	n
histidine	His (H)	n~+	n	n~−
amide를 포함한 측쇄를 가진 것				
glutamine	Gln (Q)	+	+~−	n
asparagine	Asn (N)	n~−	n~−	++
수산기를 포함한 측쇄를 가진 것				
serine	Ser (S)	n~−	n~−	++
threonine	Thr (T)	n~−	+	n
S-S 결합을 형성할 수 있는 측쇄를 가진 것				
cysteine**	Cys (C)	n~+	+~−	+~−

+, ++: 형성 능력의 강도　−, −−: 파괴 능력의 강도　n: 형성 능력도 파괴 능력도 가지고 있지 않음
*: imino 산　**: tyrosine의 수산기와 cysteine의 SH기는 해리성

리는 비교적 독립된 구조단위(수십에서 수백 개의 아미노산 잔기로 구성되어 있다)로 나누어져 있는 경우가 많다. 도메인 구조는 단백질의 분자진화(유전자의 융합이나 중복)의 산물이라는 것이 시사되고 있고, 각 도메인이 고유의 기능을 가지는 경우도 있다. 예를 들면, EGF(상피성장인자) receptor는 세포막에 존재하는 분자량이 약 170 kDa인 단백질이고, 세포 외의 리간드(EGF, TGF-α 등) 결합 도메인, 막관통 도메인, 세포 내의 tyrosine kinase 도메인으로 이루어져 있다(그림 2). 각 도메인은 구조적으로 거의 독립되어 있고, 리간드 결합 부위를 다른 receptor와 교환하여 기능을 가진 chimera receptor를 만들 수도 있다.

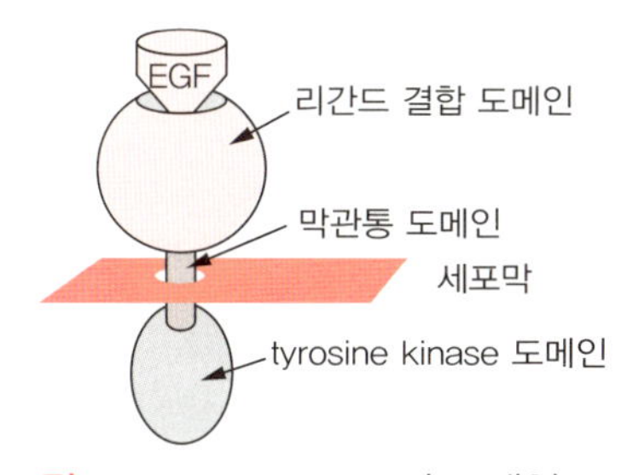

그림 1 EGF receptor의 도메인 구조

4차 구조는 헤모글로빈 등에 보이는 소위 subunit 구조[f]를 가리킨다. Subunit는 도메인 구조보다 더욱 독립된 단위로서 단독으로도 어떤 기능을 가지는 경우가 많다. 일반적으로, subunit이 집합하여 복합체를 형성함에 따라 보다 고도의 기능을 획득할 수 있고 동시에 각 subunit의 구조는 다소 변화한다.

ⓕ 헤모글로빈 분자는 2개의 α subunit과 2개의 β subunit으로 구성되어 있어 4개의 subunit이 거의 사면체의 꼭지점에 위치하는 형태로 결합하고 있다. 각 subunit은 1분자의 heme을 가지고 한 분자의 O_2와 결합할 수 있다.

앞서 기술한 이온결합, 수소결합, 소수결합 등의 힘은 이들 모두의 수준에서 입체구조의 형성에 기여하고 있지만, S-S 결합은 초2차 구조 이상(주로 3차 구조 이상)의 수준에서 중요하다. S-S 결합이 단백질의 안정성에 기여하는 사실은 틀림없지만, 그 정도는 단백질의 종류에 따라 상당히 달라지는 것 같다. Polypeptide 사슬 내, 또는 사슬간 상호작용 이외에 heme 등의 보결분자단이나 금속이온, 효소 기질 등과의 상호작용에 따라서도 단백질의 구조는 변화하고 그 안정성도 변한다.

Ⅱ-2 안정화 시약

1 단백질을 다룰 때의 일반적인 주의사항

목표로 삼은 단백질의 안정성이 명확하지 않을 경우에 우선 선택할 조건은 중성 부근의 pH, 저온(4℃) 및 생리적 이온 농도(0.1~0.2)이다. ATPase처럼 저온에서 불안정해지는 저온민감성 단백질은 소수 있지만, 동결에 의해 불활성화되는 것도 적지 않다. 활성 측정 등에 의해 안정성을 평가할 수 있는 경우에는 pH, 이온 조성 등에 대한 적절한 조건을 조사할 수 있다. 이때 주의할 점은 활성 측정의 적정조건과 안정성의 그것과는 반드시 일치하지 않는다는 사실과 불순 단백질이 존재하는 경우와 정제된 것과는 안정성이 다른 경우가 많다는 사실이다.

단백질을 비교적 장기간에 걸쳐 보관할 경우에는, 동결건조 등의 조작에 대해 안정하다면 건조 상태가 바람직하다. 동결 상태나 용액으로 보관할 때는 고농도용액(1 mg/mL 이상, 가능하면 5~10 mg/mL)으로 한다. 단백질을 저농도에서 다루면 회수율이 저하되는 경우가 많지만, 그 이유는 처음 기술한 것처럼 불활성화와 흡착에 의한 양쪽의 요소가 있다. 일반적으로 glass 표면은 단백질을 흡착하기 쉽기 때문에 비특이적 흡착을 억제하는 플라스틱 제품을 사용하는 것이 바람직하다. 흡착을 방지하기 위한 첨가물에 대해서는 뒤에 기술한다.

단백질을 정제할 때, 크로마토그래피의 전후로 회수율이 극단적으로 저하하는 경우가 있다. 이와 같은 경우는 불가역적 불활성화나 흡착뿐만 아니라, subunit의 해리나 활성 발현에 필요한 보조 인자가 제거됨에 의해 활성을 잃을 가능성도 고려할 필요가 있다.

2 방부제

정제된 단백질인 경우에는 여과멸균 등에 의해 미생물의 번식을 막을 수가 있지만, 정제 도중에 시료나 크로마토그래피용의 column류를 무균 상태로 다루는 것은 실질적으로 불가능하다. Sodium azide[사용 농도 0.05~0.1%(w/v)]는 단백질 용액의 방부제로서 뛰어난 성질을 갖고 있기 때문에 오랫동안 이용되어 왔지만, 중금속과 반응해서 폭발성의 염을 형성하므로 폐액 처리에 문제가 남는다. Sodium azide를 대체해 thimerosal이 알려져 있다. 그러나 thimerosal은 유기 수은화합물이고 sodium azide와 마찬가지로 폐액의 처리를 포함하여 몇 가지 문제가 있다. 이외에 체외 진단약의 방부제로 개발된 ProClin(유효성분은 TCA회로의 복수의 효소를 저해하는 2종류의 isothiazolin계 화합물)을 Sigma-Aldrich사가 판매하고 있지만, 기초연구분야에 있어서 이용되는 예는 한정되어 있다.

3 Protease 저해제

Protease에 의한 목적단백질의 불활성화는 추출부터 정제 초기 단계에서 일어나는 경우가 많다(대상으로 하는 단백질 자신이 protease인 경우 자기소화를 일으킬 가능성이 있으므로 이 단계에만 국한하지 않는다). Protease에는 여러 가지 종류가 있고, 각각 다른 저해제가 사용된다. Cystein protease(thiol protease)의 저해제로서는 iodoacetic acid나 p-chloromercuribenzoic acid가 유명하지만, 이들은 단백질의 모든 SH기를 변형시키므로 안정화 목적으로는 사용할 수 없다. 일반적으로는 benzamidine(serine protease inhibitor), phenylmethane sulfonyl fluoride(PMSF, serine protease inhibitor), ethylenediaminetetraacetic acid(EDTA, metal protease inhibitor), 미생물 유래의 한 그룹의 protease inhibitor(antipain, leupeptin, pepstatin, chymostatin) 등이 사용된다. 동물조직 등에서 단백질을 추출할 때 여러 종류의 저해제(예: PMSF, EDTA, leupeptin, pepstatin)를 첨가하는 경우도 자주 있다. 표 2에 일반적으로 이용되는 protease 저해제를 나타내었다.

0.5 M benzamidine · HCl

benzamidine · HCl · H_2O(M.W.=174.63)	8.73 g

DW를 첨가하여 total 100 mL가 되게 한다.
사용 시에 제조하며, 사용 농도는 0.5~5 mM이다.

0.2 M PMSF

PMSF(M.W. = 174.2)	69.7 mg

2 mL의 dimethyl sulfoxide(DMSO)에 녹인다.
사용 시에 제조하며, 사용 농도는 0.1~2 mM이다.

0.2 M EDTA

EDTA·2Na·$2H_2O$(M.W. = 372.24)	7.44 g

DW를 첨가하여 total 100 mL로 맞춘다.
NaOH로 pH 7 부근으로 맞추고 실온에 보관하며, 사용 농도는 1~10 mM이다.

여러 종류의 protease inhibitor를 조합한 칵테일을 몇 개의 기업이 판매하고 있다. Merck사와 Sigma-Aldrich사는 용도에 따라 조성을 달리한 복수의 칵테일을 판매하고 있다.

표 2 일반적인 protease 저해제

protease 저해제	저해되는 주요한 protease	사용농도 범위 (권장 사용농도)
benzamidine (M.W.=174.6)①	serine protease	0.5~5 mM (5 mM)
phenylmethane sulfonyl fluoride(PMSF)② (M.W.=174.2)	serine protease	0.1~2 mM (1 mM)
4-(2-aminoethyl)-benzensulfonyl fluoride③ (AEBSF)(M.W.=239.5)④	serine protease	0.1~2 mM (1 mM)
antipain⑤⑥ (M.W.=604.7)	serine protease, cysteine protease	1~100 μM (10 μM)
bestatin⑤⑥ (M.W.=308.4)	aminopeptidase⑩	10~100 μM (50 μM)
chymostatin⑤⑦ (M.W.=607.7)	chymotrypsin⑪	10~100 μM (50 μM)
E-64 protease inhibitor⑤⑥⑧ (M.W.=357.4)	cysteine protease	0.5~10 μM (1 μM)
leupeptin⑤⑥ (M.W.=426.6)	serine protease, cysteine protease	0.1~10 μM (1 μM)
pepstatin A⑤⑦ (M.W.=685.9)	asparagine산 protease (산성 protease)	0.1~10 μM (1μM)
phosphoramidon⑤⑥ (M.W.=543.5)	금속 protease⑫	1~10 μM (2 μM)
aprotinin⑨ (M.W.=6,500)	kallikrein, trypsin, chymotrypsin	10~300 nM (150 nM)
ethylenediaminetetraacetic acid(EDTA) (EDTA · 2Na · $2H_2O$: M.W.=372.2)	금속 protease	1~10 mM (1 mM)

① Benzamidine HCl H_2O의 분자량
② Serine protease의 활성 중심의 serine 잔기를 특이적으로 설포닐화한다. 신경독 작용을 하므로 취급에 주의해야 한다. 중성 수용액에서 반감기는 약 100분이며, DMSO 용액을 만들어 −20℃에 보관해도 서서히 분해되므로 사용 시에 조제한다.
③ 저해 활성은 PMSF와 DFP와 동등하지만, 독성이 낮고 생리적 pH에서 높은 안정성을 보인다. PMSF의 대체품으로 권장되고 있지만 비교적 고가이다. 물 또는 적당한 버퍼에 녹여(0.2 M) −20℃에 보관한다. (적어도 1개월간 안정)
④ 4-(2-aminoethyl)-benzensulfonyl fluoride · HCl의 분자량
⑤ 미생물 유래의 저분자량 protease 억제제이다. 저해 형식은 길항적 저해이다. (가역적 저해제)
⑥ 물, 적당한 버퍼 또는 DMSO에 녹여서(10 mM) −20℃에 보관한다. (적어도 1개월간 안정)
⑦ DMSO에 녹여서(10 mM) −20℃에 보관한다. (적어도 1개월간 안정)
⑧ Cysteine protease의 활성 중심의 cysteine 잔기와 반응하여 비가역적으로 불활성화시킨다. Protease 이외 단백질의 cysteine 잔기와는 반응하지 않는다.
⑨ 소 허파에서 유래한 것이 판매되고 있으며, 적당한 버퍼에 녹여서(1 mM[6.5 mg/mL]) −20℃에 보관한다.
⑩ Leucine aminopeptidase, aminopeptidase B, triaminopeptidase 등을 저해한다.
⑪ Cathepsin(A, B, D), calpain, papain 등도 저해된다.
⑫ Thermilysin 등과 같은 세균의 금속 protease(metalloproteases)를 저해한다.

4 다수산기성 화합물

당이나 글리세롤은 단백질의 열변성, 산성변성, 동결에 의한 변성에 대해 안정화 효과를 나타낸다. 이러한 물질은 용액 중에서 선택적으로 단백질의 표면에서 배제되고 있다는 사실은 알고 있지만 안정화를 위한 상세한 메커니즘은 명백하지 않다[3), 4)]. 동결 시의 변성 예방을 위해서 다수산기성 화합물 이외에도 많은 물질이 안정화제로서 사용될 수 있다. 사용농도의 기준

은 다음과 같다. 10%(w/v) sucrose, 25~50%(v/v) 글리세롤, >25 mM polyethylene glycol 600(polyethylene glycol은 동결 시에는 안정화제로서 역할을 하지만, 용액상태에서는 안정성을 저하시키는 작용을 한다) 등이 있다. 또한 동결 건조에 의해 활성을 잃는 단백질에서는 100 mg/mL 정도의 sucrose의 첨가로 안정화되는 경우가 있다. 정제한 단백질을 50%(v/v) 글리세롤 용액으로 −20℃에서 보관하는 조건도 이용되고 있다. 그러나 정제 도중의 시료에는 이러한 조건을 적용할 수 없고, 농도가 낮은 경우에 다수산기성 화합물을 사용하면 용액의 점성이 상승하는 결점이 있다.

5 SH기 보호제, 산화방지제

활성 발현에 직접 관여하는 SH기뿐만 아니라 그 외의 SH기의 산화에 의해서도 불활성화가 일어나는 경우가 있다. 역으로 S−S결합이 절단되는 것에 의해 활성을 잃는 단백질도 있다. SH기의 보호제로서 2−mercaptoethanol과 dithiothreitol(DTT)이 사용되지만 환원력, 안정성, 냄새(악취) 등의 여러 가지 점에서 DTT가 우수하다.

0.5 M DTT	
1,4−dithiothreitol(M.W. = 154.24)	0.771 g

DW를 첨가하여 total 10 mL로 한다.
냉동보관, 사용농도는 0.1~2 mM.

이외에도 산소의 존재 하에서 매우 불안정한 단백질이 10%(v/v) 정도의 아세톤 또는 에탄올로 보호되는 예가 있다. 또한 이들 유기용매는 산화방지 작용뿐만 아니라 비특이적 안정화 작용도 한다. 이 정도의 농도에서 사용하는 한, 크로마토그래피 등을 방해할 가능성도 낮으므로 경우에 따라서는 우수한 안정화제가 될 가능성이 있다.

6 흡착방지제

계면활성제로 가용화된 단백질뿐만 아니라, 본래 가용성인 것이라도 저농도의 계면활성제에 의해 안정화되는 경우가 있다. 이것은 계면활성제가 단백질의 구조를 보호하고 불용화 방지 이외에 용기나 크로마토그래피 담체와의 비특이적 흡착(단백질 농도가 낮은 경우나 염기성 단백질의 경우에 특히 현저하다)을 억제하기 때문인 것으로 생각된다. 흡착방지의 목적으로 계면활성제를 사용할 경우에는 가용화력뿐만 아니라 다음과 같은 성질이 중요하다. ① 크로마토그래피를 방해하지 않는다(사용할 pH에서 net charge를 가지지 않으며, 280 nm 부근의 흡광도를 가지지 않는다). ② 단백질 용액에서 제거하기 쉬워야 한다(임계 미셀농도는 높고, 미셀량은 적다). ③ 활성측정을 방해하지 않는다. 양성이온 계면활성제인 3−[(3−cholamidopropyl) dimethylammonio]−1−propane sulfonate(CHAPS)는 이러한 조건을 충족하고 있고[5] 단백질의 비특이적인 흡착을 방지할 목적으로 널리 이용되고 있다. 용기 등에 흡착하기 쉬운 단백질은 다른 단백질과도 비특이적으로 결합하는 경우가 많으므로, 크로마토그래피에 사용하는 buffer에 CHAPS를 첨가함으로써 회수율의 증가뿐만 아니라 분리 능력의 개선도 기대할 수 있다. CHAPS는 배양세포에 대한 독성이 낮기 때문에 활성측정에 배양세포를 이용하는 경우에 특히 적합하다.

10%(w/v) CHAPS	
CHAPS(M.W. = 614.89)	10 g

DW를 첨가하여 total 100 mL로 한다.
실온보관, 사용농도는 0.03~0.1%(w/v).

7 기타

기질, 보효소, 또는 그런 유사체 존재 하에서, 효소의 열안정성 등이 증가하는 경우가 있다. 효소 이외의 단백질에서도 그 단백질에 친화성을 나타내는 저분자화합물이 안정화 효과를 나타내는 가능성이 있지만, 어떤 경우에 안정화가 일어나는지 예측하는 것은 불가능하다. 정제한 단백질의 화학적 변형, 고정화, 또는 단백질 공학의 수법을 이용한 1차 구조의 변형에 의한 안정화도 있지만, 이 절의 목적에서 벗어나므로 여기서는 언급하지 않는다.

참고문헌

1) Levitt, M. : Biochemistry, 17 : 4277−4285, 1978
2) Chou, P. Y. & Fasman, G. D. : Adv. Enzymol., 47 : 45−148, 1978
3) 荒川 力 : 蛋白質 核酸 酵素, 37 : 1517−1523, 1992
4) 荒川 力, 喜多淑子 : 生物物理, 45 : 4−9, 2005
5) 松尾雄志, 西 望, 西川克三, 和田文雄 : 細胞工学, 7 : 652−658, 1988

III 단백질의 정량법

단백질의 농도를 측정하는 방법에는 UV법, Lowry법, BCA법, Bradford법 등이 있다. 각각의 감도, 간편함, 단백질의 종류에 의한 감도의 차이, 방해물질의 종류와 허용 농도, 반응액의 pH 등에 차이가 있으므로, 측정할 대상에 따라 적당한 방법을 선택해야 한다.

UV법은 단순히 단백질 용액의 흡광도를 분광광도계로 측정하는 방법이다. 단백질에는 주로 tyrosine과 tryptophan의 side chain에 의한 280 nm 부근의 흡광이 있지만, buffer에는 이 부근에서 흡광을 나타내는 것이 적으므로, 이것을 측정한다(그림 1). 측정범위는 0.1~1 mg/mL 정도이지만, 간단하고 샘플의 회수가 가능하다. 단 흡수는 tyrosine과 tryptophan의 비율과 입체구조에 의존하므로 흡광계수는 단백질에 따라 다르다. 따라서 흡광계수가 이미 알려져 있는 단백질에 대해 농도를 결정할 경우, 또는 크로마토그래피를 실시할 때 어느 부위에 어느 정도의 단백질이 용출되었는지를 대략적으로 조사할 경우에 적합하다. Column 끝에 flow cell식의 흡광도계(UV monitor)를 붙여 연속적으로 단백질의 용출을 관찰할 수 있다.

또한 단백질은 주로 peptide 결합에서 유래하는 205 nm 부근의 흡광을 나타낸다. 흡광이 크므로 더욱 더 고감도로 측정할 수 있지만, 이 부근에서 흡광하는 물질은 매우 많으므로 흡광이 있어도 그것이 단백질에 의한 흡광으로 한정할 수 없다. 이것은 주로 column에서 용출된 단백질이나 펩티드를 UV 모니터로 검출할 때 이용된다.

Biuret법은 가장 고전적인 비색 정량법이다. 알칼리성 조건하에서 Cu^{2+}를 단백질의 용액과 반응시키면 Cu^{1+}으로 되어 peptide 결합과 적자색의 복합체를 형성하므로 이것을 분광광도계로 측정한다(그림 2). 감도는 낮지만(1~10 mg/mL), 단백질의 종류에 따른 발색의 차이가 적고 계면활성제에 의한 영향이 적다. 또한 반응액이 알칼리성이므로 지질을 많이 포함하는 균질 현탁액 같은 샘플도 가용화되어 그대로 측정할 수 있다.

Lowry법[1]은 Biuret법을 더 발전시킨 방법으로, 먼저 단백질 용액을 알칼리성 조건하에서 Cu^{2+}와 반응시킨 후, Folin 시약을 첨가한다. 그러면 Cu^{1+}에 의해 phosphate molybdenum acid 복합체가 환원되어 파랗게 발색된다. 측정범위는 0.2~2 mg/mL 정도이지만(그림 3), 계면활성제, EDTA 등의 chelating agent, DTT나 2-mercaptoethanol 등의 환원제를 비롯하여 많은 물질에 의해 방해를 받는다.

BCA법[2]은 Lowry법을 개량한 것이고 Folin 시약의 반응 대신에 Bicinchoninate(BCA)가 Cu^{1+}과 복합체를 형성하여 보라색으로 발색하는 반응을 이용한다. Lowry법과 비교하면, 방해물질, 특히 계면활성제의 영향을 거의 받지 않고, 감도(0.1~1 mg/mL), 신뢰성, 검량선의 직선성 모두 향상되었으며(그림 4), 다음의 Bradford법과 함께 현재 가장 폭넓게 이용되는 방법이다.

Bradford법[3]은 Coomassie brilliant blue G-250이라는 색소가 단백질의 염기성 및 방향족 아미노산의 side chain과 결합하여 흡광 피크가 465 nm에서 595 nm로 이동하는 것을 이용한 방법이다. BCA법과 비교해 보다 간

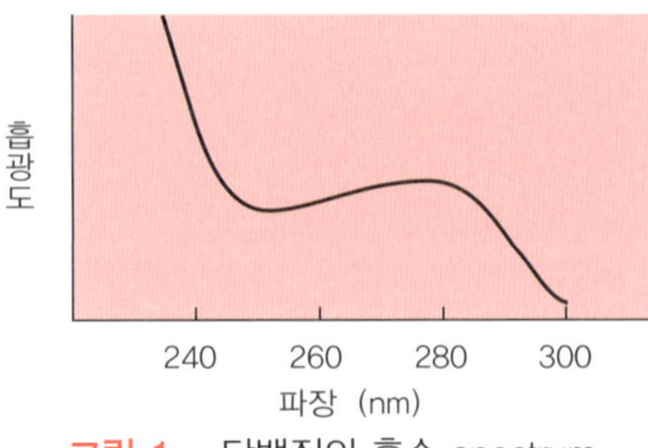

그림 1 단백질의 흡수 spectrum

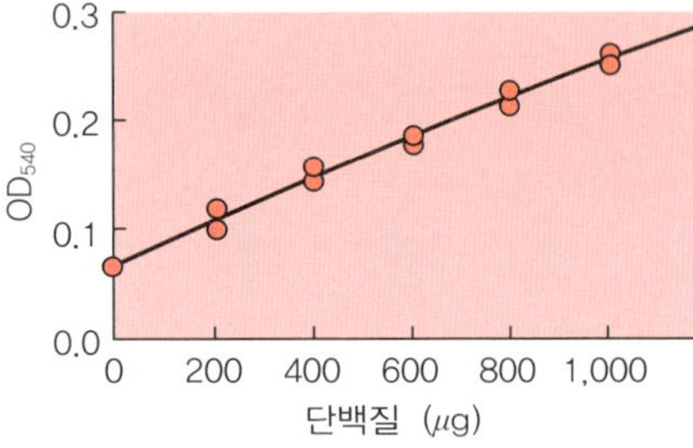

그림 2 Biuret법의 검량선 (예)

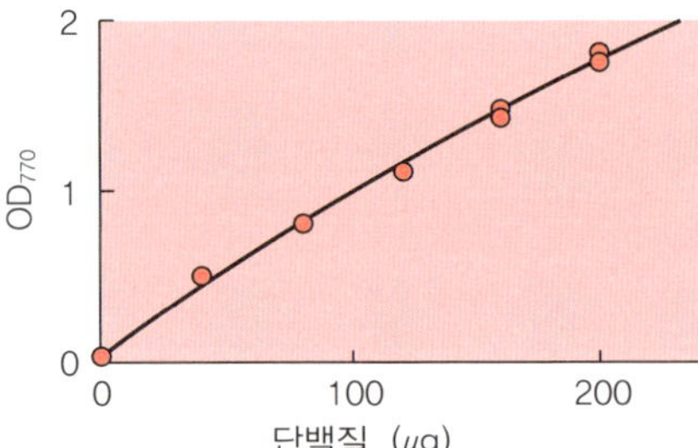

그림 3 Lowry법의 검량선 (예)

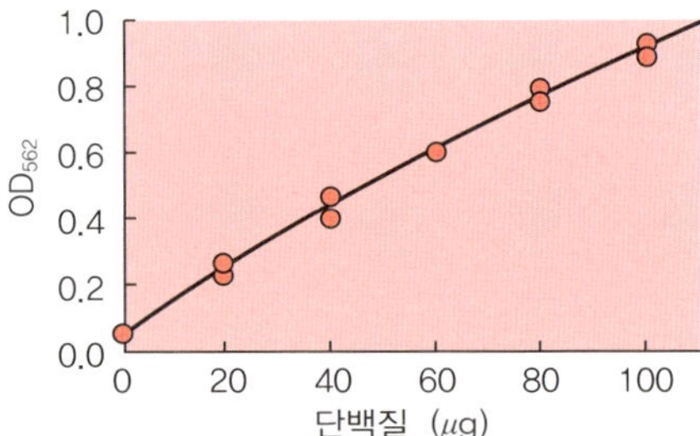

그림 4 BCA법의 검량선 (예)

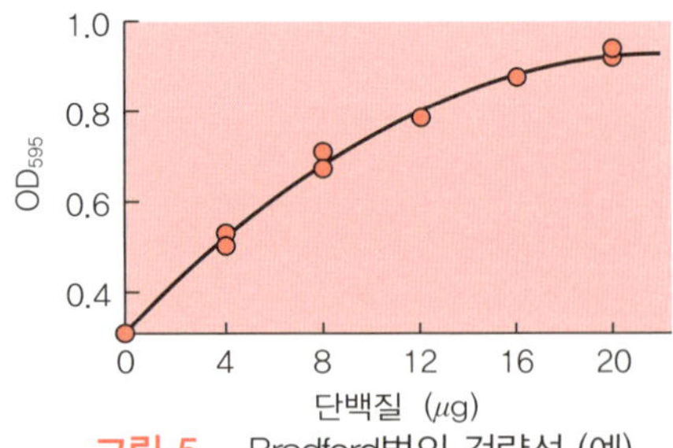

그림 5 Bradford법의 검량선 (예)

단, 신속, 고감도(0.02~0.1 mg/mL)(그림 5)이고, 환원제나 EDTA 영향을 거의 받지 않지만, 계면활성제의 영향을 받기 쉽다. 또한, 반응액이 산성이므로 지질을 다량으로 포함한 샘플에서는 침전이 발생하는 경우가 있다.

측정법을 선택할 때 방해물질의 영향을 고려해야 한다. 방해 물질 각각의 단독 사용에 대한 허용농도는 알려져 있지만[2)-4)], 여러 가지가 함께 작용할 수 있으므로 실제로 테스트해 보고, 문제가 있으면 DW로 희석하든지 다른 측정법으로 바꿔 본다. 측정법을 선택하고 나면, 표준물질(standard), buffer(blank) 및 단백질 샘플 용액을 측정하고 검량선(calibration curve)으로부터 단백질 농도를 계산한다[ⓖ]. 표준물질로 bovine serum albumin(BSA)[ⓗ]이 가장 많이 이용되므로, 다른 실험 데이터와 비교한다는 의미에서도 이것을 사용하는 것이 좋다. 표준물질은 농도측정 실험할 때마다 반드시 매번 측정해야 한다.

ⓖ 모눈종이에 표준물질 수치를 plotting하고 검량선을 그려 그래프에서 목적단백질 샘플의 농도를 읽을 수도 있다. 컴퓨터로 직선회귀 또는 2차 회귀분석으로 해도 좋다. 표계산 소프트웨어(Excel 등)나 그래프 작성 소프트웨어 등에서는 간단히 회귀식을 나타낼 수 있다.

ⓗ 여러 등급으로 시판되고 있지만 "Fraction V"가 좋다.

2장 기본적인 실험조작

III-1 UV법(280 nm)

준비물

• 분광광도계(자외선 영역을 측정할 수 있는 것)
• Cell(석영제품)[ⓘ]

Protocol

30분

❶ 분광광도계의 스위치를 넣고 광원이 안정화되기를 기다린다(15분 정도).

↓

❷ 파장을 280 nm에 맞춰 제로점 조절을 한다[ⓙ].

↓

❸ Buffer와 샘플의 흡광도를 측정한다[ⓚⓛ].

★ UV 모니터를 사용하는 방법

아래 그림처럼 장치를 조립하여, column에서 나오는 단백질을 모니터링한다.

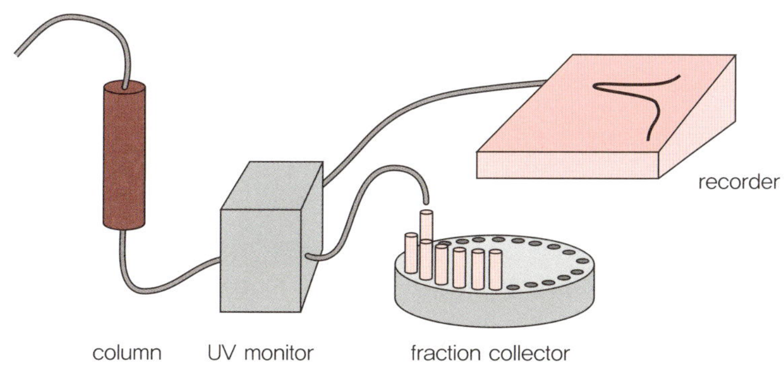

ⓘ 셀은 석영제품, 글라스제품, 플라스틱제품이 있지만, 자외선 영역을 측정할 수 있는 것은 석영제품뿐이다. 기존의 분광광도계로는 용량 3 mL와 1 mL의 셀을 사용할 수 있겠지만, 최근에는 50 μL 셀을 사용할 수 있는 기계나 수 μL로 측정할 수 있는 장치도 있다. 측정기에는 항상 같은 방향으로 넣는다. 새로운 샘플로 갈아 넣을 때마다 씻을 필요가 없을 수도 있지만, 농도가 진한 샘플 뒤에 저농도의 샘플을 측정할 경우에는 씻는 것이 좋다. 석영 셀은 고가이므로 깨지거나 피펫 끝에 의해 흠집이 나지 않도록 주의한다.

ⓙ 고전적인 기계들에서는 광로를 차단하여 0%로, 셀에 증류수를 넣어 100%로 맞추지만, 최근에는 자동화된 것이 많으므로 기계 메뉴얼에 따라 실시한다.

ⓚ 샘플의 온도가 낮으면 셀 표면에 결로가 형성될 수 있다.

ⓛ 1 mg/mL의 BSA를 사용한 경우 A_{280} = 0.7(즉, 광로 길이 1 cm의 셀을 사용하여 1 mg/mL의 용액을 측정하면, A_{280} = 0.7이 된다)이 되면, 측정한 용액의 흡광도를 A, 농도를 C(mg/mL)라고 할 때 다음과 같은 식이 성립한다.
$A = C \times 0.7$

Ⅲ-2 Biuret법

준비물

- Biuret 시약
- 분광광도계ⓜ
- 표준물질(standard, 20 mg/mL BSA)

Biuret 시약	
$CuSO_4 \cdot 5H_2O$	3 g
Sodium potassium tartrate	12 g
DW	500 mL

↓

교반하면서 아래 시약을 첨가한다.

10% NaOH	600 mL
KI	4 g

↓

DW를 첨가하여 2 L로 만든다. 실온보관. 수개월 보관가능.

ⓜ 가시영역의 흡광을 측정할 수 있다면 어떤 것이라도 좋지만 sample shipper가 부착된 flow cell 타입을 사용하는 방법이나 96 well 플레이트를 사용하여 micro-plate reader로 측정하는 방법도 있다.

Protocol

30분~1시간

❶ 표준물질 및 샘플 각 100 μL를 시험관에 넣고(각각 두 개씩), Biuret 시약을 1 mL 첨가하여 vortex mixer로 섞어 준다(아래 그림)ⓝ.

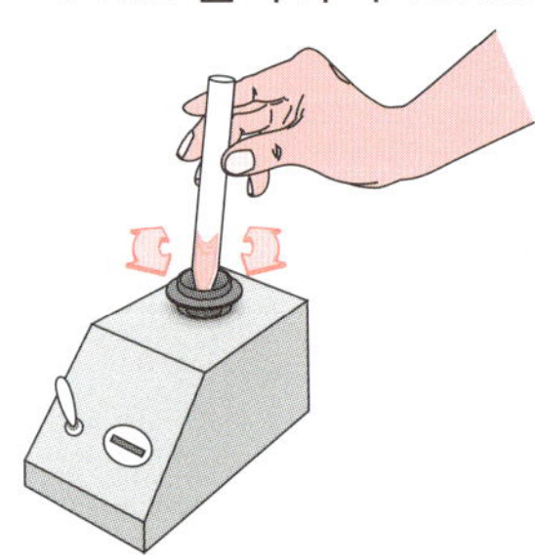

20 mg/mL BSA (μL)	DW (μL)	시험관 1개당 BSA양 (μg)
0	100	0
20	80	400
40	60	800
60	40	1,200
80	20	1,600
100	0	2,000

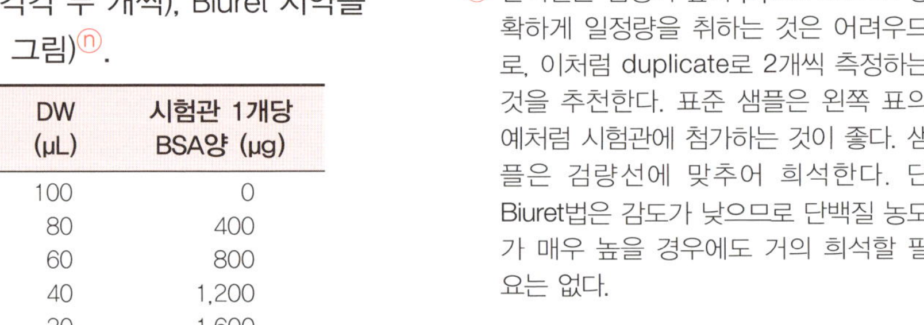

⬇

❷ 실온에서 20~30분 이상 가만히 둔다.

⬇

❸ 540 nm의 흡광도를 측정한다.

ⓝ 단백질은 점성이 높아 pipetman으로 정확하게 일정량을 취하는 것은 어려우므로, 이처럼 duplicate로 2개씩 측정하는 것을 추천한다. 표준 샘플은 왼쪽 표의 예처럼 시험관에 첨가하는 것이 좋다. 샘플은 검량선에 맞추어 희석한다. 단 Biuret법은 감도가 낮으므로 단백질 농도가 매우 높을 경우에도 거의 희석할 필요는 없다.

Ⅲ-3 Lowry법

준비물ⓞ

- Lowry 시약(A)
- Lowry 시약(B)

ⓞ 키트는 Nacalai Tesque사, Thermo Fisher Scientific, Sigma 등에서 시판되고 있다. 또한 Sigma, Wako Chemical사 등에서 페놀 시약만 구입할 수도 있다.

- Folin reagent ⓟ
- 분광광도계 ⓠ
- 표준물질(1 mg/mL BSA)

Lowry 시약 (A)		(최종 농도)
Na_2CO_3	20 g	(2%)
NaOH	4 g	(0.1N)

DW를 첨가하여 total 1,000 mL되게 한다.
실온 또는 냉장 보관, 수개월 보관가능.

Lowry 시약 (B)		
$CuSO_4 \cdot 5H_2O$	1 g	(0.5%)
Sodium potassium tartrate	2 g	(1%)

DW를 첨가하여 total 200 mL로 만든다.
실온 또는 냉장 보관, 수개월 보관가능하다.

ⓟ 페놀시약이라고도 한다. 시판품을 지시에 따라 희석한다.

ⓠ 가시영역의 흡광을 측정할 수 있다면 어떤 것이라도 좋지만 sample shipper가 부착된 flow cell 타입을 사용하는 방법이나 96 well plate를 사용하여 microplate reader로 측정하는 방법도 있다.

Protocol

 1시간

❶ Lowry 시약 (A)와 Lowry 시약 (B)를 50:1의 비율로 혼합한다(사용시 조제).

↓

❷ 표준물질과 실험샘플을 100 μL씩 샘플 튜브에 취한 후(각각 2개씩), ❶의 시약을 1 mL 첨가하여 vortex mixer로 섞는다 ⓡⓢⓣ.

↓

❸ 30℃, 10분간 정치

❹ 페놀 시약을 100 μL 첨가하고 즉시 voertex mixer로 섞는다.

↓

❺ 30℃, 30분간 정치

↓

❻ OD_{770}를 측정한다.

ⓡ 단백질은 점성이 높고, pipetman으로 정확하게 일정량을 취하는 것은 상당히 어렵기 때문에 이와 같이 duplicate(2개씩)로 측정하는 것을 권장한다. 예를 들면 아래 표처럼 시험관에 첨가하면 좋다.

1 mg/mL BSA (μL)	DW (μL)	시험관 1개당 BSA양 (μg)
0	100	0
20	80	20
40	60	40
60	40	60
80	20	80
100	0	100

ⓢ 샘플은 검량선의 범위 안에 있도록 희석한다. 가능하기 힘들 때는 ×1, ×5, ×25의 3단계로 희석하여 전부 측정해 보아도 좋다.

ⓣ 반응이 충분히 진행되면 흡광도는 거의 변화하지 않기 때문에, 시약을 넣을 때의 간격 등을 크게 걱정하지 않아도 좋다. 연속 피펫을 이용하면 편리하다.

Ⅲ-4 BCA법

준비물 ⓤ

- BCA 시약(A)
- BCA 시약(B)
- 분광광도계 ⓥ
- 표준물질(1 mg/mL BSA)

BCA 시약 (A)		(최종 농도)
Sodium bicinchoninate	10 g	(1%)
Na_2CO_3	20 g	(2%)
Sodium tartrate	1.6 g	(0.16%)
NaOH	4 g	(0.4%)
$NaHCO_3$	9.5 g	(0.95%)
DW	적당량	

DW로 1 L로 만든 뒤, 10N의 NaOH를 가하여 pH를 11.25가 되게 맞춘다.
실온보관, 수개월 보관가능.

BCA 시약 (B)		
$CuSO_4 \cdot 5H_2O$	4 g	(4%)
DW	100 mL	

실온보관, 수개월 보관가능.

ⓤ 키트는 Nacalai Tesque사, Thermo Fisher Scientific사, Sigma사 등에서 시판되고 있다.

ⓥ 가시영역의 흡광도를 측정할 수 있다면 어떤 것이라도 좋지만 sample shipper가 부착된 flow cell 타입을 사용하는 방법이나 96 well plate를 사용하여 microplate reader로 측정하는 방법도 있다.

Protocol

 1시간

❶ BCA 시약 (A)와 BCA 시약 (B)를 50:1의 비율로 혼합한다.

⬇

❷ 표준물질과 샘플을 100 μL씩 샘플 튜브에 취한 후(각각 2개씩), ❶의 시약을 1 mL 첨가하여 vortex mixer로 섞는다[w].

⬇

❸ 37°C, 30분간 정치

⬇

❹ OD_{562}를 측정한다.

ⓦ 표준물질과 샘플의 희석은 Ⅲ-3 Lowry법과 같게 실시한다.

Ⅲ-5 Bradford법

준비물[x]

- Bradford 시약
- 분광광도계[y]
- 표준물질(100 μg/mL BSA)

Bradford 시약		(최종 농도)
CBB G-250	200 mg	(0.01%)
에탄올	100 mL	(5%)

교반기(stirrer)로 잘 교반하여 녹인다.

↓

85% phosphoric acid 200 mL를 첨가한다(최종 농도 8.5%).

↓

DW를 첨가하여 2 L로 만든다.

↓

탈지면으로 여과한다. 여과 방법은 **아래 그림** 참고. 실온보관, 수개월 보관가능

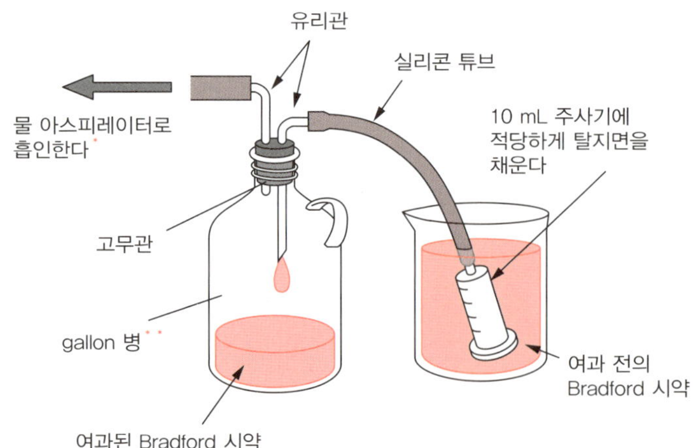

물 아스피레이터로 흡인한다.

*: 강하게 흡인하면 gallon 병이 파손될 가능성이 있으므로, 진공 펌프를 사용하면 안 된다.

**: gallon 병 채로 실온에서 보관가능하다.

ⓧ 키트는 Thermo Fisher Scientific, Bio-Rad 등에서 시판되고 있다.

ⓨ 가시영역의 흡광도를 측정할 수 있다면 어떤 것이라도 좋지만 sample shipper가 부착된 flow cell 타입을 사용하는 방법이나 96 well plate를 사용하여 microplate reader로 측정하는 방법도 있다.

Protocol  30분

❶ 표준물질과 샘플을 100 μL씩 샘플튜브에 넣는다(모두 각 2개씩)ⓩ.

⬇

❷ Bradford 시약을 1mL 첨가한다.

⬇

❸ Vortex mixer로 교반하고, 5~30분 사이에 OD_{595}를 측정한다ⓐⓑ.

ⓩ 표준물질은 예를 들어 아래 표와 같이 시험관에 첨가하면 좋다. 샘플의 희석은 Ⅲ-3 Lowry법과 마찬가지로 실시한다.

0.1 mg/mL BSA (μL)	DW (μL)	시험관 1개당 BSA양 (μg)
0	100	0
20	80	2
40	60	4
60	40	6
80	20	8
100	0	10

ⓐ Cell이 오염되어 있으면 측정하는 사이에 cell의 내부가 파랗게 물들게 된다.

ⓑ 측정이 끝나면 cell을 에탄올로 잘 씻는다. 특히, flow cell 타입인 것은 충분히 세척한다.

단백질 정량에서는 방해물질의 문제 외에 단백질의 성질에 의해 발색 정도의 차이가 있으므로 엄밀하게 절대량을 구하는 것은 어렵다. 예를 들면, BSA는 표준물질로 가장 많이 이용되지만 Bradford법에서는 흡광도가 상당히 높게 나타난다. 그러나 일반적으로 엄밀한 절대량이 필요한 것은 아니고 항상 같은 단백질을 표준물질로서 사용하고, 「BSA를 표준물질로 사용하고 ××× 방법으로 측정하면, 몇 μg/mL로 산출된다.」라는 식으로 정확하게 기술하면 된다. 또한 충분히 정제도가 높은 단백질의 경우 아미노산 분석으로 샘플 중에 포함되는 각 아미노산의 mole 수를 알 수 있다.

참고문헌

1) Lowry, O. H. et al. : J. Biol. Chem., 193 : 265−275, 1951
2) Smith, P. K. et al. : Anal. Biochem., 150 : 76−85, 1985
3) Bradford, M. M. : Anal. Biochem., 72 : 248−254, 1976
4) Stoscheck, C. M. : Methods in Enzymology, 182 : 50−68, 1990

제3장

단백질 추출법

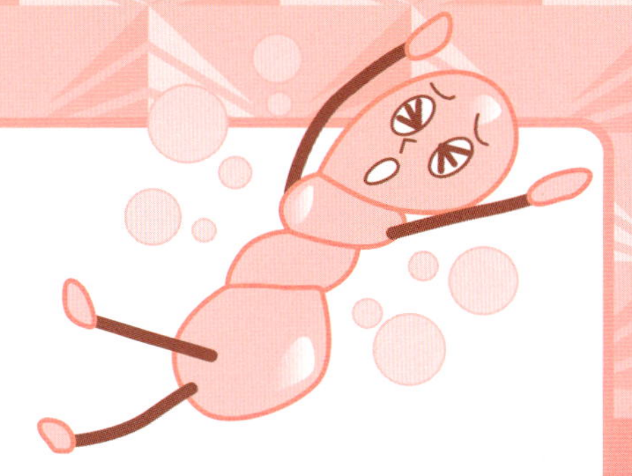

I 세포의 파쇄와 분획

I-1 동물조직

1 원리와 기초 지식

동물의 조직에서 목적하는 단백질을 얻기 위해서는 적합한 재료를 선택하는 것이 가장 중요하다. 동물의 장기는 다른 종류의 다양한 세포군으로 구성되어 있기 때문에 균일한 세포를 분리하는 것은 어렵다. 적당한 세포주의 배양세포가 있으면 그것을 이용하는 것도 생각할 수 있지만, 세포배양으로는 양적인 제한이나 경제성이 문제가 된다. 여기에서는 비교적 균일한 세포가 많은 조직에서 세포소기관의 분획에 대해 설명한다.

목적한 단백질의 장기 분포나 세포 내의 소재가 불분명한 경우에는 각각의 조직을 파쇄하고 그 세포소기관을 분획하는 것이 기본적으로 필요하다. 또한 목적한 단백질을 정제할 경우에는 세포를 분획하여 함량이 많은 부분이나 조직을 알 필요가 있다. 세포소기관의 분획은 조직에 따라 다른 경우도 많으므로 다른 실험지도서[1)~11)]도 참고하기 바란다.

파쇄와 분획의 과정을 거치게 되더라도 목적한 단백질의 기능이 안정적으로 유지되는 것과 그 단백질의 함유량 및 순도가 높은 것이 중요하다.

A) 기본적인 주의점

보다 정확한 세포분획을 위해서는 동결 조직보다 신선한 새 재료를 부드럽고 신속하게 저온에서 파쇄하는 것이 좋다. 또한 세포성분이 응집하지 않는 용매로 단백질의 기능이 유지되는 조건을 이용하여야 한다. 따라서 파쇄 기구, 사용하는 용매, 조작 온도 등의 영향을 받기 쉬운 점에 주의를 기울여야 한다. 더욱이 homogenizer 등의 유리관을 취급할 때 손이 미끄러지지 않도록 고무장갑 등의 착용을 권장한다. 또한 원심분리기, 초원심분리기 등을 조작할 때에는 튜브의 밸런스를 정확하게 맞추고 rotor의 뚜껑을 확실히 잠그는 등 신중하게 안전에 주의를 기울여야 한다.

B) 파쇄 기구

조직을 파쇄하는 homogenizer(**그림 1**, **3장 I-2** 참고)로 잘 사용되는 것에는 ① 포터엘베젬

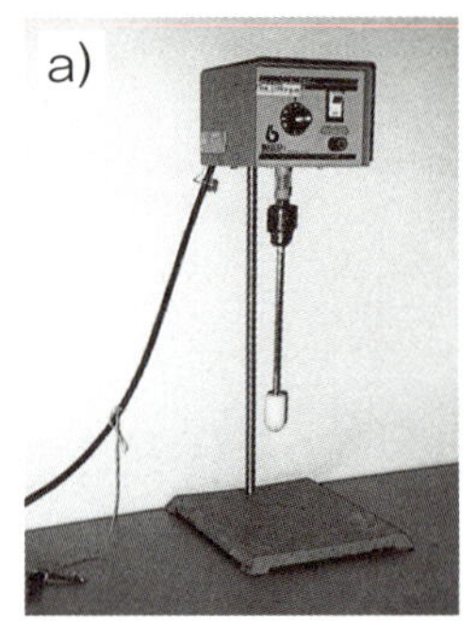

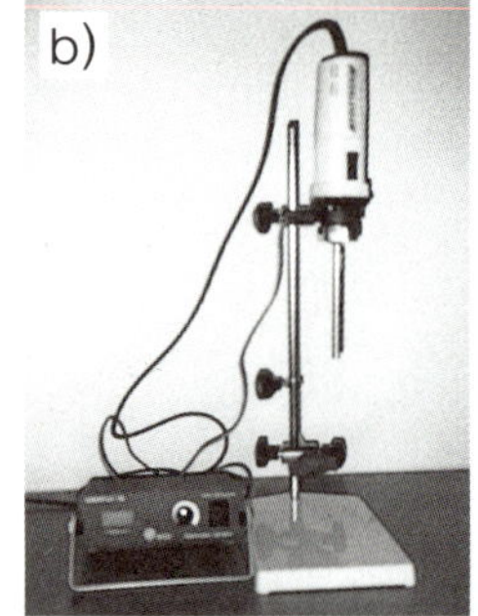

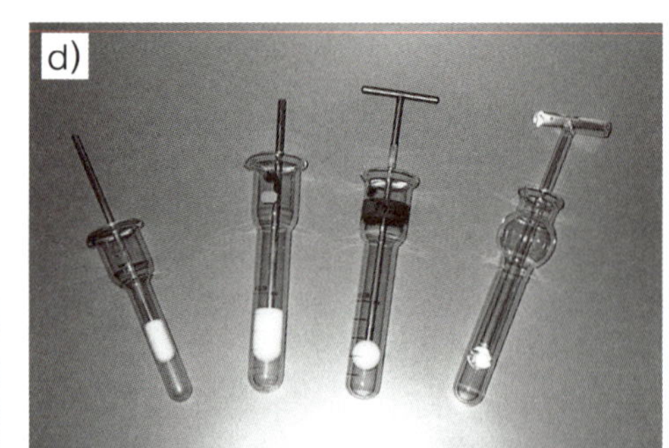

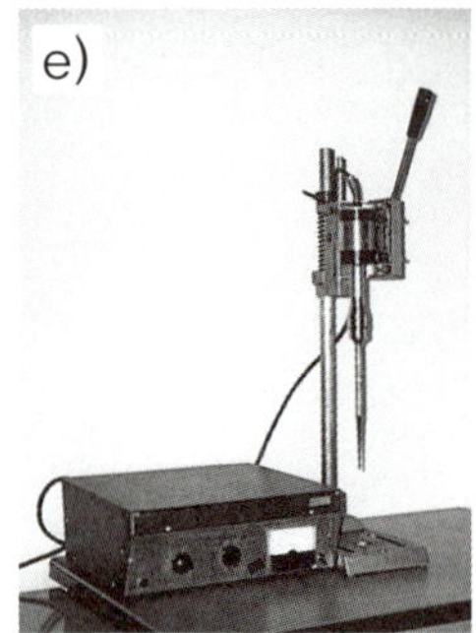

그림 1 각종 homogenizer
a: Teflon homogenizer-회전 구동 부분
b: Polytron형 homogenizer
c: Waring blender
d: 좌 2개) 포터엘베젬형 teflon homogenizer
우 2개) 다운스형 homogenizer
e: 초음파 파쇄 장치

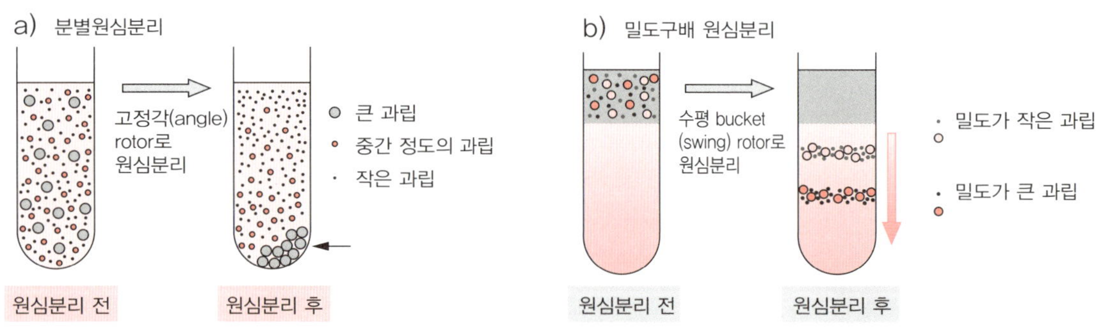

그림 2 원심분리의 비교

형의 테플론 homogenizer, ② polytron homogenizer, ③ waring blender가 있다. ① 포터엘베젬형의 테플론 homogenizer는 유리관과 아주 좁은 간격이 있는 테플론 봉을 회전시켜 조직을 파쇄한다. ② polytron homogenizer는 금속의 고정날과 회전날 사이에서 조직이 파쇄된다. ③ waring blender는 고속의 회전날로 조직을 파쇄한다. ① > ② > ③의 순서로 파쇄 과정이 조용하지만, 대량의 조직을 신속하게 처리할 경우에는 ③을 사용한다. 사용하는 파쇄기구에 따른 세포분획의 정밀도는 ① > ② > ③의 순서이다. 이외에 혈구 등과 같은 유리세포나 배양세포에서는 테플론 homogenizer의 다운스(Dounce)형이나 초음파 파쇄장치(sonicator)를 사용한다. 또한 골조직 등의 딱딱한 재료나 분해가 빠른 재료는 급속동결한 뒤 파쇄하는 동결파쇄법(동결프레스 파쇄장치도 판매되고 있다)을 사용한다. 여기서는 ①의 테플론 homogenizer를 이용한 분획법을 소개한다.

C) 세포소기관의 분획 원리

세포를 파쇄하여 얻은 분쇄물(homogenate)에는 밀도가 다른 여러 가지 크기의 과립이 혼합되어 있다. 분별원심분리법이라는 것은 과립의 크기에 따라 침강하는 속도가 다른 것을 이용한 분획법이다. 따라서 가장 큰 과립의 핵(미파쇄의 세포와 함께)이 먼저 침강하고, 미토콘도리아, 리소좀, 소포체 순으로 침강한다(그림 2a). 또한 과립의 밀도 차이를 이용한 밀도구배원심법이 있다(그림 2b). 이 두 가지 방법을 병행하면 순도가 높은 세포소기관을 분획할 수 있다.

D) 생체시료

간이나 뇌는 부드러운 조직이지만, 같은 장기라도 조직의 부드러움이 다르기 때문에 분쇄 조건이 다르다. 일반적으로 소형동물의 조직은 부드럽고 대형동물의 조직은 결합조직이 많고 단단하다(rat, mouse와 토끼, 개의 간은 다르다). 또한 동물의 월령에 따라 다르고 오래된 조직에서는 결합조직이 많아진다. 근육이나 폐 등 비교적 단단한 조직을 테플론 homogenizer로 파쇄할 때는 테플론 봉과 유리관 사이의 간극이 큰 것(0.3 mm 이상)을 사용하고, 스트로크를 증가시킬 것을 권장한다. 또한 동물의 체모가 혼입되지 않도록 주의하지 않으면, homogenizer 사이에 끼어 움직이지 않게 되어 유리관이 파손되는 경우가 있다.

E) 조작 순서의 개요

Rat: 하룻밤 절식
⬇ 희생
간
⬇ 빙냉(ice cooled)의 0.25 M sucrose 용액으로 관류
⬇ 빙냉의 0.25 M sucrose 용액에 보관
⬇ 중량 측정
절편한 간조직
⬇ 9배 용량(간장 1 g에 대해 9 mL)으로 빙냉의 0.25 sucrose 용액을 첨가한다.
⬇ 포터엘베젬형 homogenizer로 분쇄
⬇ 여과
여과액
⬇ 원심분리 600 × g 10분[c]
상층액 ⟶ 침전물(핵 분획)
⬇ 원심분리 8,000 × g 10분[d]
상층액 ⟶ 침전물(미토콘드리아 분획)
⬇ 원심분리 105,000 × g 60분[e]
상층액 (세포질 분획) ⟶ 침전물(microsome 분획)

ⓒ 500 × g부터 900 × g 사이, 10분이 사용된다.

ⓓ 5,000 × g, 10분의 낮은 원심력에서 얻어진 mitochondria 분획은 회수량은 적지만 순도가 높은 mitochondria가 된다. 5,000 × g와 8,000 × g 사이의 분획을 lysosome으로 취급도 가능하지만, 주성분은 mitochondria이다.

ⓔ Rotor에 따라 회전수는 다르지만, Hittachi P50AT2는 34,000 rpm이고, Hittachi P70AT는 37,000 rpm으로 60분간 원심분리한다. 그리고 분별원심분리에 의한 microsome 분획에 mitochondria의 혼입의 정도는 생물종에 따라 다르기 때문에 혼입을 최소화하기 위한 원심분리 조건은 세포분획을 검정한 후에 결정하기 바란다. 문헌 3에 여러 종의 생물에 있어서 microsome 분획의 회수율 및 mitochondria의 혼입률과 원심분리 조건 등이 소개되어 있다.

F) 분별원심분리의 조건

Angular rotor(고정각 로타[f]: 그림 3)의 원심분리의 회전수 설정은 원심분리기의 회전축으로부터 원심 시험관의 아랫부분까지의 거리(평균회전반경: R_{av} 또는 최대 회전반경: R_{max})와 원심력으로부터 회전수를 결정한다(그림 4, 그림 5 참고)

ⓕ 31페이지 원포인트 어드바이스 참고.

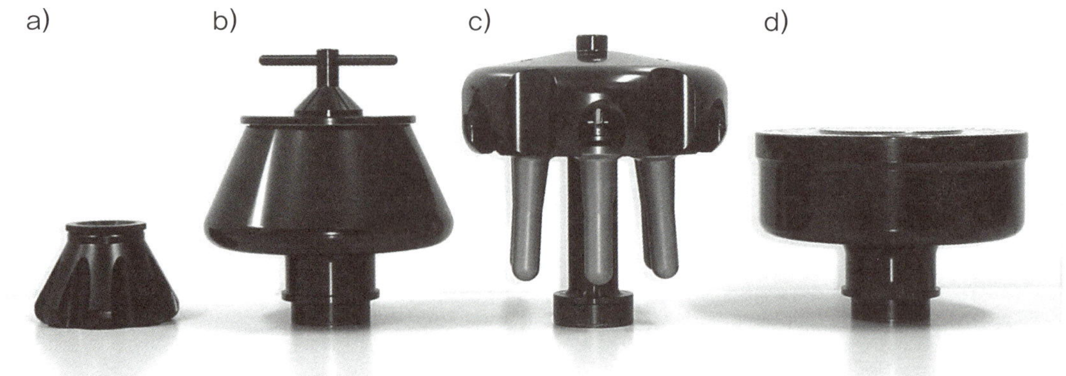

그림 3 초원심 분리용의 각종 rotor
a: 탁상 초원심 분리용 고정각(angle) rotor, b: 초원심 분리용 고정각(angle) rotor,
c: 수평(swing) rotor, d: 수직(vertical) rotor

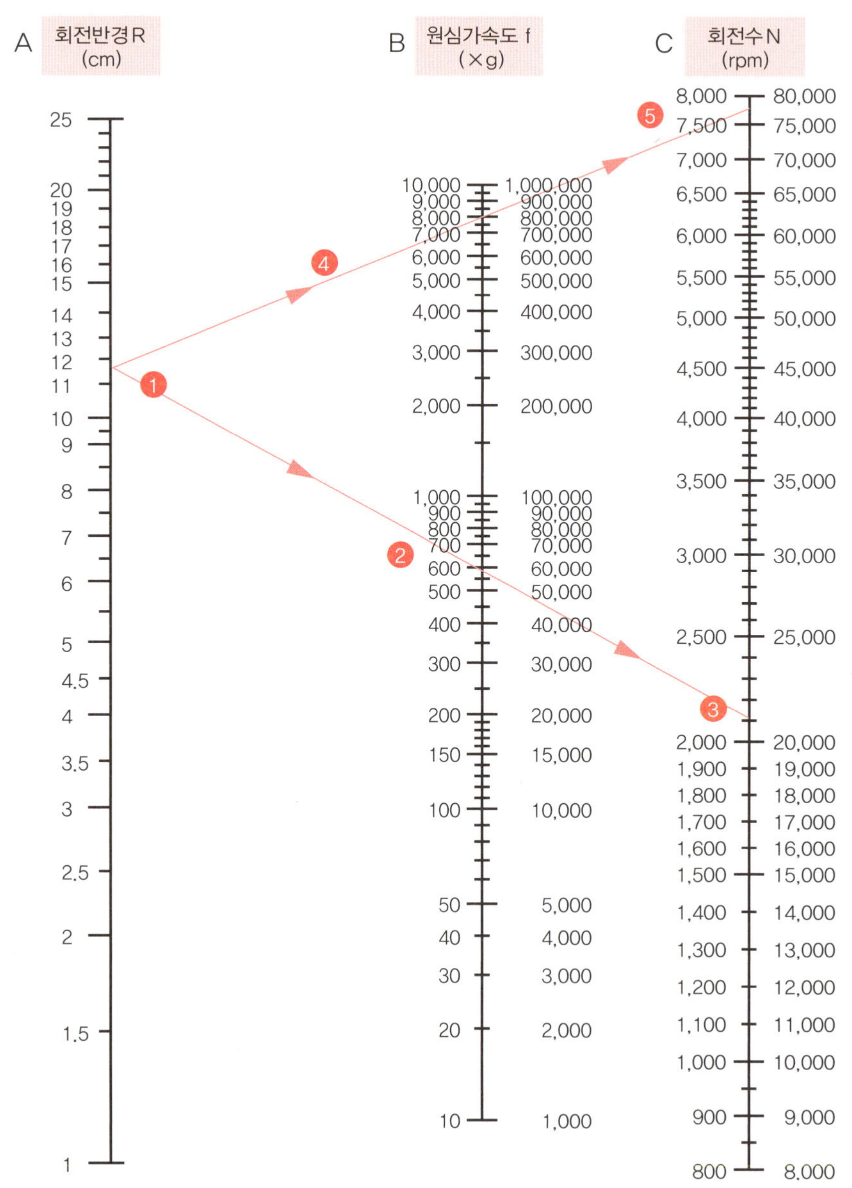

그림 4 원심분리기의 원심력과 회전수와의 환산표

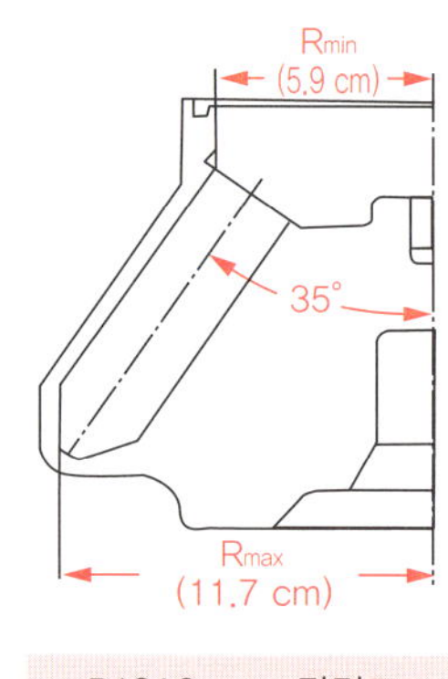

R12A2 rotor 단면도

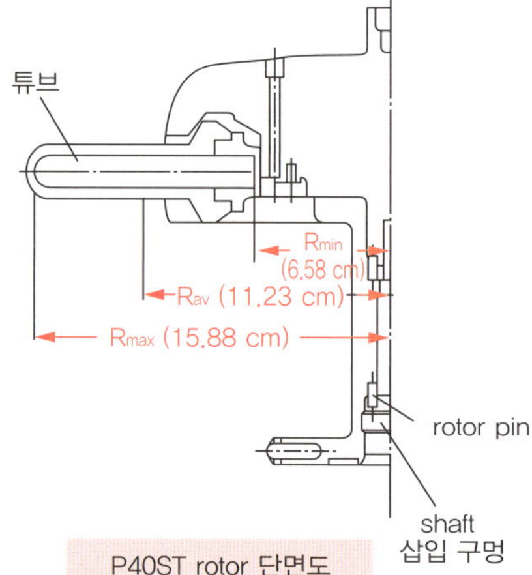

P40ST rotor 단면도

그림 5 Hitachi 원심분리기의 rotor
최신의 냉각저속 원심분리기에는, 원심분리 튜브의 액량에 따라 평균 회전 반경을 인식하고, 원심력 속도와 회전수를 표시하는 기종이 있다.
R: 회전반경, max: 최대,
min: 최소, av: 평균

원심력 $g = mR\omega^2$

m은 입자의 질량(g), R은 회전반경(cm), ω는 회전각속도(rad · sec^{-1})이고 $\omega = 2\pi r$ ps.

rps는 1초간의 회전수이지만 실용상 1분간의 회전수 N(rpm)을 구한다. Rotor의 취급설명서를 참고하든지 그림 4의 환산표를 이용한다. 원심분리기와 rotor는 4°C로 냉각하여 사용한다.

G) 원심력의 환산표 사용법

❶ 사용할 rotor의 원심관의 아랫부분까지의 반경(R_{max})을 조사한다.
예를 들어, R12A2 rotor라면 그림 4A의 회전반경의 척도 11.7을 선택한다.

❷ 핵이 침전하는 조건인 600 × g(그림 4B의 좌측의 척도)을 선택한다.

❸ ❶❷의 두 점을 연결한 직선의 연장선에 의한 그림 4C의 교차점 회전수(좌측의 척도) 2,100 rpm으로 10분간 원심분리한다.

❹ 같은 방법으로 미토콘드리아가 침전하는 조건인 8,000 × g(그림 4B의 좌측의 척도)을 선택한다.

❺ ❶❹의 두 점을 연결한 직선의 연장선에서 그림 4C의 교차점 회전수(그림 4C의 좌측의 척도) 7,700 rpm으로 10분간 원심분리한다.

또한 초원심분리의 경우에는 환산표 B, C의 각각 오른쪽의 척도를 사용하고, 원심관까지의 평균 회전반경(R_{av})을 기초로 원심가속도로부터 회전수를 구한다.

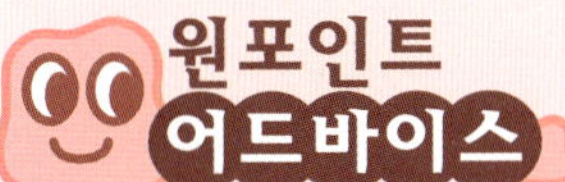

원심분리 rotor

• 고정각(angle) rotor

냉각원심분리기나 초원심분리기로 가장 일반적인 분별원심분리에 사용되는 견고한 모양으로 강한 원심력을 얻을 수 있는 rotor이다. 원심튜브를 넣는 구멍이 회전축과 일정한 각도로 기울어져 있다(그림 3, 그림 5 참고).

• 수평(swing) rotor

원심튜브를 넣은 버킷이 가동적으로 rotor에 매달린 것이고 회전 중에는 원심력에 의해 버킷이 수평이 되는 rotor이다. 원심튜브의 축과 원심력의 방향이 같기 때문에 원심에 의한 분리 성능은 뛰어나고 주로 밀도구배 원심분리에 사용되지만, 구조상 큰 원심력은 얻기 힘들고 앵글 rotor보다 긴 원심분리 시간을 필요로 한다.

• 수직(vertical) rotor

시료를 채우고 밀폐 상태로 만든 원심튜브를 사용하고, rotor도 회전축과 평행한 구멍에 수직 상태로 원심튜브를 넣고 원심분리하는 rotor이다. 이와 같은 rotor 상태를 위해 swing rotor를 사용하여 밀도구배 원심분리를 실시할 경우보다 침강거리가 짧아지고, 원심시간을 단축할 수 있는 특징이 있다. 원심분리를 정지함에 따라 밀도구배가 수평방향에서 수직방향으로 변하고 밀도구배가 흐트러짐이 다소 발생할 수 있으므로 원심분리기를 정지할 때의 브레이크는 가능한 약하게 하던지 또는 해제하는 것이 바람직하다.

그 밖에 근수직(Near-Vertical) rotor와 침강(Zonal) rotor 등이 있다.

2 분획의 실제(간의 적출과 분획)

쥐의 간으로부터 각 분획을 얻기 위한 실험은 다음과 같다.

준비물

1) 기구류

• 여유 있는[g] 50 mL용 homogenizer와 회전구동장치
• 비커

[g] 물을 넣은 homogenizer에 Teflon pestle을 끼워 넣었을 때 천천히 자연낙하하는 정도의 것(0.15~0.3 mm 전후의 틈).

- 해부용 가위
- 유리판
- 면도날(탄소 강판날)
- 거즈
- 피펫
- 저속냉각원심분리기와 고정각 rotor, 원심관
- 초원심분리기와 고정각 rotor, 원심관, 또는 수평(swing) rotor
- 원심관용 밸런스

2) 시약류

- 분획용매[h] : 빙냉의 0.25 M의 sucrose 수용액

0.25 M sucrose		(최종 농도)
sucrose	85.4 g	(0.25 M)

탈이온 증류수를 첨가하여 total 1 L가 되게 한다.
실험 전날 준비하여 4℃에 보관

Protocol

3시간 정도[i]

❶ 간 글리코겐 과립을 줄일 목적으로 하룻밤 절식[j]시킨 쥐(절수는 하지 말 것)를 단두로 피를 방혈한 후 개복한다. 간으로 출입하는 혈관을 가위로 자르고, 간조직에 상처를 내지 않고 적출한다.

❷ 희생시킨 그 자리에서 즉시 냉각시킨 관류액(0.25 M sucrose: 1.15 M KCl 용액: 인산 완충 생리식염수 등)을 관류튜브를 사용하여 문맥으로 주입하고, 혈액색이 없어질 때까지 조직에 잔류한 혈액을 흘려보낸다. 조직을 빙냉의 관류액에 보관한다[k].

↓

❸ 적출한 간의 습중량을 측정한다[l].

❹ 간조직을 유리판 위에 두고 문맥혈관을 핀셋으로 고정하고 면도날을 세워 조직을 깎아 내듯이 작은 조각으로 만들어 혈관 등을 제거한다.

❺ 작은 조각으로 만든 간조직은 습중량의 9배에 해당하는 0.25 M sucrose 용액을 첨가하여 균일하게 하고, 냉각시킨 포터엘베젬형 homogenizer로 1회에 50 mL 이하 용량으로 나눈 것을 분쇄한다. 테플론 봉은 매분 수백회 정도(최대 회전수의 반 정도)로 회전시키며 글라스 외관을 상하로 움직인다[m]. 7~10 왕복[n]하면 균일한 homogenate가 된다[o].

❻ 3겹으로 겹친 거즈를 비커에 덮고 homogenate를 흘려 여과하여 결합 조직 등을 제거한다.

↓

ⓗ 분획용매의 조건으로서 비이온성의 용매가 세포소기관의 응집을 막는 것으로 사용된다. Sucrose 이외에 비전해질의 mannitol이나 글리세롤 용액이 사용된다. 또한 핵의 팽윤을 막기 위해서는 3.3 mM의 Ca^{2+}을, 리보솜의 해리를 막기 위해서는 5 mM의 Mg^{2+}가 있어야 한다. 미토콘드리아의 준비에서는 Ca^{2+}가 저해하기 때문에 오히려 EDTA 등의 chelating agent가 있는 편이 좋다. 또 protease 저해제, 시스테인 잔기의 산화방지제, 탈인산화 방지 등 목적단백질에 따라서 저해제를 쓰는 것도 필요하다.

ⓘ 초원심분리기가 회전하고 있을 때 점심식사를 하면 된다.

ⓙ 절식 시간은 실험 소요시간에 계산되어 있지 않다.

ⓚ 혈액이 응고하면 세포분획이 나빠진다. 동물실험실에서 동물을 희생시켰다면, 즉시 관류를 실시한다. 여기에서 보관이란 것은 동물실험 시설에서 일반 실험실로 이동하는 동안의 보관을 의미한다.

ⓛ 6주령 쥐로부터 약 10 g이다.

ⓜ 이때 격렬하게 공기를 주입하면, 기포가 생기므로 기포가 생기지 않도록 주의한다.

ⓝ 핵이나 mitochondria 분획이 주로 필요한 경우에는 왕복 횟수가 절반 정도가 적당하다.

ⓞ 이하의 과정은 4℃를 유지하도록 한다.

❼ 이 여과액을 냉각 저속 원심분리기의 원심관으로 옮겨 밸런스를 맞춘 후 600×g으로 10분간 원심분리한다. 이때의 침전물이 핵분획이다.

❽ 상층액은 다른 원심관으로 옮긴다. 이 상층액을 8,000×g으로 10분간 원심분리하여 얻은 침전물이 미토콘드리아 분획이다.

❾ 다시 만들어진 상층액을 초원심분리기로 105,000×g으로 60분간 원심분리하면 침전물로 microsome 분획을 얻을 수 있다. 또한 이때 얻어진 상층액은 세포질 분획이다.

이와 같이 얻어진 각 분획은 순도가 낮은 분획이지만 재차 1배 비율의 (간 1 g당 1 mL)의 0.25 M sucrose 용액으로 현탁하여 보관한다. 침전물 밑에 적혈구 등이 있으면 상층 부분만을 글라스 봉으로 긁어내어 현탁시킨다. 보관은 1~2일이면 빙냉보관으로 충분하다(장기 보관은 −25℃ 또는 −70℃ 이하로 동결 보관한다).

미토콘드리아는 혐기조건이 되지 않도록 하는 것이 호흡 활성이 유지된다. 또한 microsome 분획은 과산화지질의 생성을 방지하기 위해 질소가스로 치환한 용기에 보관하는 것이 좋다. 0.25 M sucrose 용액이 buffer는 아니지만, buffer화시킨 0.25 M sucrose[5 mM Tris-HCl buffer(pH 7.4) 등]를 이용해도 분획에는 영향을 미치지 않는다. 그러나 각종 효소의 활성을 잃거나 변동을 보이는 것이 있다.

획득한 핵 분획에는 핵 이외에 미파쇄 세포, 적혈구 등이 포함된다. 미토콘드리아 분획에는 미토콘드리아 이외에 리소좀, peroxisome 등이 포함된다. Microsome 분획은 조면소포체나 활면소포체 유래의 소포가 주성분이지만, 그 외에 세포막이나 골지체 등의 막성 절편과 리보솜이 포함되어 있다. 세포질 분획에는 세포질 가용성 성분과 리보솜, 막의 소절편이 섞여 있다. 따라서 보다 순도가 높은 분획을 얻기 위해서는 각각의 세포내 소기관의 정제법을 참고하기 바란다.

획득한 분획의 순도나 함량은 마커효소 활성을 정량하여 고유활성도(활성비율)와 활성의 분포로 검정한다. 최근에는 시판용 항체[†주 1] 중에서 분획의 마커단백질로 사용하는 것도 있으므로 각 분획의 western blotting으로 함량이나 순도도 판단할 수 있다.

†주 1) 항체검색
Santa Cruz Biotechnology사 [http://www.scbt.com]
Merck Millipore사 [http://www.millipore.com]
Abcam사 [http://www.abcam.com]
Cosmo Bio사 [http://www.cosmobio.com]
Takara Bio사 [http://www.takara-bio.com]

3 장 단백질 추출법

3 세포소기관의 분리정제[p]

Protocol

1) 핵의 분리 정제(Blobel-Potter 방법) 2시간 이내

❶ 세포분획으로 얻어진 핵분획의 침전물을 0.25 M sucrose TKM 용액으로 현탁하거나 또는 직접 가늘게 자른 간조직을 2배 용량의 0.25 M sucrose TKM 용액으로 현탁시킨다.

TKM 용액		(최종 농도)
1 M Tris-HCl buffer(pH 7.4)	5 mL	(50 mM)
1 M KCl	2.5 mL	(25 mM)
1 M $MgCl_2$	0.5 mL	(5 mM)

탈이온 증류수 92.0 mL를 첨가하여 total 100 mL 되게 한다.
0.25 M 및 2.3 M sucrose TKM 용액은 각각 4.28 g, 39.36 g의 sucrose에 TKM 용액을 첨가하여 total volume을 50 mL 되게 한다.[q]

ⓟ 동물조직보다 적당한 배양세포가 있는 경우에는, 얻을 수 있는 단백질의 양은 적지만, 배양세포를 사용함으로서 목적을 달성하는 경우가 증가하고 있다. 이런 경우, 세포소기관을 분획으로 분리하는 수단으로서 계면활성제 등을 쓰는 것으로 목적의 분획을 얻을 수 있는 kit가 시판되고 있다. Calbiochem의 ProteoExtract® Subcellular Proteome Extraction Kit(S-PEK) [http://www.merckmillipore.com/]

ⓠ 제작 후, 4℃에 보관하여 1개월간은 사용 가능하다.

❷ 2배 용량의 2.3 M sucrose TKM 용액을 첨가하여 균일하게 한다(1.6 M에 해당된다).

❸ 원심관의 1/5 정도까지 2.3 M sucrose TKM 용액을 넣고 그 위에 ❷에서 희석한 핵분획이 흐트러지지 않고 위층으로 되게 첨가한다. 원심관의 나머지 부분은 0.25 M sucrose TKM 용액으로 채운다(아래 그림).

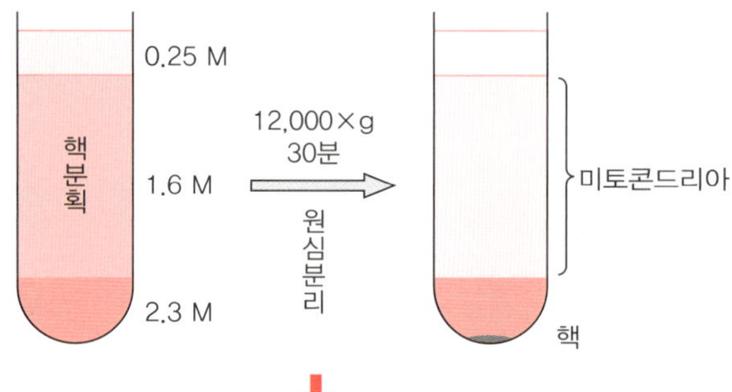

❹ 12,000 × g[원심관의 평균회전반경(R_{av}) 위치에서의 원심력]으로 30분간 원심분리한다.

❺ 1.6 M의 sucrose 용액층은 아스피레이터로 조심해서 빨아들이고, 원심관 벽면에 붙은 미토콘드리아 등이 바닥층으로 떨어지지 않도록, 핀셋에 감은 kimwipes로 닦아낸다. 핵분획은 바닥의 침전물이다(위 그림).

❻ 침전물은 같은 양의 0.25 M sucrose TKM 용액으로 현탁하여 2,000 × g에서 5분간 원심분리[r]하고, 그 침전물을 0.34 M sucrose 용액으로 현탁시켜 보관한다.

[r] 핵은 큰 비중(d = 1.4) 때문에 분리하기 쉽다.

2) 미토콘드리아의 분리 정제 5시간

미토콘드리아의 순도를 높이기 위해서는 sucrose·밀도구배 원심분리를 실시한다.

❶ 원심관의 바닥에 1.6 M sucrose 용액(튜브의 1/6 정도)을 넣는다. 그 위에 1.56 M부터 1.1 M의 sucrose 밀도구배로(튜브의 3/5)[s] 중층하여 만든다. 그 위에 분별원심분리로 얻어진 미토콘드리아 분획을 중층한다(아래 그림 a).

[s] Sucrose 밀도구배는 sucrose를 10 mM Tris–HCl(pH 7.4)에 용해시켜 만든다.

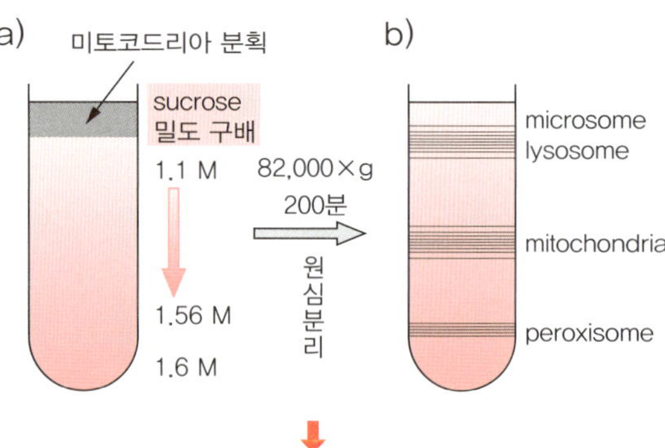

❷ Hittachi SRP28SA 수평(swing) rotor(그림 3)라면 25,000 rpm으로 200

분간 원심분리한다. 원심분리기의 브레이크는 해제하고 사용한다.

❸ 미토콘드리아는 원심관의 중간 높이보다 조금 아래에 밴드로서 확인할 수 있다(❶의 그림 b). 이 밴드 부분을 모아서, 여러 배로 희석한 다음 10,000 × g, 15분간 원심분리하여 침전물을 모은다.

⬇

❹ 적당한 용량(2~4 mL)의 0.25 M sucrose 용액으로 현탁시켜 보관한다.

3) 조면소포체와 활면소포체의 분리

7~8시간

❶ 조제 직후의 microsome 분획을 약 1.5배량의 2.1 M sucrose TM 용액으로 희석하여 최종 농도 1.35 M sucrose TM 용액으로 만든다.

TM 용액		(최종 농도)
1 M Tris-HCl buffer(pH 7.4)	5 mL	(50 mM)
1 M $MgCl_2$	0.5 mL	(5 mM)

탈이온 증류수 94.5 mL을 첨가하여 total 100 mL 되게 한다.

0.8 M 및 2.1 M sucrose TM용액은 각각 13.7 g, 35.9 g의 sucrose에 TM용액을 첨가하여 부피가 50 mL이 되도록 한다.ⓣ

❷ 원심관의 1/4 정도의 2.1M sucrose TM 용액을 넣는다. 희석한 micro-some 분획을 중층한다(원심관의 1/2 양). 원심관의 나머지 부분은 0.8 M sucrose TM 용액으로 채운다(아래 그림 c)ⓤ.

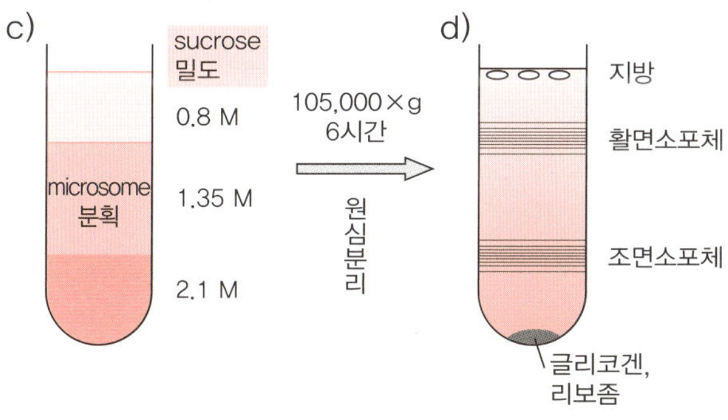

⬇

❸ 105,000×g, 6시간 또는 50,000×g, 20시간 원심분리한다(원심분리기의 브레이크는 사용하지 않는다). 원심관의 바닥에는 글리코겐과, 유리된 리보솜이 있고, 튜브의 아래쪽 부분에서 조면소포체를 위쪽 부분에서는 활면소포체의 분획을 각각 얻을 수 있다. 또한 최상층의 표면에는 지방성분이 떠 있다(그림 d).

ⓣ 제작 후 4℃에서 보관하면 1개월간은 사용 가능하다.

ⓤ 2.0 M sucrose TM 용액과 0.7 M sucrose TM 용액의 연속 밀도구배를 제작하고, 거기에 microsome 분획을 중층하여 같은 원심분리를 해도 분획 정제가 가능하다.

3장 단백질 추출법

미토콘드리아는 간 이외의 신장, 부신피질로부터 앞서 기술한 방법으로 조제 가능하지만, 골격근이나 심근은 세포분획이 어려운 조직이고 파쇄에 polytron homogenizer를 사용한다. 기계적 파쇄가 과다하면 분획이 나빠진다. 뇌의 미토콘드리아[†주 1]는 미토콘드리아 분획 외에 synaptosome 중에 있는 미토콘드리아도 고려할 필요가 있다.

†주 1) 뇌조직은 0.32 M sucrose 용액에서 분쇄하여 세포내 소기관을 분리한다[2)].

4) 골지체의 분리

골지체는 복잡한 구조체이므로 일반적인 파쇄법으로는 파괴되기 쉬워서 분리하기가 어렵다. 따라서 골지체를 분리하기 위해서는 간조직을 100 mesh(눈 간격이 150 μm)의 스테인레스망으로 걸러 분별원심분리와 밀도구배 원심분리를 조합하여 기능을 유지하는 골지체를 분리하는 Hino 등의 방법[13)]을 참고하기 바란다.

5) Lysosome과 Peroxisome의 분리

Lysosome과 Peroxisome은 간에서 분리되지만, 정제가 어려운 세포내 소기관이다. de Duve 박사 연구실에서 개발된 방법이 일반적으로 사용되고 있다. 그 외 다른 서적[4), 5)]을 참고하기 바란다.

Troubleshooting → 66 페이지 참고

참고문헌

1) 佐藤 了 編：細胞分画法, 岩波書店, 1972
2) 日本生化学会 編：生化学実験講座7, p.495, 東京化学同人, 1975
3) 日本生化学会 編：新生化学実験講座1 タンパク質 I 分離・精製・性質, p.40, 東京化学同人, 1990
4) 中嶋暉躬, 他 編：新基礎生化学実験法1, p.271, 丸善, 1987
5) 松田佳子, 他 編：膜酵素 基礎と実験 I, 廣川書店, 1990
6) 堀尾武一 編：蛋白質・酵素の基礎実験法 改訂第2版, 南江堂, 1994
7) 日本生化学会 編：新生化学実験講座18, 細胞培養技術, p.93, 東京化学同人, 1990
8) 泉 美治, 他 編：生化学実験の手引き1, 生物試料調整法, p.47, 化学同人, 1985
9) Fleisher, S. & Packer, L. eds.：Methods in Enzymology, 31：6, 1974
10) Fleisher, S. & Packer, L. eds.：Methods in Enzymology, 55：3, 1979
11) Fleisher, S. & Fleisher, B. eds.：Methods in Enzymology, 81：3, 1982
12) Fried, R. ed.：Methods of Neurochemistry, 2：152, 1972
13) Hino, Y. et al.：J. Biochem., 83：909 , 925, 1973

I-2 배양세포

배양동물세포를 이용한 연구는, 최근 분자생물학의 눈부신 발전에 중요한 공헌을 하고 있고 그와 같은 연구는 점점 증가하고 있다. 배양세포를 실험재료로 사용할 경우에는 단일 종류의 세포가 생산하는 단백질만을 분리 · 분석 가능하다는 큰 이점이 있다. 특히 세포 밖으로 분비되는 단백질을 조사할 경우에는 혈액처럼 각종 다양한 단백질을 함유하는 생체재료와 비교해서 실험이 한층 용이하다. 그렇지만 배양세포의 경우에는 배양조건, 세포밀도 등에 따라 단백질의 질적, 양적 변동이 있는 점에 주의해야 한다. 또한 배양세포로부터의 단백질의 정제에는 대량 배양을 하지 않으면 충분한 재료를 모을 수 없는 결점도 있다. 이 절에서는 배양세포가 분비하는 단백질과 세포 내에 축적되는 단백질을 추출하는 방법에 대해 설명한다. 한편 배양세포로부터 단백질을 추출하는 실험조작의 대부분은 동물조직을 재료로 하는 경우와 공통부분이 많기 때문에 불충분한 점에 대해서는 앞쪽을(**3장 I-1**)을 참고하기 바란다. 또한 세포배양법 자체에 관해서는 다른 서적을 참고하기 바란다[1), 2)]. 배양세포를 실험재료로 사용하는 경우도 다른 재료와 마찬가지로 단백질의 분해와 변성을 줄여서 추출하는 것이 실험의 기본이다. 그 때문에 저온(1~4℃)에서 단시간에 처리하거나 단백질 안정화제나 protease 저해제(inhibitor)를 사용하는 등의 주의가 필요하다(**1장**, **2장 III**, **4장 I** 참고).

1 Buffer의 선택

목적하는 단백질을 안정하게 하는 buffer를 사용한다. 대부분의 경우 10~100 mM의 중성 buffer(Tris-HCl, HEPES, 인산 등: pH 6.8~8.0)에 여러 종류의 보조인자를 첨가한다. 세포를 분획할 경우에는 등장용액이 되도록 0.15 M의 NaCl 또는 0.25 M sucrose가 첨가되는 경우가 많다. 더욱이 세포막 구조나 목적 효소의 안정화 등을 위해 1~5 mM $MgCl_2$과 1~5 mM $CaCl_2$을 첨가하거나, 그 필요성이 없을 경우에는 역으로 1~2 mM의 EDTA 또는 EGTA를 첨가하는 경우가 있다(**3장 I-1**). 막단백질을 수용성으로 만들기 위해서는 안정적이고 여러 가지 크로마토그래피를 방해하지 않는 비이온성 계면활성제(예: 0.5~1.0% Triton X-100, 또는 Nonidet P-40)가 첨가된다. 안정화제로는 10% 정도의 glycerol과 0.01% 정도의 Brij 35, SH 보호제로는 0.5~1.0 mM dithiothreitol(DTT) 등이 사용된다. 또한 protease 저해제에 관해서는 **2장 III**, **4장 I**을 참고하기 바란다. 이들 정보에 관해서는 목적단백질 또는 유사한 단백질이 이미 보고되어 있는 경우에는 거기서 사용되고 있는 buffer의 성분을 참고하는 것이 좋다.

2 배양액으로 분비된 단백질의 추출법

배양동물세포는 사이토카인, 증식인자, 세포외 기질단백질, protease, protease 저해제 등 세포기능을 조절하는 여러 가지 단백질을 배양액으로 분비한다. 이들 단백질에는 세포기능의 조절기구를 연구하는 데 있어서 중요할 뿐만 아니라 의약품으로서 응용 가능한 것도 포함되어 있다. 일반적으로 증식배지에는 10% 정도의 소 혈청(bovine serum)이 첨가된다. 첨가된 혈청단백질(7~8 mg/mL)에 비해 배양세포가 분비하는 단백질의 양은 매우 소량(하루에 0.1~5.0 μg/mL)이기 때문에 분비단백질을 정제하기 위해서는 무혈청 배지가 사용되는 경우가 많다. 무혈청 배지에서는 혈청함유 배지에 비해 세포의 증식과 생존이 나쁘지만, 많은 세포주는 한번 혈청 함유배지로 거의 포화될 때까지 증식하면 무혈청 기초배지로 교환하여도 수개월간 안정적으로 유지된다. 이러한 목적을 위한 무혈청 기초배지로서는 D-MEM/F-12, RPMI 1640 등이 적합하다. 후자는 autoclave 가능 분말배지(Nissui)가 시판되고 있으므로 조제가 용이하다. 이들 기초배지로 세포의 생존이 나쁠 때에는 insulin, transferrin, Na_2SeO_3, EGF 등의 증식 촉진인자를 첨가한 무혈청 합성배지가 사용된다[3].

우리는 암세포가 분비하는 protease, protease 저해제, 세포 접착분자 등의 암의 침윤, 전이에 대한 역할을 조사하고 있다. 여기서 이러한 연구에 사용된 실험법을 설명한다.

준비물

1) 세포 및 기구

- 사람의 방광암 세포주(EJ-1)
- 850 cm^2 roller bottle(BD Falcon)
- 150 mm ø dish(BD Falcon)
- 500 mL 원심관(Hittachi CR20G형 냉각원심분리기 R10A rotor용)
- 50 mL 원심관(Hittachi CR20G형 냉각원심분리기 RPR20-2 rotor용)
- 그 외의 배양기구

2) 시약의 조제

- 합성기초배지(무혈청배지)ⓥ
- 소 태아 혈청(FBS)ⓦ
- 증식배지(RPMI 1640 + 10% FBS) : 500 mL 배지 병에서 450 mL의 RPMI 1640 기초배지와 50 mL의 FBS를 혼합한다.ⓧ
- PBS(Ca^{2+}, Mg^{2+}을 함유하지 않은 인산 완충 생리식염수: Ca^{2+}-, Mg^{2+}-free phosphate buffered saline)
- 0.1%(w/v) trypsin/0.02% EDTA/PBS
- TB + 0.15 M NaCl buffer[20 mM Tris-HCl, 0.005%(w/v) Brij 35: pH 7.5]

ⓥ RPMI 1640 등, 4℃에서 수개월간 보관 가능.

ⓦ 냉장보관, 1개월 이상의 경우에는 냉동보관.

ⓧ 4℃에서 약 1개월간 보관 가능.

합성기초배지(무혈청배지)

RPMI 1640(Nissui사 No.05918: autoclave용) 10.2 g

1 L medium bottle 안에서, MilliQ Wⓨ 942.5 mL로 용해시켜 20분간 autoclave한다.

↓

이하 4종류의 시약을 혼합한다

7%(w/v) $NaHCO_3$(여과멸균)	30 mL
글루타민(Nissui사 : 0.3 g/15 mL)	15 mL
페니실린 G(메이지사)*	전량
Streptomycin 황산(메이지사)**	1.0 mL

* 10만 unit(1 vial)을 10 mL의 MilliQ Wⓨ로 용해

** 100 mg(1 vial)을 10 mL의 MilliQ Wⓨ로 용해

4℃에서 수개월간 보관 가능

ⓨ 배지의 조제에는 특히 순도가 높은 물(18 MΩ 정도)을 사용.

PBS

NaCl	8.0 g
KCl	0.2 g
Na_2HPO_4	1.15 g
KH_2PO_4	0.2 g

MilliQ W에 용해시켜 1 L 되게 한다(pH 조정 불필요).
4℃에서 1년 이상 보관 가능

↓

autoclave 멸균 (20분)

0.1%(w/v) trypsin/0.02% EDTA/PBS

냉각한 PBS 100 mL에 100 mg의 trypsin(Difco사)을 첨가하여, 15분 정도 교반한다.

↓

여과 또는 원심분리로 불순물을 제거한 후 0.22 μm의 필터로 여과 멸균한다(보관액).

↓

1/100 비율의 멸균한 2%(w/v) EDTA(pH 7.2) 용액을 첨가한다(사용액).
4℃에서 1~2주간 보관 가능, 그 이상일 경우에는 냉동보관

×10 TB액(200 mM Tris-HCl, 0.05%(w/v) Brij 35 : pH 7.5

Tris[z]	24.2 g
10%(w/v)Brij 35[a]	5 mL
DW	약 950 mL

진한 염산으로 pH 7.5로 조정한 후, DW로 1 L가 되도록 맞춘다.

ⓩ Tris : Tris(hydroxymethyl) aminomethane

ⓐ Brij 35 : polyoxyethylene 23 lauryl ether

TB + 0.15 M NaCl buffer

×10 TB 용액	100 mL
NaCl	8.77 g

DW에 녹여 1 L가 되도록 맞춘다(pH 조정 불필요).
4℃에서 수개월간 보관 가능

Protocol

❺, ❽을 제외한 각 단계는 overnight ~ 수일간 실험하게 된다.

❶ 30 mL의 증식배지(RPMI 1640 + 10% FBS)를 함유한 150 mm ø dish로 EJ-1 세포를 거의 포화 상태까지 배양한다. Trypsin 처리로 세포를 회수하고 두 개 또는 세 개의 dish로부터 한 병의 roller bottle(200 mL 증식배지)에 옮겨 배양한다[b]. 1주일간

⬇

❷ 세포가 거의 포화된 단계에서, roller bottle의 내부를 100~200 mL의 PBS로 2회 세척한다. 200 mL의 무혈청 배지(RPMI 1640)를 넣어 overnight으로 배양한다.

⬇

❸ 배지를 버리고[c] 새로운 무혈청 배지를 넣어 배양한다.

ⓑ Roller bottle에 세포와 배지를 첨가한 후 5% CO_2/95% 공기의 혼합가스를 30초 정도 불어 넣어주고 뚜껑을 꽉 닫는다. 37℃ chamber 내 또는 항온실 내에서 0.5~1.0 회전/분 속도로 천천히 회전시키면서 배양한다.

ⓒ 이 배양액을 사용할 수도 있지만, 아직 약간의 혈청단백질이 섞여 있을 가능성이 있다.

❹ 주 2회 정도로 배지를 교환하고, 오래된 배양액을 빙냉시킨 비커에 회수한다(오른쪽 그림). 이하의 조작은 전부 4℃, 또는 빙냉하에서 실시한다. 세포는 3개월 이상 유지 가능하다. 3～7일

❺ 모은 배양액을 3,000 rpm(1,200 × g)으로 10분간 원심분리하고 부유세포를 제거한다.

❻ 이 상층액을 다시 9,000 rpm(10,000 × g)으로 30분간 원심분리하고 상층액을 비커에 모은다. 얻어진 상층액을 시료액으로 사용할 수 있다[ⓓⓔ].
❺❻합쳐서 2시간

❼ 배양 상층액을 넣은 비커를 ice bucket에 넣어 냉각한다. Magnetic stirrer로 교반하면서, 황산암모늄을 80% 포화도(시료액 1 L에 대해 561 g)가 되도록 넣고 완전히 용해시킨다.

❽ 교반을 정지하고 2시간 정도 정치한다. 단백질이 적은 경우에는 4℃에서 하룻밤 정치하여 침전을 완성시킨다(농축법에 관해서는 4장 Ⅲ 참고).
❼❽ 합쳐서 3시간 ～

❾ 9,000 rpm(10,000×g)에서 30분간 원심분리한다. 침전물에 소량(배양액 1 L당 3～10 mL)의 TB + 0.15 M NaCl buffer를 첨가하여 용해시키고 같은 buffer로 6시간 이상 투석한다.
7시간 ～

❿ 19,000 rpm(35,000 × g)으로 60분간 원심분리하고, 상층액을 크로마토그래피(예: gel 여과)의 시료로 사용한다. 가능하면 초원심분리기로 40,000 rpm(105,000 × g) 정도로 원심분리하는 것이 바람직하다.
1.5시간

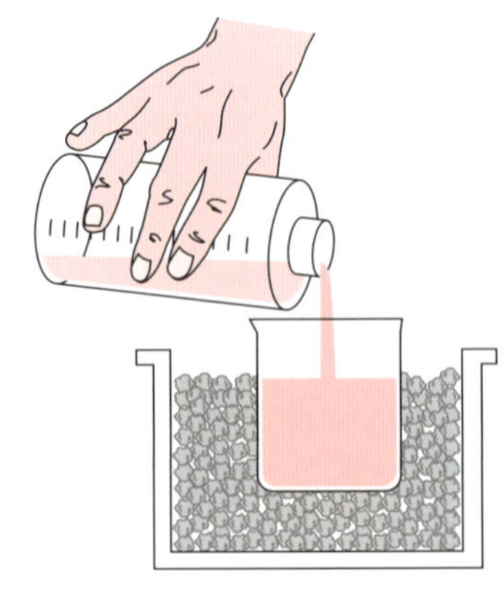

ⓓ 부유세포가 적을 경우는 이 원심분리를 생략해도 좋다.

ⓔ 우리들은 농축하지 않은 원심분리한 상층액(4 L)을 affinity chromatography와 여러 종의 HPLC로 분획하여, MMPs, TIMP-1/2, 아밀로이드 단백질 전구체(APP) 등을 정제하였다[5), 6)]. 배양 상층액을 직접 이온교환 column에 흘려 목적단백질을 농축하는 것도 가능하다(**하권 3장 Ⅲ** 참고). 배양 상층액을 다량으로 모을 때나 처음에 gel 여과 등으로 분획할 때에는 80% 포화 황산암모늄으로 얻어진 침전물을 소량의 buffer에 녹이고 그대로 냉동고에 보관하면 좋다. 사용시에 용해시키고 투석한다.

3 세포로부터 추출 – (1) 세포분획법

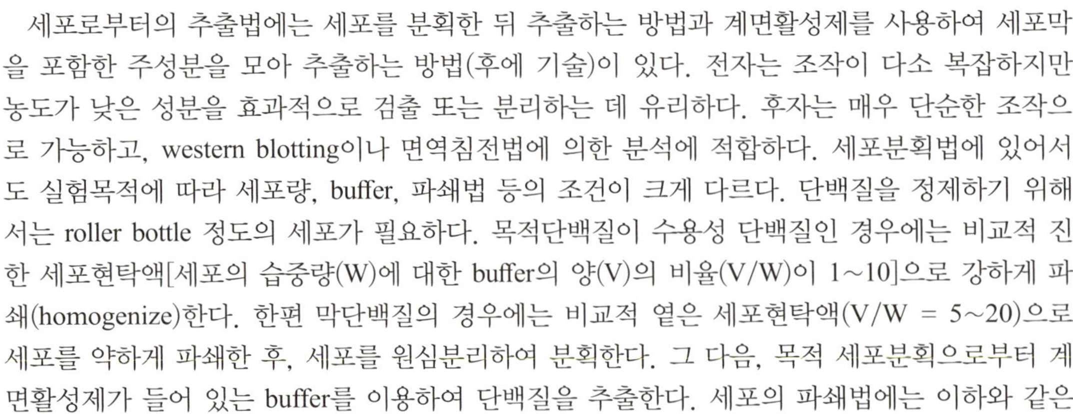

세포로부터의 추출법에는 세포를 분획한 뒤 추출하는 방법과 계면활성제를 사용하여 세포막을 포함한 주성분을 모아 추출하는 방법(후에 기술)이 있다. 전자는 조작이 다소 복잡하지만 농도가 낮은 성분을 효과적으로 검출 또는 분리하는 데 유리하다. 후자는 매우 단순한 조작으로 가능하고, western blotting이나 면역침전법에 의한 분석에 적합하다. 세포분획법에 있어서도 실험목적에 따라 세포량, buffer, 파쇄법 등의 조건이 크게 다르다. 단백질을 정제하기 위해서는 roller bottle 정도의 세포가 필요하다. 목적단백질이 수용성 단백질인 경우에는 비교적 진한 세포현탁액[세포의 습중량(W)에 대한 buffer의 양(V)의 비율(V/W)이 1～10]으로 강하게 파쇄(homogenize)한다. 한편 막단백질의 경우에는 비교적 옅은 세포현탁액(V/W = 5～20)으로 세포를 약하게 파쇄한 후, 세포를 원심분리하여 분획한다. 그 다음, 목적 세포분획으로부터 계면활성제가 들어 있는 buffer를 이용하여 단백질을 추출한다. 세포의 파쇄법에는 이하와 같은

방법이 있으므로 실험 목적에 따라 적당한 방법을 선택할 필요가 있다(**3장 I-1** 참고). 어느 방법에서도 열이 발생하므로 세포를 냉각시키면서 파쇄해야 한다. 또한 세포가 충분히 파쇄되었는지를 현미경으로 관찰하고 확인할 필요가 있다. 여기서는 세포막에 결합하여 존재하는 베타 아밀로이드 단백질 전구체(APP)를 분석하기 위해 세포내 과립 분획을 간단한 원심분리법으로 얻는 예를 설명한다[6), 7)].

〈세포의 파쇄 방법〉

- **Dounce형 homogenizer**(예: Ikemoto Scientific Technology사, 여러 가지 Glass homogenizer가 판패되고 있다.)

  Glass제 외통과 페슬(pestle)로 이루어져 있다. 얼음 위에 놓여진 외통에 세포 현탁액을 넣고 페슬을 손으로 10~20회 상하로 움직여(stroke) 파쇄한다(그림 1). 비교적 소량의 세포를 가능한 안정적으로 처리하고자 할 때 유효하다. 특히, 세포를 과립, 막, 세포질 등으로 분획할 때는 이 방법이 좋다. 그러나 이 방법으로 세포가 파쇄되기 어려우므로 클리어런스(외통과 페슬의 틈)가 좁은 페슬을 사용할 필요가 있다. 그렇지만 충분히 파쇄하기 어려운 경우에는 세포의 급속동결과 융해(녹임)를 수회 반복하여 사전에 세포막을 손상시킨다. 급속동결과 융해 과정은 액체 질소 또는 드라이아이스로 동결하고 유수 또는 37℃ 정도의 수조(water bath)에서 녹이는 조작을 반복하여 실시한다.

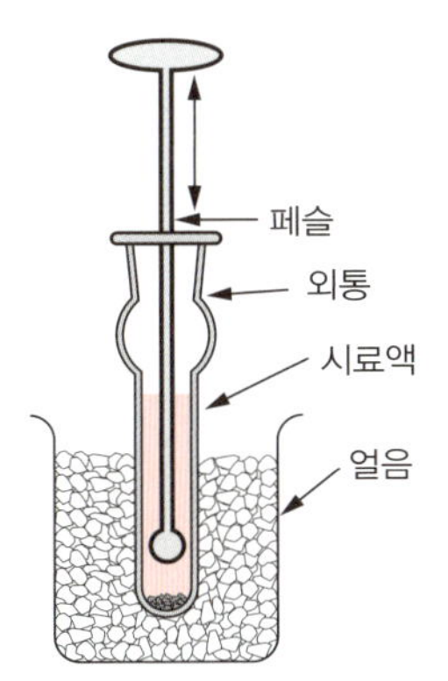

그림 1 Dounce형 homogenizer에 의한 세포의 파쇄

- **Potter형 homogenizer**(예: Ikemoto Scientific Technology사, Sansyo사)

  얼음 위에 놓아둔 Glass제 외통에 세포 현탁액을 넣는다. 테플론 페슬을 외통에 삽입한 후, 모터로 약 1,000 rpm 정도의 속도로 회전시키면서 10회 정도 상하로 움직여 파쇄한다(그림 2). 외통의 용량이 1 mL에서 50 mL 정도의 것이 있으며, 소량으로부터 대량의 처리까지 사용 가능하다. 외통과 페슬의 간극(클리어런스)이 각각의 제품에 따라 다르기 때문에 목적에 맞는 것을 선택한다. 열발생에 의해 페슬이 팽창하여 움직이기 어려워지기 때문에 느슨한 것을 선택하는 것이 좋다. 파쇄의 정도는 Dounce형 homogenizer보다 강하지만 초음파 처리와 polytron형 homogenizer보다는 약하다. 이 homogenizer를 사용할 때는 반드시 페슬이 외통 안에 들어간 상태에서 스위치를 켜고 점차적으로 스피드를 올려야 한다. 그렇지 않으면 외통이 깨어지던가 페슬이 크게 회전하여 부상을 당할 수 있다. 미량의 시료를 파쇄하기 위해서 1.5 mL 튜브 내에서 알루미늄제 회전봉을 모터로 회전시키는 것도 있다(예: Funakoshi사 CG-4A).

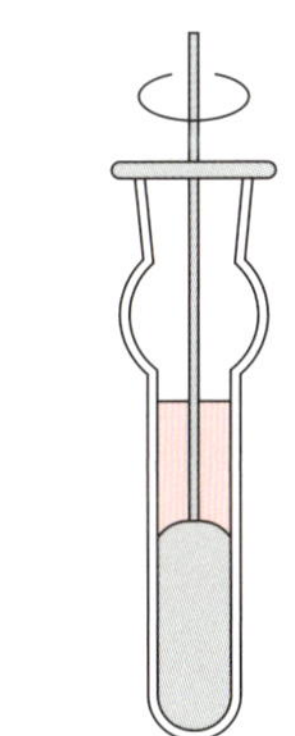

그림 2 Potter형 homogenizer

- **Polytron형 homogenizer**(예: Central 과학무역)

  외날과 고속으로 회전하는 날 사이에서 시료가 기계적으로 파쇄된다. 처리능력이 0.3 mL부터 2 L까지의 것이 있다. 시료액이 1~20 mL인 경우 약 15,000 rpm, 30초간의 처리로 충분하다. 파쇄의 정도는 강하다(**3장 1-1** 참고).

- **초음파 처리**[예: Branson사 Sonifier 150(Central 과학무역)]

  세포현탁액에 진동자를 넣고 초음파에 의해 세포를 완전히 분쇄시킨다. Horn(또는 tip) 사이즈에 따라 0.5 mL 정도에서 수백 mL 정도까지 처리 가능하다. 일반적으로 최적의 조건하에서 0.5~2분간의 처리로 충분하다. 파쇄의 정도는 강하고 세포내 소기관도 완전히 파쇄된다(**3장 1-1** 참고).

준비물

1) 세포 및 기구

- 사람 섬유육종(fibrosarcoma) 세포주 HT1080
- 150 mm ø 배양 dish
- 원심분리기(TOMY사 MRX−150)
- Cell scraper(Costar사 cell scraper, 그림 3a) 또는 고무찰자(rubber−policeman, 그림 3b)

2) 시약

- 합성 기초배지(무혈청 배지)(DMEM/F−12) ⓕ
- 소 태아 혈청(FBS) ⓕ
- 증식배지(DMEM/F−12 + 10% FBS)
- PBS(Ca^{2+}, Mg^{2+}이 없는 인산완충 생리식염수: Ca^{2+}, Mg^{2+}−free phosphate−buffered saline)
- 파쇄 buffer(20 mM HEPES−NaOH, 0.25 M sucrose, pH 7.2) ⓖ

ⓕ 4℃에서 수개월 간 보관 가능. 보다 장기간의 경우는 냉동보관한다.

ⓖ 필요에 따라 protease 저해제와 탈인산화효소 저해제를 첨가한다(후술하는 4 − (2) 참고). 세포가 파쇄되기 어려운 경우는 저장 buffer를 사용해 본다. [예: 10 mM Tris−HCl(pH 7.5), 2 mM $MgCl_2$].

3) 시약의 조제

합성기초배지(무혈청배지)

D−MEM/F−12(Life Technology사: HEPES, Gln 함유)	1봉지
$NaHCO_3$	1.2 g
Penicillin G	10 unit
Sterptomycin−황산	100 mg

MilliQ W에 용해시켜 1 L로 만든다.
6N NaOH를 사용하여 pH를 7.3으로 조정하고, 0.22 μm의 필터로 여과멸균한다. 4℃에서 수개월간 보관 가능.

증식 배지

500 mL medium bottle에 450 mL의 DMEM/F−12 기초배지와 50 mL의 FBS를 혼합한다.
4℃에서 약 1개월간 보관 가능.

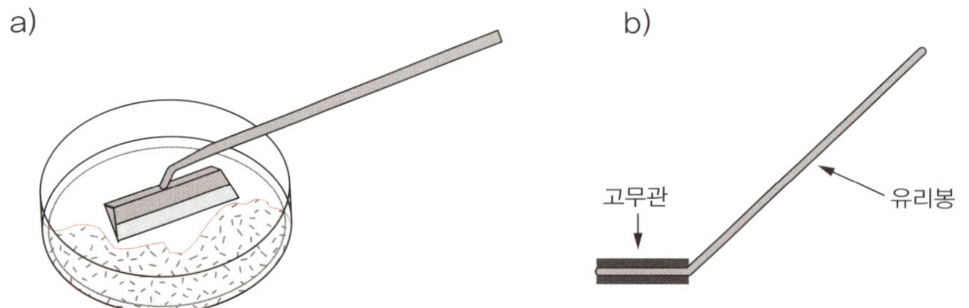

그림 3 Cell scraper (a)와 rubber policeman (b)
b: 직경 약 5 mm, 길이 20 cm 정도의 유리봉 앞쪽 끝부분에서 약 3 cm 정도 부분에 45° 정도의 각도로 구부려, 적당한 고무관을 씌운다.

파쇄 buffer		(최종 농도)
HEPES[h]	4.77 g	(20 mM)
sucrose	85.6 g	(0.25 M)
H_2O	약 950 mL	

6N NaOH로 pH 7.5로 조정한 후, 증류수로 1 L가 되도록 맞춘다. 4℃에서 약 1일주간 보관 가능. 장기간 사용할 경우는 −20℃에서 보관한다.

ⓗ HEPES : 2-[4(2hydroxyethyl)-1-piperazinyl] ethanesulfonic acid

Protocol

약 2시간 정도

❶ 30 mL의 증식배지를 함유한 150 mm ø dish에 포화될 때까지 세포를 배양한다.

❷ 들어 있던 배지는 버린다. 섞여 있는 혈청성분을 제거하기 위해 15 mL의 냉각된 PBS로 3회 이상 세척한다.[i]

ⓘ "2 배양액으로 분비된 단백질의 추출법"에서 언급한 바와 같이, 무혈청배지에서 배양한 경우에는 dish에 부착된 세포를 PBS로 가볍게 1회 세척 만으로 가능하며, 원심분리에 의한 세척도 필요 없다.

❸ 10 mL의 냉각된 PBS를 첨가하고, cell scraper로 세포를 긁어낸다(**그림 3a**).

❹ 세포현탁액을 원심관에 옮기고 1,000 rpm, 5분간 원심분리하여 세포를 모은다.

❺ 세포를 2 mL의 파쇄 buffer와 함께 Dounce형 homogenizer에 넣어 얼음 위에서 페슬을 약 10회 상하로 움직여 세포를 파쇄한다(**그림 1**)[j].

ⓙ 세포의 파쇄 상태를 반드시 확인한다. 불충분한 경우 Potter형 homogenizer를 사용해 본다. 또는 앞에서 언급한 바와 같이, 세포의 동결-융해 반복 및 저삼투성(저장성) 파쇄 buffer를 시도해 본다.

❻ 파쇄액을 3,900 rpm(1,000 × g), 7분간 원심분리하고 상층액을 회수한다[k].

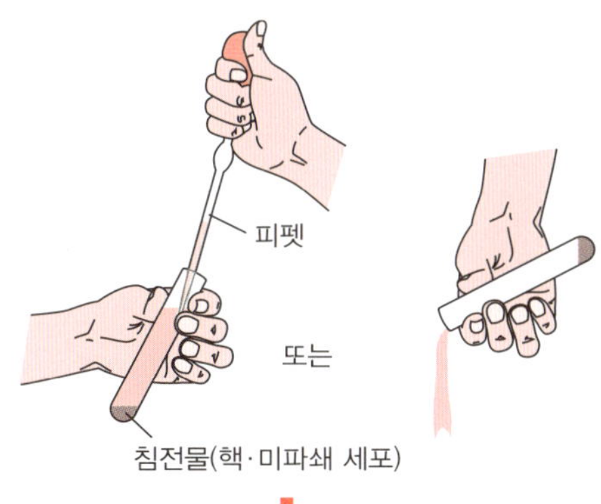

ⓚ 저속 원심분리로 모아진 침전물은 느슨하게 원심분리 튜브의 바닥에 쌓여 있다. 원심분리 후 즉시 기울여 따르거나 피펫으로 주의 깊게 상층액을 빨아들인다(**왼쪽 그림**).

❼ 핵과 미파쇄 세포를 함유한 이 침전물을 1 mL의 파쇄 buffer로 한번 더 homogenization하고 3,900 rpm(1,000 × g)으로 7분간 원심분리한다.

❽ 2회의 원심분리로 얻어진 상층액을 5,600 rpm(2,000 × g)으로 30분간 원심분리하여 미토콘드리아와 리소좀 등을 함유하는 과립 분획(세포막 분획)의 침전물을 모은다[l].

ⓛ 이 침전 분획에 막결합형 APP가 가장 많이 존재했다. 원저 논문[7]에서는, 이 상층액을 12,000 × g, 30분간 원심분리하여 얻은 침전물을 사용하였다. 실험 방법에 따라 분획이 다른 경우도 많다. 불필요하다고 생각되는 분획도 분석이 종료될 때까지는 보관해야 한다. 세포막 단백질을 효율적으로 준비하는 방법으로서 sucrose 밀도구배 원심분리법(**3장 I-1** 참고)과 Triton X-114를 사용하는 two-phase distribution법[8]이 이용되고 있다.

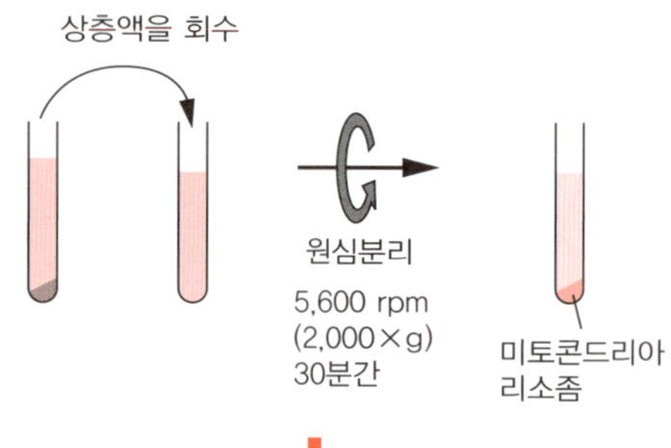

❾ 위의 원심분리로부터 얻어진 상층액을 다시 40,000 rpm(105,000×g)으로 60분간 원심분리하고 그 상층액을 세포질 분획으로 사용한다. 침전물은 microsome 분획으로 한다(다음의 그림 참고).

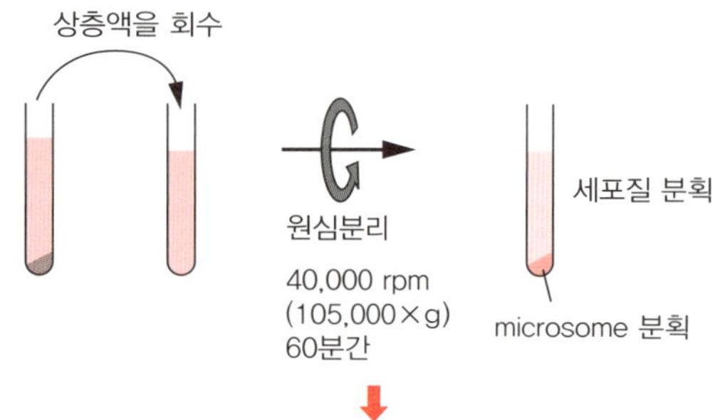

❿ 얻어진 과립분획 ❽ 또는 microsome 분획 ❾로부터 막단백질을 추출하기 위해서는 NP-40, Triton X-100, octylglucoside, cholic acid-Na 등의 계면활성제를 함유한 추출 buffer를 이용하여 추출한다(하기 및 3장 II-2 참고).

4 세포로부터의 추출- (2) 전세포추출법

세포를 분획하지 않고 직접 추출하는 방법을 설명한다. 면역침전, 활성측정, western blotting, 단백질 복합체의 유지 또는 분리 등 실험 목적에 따라 아래의 3종류의 세포용해액(cell lysis buffer)을 선택하여 사용한다. 3-(1) "세포분획법"에서 설명된 기구, 시약, 조작에 대해서는 생략한다.

준비물

1) Cell lysis buffer(세포용해액)의 종류와 첨가제

- Lysis buffer(1)(TNE buffer)[m]: 20 mM Tris-HCl(pH 7.4), 150 mM NaCl, 1 mM EDTA, 1% Nonidet P-40(NP-40), (효소저해제)
- Lysis buffer(2)(RIPA buffer)[n]: 20 mM Tris-HCl(pH 7.4), 150 mM NaCl, 1 mM EDTA, 1% NP-40, 0.1%(w/v) Na-deoxycholate, 0.1%(W/V) SDS, (효소저해제)

ⓜ 변형된 RIPA buffer라고도 불린다. 안정된 용해 buffer로 핵, 세포골격, 많은 세포내 복합 단백질은 그대로 남는다. NP-40 대신 0.5~1.0% Triton X-100을 사용해도 좋다. 또한 더 약한 복합체를 남기기 위해서는, NP-40 대신 1% digitonin이 사용될 수 있다.

ⓝ Radio-immuno-protein-assay(RIPA) buffer. 원래 동위원소 표지세포내 단백질의 면역 침강 등에 사용되어 왔다. 가용화 능력이 강하고, 대부분의 세포내 복합 단백질을 해리시킨다.

- Lysis buffer(3)(SDS buffer)ⓞ : 62.5 mM Tris–HCl(pH 6.8), 2%(W/V) SDS, 10%(V/V) glycerol, [+5%(V/V) 2–mercaptoethanol]
- Protease 저해제ⓟ : 1 mM PMSF(또는 2 mM AEBSF), 10 μg/mL leupeptin/aprotinin/pepstatin
- 인산분해효소(protein phosphatase) 저해제ⓠ : 1 mM Na_3VO_4(activated), 1 mM NaF

2) 시약의 조제

TNE buffer(보관액)		(최종 농도)
1 M Tris–HCl(pH 7.4)	2 mL	(20 mM)
2 M NaCl	7.5 mL	(150 mM)
0.5 M EDTA(pH 7.4)	0.2 mL	(1 mM)
10%(v/v) NP-40	10 mL	(1%)

DW를 첨가하여 100 mL로 만들고, 4℃에서 보관.
인산분해효소 저해제나 protease 저해제 등의 효소저해제는 사용 직전에 100배 stock solution을 필요량의 TNE buffer에 희석하여 사용한다.

Protocol

❶ 하나의 100 mm ø dish에 거의 포화되기까지 부착세포를 배양한다(～1×10^7 세포).

❷ 배지를 버리고, 세포를 10 mL의 냉각 PBS로 3번 세척한다ⓡ.

❸ 냉각한 lysis buffer 1.0 mLⓢ를 첨가하고 dish를 전후좌우로 가볍게 흔들어 섞고 얼음 위나 냉장고에서 5분 정도 정치한다.

❹ Cell scraper로 세포를 긁어내어 eppendorf 튜브에 넣는다.

❺ 피펫이나 pasteur's 피펫을 이용하여 강하게 피펫팅을 반복하여 세포를 완전히 용해시킨다ⓣ. 이때 거품을 일으키지 않도록 한다.

❻ 냉각원심분리기로 15,000 rpm(18,000 × g), 30분간 원심분리하고, 피펫으로 상층액를 회수한다ⓤ.

❼ PBS로 10배 정도로 희석하여 단백질 농도를 측정한다.

❽ 필요에 따라 상층액을 소분하여 –80℃에서 보관한다.

ⓞ Chromatin 등을 포함한 거의 모든 단백질 복합체를 해리시키고 변성시킨다. Western blotting용의 추출액이며, 면역침강에는 사용할 수 없다. 이 buffer로 세포를 용해시킨 후, 완전히 변성시키기 위해 보통 1/20 양의 2–mercaptoethanol을 넣고 3분간 끓여 사용한다. DNA의 영향으로 점도가 높아지므로 원심분리 후 상층액을 사용한다. 초음파 처리를 해도 좋다.

ⓟ **2장 II–2–3** 또는 **4장 I** 참고. Lysis buffer(1)(2)에 protease 저해제를 항상 사용해야 한다. 100배 농도의 것을 조제하고 사용 직전에 lysis buffer에 혼합한다. PMSF보다 AEBSF가 수용액에서 더 안정적이다. PMSF/AEBSF 이외의 것은 4℃ 또는 –20℃에서 보관 가능. 시판의 저해제 혼합물(Roche, Sigma, GE Healthcare 등)을 사용하면 편리하다. Matrix metalloprotease(MMP)의 저해를 위해, 5 μM TAPI–1이 효과적이다.

ⓠ 인산화 단백질의 분석은 필수적이다(**하권 5장 I** 참고). 200 mM Na_3VO_4, 200 mM NaF를 보관액으로 한다. 후자는 실온 보관. 효과적인 저해를 위해 Na_3VO_4는 다음의 활성화 처리를 한다. 보관액에 소량의 1 M HCl을 첨가하여 pH를 10 근처로 조정하고(노란색으로 착색) 무색이 될 때까지 끓인다(약 10분). 실온으로 식히고 pH를 10으로 조절하고 다시 끓여 pH가 10에 안정될 때까지 반복한다. –20℃에서 보관한다.

ⓡ 부유 세포의 경우 15 mL 원심분리 튜브에 옮겨 원심분리(1,000 rpm, 5분, ×3회)로 세척한다.

ⓢ 100 mm ø dish당 1.0 mL(60 mm ø dish당 0.4～0.5 mL)의 lysis buffer가 적당하다. 목적에 따라 증감한다. 일반적으로 lysis buffer(1)을 사용한다.

ⓣ 용해가 불충분한 경우는 미량 homogenizer로 더욱 분산시킨다.

ⓤ Lysis buffer(1)을 사용하는 경우, 핵은 침전한다.

콜라겐, 라미닌, 피브로넥틴 등의 세포 외 매트릭스(ECM) 단백질은 세포로부터 분비된 후 dish 표면에 침착된다. 이와 같은 ECM 단백질을 추출하기 위해서는 dish상의 세포를 PBS로 2회 씻은 후, 10 mM EDTA/PBS를 첨가하여 37℃에서 30분간 배양하고 피펫팅으로 세포를 제거한다. 세포가 남아 있으면 재차 EDTA를 처리한다. 세포를 제외한 dish에 소량의 SDS sample buffer를 넣고 재차 피펫팅하고 rubber policeman으로 ECM 단백질을 추출한다. EDTA 대신에 20 mM 수산화 암모늄(37℃, 15분간)으로 2회에 걸쳐 세포를 수용화시키는 방법, 1% Triton X-100/PBS, 2 M 요소/1 M NaCl, 다음에 8 M 요소로 연속적으로 세포를 추출한 후, ECM을 추출하는 방법 등이 있다.

목적단백질의 분해가 관찰되는 경우에는 파쇄 buffer와 추출 buffer에 protease 저해제 혼합물을 첨가한다(**4장 I 표 2** 참고).

참고문헌

1) 新垣尚捷, 他 編 :「分子細胞生物学基礎実験法」, 南江堂, 2004
2) 日本組織培養学会 編 :「組織培養の技術」, 朝倉書店, 1996
3) 宮崎 香 :「分子細胞生物学基礎実験法」(新垣尚捷, 他 編), pp.74-78, 南江堂, 2004
4) Miyazaki, K. : Cancer Sci., 97 : 91-98, 2006
5) Miyazaki, K. et al. : J. Biol. Chem., 268 : 14387-14393, 1993
6) Miyazaki, K. et al. : Nature, 362 : 839-841, 1993
7) Roberts, S. B. et al. : J. Biol. Chem., 269 : 3111-3116, 1993
8) Bordier, C. : J. Biol. Chem., 256 : 1604-1607, 1981

I-3 효모

효모는 옛날부터 생화학적, 유전학적인 방법에 의해 보다 넓게 연구되어 온 미생물로서, 진핵세포의 모델로도 이용되어 왔다. 유전자 조작이 용이하게 이루어지는 점과 더불어 출아효모(*Saccharomyces cerevisiae*)에 있어서는 1996년에 진핵생물로서 처음으로, 또한 분열효모(*Schizosaccharomyces pambe*)에서는 2002년에 게놈 구조가 밝혀짐으로써 효모를 대상으로 하는 새로운 연구가 연이어 진행되고 있다. 또 알코올 생산성 효모 *Pichia pastoris*에는 강력한 발현vector가 개발되어 있어서 단백질의 대량 생산공장처럼 효모를 이용하는 예도 많아지고 있다. 이 절에서는 한 예로서 출아효모를 재료로 세포의 파쇄와 분획의 방법을 설명하지만 다른 효모에도 거의 같은 방법을 사용할 수 있다.

효모세포로부터 단백질을 추출하는 방법으로서 크게 두 가지를 생각할 수 있다. 첫 번째는 우선 효모세포 전체를 기계적으로 파쇄하고 단백질을 분리 정제 및 조사에 이용하는 방법으로 glass bead로 파쇄하는 방법이 있다[1]. 또 다른 하나는 액체질소와 blender를 사용하는 방법으로[1] 효모세포 내에 존재하는 여러 가지 소기관(organelle 등)을 가능한 한 구조를 유지시킨 채로 분획하고 그것을 시료로 사용하여 단백질의 분리 정제를 실시하는 방법이다. 보통 효소로 세포벽을 분해시킨 뒤 삼투압의 약한 기계적 세포파쇄 후에 세포 소기관을 분획하는 방법이다. 전자의 경우에는 한 번에 대량의 세포를 처리할 수 있는 장점을 가지지만 세포 구조체의 손상은 피할 수 없다. 여기서는 후자의 방법을 설명한다.

효모의 세포막은 당단백질과 glucan 등으로 이루어진 복잡한 구조를 가지는 견고한 세포벽에 의해 쌓여 있다(그림 1). 이 세포벽은 효소를 이용해서 부분적으로 분해시키고 삼투압에 민감한 spheroplast를 제조한다. 소화는 Zymolyase라고 불리는 효소(세균 *Arthrobacter luteus*가 생산하는 효소로서 주로 β-1,3-glucan laminaripentaohydrolase의 활성을 가짐)를 많이 이용한다. 다만 효모의 종류에 따라 소화효소의 효과가 다르기 때문에 주의해야 한다(예를 들어, 분열효모 종류는 *Trichodermaviride*가 생산하는 세포벽 용해효소가 유효하다). 또한 세포벽의 파쇄를 쉽게 하기 위해서는 효소의 반응 전에 효모세포를 Dithiothreitol 등의 환원제로 처리하면 효과적이다. Spheroplast의 파쇄 조건은 어떠한 세포내 소기관 등의 구조물을 분리할 것인지에 따라 달라진다. 여기서 특히 주의할 점은 파쇄할 때 이용하는 추출액의 조성이며 세포내 소기관이 파괴되지 않도록 삼투압을 조절할 필요가 있다. Spheroplast를 파쇄한 뒤에는 단계적으로 원심분리법과 밀도구배 원심분리법을 조합하여 목적하는 세포소기관을 분리한다. 아래에 일반적인 세포의 파쇄와 분획방법을 설명하지만 각 세포 구조체의 분리, 정제에 대한 상세한 것은 다른 문헌을 참고하기 바란다[1)-3)].

실험 진행을 플로차트로 제시하였다(그림 2).

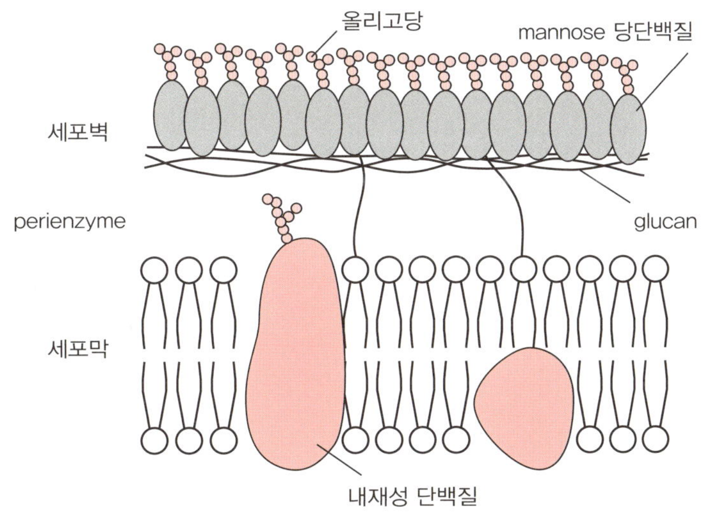

그림 1　효모세포 표면구조 모식도

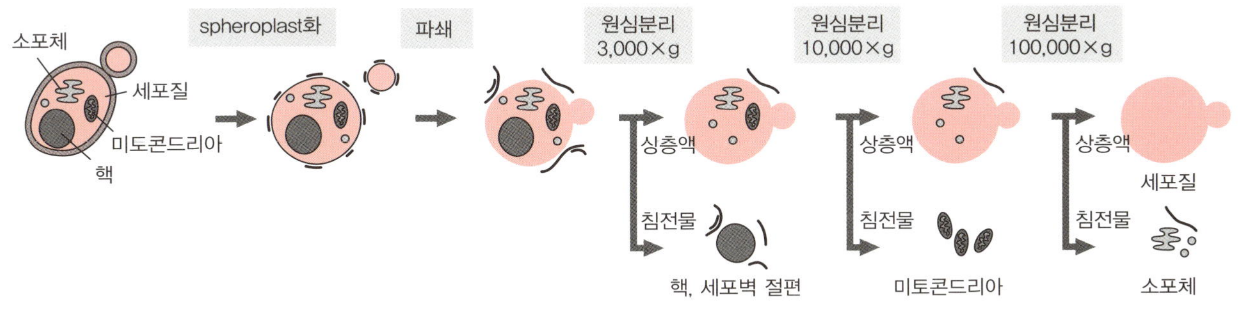

그림 2　효모세포 분획의 개요

3장
단백질 추출법

효모의 파쇄와 분획

준비물

1) 효모균체

시판되는 빵 효모라도 상관없지만 연구실에서 배양한 효모를 사용할 때는 각각의 세포내 구조의 단백질 함량이 배양조건에 따라 크게 다를 수 있기 때문에 미리 적절한 배양조건을 설정할 필요가 있다. 예를 들면, 미토콘드리아의 분리 때에는 미토콘드리아의 발달을 촉진시키기 위해서 글리세롤과 유산 등의 호흡기질을 탄소원으로 함유된 배지를 사용한다.

2) 기구류

- 원심분리기(10,000 × g까지 가능한 것)
- 초원심분리기(100,000 × g까지 가능한 것)
- 원심튜브(각종)
- Dounce형 homogenizer
- Shaking waster bath
- 스포이드 피펫

3) 시약

- 1 M Tris−SO_4(pH 9.4)
- 1 M Dithiothreitol(DTT)
- 2.4 M Sorbitol(Glucitol)
- Sorbitol/K^+−Phosphate buffer
- 1 M PMSF
- 1 M Tris−HCl(pH 7.4)
- 1 M K^+−Phosphate(pH 7.4)
- Tris−SO_4 buffer
- Breaking buffer
- Zymolyase−20T

4) 시약의 조제

1 M Tris–SO_4(pH 9.4)

Tris base	24 g

DW를 가하여 약 160 mL 되게 하고, H_2SO_4로 pH 9.4로 조정한 후, 200 mL 되게 맞춘다. 실온보관.

1 M Dithiothreitol(DTT)

Dithiothreitol	1.54 g

DW를 가하여 약 10 mL 되게 한다. 1 mL 씩 분주하여 −20℃에 냉동보관.

2.4 M Sorbitol(Glucitol)

Sorbitol(Glucitol)	437.2 g

DW를 가하여 1 L로 맞추고, 실온보관.

Sorbitol/K^+–Pi buffe

1 M K^+–Pi buffer	8 mL	(20 mM)
2.4 M Sorbitol	200 mL	(1.2 M)

DW를 가하여 400 mL 되게 한다. 실온보관.

1 M Tris–HCl(pH 7.4)

Tris base	24 g

DW를 가하여 약 160 mL 되게 하고, HCl로 pH 7.4로 조정한 후, 200 mL 되게 한다. 실온보관.

1 M K^+–Phosphate buffer(K^+–Pi buffer) pH 7.4

1 M K_2HPO_4	200 mL
1 M KH_2PO_4	50 mL

pH는 7.4 부근에 있을 것이다. 맞지 않을 때에는 1 M K_2HPO_4 또는 1 M KH_2PO_4로 조절한다. 실온보관.

Tris–SO_4 buffer

		(최종 농도)
1 M Tris–SO_4(pH 9.4)	10 mL	(100 mM)

DW를 가하여 100 mL 되게 한다. 사용 직전에 1.0 mL의 1 M DTT를 가한다. 실온보관.

1 M Phenylmethylsulfonyl fluoride(PMSF)

Phenylmethylsulfonyl fluoride	174.2 mg

1 mL의 Dimethylsulfoxide에 용해한다. −20℃ 냉동보관. 사용 전에 실온으로 옮긴다.

Breaking buffer

1 M Tris-HCl(pH 7.4)	4 mL	(20 mM)
2.4 M Sorbitol	50 mL	(0.6 M)

DW를 가하여 200 mL 되게 한다. 얼음 위에 보관.

Protocol

4~5시간

1) 세포의 파쇄

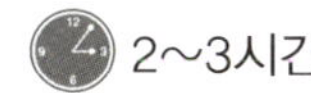

❶ 배양액을 250 mL 정도의 원심튜브를 이용하여 3,000 × g에서 5분간 원심분리하여 효모균체를 침전시킨다. 균체를 습중량 5 g당ⓥ 50 mL의 Tris–SO_4 buffer에 현탁시킨다ⓦ.

ⓥ 균체 습중량 5 g 정도로 실시하는 것이 바람직하다.

ⓦ 이후, 현탁은 선단이 넓은 스포이드 피펫(10 mL)으로 하면 된다. ❹까지의 과정은 원심튜브 채로 한다.

❷ 30℃의 항온 수조에서 15분간 진탕시킨다(90 rpm 정도)ⓧ.

ⓧ 거품이 생기지 않도록 한다.

❸ 3,000 × g로 5분간 원심분리하여 효모 균체를 모으고, 50 mL의 Sorbitol/K^+–Pi buffer에 현탁시킨다(2회 반복).

❹ 균체 습중량 1 g당 5 mg의 Zymolyase–20T를 넣고, 30℃ 항온 수조에서 30~60분간 진탕시킨다(90 rpm 정도)ⓨ.

ⓨ 거품이 생기지 않도록 한다.

❺ Spheroplast 형성을 확인하기 위하여 시간에 따라 20 μL의 시료를 1.5 mL의 eppendrof 튜브에 넣고 증류수로 50배 희석(1 mL가 된다)하여 600 nm의 흡광도를 측정한다. Spheroplast는 용균되기 때문에 Spheroplast화의 정도는 흡광도의 감소로서 알 수 있다(원포이트 어드바이스 참고).

❻ 3,000 × g로 5분간 원심분리하여 모은 효모 균체 침전물을 50 mL의 Sorbitol/K^+–Pi buffer에 현탁시킨다ⓩ(2회 반복).

ⓩ 이후의 조작은 모두 물을 적신 얼음 위에서 실시하고 buffer는 0℃로 차게한 것을 사용한다.

❼ 3,000 × g로 5분간 원심분리하고 효모 균체 침전물을 사용 직전에 50 μL의 1 M PMSF를 첨가한 Breaking buffer 50 mL에 현탁시킨다.

❽ 현탁액을 Dounce형 homogenizer로 옮겨 피스톤을 15회 상하로 움직여 homogenization하고 세포를 충분히 파쇄한다ⓐ(오른쪽 그림).

ⓐ 피스톤을 현탁액의 표면보다 올려버리면 기포가 심해지므로 현탁액의 표면보다 아래에서 상하로 움직이도록 한다.

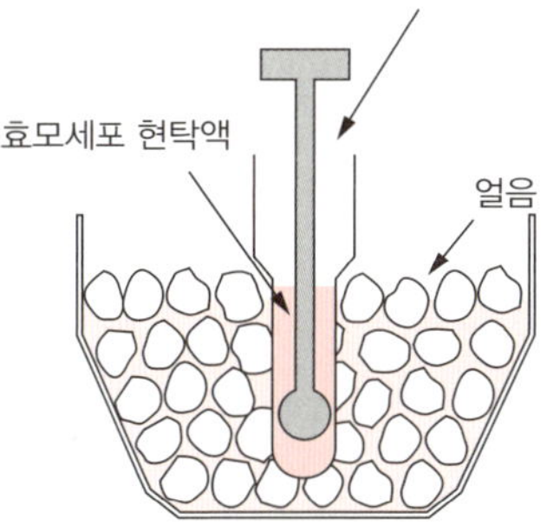

얼음 속에서 spheroplast를 homogenization한다

2) 세포의 조분획

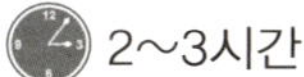

❶ 3,000 × g로 5분간 원심분리하고 상층액을 새로운 원심튜브에 옮긴다. 침전물은 파쇄되지 않은 세포와 세포벽 단편 및 핵이 주로 포함되어 있다ⓑ.

ⓑ 침전물은 부드럽고 부서지기 쉬우므로 침전부분을 아래에 두고 원심분리 튜브를 비스듬히 기울여 상층액을 스포이드 피펫으로 옮긴다.

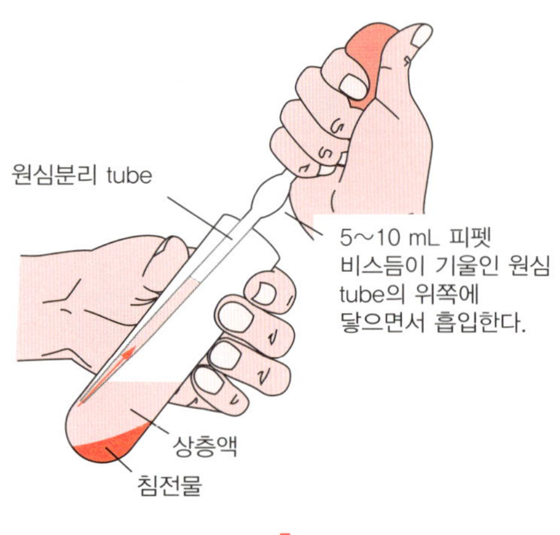

❷ 10,000 × g로 5분간 원심분리하고 상층액을 새로운 원심튜브에 옮긴다. 침전물은 조미토콘드리아 분획으로서 회수한다.

❸ 100,000 × g로 60분간 원심분리하여 얻어진 상층액을 세포질 분획으로, 침전물은 microsome 분획으로 회수한다ⓒ.

ⓒ 침전물에는 소포체막과 액포막 등이 포함된다.

1) 효모세포의 파쇄의 쉬운 정도는 세포주와 배양조건에 따라 다르다. 그러므로 세포의 파쇄를 충분히 하기 위해서는 실험 때마다 shperoplast 형성 정도를 관찰하여 zymolyase 처리 시간을 조절하는 것이 좋다.

2) 세포의 파쇄가 충분하지 않을 때는 파쇄 후 3,000 × g로 원심분리하여 얻어진 최초의 침전물을 다시 homogenization하면 회수량이 증가하는 경우가 있다.

3) 회수한 분획은 얼음에 보관하고, 가능한 빨리 목적하는 다음 단계의 실험(단백질의 정제와 활성측정 등)에 실시하는 것이 좋다. 동결시켜 보관할 경우에는 −80℃ 정도의 초저온냉동고 또는 액체질소에 보관한다. 단 동결 후 융해를 했을 때에는 분획에 포함되어 있는 막구조 등이 부서질 경우가 많기 때문에 주의가 필요하다.

4) 보다 순수한 세포 구조체를 필요로 할 때에는 얻어진 조분획을 시료로, sucrose나 Histodenz(Sigma사) 또는 Nicodenz(Cosmo Bio사)를 사용하여 밀도구배 원심분리로 각 세포 구조체에 적합한 정제를 진행한다[1)~3)].

5) Spheroplast 형성의 체크법
샘플에 멸균수(동량 이상)를 첨가하여 현미경으로 관찰하는 방법이 있다. Spheroplast화가 제대로 되어 있으면 삼투압 쇼크로 세포가 파쇄되어 그 모습을 현미경으로 모니터할 수 있다. 파쇄의 비율도 어림잡을 수 있다.

Troubleshooting

문제점	가능성 있는 원인	해결을 위한 조치
● 세포 파쇄가 불충분하다.	• Spheroplast화가 부족	➡ Spheroplast화의 인큐베이션 시간을 길게 한다. ➡ Zymolyase 양을 늘린다. ➡ Homogenizer를 더 강한 것으로 바꾼다.
● 목적단백질이 분해되어 버렸다.	• 내재성의 protease의 활성을 억제하지 못했다.	➡ 사용 직전에 breaking buffer에 PMSF를 넣었는지 점검한다. ➡ Buffer와 기구를 충분히 차게 해두었는지, 분획 과정 중에 세포 현탁액의 온도가 올라가지 않았는지 확인한다. ➡ Protease inhibitor cocktail(예를 들면, Sigma사의 P8215나 Roche의 1836170)을 사용해 본다.
● 세포소기관의 분리 · 회수율이 나쁘다.	• 세포 파쇄액의 점성이 높다.	➡ 파쇄시 buffer 양을 늘려본다. ➡ Homogenizer를 바꿔 본다. ➡ Breaking buffer에 EDTA를 1 mM 첨가해 본다.
● 세포소기관의 막구조가 파괴된다.	• Breaking buffer의 삼투압이 적절하지 않다.	➡ Breaking buffer의 삼투압이 목적 세포소기관의 분리에 적합한지 검토한다.
	• Detergent가 혼입되었다.	➡ 약간의 detergent가 혼입되도 생체막은 파괴된다. 특히 사용하는 유리기구, homogenizer 세척 시 세제가 남지 않도록 충분히 물로 씻는다. ➡ 세포 파쇄 시 protease inhibitor cocktail을 첨가함으로써, 손상 없는 세포소기관 회수량이 증가하는 경우도 있다.

참고문헌

1) Rieder, S. E. & Emr, S. D. : Current Protocols in Cell Biology, UNIT3.8, 2000
2) 杉山純多, 他 編 :「新版 微生物学実験法」, pp.121−125, 講談社サイエンティフィック, 1999
3) 山本正幸, 大矢禎一 編 :「酵母ラボマニュアル」, pp.141−151, シュプリンガー · フェアラーク東京, 1998

I-4 식물

식물은 동물과 달리 광에너지를 이용하여 무기물을 동화하여 생육할 수 있다. 이러한 광합성 독립 영양능력은 식물세포 특유의 세포소기관인 '엽록체'가 담당하고 있다.

엽록체는 두 개의 막(외막과 내막)에 쌓여진 세포소기관이다. 그 내부에는 thylakoid막이라고 불리는 평평한 형태의 막계가 발달해 있다. 광합성의 광화학반응은 이 막계에 산재하는 4가지의 막단백질 복합체(광계 I, II, cytochrome b_6f 복합체 및 ATP 합성요소 복합체)에 의해 이루어진다. 엽록체의 수용성 분획 중 thylakoid막의 바깥은 stroma라고 불리며 광합성의 암반응을 담당하는 Calvin 회로의 효소군 등의 많은 수용성 단백질이 포함되어 있다. 또한 thylakoid막의 내강은 rumen이라고 불리며 주로 광계 II의 산소 발생계에 관여하는 몇 가지의 단백질과 thylakoid막의 복합체 간의 전자전달을 담당하는 단백질이 부분적으로 존재한다(**그림 1**).

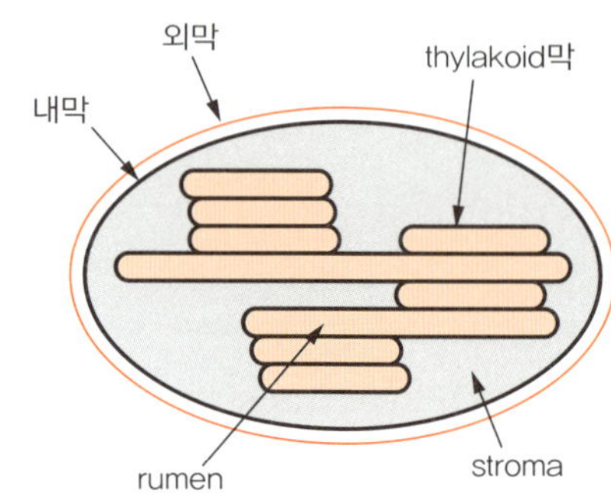

그림 1 엽록체의 구조 모식도

엽록체에 존재하는 단백질을 정제할 때에 첫 단계로 세포로부터 엽록체를 분리해내는 것은 목적단백질의 함유량을 높이는 방법으로 효과적이다. 식물로부터 엽록체를 분리하기 위해서는 ① 등장액 buffer 중에서 blender로 세포를 파쇄하고, ② 여과와 저속원심분리로 조엽록체 분획을 얻고, ③ 온전한 엽록체는 밀도구배 원심분리를 이용하여 파괴된 엽록체로부터 분리해낸다. 이 절에서는 시금치를 재료로 온전한 엽록체를 분리하고, 그것의 수용성 성분과 막성분을 분리해내는 방법을 소개한다.

준비물

1) 시료

- 시금치
- 선태류(이끼류)(**그림 2**: *Physcomitrella patens*, 한천배지나 액체배지에서 키운 원사체[1])

2) 기기

- 부엌칼, 도마(시금치를 자르기 위한 용도)
- Waring blender(가정용 믹서기도 가능. 4°C로 차게 해둘 것)
- 냉각원심분리기[Angle rotor(Hittachi RPR 12-2, Tomy TA-12 등)]
- 초원심분리기[Swing rotor(Hittachi SRP28SA)와 앵글 로터((Hittachi RP65 등)]
- Miracloth(Merck사) 또는 거즈도 가능
- Sonicator(Branson사, Sonifier 250 등)
- 여과지(Whatman사 No.1, 직경 110 mm 등)
- 파스퇴르 피펫
- 깔때기
- 가시광 분광광도계

그림 2 선태류(이끼류)
선태류는 유전자 표적화법(gene targeting) 적용이 가능한 모델식물로서 널리 이용되고 있으며 게놈 정보도 공개되고 있다.
a : 한천배지(90 mm 직경 샬레) 상에 생육한 원사체
b : 원사체의 확대 사진
사진 제공: Tsujimoto 박사(나고야 대학)

3) 시약류

- Grinding(GR) buffer
- 밀도구배 원심분리용 percoll buffer[80%(v/v) percoll을 함유한 GR buffer]
- 밀도구배 원심분리용 percoll buffer[30%(v/v) percoll을 함유한 GR buffer]
- 밀도구 배원심분리용 percoll buffer[10%(v/v) percoll을 함유한 GR buffer]
- 엽록체 파쇄용 저삼투액 buffer
- 80%(v/v) 아세톤(Acetone)
- 규사(sea sand)(30～50 mesh)

4) 시약 조제법

5× GR buffer		(최종 농도)
2 M HEPES-KOH(pH 7.5)	125 mL	(50 mM)
D-Sorbitol(D-Glucitol)	300.3 g	(0.33 M)
1 M $MgCl_2$	5 mL	(1 mM)
1 M $MnCl_2$	5 mL	(1 mM)
0.5 mL EDTA(pH 8.0)	20 mL	(2 mM)

탈이온 증류수를 첨가하여 1 L 되게 한다.
4℃에 보관(최종 농도는 1×로 사용할 때의 농도를 표시함). 수개월 보관 가능.

GR buffer		
5×GR buffer	200 mL	
Sodium ascorbate ⓓ	1.0 g	(5 mM)

냉각된 탈이온 증류수를 첨가하여 1 L 되게 한다.

ⓓ 사용 직전에 1 L당 1.0 g 첨가.

엽록체 파쇄용 저삼투액		
1 M Tricine-NaOH(pH 7.8)	0.5 mL	(5 mM)
5 M NaCl	0.1 mL	(5 mM)
1 M $MgCl_2$	0.1 mL	(1 mM)

냉각된 탈이온 증류수를 첨가하여 100 mL 되게 한다.

Percoll 밀도구배

3종류의 Percoll[e] 밀도의 buffer(80%, 30% 및 10%)를 조제하고(**표** 참고), 파스퇴르 피펫 등을 사용하여 원심분리용 튜브(Hitachi SRP28SA용 튜브의 경우)에 80% Percoll을 10 mL, 그 위에 30% Percoll 17 mL, 10% Percoll 2 mL를 순차적으로 층을 쌓으며 넣는다(한 개의 튜브에 10 mg 정도의 엽록소 상당의 조엽록체 분획을 올려놓을 수 있다).

ⓔ Percoll은 GE Healthcare사의 제품명.

Percoll (v/v)	Percoll (mL)	5x GR buffer	H_2O (mL)
80%	8.0	2.0	0
30%	5.1	3.4	8.5
10%	0.2	0.4	1.4

(40PA 튜브 1개에 해당하는 용량)

Protocol

1) 손상되지 않은 엽록체의 준비 　약 1.5시간

❶ 뿌리를 잘라낸 시금치를 물로 잘 씻고 페이퍼 타월로 눌러 여분의 수분을 제거한다.
선태류(이끼류)의 경우, 원사체의 세포덩어리를 핀셋 등으로 모은다(액체배지의 경우, 여과지를 이용하여 회수한다).

❷ 각 잎의 주맥 부분을 제거하고, 잎을 약 5 mm 크기의 사각으로 자른다.

❸ 자른 잎(40 g)과 잎 중량의 5배량(200 mL)의 GR buffer를 blender에 넣는다.

❹ Blender를 약 3초씩 수회 작동시켜 잎을 파쇄한다[f].
선태류(이끼류)의 경우, 규사(sea sand)를 소량 넣고 blender를 30초씩 2회 작동시켜 세포를 파쇄한다.

ⓕ 이 시간이 너무 길면 손상이 없는 엽록체의 회수량이 낮아지므로 파쇄의 상황을 보면서(잎의 파쇄 조각 크기가 1 mm 정도가 될 때까지) 판단한다.

❺ 이 파쇄액을 4겹으로 겹친 miracloth로 여과한다[g].

ⓖ Miracloth는 가지런히 겹친다. 여과액은 짙은 녹색을 띠고 있다. 옅을 때는 다시 blender로 처리해 본다.

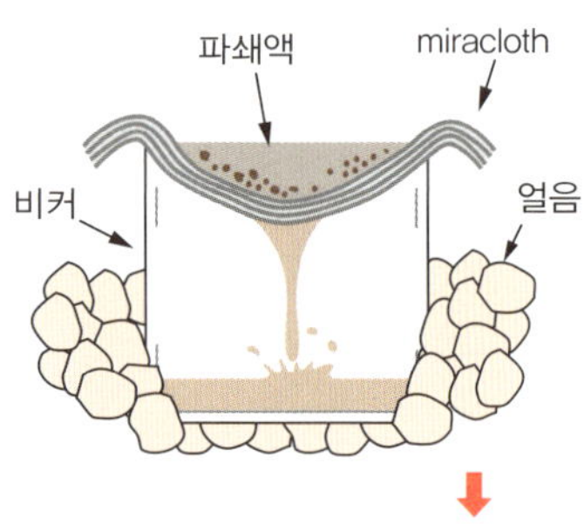

❻ 여과액을 원심분리튜브에 분주하고, 4,000×g로 20초만 원심분리하고, 가능한 빨리 정지시킨다[h].

ⓗ 침전을 너무 단단하게 하면 엽록체가 부서져 버린다.

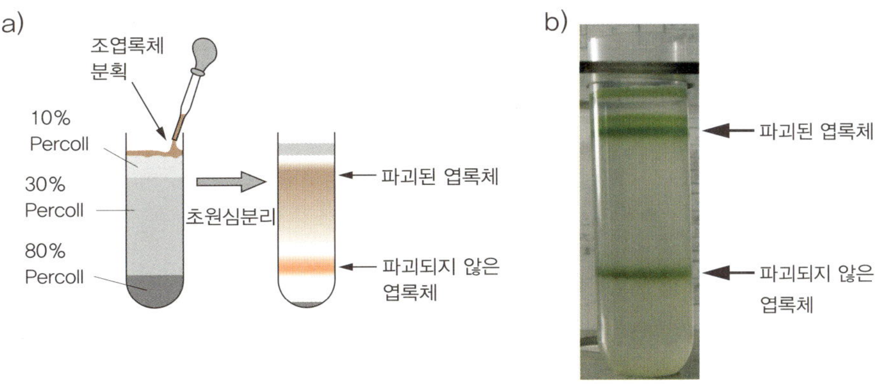

그림 3 Percoll 밀도구배 원심분리에 의한 엽록체의 분리
a: 파괴되지 않은 엽록체는 30% Percoll과 80% Percoll의 경계면에 농축된다
b: 선태류 원사체로부터 파괴되지 않은 엽록체 분리의 실례

❼ 상층액을 버리고 침전물을 25 mL의 GR buffer에 재차 현탁시킨다ⓘ.

❽ Percoll의 밀도구배 튜브에 중층한다(Hittachi SRP28SA용 튜브 두 개에 동량씩 중층. 소량일 때는 SRP28SA1보다 가는 원심관을 사용한다).

❾ Swing rotor로 원심분리한다(8,000 × g, 10분). 파괴된 엽록체는 10%와 30%의 경계면에, 손상되지 않은 엽록체는 30%와 80%의 경계면에 농축된다(**그림 3**).

❿ Aspirator로 파괴된 엽록체의 밴드를 제거하고 30%와 80% 사이에 있는 엽록체 밴드를 회수한다[Aspirator로 튜브의 윗부분부터 순차적으로 손상 없는 엽록체 밴드 바로 위에까지 뽑아 내고(아래 **그림 a**), 손상 없는 엽록체의 밴드를 파스퇴르 피펫으로 회수한다(아래 **그림 b**)].

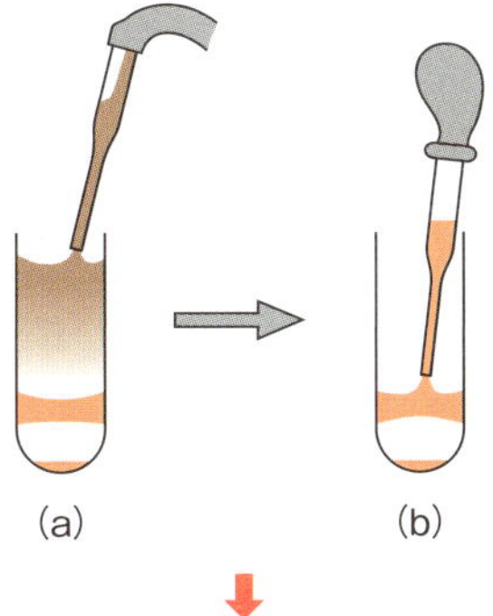

⓫ 회수한 엽록체 현탁액에 10배 용량의 GR buffer를 첨가하고 저속원심분리하여(4,000×g, 10분), 손상 없는 엽록체를 침전물로 회수한다ⓙ.

ⓘ 엽록체가 파쇄되지 않도록 끝을 둥글게 한 스포이드 피펫이나 끝부분을 잘라낸 pipetman tip을 사용하여 현탁한다. 기포가 생기지 않도록 주의한다.

ⓙ 손상 없는 엽록체를 회수한 분획은 Percoll 농도가 높기 때문에 희석하지 않으면 침전하지 않는다. 손상 없는 엽록체는 일단 동결하면 막이 파괴되고 해동하였을 때는 파쇄 엽록체가 되어 버린다. 따라서 단백질 수송 등 손상 없는 엽록체를 요구하는 실험에서는 이렇게 얻은 엽록체를 적당량의 GR buffer에 현탁하고 얼음 위에 보관하고(얼음 위에 수시간은 보관가능) 그날 안에 실험을 수행한다.

2) 수용성 분획과 막 분획의 준비

 약 1.5시간

❶ 손상 없는 엽록체 침전물을 엽록체 파쇄용 저삼투액 buffer에 현탁한다.

❷ 삼투압으로 엽록체의 파괴가 일어나지만, 보다 완전하게 파괴시키기 위해 sonicator로 30초간 처리한다.

❸ 초원심분리용 튜브에 옮겨 100,000×g로 한 시간 초원심분리한다.

❹ 상층부분을 엽록체 수용성분획(stroma와 rumen 분획을 포함한다), 침전물을 막분획(thylakoid와 엽록체 막분획을 포함한다)으로 회수한다.

3) 엽록소의 정량

 약 1.5시간

❶ 엽록체와 thylakoid 막분획의 회수량은 엽록소 함량으로 평가한다. 분리한 엽록체 분획 50 μL를 10 mL의 80% 아세톤에 현탁시키고, 여과지를 통해 신속하게 여과한다(오른쪽 그림).

❷ 여과액의 663 nm과 647 nm의 흡광도를 측정한다.

❸ 이 흡광도 값으로 아래의 식[4]에 따라 시료의 엽록소 농도를 산출한다ⓚⓛ.
시료의 엽록소 농도(mg/mL) = $(7.15\ A_{663} + 18.71\ A_{647}) \times (10\ mL/0.05\ mL)$

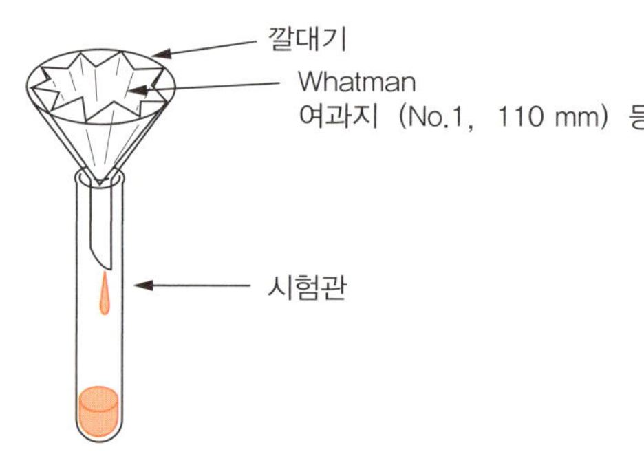

ⓚ 고등식물의 엽록체에는 엽록소 a와 엽록소 b가 포함되어 있다. 두 엽록소의 공통적인 흡광파장인 652 nm의 흡광도에 의해 원래의 시료인 엽록소($a + b$)의 농도가 얻어진다.

ⓛ 이 방법은 신속하게 여과할 수 있으므로, 증발에 의한 부피 감소는 무시할 수 있다. 또한 보다 적은 양으로 정량하는 방법으로 1.5 mL 튜브로, 엽록체 분획 5 μL를 1 mL의 80% 아세톤에 현탁하여 15,000 rpm으로 5분간 원심분리하여 그 상층액을 ❷~❸ 방법으로 엽록소 농도를 산출할 수도 있다.

실험사례

시금치잎 약 40 g으로부터 위의 방법으로 약 2 mg 엽록소에 해당하는 온전한 엽록체를 분리할 수 있었다. 또한 선태류에서는 4개 정도의 한천배지 상의 원사체로부터 약 20 μg 엽록소 상당의 온전한 엽록체를 분리할 수 있었다.

이 방법으로 준비한 손상되지 않은 엽록체는 *in vitro*에서 합성한 단백질 수송실험 등에 제공할 수 있다. 또한 엽록체의 수용성 단백질을 정제할 경우에는 밀도구배 원심분리를 생략하고, 조엽록체 분획을 바로 저삼투액 buffer로 파괴함으로써 보다 간편하고 대량으로 엽록체의 수용성 분획을 준비할 수 있다.

원포인트 어드바이스

이 방법은 시금치 이외의 식물(강낭콩, 대두, 담배 등)에도 사용된다. 잎이 단단한 식물인 옥수수 등으로 실시할 경우에는 잎을 파쇄하기 전에, 보다 잘게 썰 필요가 있다. 온전한 엽록체를 준비하는 과정은 4℃에서 가능한 신속하게 하는 것이 회수량을 높이기에 중요하다. 손상되지 않은 엽록체와 파괴된 엽록체와는 위상차 현미경(200~400배)으로 쉽게 구별할 수 있다. 손상 없는 엽록체는 반짝반짝 빛나는 입자로 보이지만, 파괴된 엽록체는 빛나지 않고 약간 어두운 입자로 관찰된다(그림 4).

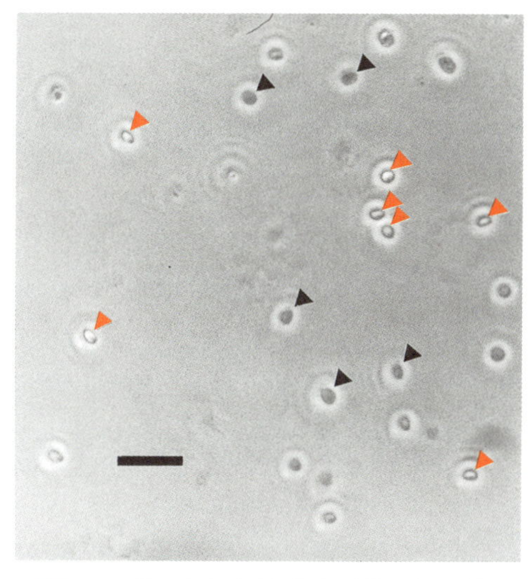

그림 4 시금치의 손상되지 않은 엽록체(빨간색 삼각표)와 파괴된 엽록체(검은색 삼각표)를 보여주는 위상차 현미경 사진. Scale bar는 25 μm

3장 단백질 추출법

참고문헌

1) 青木摂之, 杉田 譲：ヒメツリガネゴケ「光合成研究法」, 低温科学 vol.67, pp.31-33, 北海道大学低温科学研究所·日本光合成研究会共編, 2008

2) Bartlett, S. G. et al. : Methods in Chloroplast Molecular Biology(Edelman, M. et al. eds.), pp.1081-1091, Elsevier Biomedical Press, Amsterdam, 1982

3) Gegenheimer, P. : Preparation of extracts from plants. Methods Enzymol., 182 : pp.174-193, 1990

4) Lichtenthaler, H. K. : Methods Enzymol., 148 : pp.350-382, 1987

II 단백질의 가용화법

II-1 생체막 성분의 분리

앞쪽 절에서 여러 가지 종류의 세포 파쇄와 분획에 대해 기술했는데, 수용성 세포질 분획의 단백질은 다음에 기술할 단백질의 분리 정제의 재료로서 일반적으로는 쉽게 다룰 수 있다. 그러나 세포내 소기관에 일부분으로 존재하는 단백질을 다룰 때에는 존재 상태에 따라 취급이 매우 달라진다. 분리 분획한 세포내 소기관 중에서도 이중막으로 싸여 있는 핵, 미토콘드리아, 엽록체 등은 막으로 구획되어 있는 구성단위로 분리할 필요가 있는 경우가 있다. 또한 microsome 분획처럼 소포체막, 세포막, 리소좀, 골지체 등은 세포내 소기관의 막성분이 작게 소포화된 것의 집합이므로, 그대로 생체막 성분 시료로 취급할 수 있다. 여러 종류의 생체막 성분의 분리 정제법이 확립되어 있지만, 단백질 정제 등의 재료로서 사용할 경우에는 세포분획법으로 얻어진 세포내 소기관 유래의 막성분을 시료로 많이 사용한다[1)~5), 8)~10)]. 여기서는 생체막 성분의 보다 세밀한 분리정제법에 대해 2~3가지 설명한다.

1 핵막의 분리

핵의 외막은 소포체막과 연결되어 있고 리보솜과 결합되어 있는 것이어서 소포체막과 공통의 기능도 가지고 있다고 생각된다. 그러나 핵의 내막은 핵의 구조유지에 필요한 lamin 등으로 이루어진 핵 lamina 층에 의해 지지되고 있다(그림 1).

핵분획에서 핵막을 분리할 때 초음파 처리, DNase 처리, heparin 처리 등에 의해 핵 DNA를 처리함으로써 핵막의 분리를 용이하게 한다. 여기서는 생체막 재료로서 핵막의 분리에 대해 기술한다.

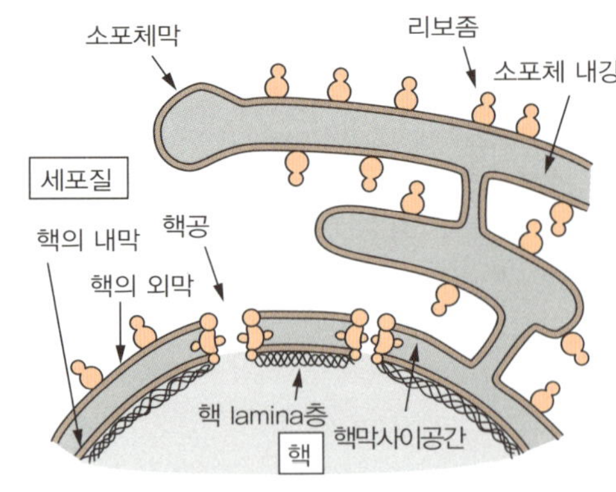

그림 1 핵막과 소포체

준비물

1) 기구류

- 비커
- 플라스틱 피펫
- 초원심분리기와 고정각 rotor, 원심관
- 원심관용 밸런스
- 초음파 파쇄기(sonicator)

2) 시약류

- 빙냉시킨 0.25 M sucrose TKM 용액[m]
- 세포분획법에서 얻은 핵분획(**3장 I-1** 참고)

[m] 0.25 M sucrose TKM 용액은 85.4 g의 sucrose을 TKM 용액에 녹여 1 L로 맞춘 용액이다. TKM 용액의 조제법은 **3장 I-1** 참고

Protocol

1시간

❶ 핵분획의 준비(**3장 I-1-**2 참고)

⬇

❷ 핵의 분리 정제 [(**3장 I-1**의 3**-1**) protocol ❶~❺ 참고]: 0.25 M sucrose TKM 용액에 현탁한 것을 원심관 안에서 아래의 과정을 실시한다.

❸ 초음파 처리: 얼음으로 냉각시키면서 원심관의 밑부분 근처까지 sonicator의 micro tip을 넣고 출력레벨을 5로 하여, 5초씩 파쇄하며 파쇄정도를 현미경으로 확인하면서 4~5회 초음파 처리를 반복한다. DNA가 단편화되면 pipetman으로 파쇄액을 취할 때 점도를 느끼지 못하게 된다[n].

❹ 원심분리: 0.25 M sucrose TKM 용액 3배 용량으로 희석하여, 54,000×g, 30분간 원심분리한다.

⬇

[n] 막성분은 유리에 부착되기 쉬우므로 구멍이 큰 플라스틱 피펫을 사용하면 좋다.

❺ 침전: 핵막성분[o] 침전물의 상층부분의 액체가 점성이 있으면 주의해서 제거한다. 이후의 단백질 분석 실험에 적절한 용액으로 현탁하고 보관한다.

2 미토콘드리아 막성분의 분리

미토콘드리아 외막은 저삼투액 buffer 처리와 콜레스트롤과 결합하는 digitonin 처리로 박리되지만, 미토콘드리아 내막은 비교적 안정적이다. 미토콘드리아 모양을 그림 2에 나타낸다.

ⓞ 이와 같이 획득한 핵막 성분은 단편화되어 있기 때문에 핵공과 핵막의 기능은 유지되지 않는다. 또한 순도가 높은 핵막은 sucrose 밀도구배 원심분리로 비중 d = 1.16~1.20의 범위에서 분리 정제하는 방법이 있다. 또한 핵막의 형태나 핵막공의 기능을 유지하는 분리 방법은 다른 서적[1)~3)]을 참고하기 바란다.

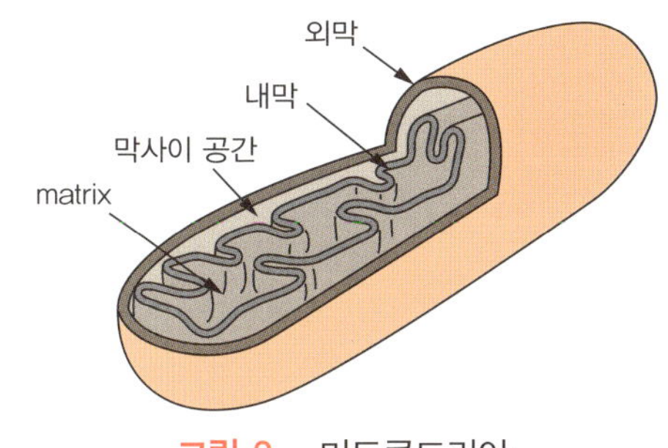

그림 2 미토콘드리아

준비물

1) 기구류

- 저속냉각원심분리기와 고정각 rotor, 원심관
- 초원심분리기와 고정각 rotor 또는 수평(swing) rotor, 원심분리 튜브
- 원심관용 밸런스

2) 시약류

- 20 mM 인산칼륨(K^+-phosphate) buffer(pH 7.4): 0.2 M 인산칼륨 buffer(pH 7.4)를 10배로 희석하여 4℃에 보관한다(buffer 만드는 방법은 **3장 I-3** 참고).
- 빙냉시킨 0.25 M sucrose 용액(**3장 I-1**과 동일): 실험 전날 준비해서 4℃에 보관한다.
- 세포분획으로 얻어진 미토콘드리아 분획(**3장 I-1-2** 참고)

3) 시약의 조제

혈청 albumin이 0.2 mg/mL 농도로 첨가된 20 mM 인산칼륨 buffer

50 mL의 20 mM K^+-phosphate buffer(pH 7.4)에 혈청 알부민 10 mg을 첨가하여 녹인다(사용할 때 준비).

Protocol

2시간

❶ 미토콘드리아 분획

❷ 원심분리: 10,000×g, 10분

❸ 침전물을 2배의 20 mM 인산칼륨 buffer(pH 7.4)(0.2 mg/mL 혈청 알부민 첨가된 것[p])에 현탁한다.

ⓟ 막사이 공간의 단백질은 양이 적기 때문에 막성분과의 분리를 잘하기 위해 사용.

❹ 4℃, 30분간 정치(저삼투 저장액 조건하에서 미토콘드리아를 팽윤시킨다)

⬇

❺ 원심분리: 3,000×g, 10분

⬇

❻ 침전물: 내막과 그 안의 matrix 분획이 포함되어 있다[q].
다시 상층액을 원심분리: 150,000×g, 30분

⬇

❼ 침전물: 외막분획
상층액: 외막과 내막 사이의 성분

ⓠ 내막과 martrix 성분의 분리는 핵으로부터 핵막을 분리할 때와 같이 초음파 처리로 내막을 단편화해서 matrix 성분을 수용화시켜 분리한다. 77,000 x g로 60분간의 원심분리로 내막성분은 침전된다. 미토콘드리아를 초음파 처리하여 내막과 외막을 침전물로 회수하고 sucrose 밀도구배 원심분리로 외막과 내막을 분리하는 것도 가능하다. 내막 쪽이 비중이 크고(d = 1.20~1.25), 외막은 가벼운(d = 1.08~1.14) 분획으로 분리된다. 또한 초음파 처리한 내막은 안팎이 뒤집히는 것이 생기는데 digitonin 처리로 정상 방향성의 막소포로 된다[4].

3 세포막의 분리 정제

세포막을 분리할 경우, 조직현탁액을 만들 때 핵과 미토콘드리아가 파쇄될 수 있도록 좁은 간극(클리어런스)의 엘베젬형 homogenizer를 사용하여 회수율을 높이면, 소포화된 세포막은 다른 생체막 성분과 함께 microsome 분획으로 분리된다. 그러나 간조직이나 배양세포에서 핵을 분리하는 방법처럼 Dounce형 homogenizer를 사용하여 약하게 homogenization하면서 위상차 현미경으로 세포의 파쇄상태를 파악하여 핵이 부서지지 않도록 적당한 횟수[r]로 실시하고 분별원심분리법과 sucrose 밀도구배 원심분리 또는 Percoll 밀도구배 원심분리를 조합하여 고순도의 세포막을 얻는 방법이 사용된다.

여기서는 세포분획으로 얻어진 조핵분획(**3장 I-1** 참고)에 섞여 있는 세포막을 분리하는 방법을 설명한다.

ⓡ 이 횟수는 일정치 않고, 조직과 세포, 사용기구, 또는 실험자에 따라 다르다[1)~3)].

준비물

1) 기기류

- 저속냉각원심분리기와 고정각 rotor, 원심관
- 초원심분리기와 고정각 rotor 또는 수평(swing) rotor, 원심관
- 원심관용 밸런스
- 플라스틱 피펫
- 테플론 homogenizer

2) 시약류

- 빙냉시킨 0.25, 1.25, 2.1 M[s] sucrose 용액
- 세포분획으로 얻은 조핵분획 또는 microsome 분획(**3장 I-1-2** 참고)

ⓢ 1.25 M와 2.1 M sucrose 용액은 각각 42.7 g과 71.7 g의 sucrose를 전자레인지로 데운 따뜻한 탈이온 증류수 100 mL에 녹이고 4℃에 보관한다.

Protocol 18시간

❶ 간의 조핵분획

⬇

❷ 2배 용량의 0.25 M sucrose 용액을 첨가하여 가볍게 homogenization 한다.

⬇

❸ 원심분리 : 5,000 × g, 10분

⬇

❹ 침전물을 2.1 M sucrose 용액으로 현탁시킨다.

⬇

❺ 수평(swing) rotor용 원심관에 2/5 용량으로 ❹의 현탁액을 넣는다(아래 ❾의 그림).

⬇

❻ 1.25 M sucrose(현탁액과 동량)를 중층한다.

⬇

❼ 원심관의 나머지 양 1/5 부분에 0.25 M sucrose 용액을 중층한다.

⬇

❽ 원심분리 : 75,000 × g, 16시간

⬇

❾ 세포막 분획 : 0.25 M sucrose 용액의 경계면 밑에서 분획된다(오른쪽 그림). 이 경계면 부분을 모아 10 mM Tris-HCl(pH 7.5)로 5배 희석하여, 75,000 × g, 1시간(angle rotor 사용) 원심분리하여 막분획을 침전시켜 회수한다.
또한 핵은 원심관의 바닥에, 미토콘드리아는 2.1 M sucrose 용액의 위쪽 경계부위에 보인다. 또한 microsome 분획에 혼합되어 있는 세포막 성분도 같은 절차[3)](microsome 분획을 2.1 M sucrose 용액에 현탁)로 분리할 수 있다.

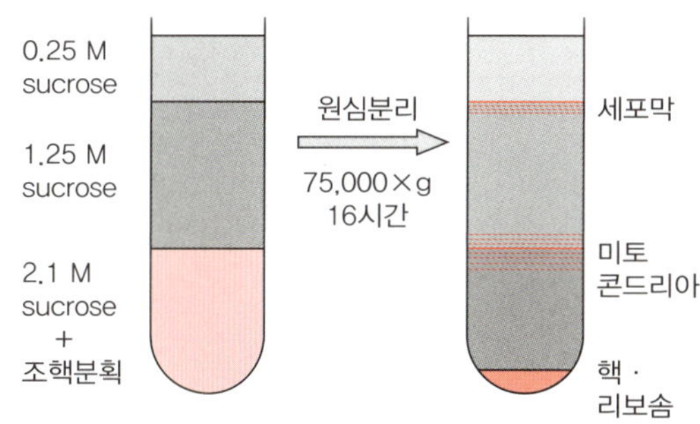

세포막의 sucrose 밀도구배 원심분리

세포에는 막구조에 의해 구획이 형성된 많은 독립된 계가 세포 내에 구축되어 있다. 이와 같은 구획내부와 막에는 특정의 단백질들이 농축되어 있으므로, 세포로서는 매우 효율 높은 반응의 장소가 된다. 여기에서 기술하지 않은 많은 생체막 성분이 있고, 뇌조직의 시냅스소포, 근조직의 근소포체, 간이나 소장의 솔가장자리(brush border)막과 기저막, 부신이나 췌장의 분비과립막, 식물의 엽록체나 엽록체를 싸고 있는 이중막과 엽록체에 있는 thylakoid 막 등의 단위구조, 액포막, 미생물의 외막, 내막의 분리 등은 각각의 분리법이 확립되어 있으므로 각각의 설명서[3)~5)]를 참고하기 바란다.

Ⅱ-2 막단백질의 수용화

1 막단백질의 존재 양식

생체막은 지질의 이중층 구조를 가지고 있고, 그 지질은 소수성이 큰 탄화수소사슬 부분과 극성을 띤 부분으로 이루어진 양친매성 분자이다. 대부분의 생체막에서는 지질보다 단백질이 더 많이 포함되어 있다(myelin막 등은 예외로 지질이 상당히 더 많다). 그러나 생체막의 분리방법과 여러 가지 조건에 따라 단백질의 추출 분리량은 변한다. 그 이유의 하나로서 주의하며 분리정제를 하더라도 막 구조로부터 유리되어 버리는 단백질이 있기 때문이다. 이와 같은 표재성(extrinsic) 단백질은, 막분획과 수용성 분획의 양쪽에 분포하는 단백질이고, 수용성 단백질로 분류되어 있지만 세포 내에서는 막과 결합하고 있는 경우가 있다. 막구조를 파쇄해야 유리되는 단백질은 내재성(intrinsic)의 막단백질이라 부른다. 여기서는 후자의 내재성 막단백질의 막으로부터의 수용화에 대해 서술하기로 한다. 그림 3은 Singer-Nicolson이 1972년에 제창한 유동성 모자이크 모델에 근거한 생체막의 모식도를 나타낸다.

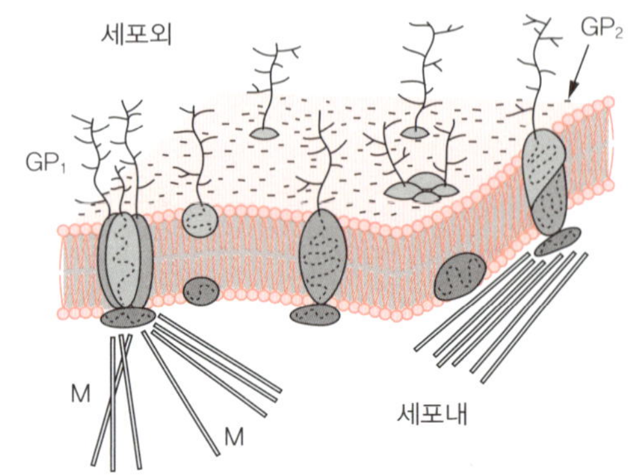

그림 3 유동성 모자이크 모델
(문헌 7에서 개정)
GP_1, GP_2: glycoprotein(당단백질)
M: microfilament(마이크로필라멘트)

2 생체막 조성과 막단백질의 안정성

생체막을 구성하는 지질성분의 조성은 생체막에 따라 차이가 있다. 중요한 지질은 인지질이고, phosphatidylcholine이 주된 성분이지만, 비교적 극성이 큰 인지질인 phosphatidylserine, phosphatidylglycerol, phosphatidylinositol 등의 비율은 비교적 일정하다(20% 전후). 중성지질인 콜레스테롤은 세포막, 골지체, 미토콘드리아 외막에 인지질과 거의 같은 양으로 함유되어 있다. 세포막에는 당지질도 존재한다. 막의 지질층을 피괴하는 데 있어서 콜레스트롤이나 phosphatidylcholine 등 극성이 작은 지질을 많이 포함하는 성분일수록 쉽다. 일반적으로 막단백질은 α-herix 구조와 random coil 구조의 비율이 높고 막구조에서 분리된 뒤에도 안정된 α-herix 구조를 유지하는 특징을 볼 수 있다. 막단백질은 막을 관통하고 있는 부분에서 막관통 α-herix 구조[t]를 취하고 있지만, 막지질의 지방산 사슬과 특정의 아미노산 잔기와의 특이적 상호작용은 그다지 보이지 않고 매우 자유롭게 막 표면을 이동하고 있는 듯하다. 이와 같은 지질 이중층에 묻혀 있는 막단백질을 막으로부터 분리하여 수용화시키기 위해서는 수용액 중에서도 안정되게 구조를 유지할 수 있는 조건이 필요하다.

[t] 막관통 도메인(transmembrane domain)으로도 불리며, 약 20개의 소수성 아미노산 잔기가 연속적으로 연결되어 있다. 막단백질은 이러한 막관통 도메인을 1개 가지는 단백질에서부터 7개의 막관통 도메인을 가지는 rhodopsin이나 24개로 되어 있는 이온통로 형성 polypeptide 등 다양하다.

3 막단백질의 가용화 방법

생체막의 단백질을 가용화할 때 계면활성제, 유기용매, chaotropic ion(무질서 이온)(SCN^-, ClO_4^- 등), 가수분해효소 처리(phospholipase나 protease)와 초음파 처리 등이 이용된다. 여기서는 일반적인 계면활성제에 의한 방법과 유의점에 대해 서술한다.

표 1 가용화에 이용되는 계면활성제의 성질

계면활성제	분자량	Micelle	cmc (mM)	HLB	회합수(미셀량/계면활성제의 분자량)
Nonionic detergent					
Brij 35	1,225	49,000	0.09	16.9	40
Brij 56	682	130,000	0.002	12.9	190
Brij 58	1,120	82,000	0.077	15.7	70
Emulgen 911	694	–	–	13.7	–
Emulgen 913	795	–	–	14.5	–
Nonidet P40(NP40)	602	90,000	0.29	13.1	149
Octyl β-D-glucoside	292.4	8,000	23~25	–	27
Octyl β-D-thioglucopyranoside	308.4	–	9	–	–
Dodecyl β-D-maltoside	511	–	0.17	–	–
Triton X100	628	90,000	0.24	13.5	140
Triton X114	537	–	0.21	12.4	–
Tween 20	1,228	–	0.06	16.7	–
Tween 80	1,310	76,000	0.012	15.0	60
Anionic detergent					
Cholic acid-Na	431	1,800	13~15	18	4
Deoxycholic acid-Na	415	4,200	4~6	16	10
SDS	288	18,000	6~8	40	62
Amphionic detergent					
CHAPS	615	6,150	8~10	–	10
CHAPSO	631	–	8	–	–

동인화학, Pierce 등에서 8종류에서 15종류의 계면활성제를 조합시킨 set가 시판되고 있다.
Detergent Starter Kit & Detergent Starter Kit 2: 동인화학연구소 [http://www.dojindo.co.jp/]
Surfact-Amps Detergent Sampler(10 vial kit): Thermo Fisher Scientific [https://www.thermofisher.com]

A) 계면활성제에 의한 가용화 원리

앞서 기술한 것처럼, 생체막을 구성하고 있는 지질은 양친매성 분자이고 계면활성제도 한 분자 안에 소수성 부분과 극성 부분을 가진 양친매성 분자이다. 극성이 없는 콜레스테롤은 단일층을 형성할 수 있어도 이중층은 형성할 수 없다. 극성이 있는 인지질 등은 생체막과 유사한 이중층으로 이루어진 막구조를 형성한다. 또한 인지질 분자간의 교환 반응은 거의 일어나지 않는다. 그러나 이 극성 부분이 강해지고(HLB[u]로 표시된 숫자가 커지면 친수성이다), 어느 농도(cmc: 임계 미셀 농도) 이상이 되면 작은 안정된 분자회합체(미셀, micelle)가 형성되어 비회합의 유리 단일분자와 평형상태가 된다. 즉, 분자 회합체의 분자와 수용액 중의 유리 분자가 활발히 교환할 수 있게 된다. 이 같은 성질을 가진 계면활성제를 이용하여 생체막으로부터 단백질과 지질을 미셀에 용해시켜 넣는 것이 생체막의 가용화이다.

[u] HLB(Hydrophile-lipophile balance): 친수성과 소수성에 대한 비율로서 주로 비이온성 계면활성제의 친수성 차이를 구분하는 데 이용되고 있다. 값이 클수록 친수성이 크다. Oleic acid(올레산)의 HLB는 1.0이다.

B) 계면활성제의 종류

계면활성제의 소수성 부분과 극성 부분의 구조에 따라 분류할 수 있다. 극성 부분의 종류에 따라 비이온성(non-ionic), 음이온성(anionic), 양이온성(cationic), 양쪽이온성(amphionic) 계면활성제로 나뉜다[8](표 1).

C) 가용화의 조건과 계면활성제의 선택

막단백질의 가용화 조건으로 막분획의 단백질 양, 계면활성제의 농도, 염의 농도, pH, 온도, 시간 등이 중요하다. 특히 가용화 후에 단백질이 안정성(활성과 기능)을 유지할 수 있는 조건이 중요하다.

일반적으로 가용화하는 단백질의 안정성을 고려하여 실험 과정을 0~4℃에서 실시한다. 비이온성 계면활성제는 이처럼 낮은 온도에서 미셀을 형성하므로 가용화에 사용할 수 있지만, 이온성의 계면활성제 중에는 저온에서 가용화에 사용할 수 없는 것이 있다. 가용화 때의 계면활성제의 농도는 cmc 이상의 농도가 필요하다. 비이온성의 계면활성제는 cmc가 낮으므로 보통 0.1~1.0%(W/V)의 농도범위에서 사용할 수 있다. 자주 사용되는 것으로서 polyoxyethylene alkylphenyl ether 구조를 갖는 Triton X나 N series, Nonidet P-40, Nikkol OP나 NP series, Emulgen 900 series가 있다[8]. 또한 용액의 이온 농도를 높이면 cmc가 낮아져서 가용화 능력을 높일 수 있다. 그러나 미셀의 크기가 크므로 시료에서 투석 등으로 제거하는 것은 어렵다ⓥ.

비이온성의 계면활성제 중에서 이 같은 결점을 없앤 것으로서 Octyl β-glucoside 등 glucose 잔기를 가진 비이온성 계면활성제가 있다(**그림 4a**). 양쪽이온성 계면활성제로서 steroid 골격으로 이루어진 CHAPS: 3-[(3-chlolamidopropyl)-dimethylammonio]-1-propanesulfonate(**그림 4b**)와 CHAPSO: 3-[(3-cholamidopropyl)-dimetylammonio]-2-hydroxy-1-propanesulfonate는 가용화 능력은 강하고 비교적 단백질의 변성이 적어 사용되는 경우가 많아졌다. 이상의 계면활성제는 가용화 후에 이온 교환수지를 사용할 수 있다. 예전부터 스테로이드 골격을 가진 담즙산(cholic acid와 deoxycholic acid)이 계면활성제로서 사용되어 왔다. 이것은 cmc가 높고 미셀은 작으므로 투석과 이온교환수지로 계면활성제를 제거하기 쉽다. 이들 계면활성제는 pH 7 이하가 되면 용해도가 낮아지는 점에 주의해야 한다. 한편 비이온성 계면활성제는 pH 영향을 거의 받지 않는다. 가용화에 필요한 시간은 일반적으로는 4℃에서 30분간 stirrer로 교반하면 되는 것도 있지만, 2시간에서 하룻밤 걸려 가용화되는 단백질도 있다.

마지막으로 가용화 후에 단백질의 안정성(활성과 기능)을 유지하는 조건인데, 가장 중요한 것은 용액 중의 물 분자들 사이의 결합에 의한 water cluster 구조를 부수어 물 분자의 작용을 약하게 하여 막단백질의 안정화를 꾀하는 것이다. 안정화제로서, 10~25%(w/v)의 glycerol과 sucrose, ethyleneglycol 등이 사용되고 있다. 또한 효소에 따라서는 소량의 기질의 존

ⓥ 비이온성 계면활성제의 제거: Bio-Beads SM-2(Bio-Rad사)나 Pierce Detergent Removal Spin Columns (Thermo Fisher Scientific: 1 mL의 pre-packed column이 판매되며, 30~70 mg 정도의 detergent를 제거) 등의 수지(resin)로 흡착제거가 가능하다. 또는 cmc가 높은 당이 붙어 있는 계면활성제와 colic acid 같은 계면활성제로 바꾸면 투석에 의해 제거하기 쉬워진다. 또한 투석 외액에 흡착제 CALBIOSORB(Merck)와 바이오 비즈 SM-2를 넣으면 투석의 효율을 높일 수도 있다.

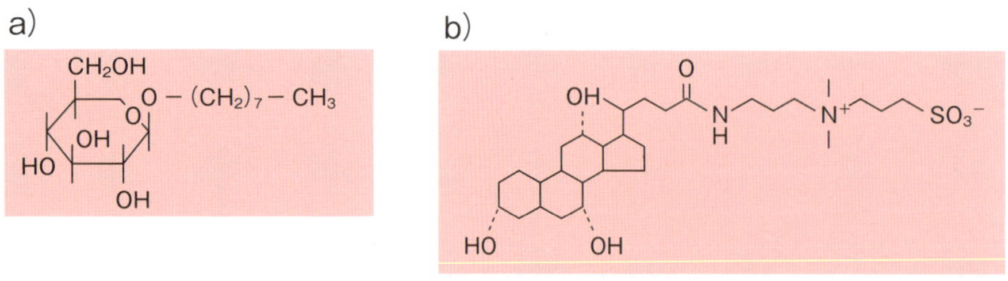

a)

CH_2OH, O − $(CH_2)_7$ − CH_3, OH, HO, OH

b)

O, OH, N, H, N^+, SO_3^-, HO, OH

그림 4 Octyl β-glucoside(a)와 CHAPS(b)의 화학구조식

재하에서 가용화 후의 안정성을 유지할 수 있는 것도 있다. 또한 가용화 후에 가용화에 사용된 계면활성제를 단백질 안정성을 유지하기에 적합한 계면활성제로 바꿔 주는 경우도 있다. 섞여 가용화된 단백질 분해효소에 의해 단백질이 분해될 가능성이 있으면, 저해제를 가용화 용매에 첨가할 필요가 있다. 저해제에 따라서는 불안정한 것도 있으므로 유효한 농도와 작용 시간을 파악하여 사용해야 한다. 또한 특정 인지질을 요구하는 경우도 있다. 어쨌든 취급하는 단백질에 따라 다양성을 가지고 있으므로 사용하는 계면활성제에 의한 단백질의 가용화율과 활성 등에 대한 영향을 먼저 검토해야 한다ⓦ.

ⓦ 재료에 따라 다르지만 단백질 함량의 3~5배 이상의 계면활성제가 필요하다. 이와 같은 농도의 조건하에서 계면활성제의 종류를 검토하는 것이 좋다.

실험사례

★ 토끼 간에서의 microsome의 가용화

❶ Microsome 분획을 조제(**3장 Ⅰ-1-2** 참고)

❷ Microsome을 가용화 용매에 교반하면서 첨가한다.
(가용화 용매 1 mL에 단백질 양은 2 mg 이하로 한다)
가용화 용매의 조성:
0.1 M 인산칼륨 buffer(pH 7.25)
20%(v/v) glycerol
1 mM dithiothreitol(DDT)
1 mM EDTA
0.6(w/v) cholic acid

↓

❸ 4℃에서 약 1시간 교반한다.

↓

❹ 초원심분리: 105,000×g, 90분

↓

❺ 상층액: 가용화액
침전물: 가용화되지 않은 막분획

Imai 등은 이 가용화액으로 몇 종류의 P450 정제와 P450 환원효소, cytochrome b_5의 분리에 성공하였다. Cholic acid로 가용화한 시료를 ω-amino-n-octyl-sephrose CL-4B로 소수성 크로마토그래피를 실시하였다[10)~12)].

소수성 크로마토그래피(hydrophobic interaction chromatography)를 위한 수지도 몇 종류가 시판되고 있다(**4장 Ⅶ-3**).

Troubleshooting

문제점	가능성 있는 원인	해결을 위한 조치
● 조직 homogenate의 점성이 높다.	• 조직의 양에 비해 buffer가 적다.	➲ buffer의 양을 1.5~2배로 늘린다.
	• 큰 핵산의 함량이 높다.	➲ 핵산을 초음파 처리로 절단하든지 Benzonase™ Nuclease (Merck사)로 분해하든지 polyethyleneimine 등으로 핵산을 제거한다.
● 세포분획이 잘되지 않는다.	• 미파쇄 세포가 많다.	➲ homogenization 조작이 부족하다. ➲ homogenization에 사용하는 기구를 적당한 것으로 바꾼다.
	• 세포를 지나치게 파쇄한다.	➲ homogenization하는 조작의 정도를 부드럽게 한다.
	• 시료가 오래되었거나 동결시료이기 때문에 분획의 정도가 나쁘다.	➲ 가능하면 동결하지 않은 신선한 조직을 이용한다.
	• 응고된 혈액이 많이 포함되어 있다.	➲ 시료를 채취할 때 혈액이 응고하지 않도록 처리한다.
	• 원심분리의 설정이 잘못되었다.	➲ 원심분리기와 rotor의 사용조건을 확인한다.
	• 실험 과정이 시간이 늦어진다.	➲ 대량의 시료를 처리하는 경우에는 최종 분획의 스케일에 맞춰서 출발의 양을 적게 하고, 처음부터의 실험 과정을 여러 번 나누어 되풀이한다.
● 목적단백질이 가용화되는 양이 적다.	• 계면활성제의 사용조건이 부적당하다.	➲ 계면활성제의 농도를 높여 본다. ➲ 단백질의 농도를 낮춘다. ➲ 다른 성질의 계면활성제로 시도해 본다. ➲ 여러 가지 염농도로 시도해 본다. ➲ 여러 가지 pH로 시도해 본다. ➲ 용액이 충분히 교반될 수 있는 용기로 바꾼다. ➲ 가용화 시간을 길게 한다.
	• 목적단백질이 불안정하다.	➲ protease 저해제를 사용한다. ➲ 안정화를 위한 buffer의 조건을 찾는다. ➲ 그 밖의 분해 반응(산화 등)을 막는다.
	• 단백질의 정량이 정확하지 않다.	➲ 계면활성제가 방해된다면 제거하고 나서 다시 단백질을 정량하든가 정량방법을 바꾼다.

참고문헌

1) Aronson, N. N. Jr. & Touster, O. : Methods in Enzymology, 31 : 90−102, 1978
2) 日本生化学会 編 : 生化学実験講座14, 生体膜, pp.141−271, 東京化学同人, 1977
3) 松田佳子, 他 編 : 膜酵素 基礎と実験 I, 廣川書房, 1990
4) 日本生化学会 編 : 生化学実験講座12 エネルギー代謝と生体酸化, pp.215−255, 東京化学同人, 1976
5) 日本生化学会 編 : 新生化学実験講座6 生体膜と膜輸送, pp.295−424, 東京化学同人, 1992
6) Singer, S. L. & Nicolson, G. L. : Science, 175 : 720, 1972
7) Nicolson, G. L. : Biochem. Biophys. Acta., 457 : 57, 1976
8) 日本生化学会 編 : 生化学実験講座14 生体膜, pp.521−526, 東京化学同人, 1977
9) 堀尾武一 編 : 蛋白質 · 酵素の基礎実験法 改訂第2版, 南江堂, 1994
10) 蛋白質核酸酵素別冊, 生体膜実験法, 共立出版, 1974
11) Imai, Y. & Sato, R. : J. Biochem., 75 : 689−697, 1974
12) Jakoby, W. B. ed. : Methods in Enzymology, 34 : 126−140, 1974

제4장

단백질의 분리정제법

I 정제 과정의 구성

I-1 정제를 시작하기 전에

단백질은 변성, 분해, 흡착 등에 의해 소실되거나 불활성화된다. 따라서 단백질의 정제는 이러한 손실을 피해 가능한 짧은 시간에 효율적인 과정으로 이루어져야 한다. 효율적인 단백질 정제를 위해 특히 중요한 사항을 아래에 열거한다(**1장** 참고).

1 활성측정

목적단백질의 존재량을 가능한 한 정확하고도 간편하게 측정하는 방법을 수립하는 것이 중요하다. 측정시간이 길어지게 되면 정제시간이 길어질 뿐만 아니라 정제 자체도 곤란하게 된다.

2 정제의 목표

실험 목적에 따라 정제 과정의 구성이 크게 달라진다. **표 1**에 여러 가지 실험목적에 따라 필요한 단백질량을 예로 나타내었다. 예를 들면, 단백질의 동정이 목적인 경우, 정제단백질은 변성되어 있어도 무방하다. 게놈구조가 알려진 단백질을 MALDI-TOF형 질량분석기를 이용한 fingerprinting으로 분석할 경우, 최저 0.01 pmol(10 fmol)(분자량 10 kDa인 단백질인 경우 0.1 pg) 정도의 단백질로도 동정할 수 있다. 자동 아미노산 서열분석장치(protein sequencer)를 사용한 경우, 10 pmol(분자량 10 kDa 단백질은 0.1 μg)로 최고 수십 개의 N말단 아미노산 서열을 확인할 수 있다. 한편 생리활성의 분석을 위해서는 당연히 변성되지 않은 상태로 보통 수십 μg 이상의 단백질이 필요하다. 또한 입체구조 분석을 위해서는 수십 mg 이상의 변성되지 않은 단백질이 필요하고, 항체 제작을 위해서는 보통 수백 μg 정도의 변성 또는 변성되지 않은 단백질이 필요하다.

표 1 단백질 실험별 필요량

목적	정제단백질
N-말단 아미노산 서열 분석*	1～10 pmol
아미노산 조성	약 100 pmol
질량분석에 의한 동정	0.05～1 pmol
생리적 기능 분석	0.01～1 mg
항체 제작	0.1～10 mg
고차구조의 분석	10～100 mg

* Protein sequencer를 사용하는 경우

3 좋은 출발 재료의 확보

목적단백질의 절대함량과 상대함량(또는 활성비율: 전체 단백질량에 대한 목적단백질의 활성)이 높은 재료를 선택한다. 유전자 재조합 단백질의 경우, 상대함량이 수십 %가 되는 경우도 있다. 이 경우 수배로 정제하면 순수해진다. 한편 천연 재료의 경우, 목적단백질의 상대 함량이 1% 이하인 경우가 많다. 정제 과정에 의한 단백질의 수율은 수 %부터 수십 % 범위인 경우가 많다. 출발 재료가 불충분하면 정제 도중에 목적단백질이 없어지게 되어 재료의 준비부터 다시 시작해야 한다. 이러한 것을 반복하게 되면, 목적단백질의 정제는 불가능하다. 따라서 사전에 출발 재료에 존재하는 목적단백질의 양을 예측하고, 충분한 분량을 확보해야 한다. 매우 대략적인 측정으로는, 많은 cytokine과 효소는 수 ng 내지 수십 ng 정도로 활성을 검출할 수 있으며, 특별히 높은 활성비율을 가진 것은 수십 pg에서도 검출 가능하다. 활성비율 1단위/ng의 단백질을 10% 수율에서 10 μg를 얻기 위해서는 출발 재료로는 최저 1×10^5 단위의 활성이 존재해야 한다.

4 단백질의 안정화

단백질의 안정성은 정제의 효율에 크게 영향을 미친다. 불안정한 단백질에 대해서는 먼저 안정화시킬 수 있는 조건을 발견하지 못하면 정제의 높은 성공률은 바랄 수 없다. **그림 1**에 단백질의 수율이 나쁠 경우의 원인과 대책에 관하여 제시했다. 불안정한 단백질의 경우에는 효소저해제(inhibitor), 계면활성제, 염농도, SH기 보호제, 글리세롤, 금속이온, pH 등의 효과를 조사하여 가장 안정되고 높은 수율의 조건을 찾아내야 한다(**2장 III** 참고). 이러한 보조인자들 중에서 단백질의 추출이나 분획에 자주 사용되는 protease 저해제를 **표 2**에 나타내었다. Serine protease에는 Pefabloc SC, PMSF, leupeptin을 metalloprotease에는 EDTA, 산성 protease에는 E-64, pepstatin 등의 사용을 권장한다. 이러한 저해제의 혼합물이 Roche-Diagnostic사, Sigma사 등에서 판매되고 있다.

열에 안정된 단백질이라도 시료를 실온에 방치하게 되면, 같이 섞여 있는 protease에 의해 분해되기도 하고 미생물에 의한 오염이 있을 수도 있다. 짧은 시간에 종료하는 HPLC 등을 예외로 하고 시료는 보통 1~5°C 정도의 저온(ice bucket, 저온실, 냉장고)에 보관해야 한다. 단백질은 안정되어도 순도가 높아지는 정제의 최종 단계에서 유리나 플라스틱의 표면에 흡착하여 손실되는 경우도 있다. 이러한 경우에는 buffer에 0.1% 정도의 계면활성제(예: Brij 35, Triton

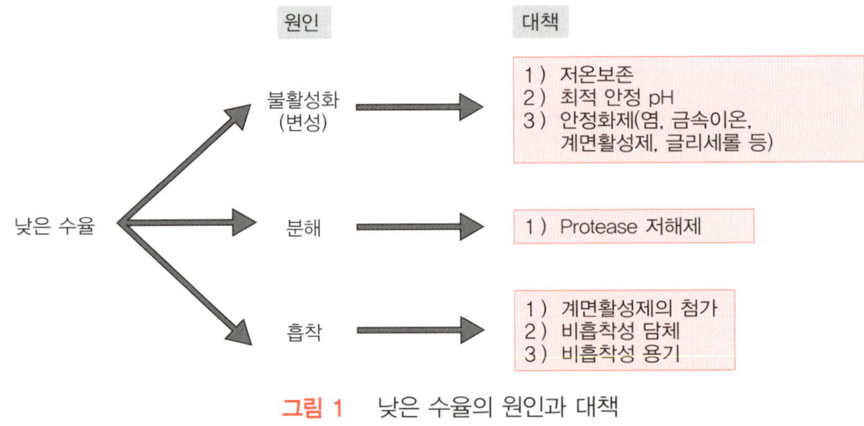

그림 1 낮은 수율의 원인과 대책

X-100, CHAPS 등)을 첨가하거나 비흡착성 튜브(예: Sumitomo Bakelite사의 ProteoSave SS, Thermo Fisher Scientific의 Nunc Immuno Tube Mini-Sorp)나 silicon으로 코팅한 튜브 등의 사용이 필요하다.

I-2 정제의 진행방법

표 3에 단백질의 중요한 분리 방법과 특징을 나타내었다. 조분획은 단백질량이 매우 많을 때, 그것을 대략적으로 분획하는 방법이다. 따라서 정제의 초기 단계에 사용되는 경우가 많다. 조분획에 대해서는 다음 절(**4장 II**)에서 설명한다. 모든 단백질은 분자량, 전하(등전점), 소수성, 생리활성, 화학적 결합성 등에 있어서 각각 다르다. 여러 가지의 chromatography[x]는 분자량의 차이를 이용하여 단백질 분자를 분리하는 gel 여과 chromatography(molecular sieve chromatography)와 단백질의 column 담체와의 흡착력의 차이를 이용하는 흡착 chromatography로 나누어진다. 후자 중의 이온교환 chromatography는 전하의 차이, 소수성 chromatography는 소수성의 차이, affinity chromatography는 특정의 물질에 대한 결합성을 이용하여 단백질을 분리한다. 여기에 덧붙여 SDS polyacrylamide gel 전기영동법(SDS-PAGE)이나 이차원 전

ⓧ 크로마토그래피(chromatography)는 chroma(색)과 graph(그림)을 어원으로 만들어진 단어로서 1906년 러시아의 M. Tswett가 탄산칼슘의 유리 column으로 엽록소를 분리하면서 이름이 명명되었다. 이러한 방법으로는 고정상에 여러 가지의 용질을 이동시켰을 때 고정상과 용질 간의 상호작용의 차이에 의하여 용질 분자들이 다른 속도로 이동하여 서로 분리된다. 고정상의 종류에 따라 column chromatography, thin layer chromatography, 여과지 chromatography 등으로 분류되며, 또한 이동상의 종류에 따라 liquid chromatography와 gas chromatography로 분류된다. 여기서 서술하는 chromatography는 주로 column을 이용하는 liquid chromatography이다.

표 2 자주 사용되는 protease 저해제①

저해제(분자량)	stock 용액의 용매	사용 농도	유효 효소, 기타
Serine protease			
Pefabloc SC(AEBSF) (239.5)	H_2O	0.4~4 mM	②
DFP (184.1)	isopropanol	0.1~1.0 mM	②
PMSF (174.2)	DMSO	0.1~1.0 mM	②
p-APMSF (216.2)	H_2O	10~20 μM	②
STI (20,100)	H_2O	10~100 μg/mL	
Leupeptin (460)	H_2O	5~50 μM	trypsin, cathepsin B, plasmin, papain
Chymostatin (607.7)	DMSO	10~100 μM	chymotrypsin 유사 효소
Antipain (677.6)	H_2O	2~10 μM	trypsin, cathepsin A/B, papain
Metalloprotease			
EDTA-Na_2 (372.2)	H_2O	0.5~5.0 mM	③
TAPI-1 (499.6)	DMSO	1~10 μM	MMPs, ADAMs
EGTA (380.4)	H_2O	0.5~5.0 mM	③
1,10-Phenanthroline (198.2)	ethanol	0.5~1.0 mM	③
Phsophoramidon (579.6)	DMSO	10~50 μM	미생물 metalloprotease
Cysteine protease			
E-64 (357.4)	DMSO	0.14~28 μM	cathepsin B/L, papain
Aspartic acid protease			
Pepstatin (685.9)	ethanol	1 μM	pepsin, cathepsin D

Pefabloc SC: 4-(2-aminoethyl)-benzenesulfonyl fluoride, DFP: diisopropyl fluorophosphate, PMSF: phenymethylsulfonyl fluoride, p-APMSF: (4-amidino-phenyl)-methane-sulfonyl fluoride, STI: soybean trypsin inhibitor, DMSO: dimethyl sulfoxide

① 이 표의 저해제는 Roche Diagonostic사, Sigma사 등에서 구입할 수 있다. (참고문헌 : Roche Molecular Biochemicals "The Complete Guide for Protease Inhibition")

② DFP, PMSF, p-APMSF는 serine protease를 비가역적으로 저해하지만, 중성의 buffer 중에서 수분 내 분해된다. 여기에 대조적으로 Pefabloc SC는 물에 잘 녹고, 게다가 pH 7의 buffer 중(22℃)에서의 반감기가 약 1일 정도로 안정하다. DFP는 신경 독성물질이므로, 원액은 반드시 fume hood 내에서 장갑을 착용하고 취급해야 한다.

③ Chelate 시약이기 때문에, 목적단백질이 2가 금속을 가진 경우에는 사용할 수 없다.

표 3 단백질의 분리 방법들

방법	원리	분리 능력	상태*	처리 능력
조분획				
염석(황산암모늄 분획)	용해도	저	미변성	대
유기용매 침전	용해도	저	미변성/변성	대
pH 처리	용해도	저	미변성/변성	대
막분획	분자 크기	저	미변성	중
Chromatography				
Affinity	특이적 결합성	고	미변성	대
군특이적 affinity	특이적 결합성	고	미변성	대
이온교환	전하	중	미변성	대
Gel 여과	분자 크기	중	미변성	중
역상	소수성	고	변성	소
소수성	소수성	중	미변성	중
Hydroxyapatite	전하	중	미변성	중
전기영동법				
SDS-PAGE	분자 크기	고	변성	소
등전점 전기영동법	등전점	고	미변성	소
이차원 전기영동법	분자 크기/등전점	고	변성	소

*: 고도의 삼차원 구조를 가진 단백질을 예로 들었다. 특히, 저분자량이며 분자내 이황화결합이 많은 단백질은 일반적인 변성방법으로도 변성·불활성화되지 않는 경우가 많다.

기영동법도 이용 가능하다. 각 분리 방법의 특징과 연구의 목적을 고려하여 정제법을 구성할 필요가 있다. 목적단백질의 등전점(pI), 분자량, 흡착성, pH 안정성, 특정 물질에 대한 친화성 등의 성질을 사전에 알고 있다면 정제 방법을 구성하는 데 많은 도움이 된다.

많은 chromatography 중에서 정제 효율이 가장 높은 것은 affinity chromatography이다. 예를 들면 항체 column을 이용한 affinity chromatography의 경우, 이 방법만으로도 항원단백질을 고도로 정제 가능하다(**하권 3장 III** 참고). 따라서 모든 단백질 정제에 있어서 우선 이 방법이 사용가능한지 검토하여야 한다. 유전자 재조합 단백질의 경우 사전에 단백질에 affinity 정제용의 tag를 붙여 두면 정제가 매우 쉬워진다(**5장 I-1** 참고). 다음으로 분리 기능이 높은 분리 수단은 역상 chromatography와 SDS-PAGE나 이차원 전기영동법 등의 전기영동법이다. 일차구조의 분석이나 항체 제작에서처럼 변성단백질이더라도 좋은 경우에는 역상 chromatography와 SDS-PAGE가 일반적인 방법으로 되어 있다. 특히 단백질의 동정과 N 말단 서열의 결정이 목적인 경우에는 목적단백질의 band가 명확히 확인 가능한 단계라면 다른 불순물 단백질이 들어 있을지라도 최종 단계로서 SDS-PAGE를 시도해 볼 수 있다. 이차원 전기영동법은 분리 기능은 매우 높지만 조작이 의외로 까다롭고 분리 단백질의 확보가 적다는 결점이 있다. 전기영동법에 의한 단백질의 분리에 관해서는 **하권 2장**에 상세히 기술되어 있다. 천연의 단백질을 활성을 가진 채로 분리할 경우에는 affinity chromatography, 이온교환 chromatography, gel 여과법, 소수성 chromatography 등과 같이 분리원리가 다른 방법들을 잘 조합하여 정제하면 좋은 효과를 거둘 수 있다.

대부분의 chromatography는 분리 능력은 낮고 시간도 오래 걸리지만 처리능력(한 번에 분획되는 단백질의 양)이 높은 저압 chromatography(low pressure liquid chromatography)와 역으로 처리능력은 낮지만 신속성과 분리 기능이 우수한 고속액체 chromatography(high pressure liquid chromatography: HPLC)로 실시할 수 있다. 중간의 능력을 가진 chromatography로서는 FPLC (fast protein liquid chromatography)라고 명명된 장치와 담체가 GE Healthcare사에서 판매되고 있지만 여기서는 FPLC도 HPLC로 기술하고자 한다. 일반적으로 저압 chromatography법에서는

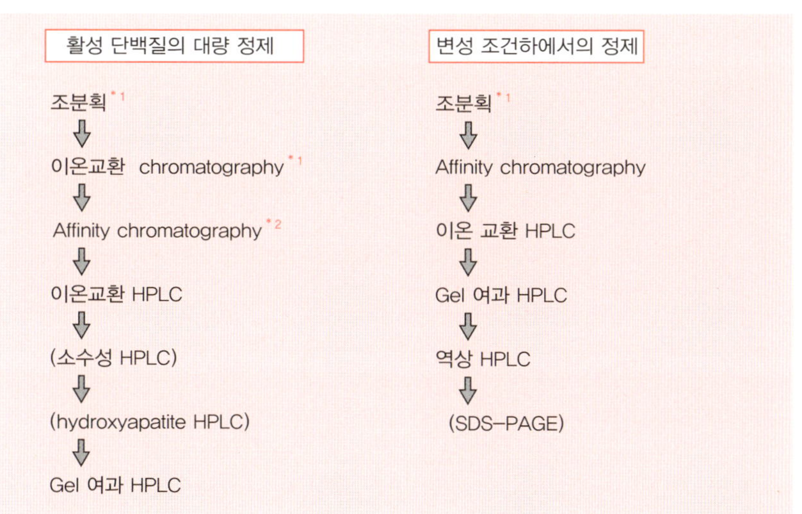

그림 2 미변성 및 변성조건하에서 단백질을 정제할 경우의 전형적 chromatography 과정의 예

괄호 내의 과정은 필요에 따라 실시한다. HPLC 이외에는 저압 chromatography, chromatography의 순서나, 연질 column이나 HPLC의 선택은 시료의 종류에 따라 결정한다.

*1 : 다량의 불순 단백질을 포함하는 추출액이나 고용량의 추출액의 경우에 사용한다. 일반적으로, 목적단백질의 함량이 높은 재조합 단백질의 분획일 경우에는 불필요.

*2 : 항체 affinity chromatography를 사용할 경우에는 이 단계에서 정제를 완료할 수 있는 경우가 많다.

column과 담체를 별도로 구입하여 필요한 크기에 맞는 column을 제작하지만, HPLC에서는 충진 column을 구입하여 사용한다. 가능한 HPLC를 우선적으로 사용하지만 대규모의 정제에서는 우선 황산암모늄 분획 등의 전처리나 연질(soft resin) chromatography로 시료 전체 단백질의 용량을 적게 만든 후에 FPLC나 HPLC를 이용해보는 것이 일반적이다. 이러한 경우 최초의 연질 chromatography에서는 처리능력이 특히 큰 이온교환 chromatography가 우수하다. 우리들이 동물세포의 배양상층액에서 각종 생리활성 단백질을 정제하는 경우, 배양상층액을 순수한 물로 2배 희석하여 염농도를 낮춘 후 농축을 겸하여 Q-Sepharose 등의 연질 음이온 교환 column(또는 양이온 교환 column)에 목적단백질을 흡착시키고 용출한 후 항체 column을 이용한 affinity chromatography(**하권 3장 II-4** 참고)를 시행한다. 다른 방법으로서 배양상층액을 80% 포화 황산암모늄에 의한 염석으로 100~200배 정도로 농축한 후 연질 운반체에서의 gel 여과, 그룹 특이적 affinity chromatography, 음이온(혹은 양이온) 교환 HPLC, 역상 HPLC에 의해 분획할 수도 있다(본 장의 각 항을 참고). Affinity chromatography로서는 Heparine column, Reactive Red column, Gelatin column, Lectin column(예: Con A) 등이 도움이 된다. 이러한 방법으로 대부분의 단백질을 순수하게 정제하는 것이 가능하다. 활성비율이 높고 매우 미량으로 존재하는 cytokine 종류도 적어도 SDS-PAGE에서 band로 확인 가능할 정도로 정제될 것이다. 그리고 이러한 column으로 정제가 곤란할 경우에는 hydroxyapatite, 소수성 chromatography, chelate column으로 좋은 결과를 얻을 수 있다.

그림 2에 단백질을 미변성 조건이나 변성 조건하에서 정제할 경우에 대한 chromatography의 전형적인 구성의 예를 나타내었다. 단백질의 다양성 때문에, 일률적인 방법으로 많은 단백질

을 정제하는 것은 불가능하다. 대부분의 경우 유효한 정제법을 확립하기 위해서는 다소의 시행착오를 각오해야 한다. 본 정제하기 전에 작은 스케일로 몇 종류의 chromatography를 시험해보고 가장 유효한 수단을 조합한다. 또한 같은 단백질이 이미 정제되어 있는 경우에는 그 정제법을 참고한다.

본 장 Ⅲ 이하에 각 chromatography의 실제가 기재되어 있지만, 불충분한 점에 대해서는 참고 문헌 1~6을 참고하기 바란다.

1) 각 정제 단계에서 반드시 활성을 측정하고 목적단백질의 회수율을 구한다. 그리고 SDS–PAGE를 실시하고 목적단백질의 순도를 검정한다. 회수율이나 정제효율이 나쁘면 조건을 바꾸던지, 그 단계를 제외한다.

2) 보통 각 chromatography에 있어서 용출액을 50~100개의 fraction으로 나누고 비활성(활성비율)이 높은(정제도가 높은) fraction을 모은다. 일반적으로 초심자는 회수율을 신경 쓴 나머지 폭넓게 fraction을 회수하는 경향이 있다. 그렇게 되면 정제효율은 나빠진다. 활성비율 높은 fraction만을 모으는 것이 중요하고 회수율은 수십 %이면 충분하다. 회수량이 중요한 경우는 활성비율이 낮은 fraction은 별도로 회수하고 다시 같은 chromatography를 실시한다.

참고문헌

1) 宮崎 香, 他 :「バイオマニュアルUPシリーズ, 改訂版 分子生物学研究のためのタンパク実験法」(竹縄忠臣 編), pp.17-47, 羊土社, 1998
2) 堀尾武一 編 : 蛋白質·酵素の基礎実験法, 南江堂, 1995
3) 新垣尚捷, 他 編 : 分子細胞生物学基礎実験法, 南江堂, 2004
4) 竹縄忠臣, 伊藤俊樹 編「改訂 タンパク質実験ハンドブック」, 羊土社, 2011
5) Deutscher, M. P. ed. : Methods in Enzymology, 182 : 1990
6) GEヘルスケア : クロマトグラフィーハンドブック, 2003~2008

II 황산암모늄 분획, 농축, 탈염 조작

혈청, 조직추출액, 균체추출액과 같이 다량의 단백질을 포함하는 재료로부터 단백질을 대량으로 정제하는 경우, 이들 시료를 바로 column chromatography로 분리하는 것은 곤란하기 때문에 먼저 조분획을 실시할 필요가 있다. 이때 가장 널리 이용되는 것은 황산암모늄에 의한 염석이다. 또한 배양액 상층같이 단백질량은 적지만 대용량의 재료인 경우에는 column을 거는데 시간이 많이 필요하기 때문에 처음부터 농축하는 것이 효율적이다. 단백질용액의 농축은 황산암모늄 염석, 유기용매나 산에 의한 침전, 다공성 막을 이용한 ultrafiltration 등에 의하여 가능하다. 한편, 이온교환 chromatography는 처음부터 시료 중의 염농도를 충분히 낮게 하여야 한다. 이를 위해 투석이나 gel 여과가 사용된다. 여기서는 단백질 정제에 있어서 필수적인 실험 조작에 관해 설명한다. 참고문헌 1, 2도 아울러 참고하기 바란다.

II-1 황산암모늄 침전법

단백질의 수용액 중에서 저농도에서 염을 첨가하면 단백질 용해도가 증가하고(염용: salting-in), 다시 염농도를 더 증가시키면 역으로 단백질 용해도가 낮아진다(염석: salting-out)(그림 1). 염석되는 염농도는 단백질의 종류에 따라 다르고, 일반적으로 큰 단백질일수록 염석되기 쉽기 때문에 이것을 이용하여 단백질을 크게 분획할 수 있다. 황산염이나 인산염이 높은 염석효과를 나타내지만, 용해도가 높고 단백질의 변성이 일어나기 어려운 황산암모늄이 염석제로서 많이 사용된다. 표 1은 단백질 용액에 첨가하는 황산암모늄의 양과 25°C에서 포화도와의 관계를 나타내는 것이다. 100% 포화 황산암모늄은 약 4.1 M에 해당한다. 대부분의 단백질은 80% 포화도까지로 침전하고, 특히 50~70% 포화도에서 침전하는 단백질이 많다. 황산암모늄 염석하는 경우 처음부터 30~80% 포화도의 사이에서, 10~20% 포화도 간격으로 순차적으로 염석을 실시한다. 목적단백질이 어느 농도에서 침전하는가를 살펴볼 필요가 있다, 염석의 경우에는 단백질 농도나 pH에 의해서 변하게 된다. 혈청과 같이 대단히 높은 농도(약 70 mg/mL)의 시료는 처음부터 5배 정도 희석해 두는 것이 좋다. 그 후에 고형 황산암모늄을 한꺼번에 넣게 되면 국부적으로 농도가 급격히 높게 되고 본래는 침전하지 않는 단백질도 침전하게 된다. 따라서 작은 입자의 황산암모늄(막자봉으로 분쇄한 것)을 조금씩 용해시켜야 한다. 한편, 황산암모늄 염석을 농축 목적으로 사용할 경우는 한 번에 충분한 양을 가해도 좋다. 일반적으로 동물세포의 배양액 중에 분비되는 단백질의 농축을 위해 80% 포화 황산암모늄에 의한 염석을 이용하고 있다(3장 I-2 참고).

다음에 30~50% 포화 황산암모늄으로 염석되는 쥐 혈청의 세포증식 저해 인자를 분획하는 예를 나타내었다.

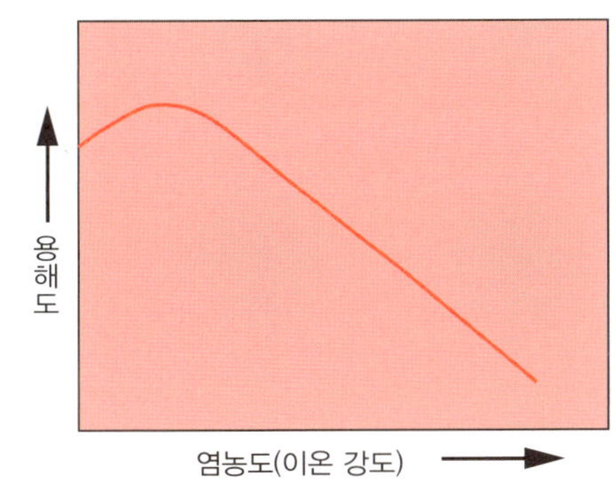

그림 1 이온 강도에 따른 단백질의 용해도 변화

4장 분리정제법

표 1 고형 황산암모늄 첨가에 의한 % 포화도의 조정

시료액의 황산암모늄의 초기 농도 (% 포화)	황산암모늄의 최종 농도 (% 포화)																
	10	20	25	30	33	35	40	45	50	55	60	65	70	75	80	90	100
	시료액 약 1 L에 첨가하는 황산암모늄의 양 (g)																
0	56	114	144	176	196	209	243	277	313	351	390	430	472	516	561	662	767
10		57	86	118	137	150	183	216	251	288	326	365	406	449	494	592	694
20			29	59	78	91	123	155	189	225	262	300	340	382	424	520	619
25				30	49	61	93	125	158	193	230	267	307	348	390	485	583
30					19	30	62	94	127	162	198	235	273	314	356	449	546
33						12	43	74	107	142	177	214	252	292	333	426	522
35							31	63	94	129	164	200	238	278	319	411	506
40								31	63	97	132	168	205	245	285	375	469
45									32	65	99	134	171	210	250	339	431
50										33	66	101	137	176	214	302	392
55											33	67	103	141	179	264	353
60												34	69	105	143	227	314
65													34	70	107	190	275
70														35	72	153	237
75															36	115	198
80																77	157
90																	79

준비물

- Ice bucket과 ice
- 유리 비커(시료의 2배 정도의 용량, 플라스틱제는 냉각 효율이 낮다)
- 교반기(가능한 강력한 것), 교반용 magnetic bar
- 황산암모늄
- 50 mM 인산 buffer(pH 7.2, 목적단백질의 적정 안정 pH에 맞춘다: 냉장)
- 시료: 20 mL 쥐 혈청(냉장보관 또는 4℃에서 1주일 이내 보관 가능)

인산 buffer		(최종 농도)
$NaH_2PO_4 \cdot 2H_2O$	7.8 g	(50 mM)

6 N NaOH로 pH 7.2로 맞추고, DW로 total 1,000 mL가 되게 한다.
4℃에 보관.

Protocol

5시간 정도

❶ 비커(200 mL)에 20 mL의 혈청과 80 mL의 냉각 인산 buffer를 넣는다(5배 희석)[y].

⬇

❷ 교반기(magnetic stirrer) 위에 얼음물을 넣은 ice bucket을 놓고 그 안에 비커를 놓는다.

⬇

ⓨ 단백질 농도가 높지 않은 시료(~10 mg/mL)의 경우, 0.2 M 정도의 buffer를 시료의 약 1/10 정도 가한다(희석이 필요하지 않다).

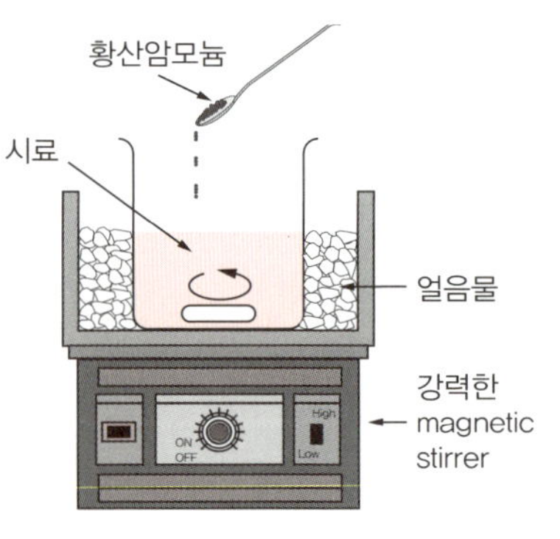

그림 2 황산암모늄 침전법

❸ Stirrer로 교반하면서 17.6 g의 분말 황산암모늄(1 mL에 대하여 0.176 g: 표 1, 30% 포화)을 천천히 첨가하면서 완전히 용해시킨다(그림 2).

⬇

❹ 30분 또는 그 이상 정치한다. 단백질 농도가 낮을 때(0.1 mg/mL 이하)는 냉장고에서 하룻밤 정치한다ⓩ.

⬇

❺ 20,000 × g(Hitachi R20A2 rotor로 15,000 rpm), 약 30분간 원심분리한다[침전물이 많은 경우는 10,000 × g(10,000 rpm)에서 약 15분 정도 원심분리해도 된다]ⓐ.

⬇

❻ 기울여 따라서 상층액을 비커로 옮긴다. ❸~❹와 동일한 조작으로 상층액 1 mL에 대해 0.127 g의 황산암모늄(50% 포화)을 첨가하여 염석한다.

⬇

❼ 20,000 × g로 약 30분간 원심분리한다. 15초 정도 원심관을 거꾸로 하여 상층부분을 가능한 한 없앤다.

⬇

❽ 원심관에 소량의 인산 buffer을 첨가하여 스패툴라로 침전물 부분을 잘 섞어주어 침전물을 완전히 녹인다.

⬇

❾ 탈염한다ⓑ.

ⓩ 단백질 농도가 높을 경우에도 하룻밤 정치하는 것이 가능하다. 그러나 처리시간이 길수록 단백질 침전이 더 잘 된다. 따라서 처리시간을 어느 정도 고정해 놓지 않으면 실험 결과가 다르게 나올 수 있다.

ⓐ 포화도가 높게 되면, 단백질을 침전시키는 데에 강한 원심분리가 필요하게 된다. 단백질에 따라서는 불용성의 단백질이 침전되지 않고 용액에 부유될 수도 있다.

ⓑ 이온교환 chromatography, affinity chromatography, 전기영동 등, 고농도의 염이 방해되는 실험을 진행할 경우에는 먼저 탈염을 해야 한다. **4장 II-5, 4장 VI 참고.**

II-2 유기용매와 산을 이용한 단백질의 침전 농축

단백질은 염석 이외에도 아세톤, 에탄올 등의 유기용매나 poltethyleneglycol, dextran 등의 수용성 polymer로 처리, 혹은 pH 처리(산성 침전물, 등전점 침전물 등) 등에 의해서도 침전된다(상세한 것은 문헌 1, 2를 참고).

단백질 침전의 원리는 일반적으로 다음과 같이 생각할 수 있다.

- **유기용매 침전:** 유기용매의 용매화에 의해 단백질 분자의 표면에서 단백질을 수화시키는 물인 수화수가 제거된 결과(탈수), 단백질의 용해도가 감소하고 단백질 간의 결합이 강하게 된다.
- **산성 침전, 등전점 침전:** 단백질은 자기의 등전점(pI)과 같은 pH에서 양전하와 음전하의 합인 총전하(순전하)가 '0'이 된다. 대부분의 단백질은 이 pH에서 용해도가 가장 낮아진다. 많은 단백질은 산성에서 pI을 가지기 때문에 pH를 초산 등으로 천천히 낮추면 목적단백질 혹은 불순물 단백질들을 침전시킬 수 있다. 이러한 방법에서는 침전이 천천히 일어나기 때문에 pH 조정 후 반나절 정도 기다려야 한다. 또한 산성에서 변성, 불활성화하는 단백질도 많다. 불활성화되더라도 좋은 시료의 경우에는 아래와 같이 삼염화초산(trichloroacetic acid, TCA)을 이용하여 효과적으로 단백질을 침전시킬 수 있다.
- **수용성 polymer에 의한 침전:** polyethylene glycol(PEG)이나 dextran은 분자 내에 다수의 수산기를 가지고 있기 때문에 물분자와 수소결합을 만들어 잘 녹는다. 단백질에 결합하고 있는 수화수도 수용성 polymer에 빼앗기고 대신에 단백질 표면에 수용성 polymer가 수소결합으로 결합하는 결과, 단백질의 물에 대한 용해도가 감소하여 침전하는 것으로 여겨진다.

1 아세톤에 의한 단백질의 침전

유기용매의 침전력은 일반적으로 아세톤, 에탄올, 프로판올, 메탄올의 순서이다. 대부분의 단백질은 40%(v/v) 정도의 에탄올에서 침전하지만, 히스톤과 같은 염기성 단백질은 60~80%의 에탄올에서도 침전하지 않는다. 유기용매 침전은 황산암모늄 침전보다 단백질의 변성을 일으키기 쉽지만, 염을 사용하고 싶지 않을 경우ⓒ의 분획이나 농축에 유용하다. 묽은 단백질 용액을 SDS-PAGE로 분석할 때 아래와 같은 아세톤 농축을 이용할 수 있다.

ⓒ 염이 방해가 되는 실험들을 바로 위의 주석에서 설명하였지만, 특히 SDS-PAGE에 그러하다.

준비물

- 냉각 미량원심분리기
- Ice bucket과 ice
- 원심관(eppendorf tube, glass tube, polyethylene tube 등)
- 냉각 아세톤(−20°C)
- 시료

Protocol

1. 얼음물 안에 있는 원심분리관에 시료를 넣는다.

↓

2. 4배 양의 냉각 아세톤ⓓⓔ을 첨가하고 잘 혼합한다.

↓

3. 원심관을 −80℃에서 1시간(또는 −20℃에서 하룻밤) 정치한다.

↓

4. 10,000×g, 15분간 원심분리한다.

↓

5. 상층액을 버리고, 침전물을 소량의 SDS-PAGE sample buffer(또는 다른 적당한 buffer)로 녹인다.

ⓓ 가능한 한 작은 peptide를 침전시키기 위해 10배 정도의 아세톤이나 에탄올을 가하는 방법도 있다. 그러나 유기용매 농도가 높으면 염이 결정화되어 석출되기 쉽다. 분자량이 수만 이상인 비교적 큰 단백질은 동량의 아세톤(50%)으로 충분히 침전된다.

ⓔ 단백질을 변성시키지 않고 분획하는 경우는 ethanol 분획의 방법이 좋다. 이 경우는 −20℃로 냉각한 ethanol을 이용하여 황산암모늄 분획과 같은 방법으로 실시한다. 에탄올 첨가하는 것에 수반하여 얼음에 천천히 식염(냉각제)을 넣어 단백질 용액이 −5℃ 정도 되게 한다[2].

2 삼염화초산(TCA)에 의한 단백질의 침전

단백질이 변성, 불활성화하여도 무방할 때 TCA를 이용하여 용액에 있는 대부분의 단백질을 단시간에 침전시킬 수 있다. 다음은 TCA로 단백질을 침전시켜 SDS-PAGE로 분석할 때의 실험과정을 나타낸 것이다.

준비물

- 냉각 미량원심분리기
- Ice bucket과 ice
- 원심관(eppendorf tube 등)
- 냉각 20%(w/v) 삼염화초산(TCA)(4℃에서 수개월간 보관 가능)
- 냉각 에탄올(4℃)
- 시료용액

Protocol

5시간 정도

❶ 얼음에 꽂아 둔 원심관에 시료액을 넣는다.

↓

❷ 동량의 냉각된 20% TCA를 첨가하고 잘 혼합한다(최종 농도 10%), (분자량 수만 이상의 단백질인 경우에는 최종 농도가 5% 이어도 좋다).

↓

❸ 얼음에 둔 상태로 15분 이상 정치한다.

↓

❹ 10,000×g, 15분간 원심분리한다.

↓

❺ 상층액을 버린다. TCA를 제거하기 위해 침전물에 1 mL의 냉각에탄올[f]을 첨가하여 vortex로 잘 혼합한다.

↓

❻ 10,000×g, 약 10분간 원심분리한다.

↓

❼ 침전물을 냉각에탄올로 재차 세척한다.

↓

❽ 실온에 정치하든지, 또는 진공 데시케이터 안에서 가볍게 건조시킨다[g].

↓

❾ 소량의 SDS-PAGE sample buffer(또는 다른 적당한 buffer)로 녹인다[h].

ⓕ 냉각에탄올 대신에 냉각 에탄올/에테르(1:6) 혼합액 등이 사용되는 경우도 있다.

ⓖ 침전물을 완전히 건조시키면 buffer에 녹이기 어렵기 때문에 조금의 수분이 남을 정도로 건조시키는 것이 좋다.

ⓗ 만일 남아 있는 TCA 때문에 단백질 용해액이 BPB(bromophenol blue)에 의해 오렌지색이 되면 소량의 NaOH를 가하여 중화시킨다(청색).

II-3 막농축(Ultrafiltration)

저농도의 단백질을 농축하는 데는 황산암모늄과 유기용매에 의한 침전법에 더해서 용액을 탈염한 후에 동결 건조시키는 방법, 단백질을 이온교환 column이나 affinity column 등의 흡착 담체에 흡착시켜 분리하는 방법, 감압 하에서 원심분리하는 원심분리농축법 등이 있다. 그리고 chromatography용의 샘플로 가장 일반적인 농축법으로서 ultrafiltration membrane을 이용한 농축법이 있다. 이러한 방법에서는 일정한 크기 이하의 분자는 여과시키고 그 크기 이상의 분자는 통과하지 못하게 하는 ultrafiltraion membrane을 이용하여 단백질을 농축하는 방법이다(그림 3).

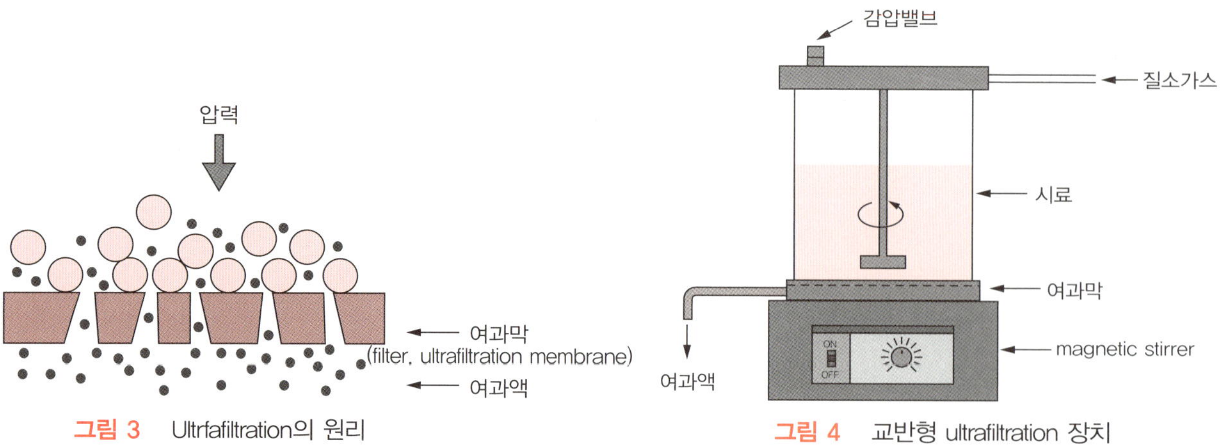

그림 3 Ultrfafiltration의 원리

그림 4 교반형 ultrafiltration 장치

여러 가지의 ultrafiltration 장치가 시판되고 있지만, 가장 일반적인 것이 그림 4에 나타낸 교반식 장치이다. 용량이 10 mL 정도에서부터 500 mL 정도의 것이 Advantec사나 Merk사 Millipore에서 판매되고 있다. 이것을 이용하여 수 mL부터 수 L의 시료를 농축할 수 있다. 이 장치에서는 질소 가스를 이용하여 시료에 압력을 가하지만 비교적 대용량의 농축에 대해서 용액을 peristaltic pump로 막 위에 가압하고 순환시키는 장치가 Tosoh사, Millipore 등에서 판매되고 있다. 또한 대량의 시료를 농축하기 위해 다수의 중공섬유막(hollow fiber)으로 시료를 농축하는 장치가 Asahi Kasei사(미니 모듈), Tosoh사, Millipore 등에서 판매되고 있다. 한편 소량의 시료 농축에는 그림 5에 나타낸 원심분리형의 농축기가 Millipore(Amicon Ultra-4, Amicon Ultra 0.5), Tosoh사(UNISEP), Kurabo사(Centricut) 등에서 판매되고 있다. Ultrafiltration 장치는 농축뿐만 아니라 buffer 교환이나 단백질의 대략적인 분획도 가능하다. Buffer 교환을 위해서는 비교적 작은 장치로 농축과 희석을 반복한다. 분획의 경우에는 시료를 처음에는 큰 기공의 막에 통과시키고 그 다음에 여과액을 작은 기공 막에 통과시킨다. 어떤 장치 또는 어떤 목적에 있어서도 회수율과 소요시간이 중요하다. 목적단백질이 막에 흡착될지 안될지 또는 비교적 단시간 내에 농축 가능한지는 미리 조사해 둘 필요가 있다. 아래에 교반식 장치의 실험에 있어서 주의할 점을 열거하였다.

(1) 농축하는 데 오랜 시간이 걸리므로 저온실, 냉장고, ice bucket 등에서 냉각시켜 실시한다.

(2) 표 2에 Millipore의 ultrafiltration용 대표적인 여과막을 나타내었다. Molecular weight cut-off(MWCO, 한계분자량)이 다른 것이 여러 가지 갖춰져 있지만 목적단백질을 통과시키지 않는 범위에서, 가능한 한계분자량이 큰 것을 선택한다(보통, PL10이나 PL30). 한계분자량은 엄밀한 것은 아니고 가늘고 긴 분자는 둥근 분자보다도 막을 통과하기 쉽다. 이와 같은 여과막은 Advantec에서도 판매되고 있다.

(3) 단백질의 흡착성은 막의 종류나 단백질의 종류에 따라 다르다. 표 2의 PL막은 재생 셀룰로오스로 이루어져 있고 단백질의 흡착성은 낮다. 예비 시험에서 회수율이 낮은 경우에는 시료에 0.1~0.5 M 정도의 NaCl을 첨가하거나 0.1% 정도의 비이온성 계면활성제(예: Triton X-100, Brij35 등)를 넣어 본다.

(4) 가하는 압력이 너무 강하면 단백질이 막에 달라붙는 경우가 있기 때문에 저압에서 실시하는 것이 좋다(설명서 참고). 당연하지만, 점도가 높은 시료는 막농축법에 적합하지 않다.

(5) 용기 내의 남은 용액량을 종종 확인한다. 그대로 오래 방치하면 용액이 없어지고 시료와 여과막 모두가 못쓰게 된다.

(6) 농축을 정지할 때는 먼저 가스를 잠그고 압력을 감압한 후에 뚜껑을 연다.

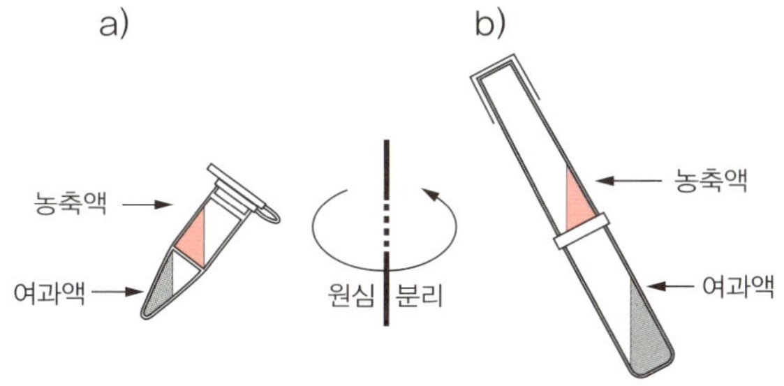

그림 5 두 종류의 원심분리형 농축기

표 2 Ultrafiltration용 여과막의 종류

상품명	한계분자량 (MWCO)	재료
PL1	1,000	재생 셀룰로오스
PL3	3,000	〃
PL5	5,000	〃
PL10	10,000	〃
PL30	30,000	〃
PL100	100,000	〃

(7) 막은 매우 고가이지만 반복해서 사용할 수 있다. 사용 후에는 1 M NaCl, 1% 정도의 비이온성 계면활성제, 약알카리 용액 등에서 세척한다(설명서 참고). 단 정제한 단백질의 농축에는 새로운 막을 사용해야 한다.

(8) 농축액은 피펫 또는 모세관으로 주의 깊게 채취한다. 막에 손상을 주지 않도록 피펫의 끝에 짧은 고무튜브를 부착하면 좋다.

Ⅱ-4 기타 농축법

염석, 유기용매나 산에 의한 침전, ultrafiltration 등에 비하면 시간이 더 걸리지만, 단백질을 농축하는 방법으로서 다음과 같은 방법들도 있다.

1) 동결건조법

진공상태에서 동결된 단백질 용액의 수분을 승화시켜 건조시킨다. 시료액을 넣은 동결건조용 플라스크(또는 적당한 시험관)를 드라이아이스 위나 초저온냉동고 내에서 가끔 회전시켜 플라스크 내벽에 넓게(또는 얇게) 동결시키면 동결건조의 효율이 높아진다. 건조시킨 분말은 냉장고나 냉동고에 장기간 보관 가능하다. 농축을 목적으로 할 경우에는 동결건조 분말을 소량의 buffer에 용해시킨다. 이 방법으로는 단백질과 함께 용액 중의 염 등도 농축되기 때문에, 보통 먼저 물에 투석시킨다. 또한 포름산암모늄(ammonium formate), 초산암모늄(ammonium acetate), 초산, 삼염화초산(TCA) 등은 수분과 함께 날아간다.

2) 원심분리 농축법

단백질 용액을 진공상태에서 원심분리하고 원심분리 튜브의 내벽에 용액이 얇게 피막을 형성하여 수분을 증발시킨다. 용액 중의 염류도 농축된다.

3) 투석 튜브법

단백질 용액을 좁고 긴 투석 튜브(dialysis tube)에 넣고, 저온실에서 선풍기 바람으로 수분을 증발시킨다. 용액 중의 염류도 농축된다. 시료를 넣은 투석 튜브 주변에 Sephadex 등의 분말을 뿌려 탈수시키는 것도 가능하다.

4) 흡착 농축법

이온교환 column이나 affinity column에 목적단백질을 흡착시켜, 강한 용출 조건을 걸어서 한번에 용출시키며 농축시킨다. 비교적 고용량의 시료를 농축하기에 적합하다.

II-5 투석

시료 중의 buffer를 교환하거나 탈염하기 위한 가장 일반적인 방법이 투석과 gel 여과 chromatography(**4장 VI** 참고)이다. Ultrafiltration의 경우는 용액을 가압해서 강제적으로 물분자나 저분자를 제거했지만 투석의 경우는 대단히 얇은(20~100 μm) 재생 셀룰로오스의 다공성 막을 이용하여 자연적인 확산에 의해 외액과 내액 사이에서 저분자의 교환이 일어나도록 한다(**그림 6**). **표 3**에 나타낸 것처럼 각 시판사에서 여러 종류의 크기나 한계분자량을 가진 투석막이 판매되고 있다. 보통의 단백질에 대해서는 투석용 셀룰로오스 튜브(Viskase사)로 충분하지만, 저분자량의 단백질에 대해서는 Spectrum사의 저분자용 튜브(예: Spectra/Por1 또는 3)를 사용한다. 투석막의 용량 크기는 0.5 mL 정도부터 수백 mL까지 있다. 단시간의 투석에는 가능한 좁고 긴(표면적이 큰) 것을 선택한다. 또한 물이나 저염농도의 buffer로 투석하면 단백질의 침전이 일어나기 쉽다. 다음에 실험과정을 나타낸다.

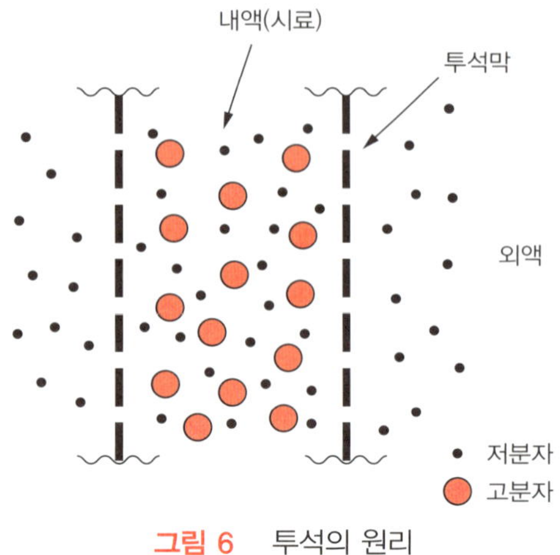

그림 6 투석의 원리

준비물

- Magnetic stirrer 및 magnetic bar
- 비커(적어도 시료의 100배 정도의 용량)
- 투석막(적당한 길이로 절단)
- 냉각한 buffer

Protocol

약 5~18시간

❶ 시판 투석막에는 보관제나 글리세롤이 포함되어 있기 때문에, 유리 비커에 DW와 투석막을 넣고 약 10분간 끓여 제거한다. 이것을 보관하기 위해서는 0.05~0.1% sodium azide(NaN_3) 또는 20% 에탄올에 담가 냉장고에 보관한다(수개월 이상 보관 가능). 사용 전에 DW로 세척한다.

❷ 투석막의 아랫부분을 묶는다(다음 **그림**). 물을 넣고 새지 않는지 확인하고 물을 버린다.

표 3 대표적인 단백질 투석막의 종류

상품명	한계분자량	비고	회사명
Visking Cellulose Tubing	12,000~16,000		Viskase사
Spectra/Por 1	6,000~ 8,000		Spectrum사
Spectra/Por 2	12,000~14,000	고투석 효율	
Spectra/Por 3	3,500		
Spectra/Por 4	12,000~14,000	표준형	
Spectra/Por 5	12,000~14,000	고강도	

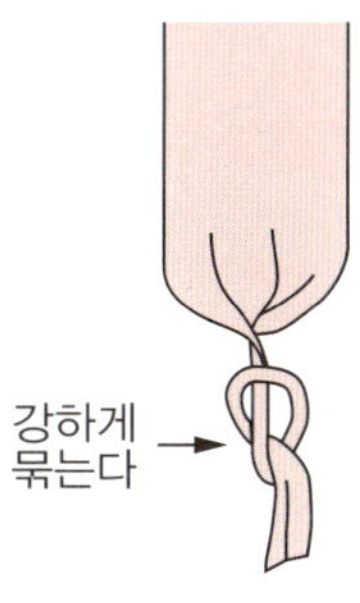

투석 튜브의 묶는법
바닥부분 묶는 방법:
튜브의 밑을 매듭을
만들어 묶는다

❸ 윗부분으로 피펫이나 깔때기를 이용하여 시료를 넣는다.

❹ 윗부분을 stopper로 고정시키고 다시 그 위를 묶는다. Stopper로서 Closure(Spectrum사)나 Bag Holder(Membrane Filtration Products사) 등이 있지만(**그림 7**), 적당한 플라스틱 봉이나 피펫 tip에 상단을 감아서 고무밴드로 이중으로 묶어도 된다(**아래 그림**).ⓘ

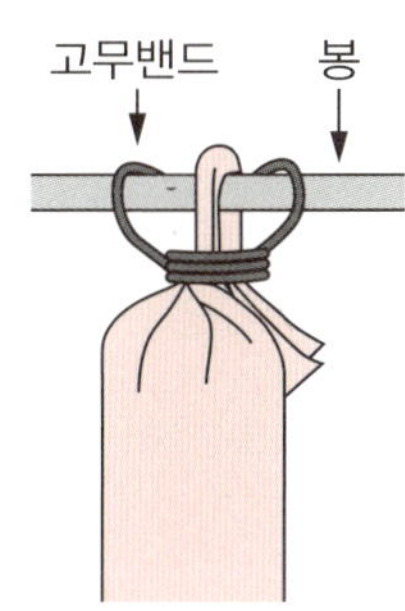

튜브 윗 끝부분을 봉에 감아, 그 위를
고무밴드로 빙빙 감아 묶는다

❺ 투석 튜브를 buffer(시료의 100배 정도나 그 이상의 용량)가 있는 비커에 넣는다. 튜브가 가라앉을 경우에는 끈으로 묶는다. 튜브 안에 조금 공기를 넣어두면 가라앉지 않는다.

❻ 저온(저온실, 냉장고 또는 ice bucket)에서 교반기 위에서 천천히 교반한다(**그림 7**).ⓙ

❼ 2~3시간 후에 외액의 buffer를 한 번 교환하고 다시 여러 시간 또는 하룻밤 교반을 계속한다.ⓚ

❽ 투석이 끝나면, 윗부분의 stopper 또는 고무밴드를 벗기고 내액을 용기에 붓는다. 소량의 경우에는 모세관의 끝에 부드러운 고무 튜브를 끼운 것으로 용액을 취한다.

ⓘ 시판되는 stopper 중에는 사용 도중 느슨해져서 시료를 분실하는 경우가 있어 주의가 필요하다.

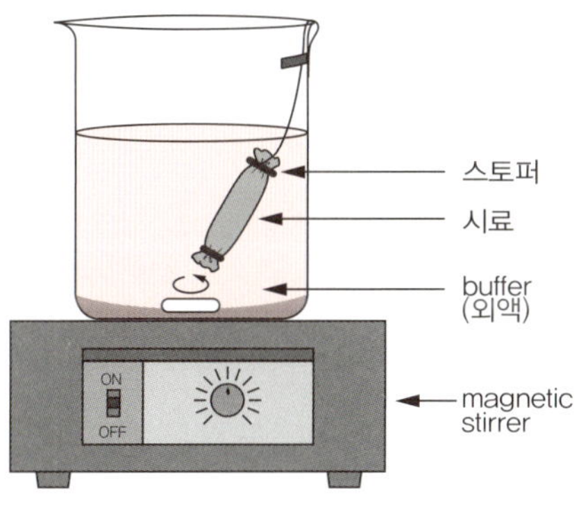

그림 7 투석 조작

ⓙ 자력이 약한 교반기에서는 저속으로 magnetic bar의 회전이 정지하거나 튀어서 비커가 깨지는 경우가 있다.

ⓚ 투석을 단시간으로 실시하고 싶은 경우와 buffer가 귀중한 때에는 소량(시료의 약 10 배 이상)의 buffer를 약 2시간 간격으로 여러 번 교환한다. 5~6시간이면 평형에 도달한다.

참고문헌

1) 堀尾武一 編：蛋白質·酵素の基礎実験法, 南江堂, 1995
2) 日本生化学会 編：新生化学実験講座1 タンパク質1, 分離·精製·性質, 東京化学同人, 1990
3) Miyazaki, K. et al.：In Vitro Cell. Dev. Biol., 21：62−66, 1985

Ⅲ 저압 chromatography의 기본적 실험과정

단백질의 column chromatography는 저압 chromatography(LPLC, low pressure liquid chromatography)와 고압 chromatography(HPLC, high pressure 또는 high performance liquid chromatography)로 크게 구분된다. 이것은 글자 그대로 chromatography를 실시할 때 압력(또는 유속)의 차이를 의미하지만, 그 차이는 기본적으로 chromatography에 사용하는 담체입자(supporting material)의 물리적 강도와 크기에서 유래한다. LPLC는 연질 chromatography, 표준(또는 standard) chromatography, open column chromatography 등으로 불리기도 한다. 이러한 방법은 아가로오스, dextran, 셀룰로오스 등의 천연다당류로 된, 부드럽고 큰 담체(입자 직경이 60~200 μm)를 이용하는 방법으로서 분리 기능은 비교적 낮지만, 다량의 시료를 분리할 수 있는 특징을 가지고 있다. 한편 **4장 Ⅳ**절에서 설명하는 바와 같이, HPLC는 단단하고 작은 담체(평균 입자 직경이 약 10 μm)를 사용하는 방법으로서 시료의 처리능력(한 번에 분리되는 양)은 적지만 고순도 분리와 빠른 속도로 얻어진다. 최근에는 천연 다당류를 원료로 하여 내압성의 담체가 제조되었고, 고압 또는 중간 압력에서 chromatography를 수행하게 되었다. GE Healthcare는 이와 같은 중압 chromatography에 대하여 FPLC(fast protein liquid chromatography)라는 명칭을 부여하고 있다. 각각 LPLC의 구체적인 실험과정은 **4장 Ⅴ**절 이하에 설명되어 있으므로, 여기에서는 LPLC에서 사용되는 주된 기구와 방법의 개요를 설명한다.

Ⅲ-1 연질 담체의 종류

표 1에 여러 종류의 chromatography에 사용되는 담체 소재의 종류와 특징을 나타내었다. 유기합성 polymer와 실리카겔은 물리적 강도가 크며 가공도 용이하지만 단백질의 비특이적 흡착이 크다는 결점이 있다. 이것들은 주로 HPLC용의 담체로서 사용되고 있다. 한편 아가로오스, dextran, 셀룰로오스 등의 다당류 담체는 강도는 낮지만 단백질의 비특이적 흡착이 적다는 장점이 있다. 이러한 다당류는 화학적으로 가교를 이루어 beads에 가공되어 사용된다. Gel 여과 chromatography에서는 gel 내부의 망상 또는 구멍의 직경이 다른 이들 담체가 그대로 사용되지만, 이온교환 chromatography에서는 이온교환기가, 또 소수성 chromatography에서는 소수기가 당 사슬의 골격에 도입되어 있다. **그림 1**은 GE Healthcare의 가교 dextran(Sephadex)와 가교

표 1 시판되는 연질담체의 소재와 성질

소재	비특이적 흡착	기계적 강도	담체(안정적인 pH)
유기합성 polymer			
Polystyrene	대	대	Bio-Rex 70 (pH 0~14)
Polyacrylamide	중	대	Bio-Gel P (pH 2~10)
Polyvinyl alcohol	중	대	Asahipak, Toyopearl (pH 1~14)
다당류			
Dextran	소	소	Sephadex (pH 4~10)
Agarose	소	소	Sepharose, Speharose CL (pH 3~14)
			Bio-Gel A (pH 3~10)
Cellulose	소	소	Cellulofine (pH 2~13)
혼합			
Dextran/Agarose	소	중	Superdex (pH 3~12)
Dextran/Acrylamide	소	중	Sephacryl (pH 2~11)

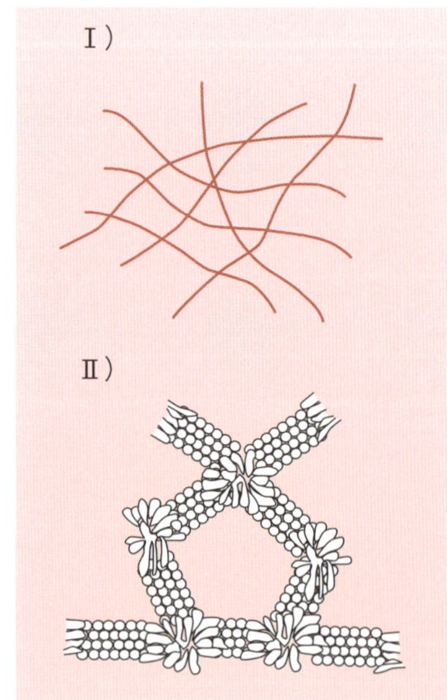

그림 1 가교 dextran gel(Ⅰ)과 가교 아가로오스 gel(Ⅱ)의 구조

아가로오스(Sepharose)의 구조를 나타낸 것이다. 전자는 가느다란 당 사슬이 일정한 방향없이 망상구조를 형성하고 있지만, 후자는 당 사슬이 겹쳐져 있기 때문에 강도가 높고 망상구조가 크기 때문에 분자량 1×10^6까지의 큰 분자도 분리할 수가 있다. GE Healthcare는 이 아가로오스 gel의 가교도를 높여 입자를 한층 작게(평균 입자 지름 34 μm) 한 담체(Sepharose HP)를 HPLC/FPLC 용의 이온교환체로 판매하고 있다. 그리고 가교 아가로오스와 dextran으로 만든 beads 모양의 gel(Sephadex, 평균 입자 지름 34 μm)도 비특이적 흡착이 낮은 gel 여과 HPLC용 담체로 사용되고 있다.

Ⅲ-2 필요한 장치와 기구

그림 2에 전형적인 LPLC용 장치의 배치를 나타내었다. 이것은 chromatography의 조작을 가능한 한 자동화하도록 배치된 것이므로 이하 기술하는 것처럼 column과 fraction collector 이외는 반드시 필요하지는 않다. LPLC용의 장치로서는 GE Healthcare(AKTA pure)의 AKTAFPLC와 AKTAprime Plus, Bio-Rad의 BioLogic LP, Atto사의 BioChromatograph II 등이 있다.

- **Column**: 많은 경우 적당한 column에 담체(gel)를 실험자가 직접 충진하여 사용한다. 최근, 미리 충진된 많은 column(prepacked column)이 시판되고 있다. 이러한 column은 직접 충진하는 경우에 비하여 비싸지만, 편리하고 분리 기능도 좋다. 예를 들면, GE Healthcare로부터는 gel 여과, 이온교환 chromatography, 소수성 chromatography 등에 사용하는 HiPrep Column과 HiLoad Column, 또 소량의 시료로 신속한 흡착 chromatography를 실시하기 위한 HiTrap Column이 판매되고 있다. Bio-Rad로부터 작은 충진 column(상품명 Bio-Scale Mini cartridge: 탈염 column, 항체 정제용 등의 affinity column이 있다)이 판매되고 있다. 작은 충진 column은 비교적 싸고 편리하다.

  자체적으로 만든 column에서 중요한 것은 담체 gel 이외의 부분에 여분의 공간을 두지 않는 것이다. 예를 들면, 간단한 유리관 밑바닥에 유리석면을 깔고 gel을 충진할 수 있다. 그러나 이 column에서는 gel을 통해 겨우 분리된 단백질이 유리석면 부분에서 희석되거나 다시 혼합되는 경우가 있다. GE Healthcare에서 여러 가지 chromatography에 사용할 수 있는 여러 내압 glass column이 판매되고 있다. 이러한 column은 dead space가 거의 없고 또한 상단을 조절할 수 있는 adapter가 부착된 것과 냉각수를 순환하기 위한 외부 관이 부착된 것도 판매되고 있다. 이러한 column은 FPLC에도 사용 가능한 이상적인 column이지만 단점은 가격이 다소 고가인 점이다. Bio-Rad에서도 거의 같은 가격에 비슷한 glass제 column이 판매되고 있다. Gel 여과 chromatography에서는 가늘고 긴 column(내부 지름에 대한 높이의 비율이 20~60), 이온교환과 affinity 등의 흡착 chromatography에서는 짧은 column(비율이 5~10)이 사용된다.

- **Fraction collector**: 가능한 단순하고(따라서 가격이 싸다) 타이머 방식이 사용하기 쉽다. LPLC로는 HPLC에 비하여

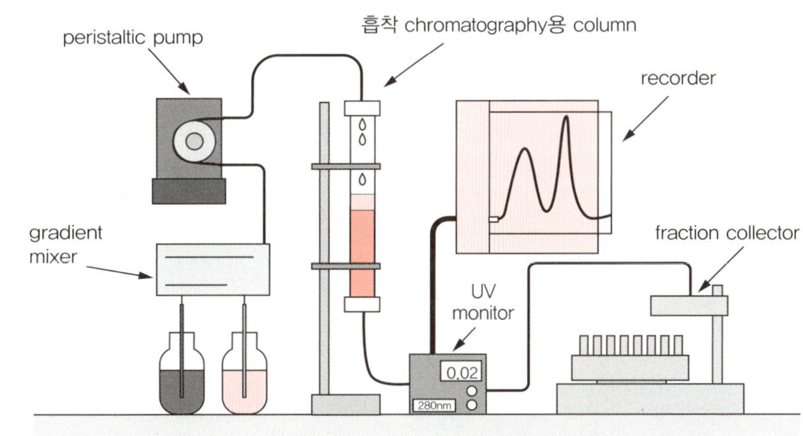

그림 2 저압 chromatography의 기본적인 장치

4 장

분리정제법

다량(~20 mL/fraction)의 buffer를 흘리는 경우가 많다. 한 fraction당 0.5~20 mL의 분획이 가능하다면, LPLC와 HPLC의 양쪽에 다 사용 가능하다(예: Atto사의 BioCollector AC-5750, Bio-Rad의 Fraction Collector Model 2110).

- **Peristaltic pump:** 실리콘 튜브를 세게 훑어서 용액을 보내는 펌프이다. 튜브 조임 정도를 조절할 수 있고 또한 가능한 한 넓은 범위에서 유속을 설정할 수 있는 것이 좋다(예: Atto사의 AC-2120, AC-2110). 펌프는 column의 앞쪽 또는 뒤쪽에 설치할 수 있지만, 앞쪽에 두는 편이 gel에서 용액의 끊김, 유속의 변화 등의 문제가 적다.

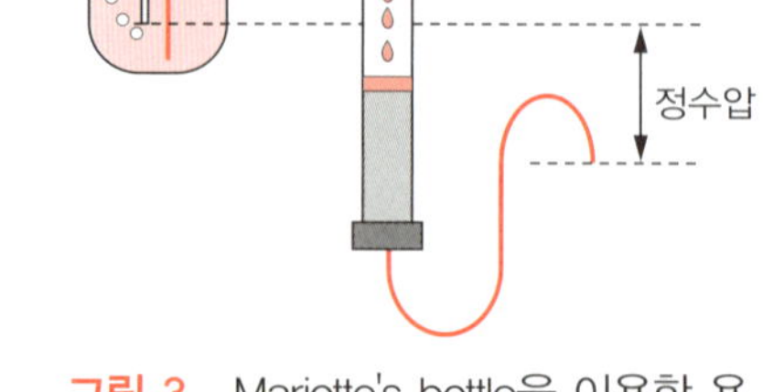

그림 3 Mariotte's bottle을 이용한 용액흘리기

Gradient 용출을 하지 않는 흡착 chromatography에서는 펌프를 사용하지 않고 **그림 3**과 같이 Mariotte's bottle이나 보통의 비커 또는 삼각 플라스크에 buffer를 넣고 자연낙하에 의해 용액이 흐르게 할 수도 있다. Mariotte's bottle을 쓰면 정수압이 일정하게 유지되기 때문에 용액량의 감소에 의한 유속의 저하를 피할 수 있다. 그러나 gel 여과에 의한 탈염, affinity chromatography 등, 단시간에 행해지는 간단한 chromatography에서는 약간의 유속 변화는 문제가 되지 않는다.

- **UV monitor:** Column으로부터 단백질의 용출을 280 nm의 흡광도에서 측정하는 장치이다(예: Atto사의 Bio-mini 자외선 흡수 monitor AC-5100: Bio-Rad의 EM-1 Econo UV Monitor). 각 fraction의 흡광도를 각각 하나씩 측정하는 경우일 때는 이 UV monitor가 반드시 필수 장치는 아니다.

- **Gradient mixer:** 2종의 용매 혼합비율을 자동적으로 조절함에 따라 농도구배용출(gradient 용출)을 만드는 장치이다. 펌프가 2대 필요한 것과 1대 필요한 것이 있다. 이와 같은 자동혼합 장치가 없어도 **그림 4**에 나타낸 것처럼 2개의 buffer 용기가 있는 gradient 제조기(gradienter)와 magnetic stirrer를 이용하여 gradient를 만들 수가 있다. 이 방식으로는 2개의 용기의 단면적의 비율에 따라 다른 형태의 gradient가 형성된다. 2개의 용기가 같을 경우에는 거의 직선기울기의 gradient(linear gradient)가 만들어진다.

Ⅲ-3 실험과정

1 Column에 담체 충진

담체를 충진한 column에는 gel 상단에 공간이 있는 열린 column(open column, **그림 5-Ⅰ**)과 adapter로 공간을 없앤 폐쇄 column(closed column, **그림 5-Ⅱ**)이 있다. 일반적으로는 폐쇄 column이 사용하기 쉽고 문제도 적다. 시판되는 충진된 column은 모두 폐쇄 column이다. Sep-

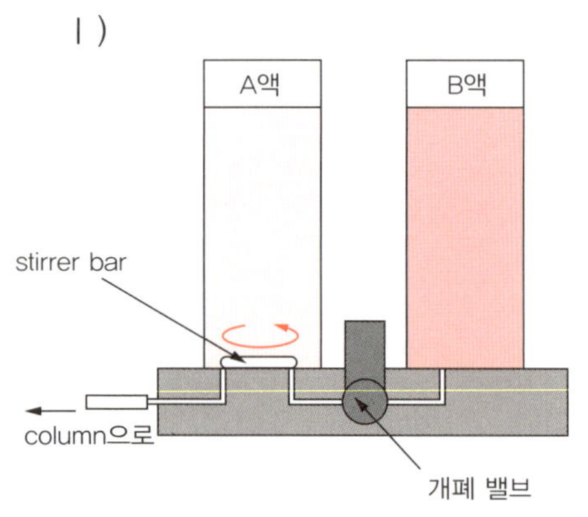

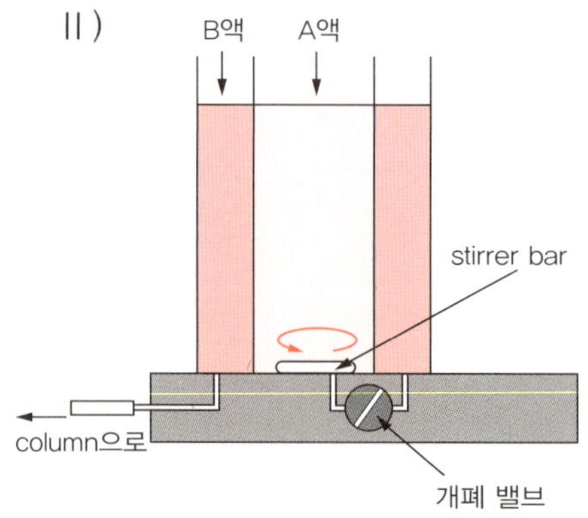

그림 4 두 종류의 gradienter

Ⅰ) 전형적인 2개의 buffer 용기를 가진 형태의 gradienter. 조금 더 간편한 것으로서 두 용기 사이를 튜브로 연결한 것도 많이 사용된다.

Ⅱ) 동심원형 gradienter: 안쪽과 바깥쪽의 이중구조로 되어 있다. 농도가 서서히 높아지는 gradient(농도구배)에서는 A에 옅은 용액, B에 진한 용액을 넣는다. 낮아지는 농도구배를 위해서는 용액을 반대로 바꿔 넣는다. A액, B액을 넣을 때에는 반드시 두 용기 사이의 밸브와 출구의 밸브를 잠그고 넣어야 한다.

hadex 등을 제외하고는, 대부분의 연질 담체는 이미 팽윤된 상태로 판매된다. 이 gel을 필요량만큼 사용 buffer에 현탁시킨다. Gel의 흐름을 막는 원인이 되는 작은 gel 파편을 윗물 따르기로 제거하고, 다시 gel에 포함되어 있는 공기를 제거(탈기)한 후에 column에 충진한다. 보통 침강시킨 gel의 용량과 상부의 buffer의 비율이 3:1의 현탁액(slurry)을 column에 한 번에 흘려 넣어 충진한다. 구체적인 과정에 관해서는 **4장 VI**절을 참고하기 바란다. 중요한 것은 가능한 한 균일하게 충진하고 gel 안에 공기가 들어가지 않게 하는 것이다. 이상적인 것은 실제로 실험을 하려는 저온실험실이나 chromatographic chamber에서 column을 충진하는 것이 좋지만, 실제로는 실온에서 충진한 column을 저온실로 이동하여 사용해도 문제가 되는 것은 없다. 반대로 저온실의 column을 실온의 실험실로 옮겨 사용하면 gel 안에 기포가 생겨서 분리가 나쁘게 된다.

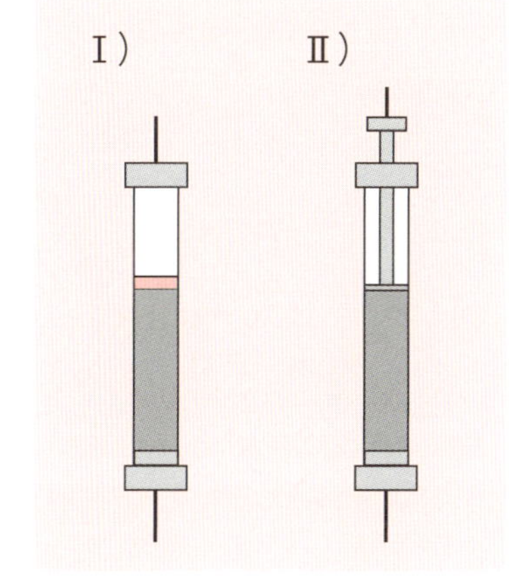

그림 5 열린 column(Ⅰ)과 폐쇄 column(Ⅱ)

Column의 안지름에 대한 gel bed의 높이는 이온교환이나 affinity chromatography 등의 흡착 chromatography에서는 보통 4배 이내, gel 여과 chromatography에서는 20~40배(탈염 column에서는 4~10배)이다.

2 Chromatography의 조작

1~2시간에서 종료하는 chromatography를 예외로 하고, 모든 실험조작은 5°C 전후의 저온실이나 chromatographic chamber 안에서 수행된다. 열린 column과 폐쇄 column에서는 실험방법에 약간의 차이가 있다. 열린 column의 경우에는 buffer의 낙하에 의한 gel 상단의 흐트러짐을 막거나 gel이 buffer 밖으로 노출되는 것을 방지하기 위하여 항상 gel 상부에 2~3 cm의 높이로 buffer를 채워 줄 필요가 있다(**그림 6-Ⅰ**). 그렇게 하더라도 gel이 흐트러지는 현상이 일어나면 용액의 상부에 작은 filter를 부유시켜 놓으면 좋다.

열린 column에서 buffer의 종류를 바꿀 때 gel 상부 만들어 놓은 액체에 의해서 buffer가 희석되는 것에 주의해야 한다. 이러한 현상을 방지하기 위하여 열린 column의 흡착 chromatography에서 단계적으로(stepwise) 용출할 때에는 일반적으로 다음과 같은 조작을 한다. Gel의 단위 면적당 유속(보통, mL/cm^2 • 시간)은 gel의 종류에 따라 다르다. 같은 gel bed 용적이라도 짧은 column으로는 긴 column에 비하여 chromatography를 빨리 종료할 수 있다. 일반적인 column 크기의 흡착 chromatography에서, 시료를 첨가할 때는 0.5~1.0 gel bed 용적/시간, 세척 및 용출할 때는 1.0~2.0 bed 용적/시간으로 실시하는 것이 보통이다. 각각의 chromatography의 유속에 대해서는 담체의 설명서를 참고하여 정할 필요가 있다.

4장 분리정제법

준비물

- 시료액
- A용액: column equilibration buffer
- B용액: washing buffer(예를 들면, A용액에 염을 첨가한 것)
- C용액: elution buffer(용출 buffer)

Protocol

6~24시간

❶ A용액을 gel bed의 약 2배량을 흘려보내서 column을 평형화시킨다(**그림 6-Ⅰ**). 평형화와 시료를 첨가할 때는 **그림 7**과 같이 자연낙하시키는

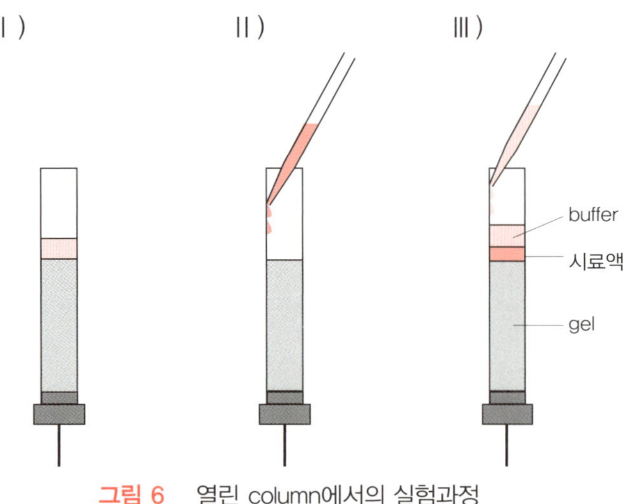

그림 6 열린 column에서의 실험과정

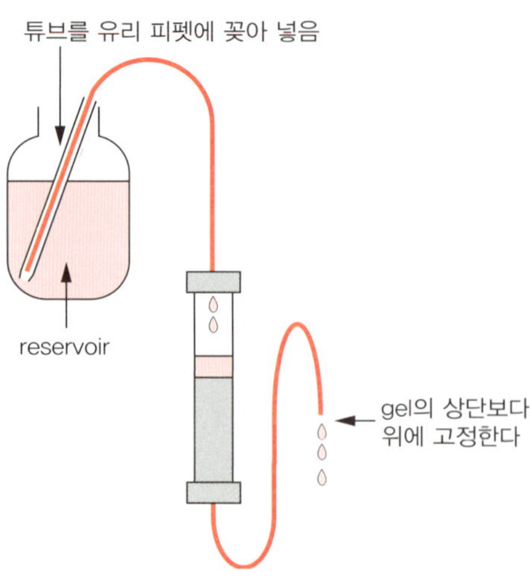

그림 7 자연낙하에 의한 송액법

데, 튜브의 유출구의 끝을 gel의 상단보다 조금 위쪽에 고정시켜 놓으면 reservoir의 buffer가 다 사용되는 때에도 gel에서는 buffer가 없어지지 않는다. Buffer reservoir는 보통의 플라스크라도 좋다①.

❷ Gel 상의 A용액 상단이 gel의 상단에 일치할 때까지 A용액을 column에서 빼낸다(스포이드로 빼내도 좋다)(그림 6-Ⅱ).

❸ 스포이드를 이용하여 시료액을 gel 표면이 흐트러지지 않도록 주의하여 중층한다(그림 6-Ⅱ).

❹ 자연낙하 또는 펌프로 시료액을 전부 gel 안으로 흘려 보낸다.

❺ Gel 상에 다시 A용액을 중층하고, gel bed의 2~5배의 A용액으로 column을 씻어준다. 만일 시료액에 비해 A용액의 비중이 충분히 작을 경우에는, 시료액이 gel 안으로 다 들어가기 전에 A용액을 얹어주어 흘려 보내도 된다(그림 6-Ⅲ).

❻ A용액으로 씻어준 다음, 같은 방법으로 B용액, C용액을 순서대로 column에 흘려보내어 단백질을 용출한다.

① 여러 가지의 buffer를 사용하는 흡착 chromatography에서는 가끔 reservoir의 buffer가 없어지거나 buffer가 있는 reservoir로부터 튜브가 빠져 버려서 gel의 buffer가 다 빠져나가 gel이 갈라지게 되어 실험을 망치는 경우가 있다. 송액 튜브는 그림 7과 같이 적당한 유리 피펫에 끼워주거나 혹은 테이프로 단단히 고정한다.

3 Batch법에 의한 분리

흡착 chromatography, 특히 이온교환 chromatography에서 대량의 시료를 단시간에 크게 분획하는 방법으로 Batch법이 있다. 이 방법에는 적당한 buffer로 평형화시킨 담체를 시료액에 넣고 천천히 1시간 정도 교반한 후, 여과기로 흡인 여과한다. 이 gel을 buffer로 충분히 씻어준 다음, 용출액에 재현탁하여 여과기를 통해 단백질을 용출하거나, 또는 column에 충진시켜 용출한다. 이 방법은 희석된 시료액을 농축시키거나 불순물이 많이 섞인 단백질 시료에서 목적단백질을 분리할 때 유용한 방법이다.

세척이나 용출 시에는 용출액의 280 nm 흡광도로 단백질량을 측정하여 그 수치가 충분히 떨어진 후에 buffer를 교환한다.

Gradient 용출의 경우에는 똑같이 시료액과 buffer를 첨가한 후 gel 위에 2~3 cm의 높이 정도의 buffer를 둔 상태에서 gel bed의 10~20배(진한 용액과 묽은 용액의 합계 총량)의 buffer로 gradient를 만들어 주면서 용출한다(그림 2).

폐쇄 column에서 용액을 교환할 때에는 buffer 쪽의 튜브 끝을 각각의 buffer에 순차적으로 넣는 것만으로도 좋다. 이때 튜브를 buffer에 바꿔 넣을 때 반드시 송출액 펌프를 멈춰서 튜브에 공기가 들어가지 않게 한다. Gel에 큰 기포가 들어가면 액체의 흐름이 불균일하게 되어 분리가 나빠지게 된다. 이때에는 먼저 adapter를 분리하고 gel 상부에 buffer를 좀 더 넣어주고 나서 유리봉으로 기포가 들어간 부분을 가볍게 저어주어 기포를 제거한다.

한편, LPLC 장치를 사용하는 경우에는 시료의 첨가, buffer 교환, gradient 용출 등을 쉽게 실시할 수 있다.

4 담체의 세척 · 보관

일단 충진된 column은 장기간의 사용이 가능하다. 그러나 사용횟수가 많아져서 담체가 더러워지면, 유속이 느려지고 압력이 올라가기 때문에 시료의 분리 기능이 떨어진다. 그리고 이온교환이나 affinity chromatography에서는 리간드에의 결합량이 급격히 떨어진다. 이러한 경우에는 더러워진 담체를 1~2 M 정도의 NaCl이 들어 있는 buffer나 비이온성의 계면활성제로 씻어준다. 담체가 꽤 많이 오염되어 있을 때에는 0.1 N NaOH나 0.1 N HCl 등으로 담체를 번갈아 씻어주는 방법이 있지만, 담체의 종류에 따라서는 이러한 세척 방법을 사용할 수 없는 것이 있기 때문에, 담체의 설명서를 참고하여 추천하는 방법에 따라 세척한다. 한편 오염이 아주 심할 경우에는 담체를 column에 충진한 채로 세척하는 것은 불충분하므로 column에서 담체를 꺼내어 위의 세척용 buffer로 씻어준 후 다시 column에 충진하는 것을 권장한다.

담체의 보관은 표 2에 같은 항균제를 담체보관용 buffer에 미리 첨가하여 4°C에서 보관한다. 자세한 것은 담체의 첨부된 설명서를 참고하기 바란다.

표 2 담체의 보관에 사용되는 항균제

항균제	비고*
0.002%(w/v) chlorhexidine(별칭, hibitane)	양이온 교환체에 효과 없음
0.001%(w/v) phenylmercuric salt	약알칼리성에서 효과가 큼, 양이온 교환체에 효과 없음
0.005%(w/v) thimerosal(별칭, merthiolate)	약산성에서 효과가 큼, 음이온 교환체에 효과 없음
0.05%(w/v) chloreton(별칭, trichlorobutanol)	약산성에서만 유효, 양음이온 교환체에 유효
0.02~0.05%(w/v) sodium azide	음이온 교환체에서 효과 없음
20%(v/v) ethanol**	Sepharose, Sephacel, MonoBeads 등에 적용

* : 이온교환체에 결합하는 항균제는 효과가 낮음.
* * : 담체의 설명서 참고.

참고문헌

1) 宮{崎 香:「バイオマ}ニュアルUP シリーズ, 改訂版 分子生物学研究のためのタンパク実験法」(竹縄忠臣 編), pp.17−47, 羊土社, 1998
2) 堀尾武一 編:「蛋白質 · 酵素の基礎実験法」, 南江堂, 1994
3) 吉田浩:「新生化学実験講座1, タンパク質 I」(日本{生化学会編}, pp.161−184, 東京化学同人, 1990
4) 中村 洋, 他:「新基礎生化学実験法2, 抽出 · 精製 · 分析 I」, pp.211−259, 丸善, 1988
5) Methods in Enzymology, 182 (Deutscher, M. P. ed.), pp.309−379, 1990
6) Ion exchange Chromatography and chromatofocusing, principles and methods (2004 年改訂, GE ヘルスケア社のサイトよりダウンロード可能\)
7) 竹縄忠臣, 伊藤俊樹 編:「改訂 タンパク質実験ハンドブック」, pp.53−55, 羊土社, 2011

IV 중고압 액체 chromatography의 기본 실험과정 (FPLC, HPLC 등의 이용)

여기에서 서술하는 중고압 액체 chromatography는 소량이나 미량의 단백질을 신속하게 정제하는 시스템으로 중압 액체 chromatography의 FPLC(fast protein liquid chromatography)나 SMART System과 함께 고압 액체 chromatography의 HPLC(high pressure liquid chromatography)가 이에 해당한다. 저압 chromatography와 비교하면 다음과 같은 특징을 가지고 있다.

① 분리에 필요한 시간이 짧기 때문에 실험을 실온에서 실시할 수 있다.
② 짧은 시간에 분리가 가능하기 때문에 불안정한 단백질이나 변성되기 쉬운 분리 조건에서도 불활성화를 최소한으로 줄일 수 있다.
③ 분리 능력이 높기 때문에 용출 피크가 뾰족하고 각 용출 피크가 떨어져 있으므로 각각의 단백질 회수율이 좋다.
④ 용출 피크가 뾰족하므로 소량의 용출액에 고농도로 회수할 수 있다.

또한 HPLC에서는 저압 chromatography로 실시하는 모든 종류의 column뿐만이 아니고 저압 chromatography에서는 할 수 없는 column도 판매되고 [역상 chromatography(reverse phase chromatography)용 column(C_4, C_{18})] 있기 때문에 보다 광범위한 chromatography 실험을 수행할 수 있다.

단백질을 효율적으로 정제하기 위해서는 분리 원리가 다른 column을 조합하여 시도해야 하지만, HPLC용 column은 고가이고, 분리 능력이 높은 column을 자체 제작하는 것은 어렵다. 따라서 시판되고 있는 고가의 column을 여러 종류로 준비하고, 필요할 때에 사용하기 위해서는 program에서 최대 한계압력(maximum pressure)을 설정할 뿐만 아니라 column을 보호하기 위한 guard column을 함께 구입하는 것이 바람직하다.

여기서는 중압 또는 고압 chromatography의 기본적인 실험과정에 대해서 공통되는 부분을 주로 기술하고 각각의 특징적인 부분은 그때마다 추가하여 설명한다.

IV-1 시스템에 필요한 기계류

그림 1에 시스템 구성을 나타내었다.

하나의 chromatography 시스템으로 수용액과 유기용매계의 2종류의 전개용매계에 적용시킬 수 있는 기종도 있지만, 펌프와 용액의 흐름 경로의 내구성이나 시스템 전체를 세척하는 데 필요한 시간과 노력을 고려하면 각각의 전용 chromatography 시스템을 구비하는 것이 사용하기 쉽고 기계류의 노후화도 적다. 이러한 chromatography 시스템을 판매하고 있는 대표적인 회사는 GE Healthcare, Beckmann, Waters, Shimatsu, Hitachi 등이 있다. 각각의 기계를 구입할 때의 주의점을 아래에 설명한다.

- **펌프:** 펌프 헤드가 스테인리스 재질인 것은 가격은 싸지만 할로겐(염소이온이나 TFA 등)에 녹아 금속이온이 샘플 속에 혼입되기도 하고 수명이 짧으므로, NaCl을 이용하는 이온교환 column이나 강산성의 전개용매를 자주 사용하는 경우에는 티나늄이나 유리 헤드의 펌프를 구입한다.

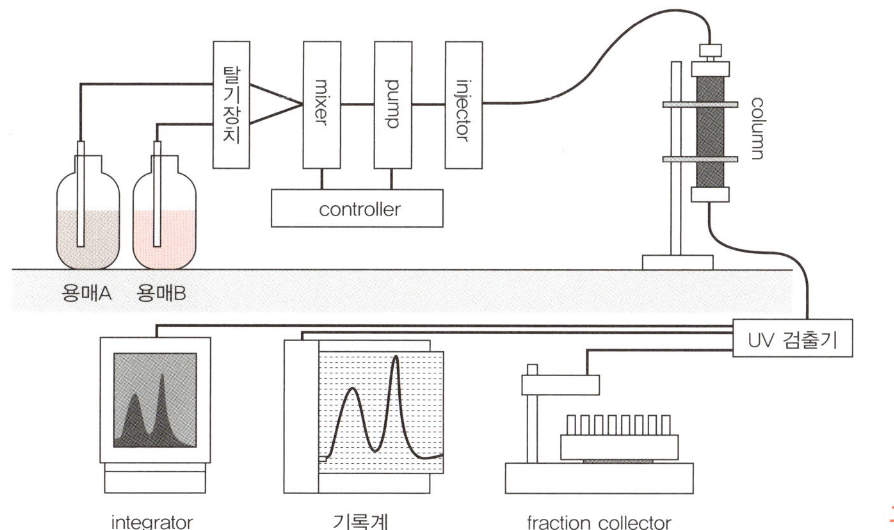

그림 1 HPLC 시스템

- **Controller**: 펌프의 유속이나 여러 종류의 전개용매의 혼합을 제어하는 장치로, 대화방식으로 처음도 프로그램 설정이 가능한 것이 좋다. HPLC 시스템은 일반적으로 비싸고, 공동기기로 구입되는 경우가 많기 때문에, 매일 사용하지 않고도 언제나 사용할 수 있도록 디자인된 것을 고르는 것이 중요한 선택 기준의 하나이다.
- **Sample injector**: 주입하는 샘플 농도의 차이 등에 따라 주입용량이 다른 몇 개의 샘플 루프가 필요하다. 용량이 1 mL와 10 mL 정도의 종류는 고루 갖추어야 한다.
- **탈기장치**: 수용액 계통의 용매를 이용할 때 용매병과 펌프 사이의 주입로에 설치되어 액체 내의 공기를 제거(탈기)하는 장치로서, 물 계통의 용매를 미리 탈기처리하지 않고 사용하여도 즉시 실험을 수행할 수 있어서 편리하다.
- **검출기**: Column으로부터 용출된 단백질의 농도를 흡광도로 연속적으로 모니터하는 장치로서 방향족 아미노산을 감지하는 280 nm의 흡광도를 측정한다. 또는 검출 감도를 올려서 210 nm 부근의 파장에서 모니터하는 경우에는 교체하여 사용하는 단일 파장의 장치가 일반적이다. 여러 파장에서 모니터할 수 있는 기종은 여러 가지 혼합 단백질의 각기 흡수파장 특성이 다르기 때문에 복수 파장의 용출 profile을 비교함으로써 목적하는 용출 피크를 감지하는 동시에 순도를 어느 정도 판단할 수 있어서 편리하다.
- **기록계**: 기능이 너무 복잡하지 않고 사용하기 쉬운 것으로, 단백질 용출 패턴과 동시에 전개용매의 혼합비를 표시할 수 있도록 두 개의 펜으로 기록하는 방식의 것이 좋다.
- **Integrator**: 샘플의 용출 피크 시간이나 높이 등의 데이터를 기억시켜 놓은 후에 각 피크의 정량적인 분석을 하거나 용출 패턴을 인쇄하기 위해 사용하는 장치이다. 피크의 높이가 기록계의 감도설정 상한 이상인 경우라도 실험을 다시 하지 않아도 되므로 사용함이 편리하다. 단 controller 항목에서 기술한 것과 같은 이유로 과도한 기능을 가진 것보다는 조작하기 쉬운 것의 선택을 추천한다.
- **Fraction collector**: 미리 설정해 둔 시간 간격 또는 떨어지는 액체 방울 수를 시험관 등에 모으는 장치이다. 최근에는 다양한 기능을 가진 장비가 있지만, 단순한 것은 고장도 적고 사용하기도 쉬우며 가격도 싸다. 필요한 기능은 시간 또는 떨어지는 방울 수에 따라 분획하도록 설정이 가능하고, fraction collector 헤드의 이동 속도가 충분히 빠르고, 용량이 다른 여러 가지의 collection 튜브가 사용 가능한 것이 좋다. 참고로, 저자는 GILSON사의 FC203을 사용하고 있다.

- **Column:** 목적단백질의 효율적인 정제를 위해서는 분리 원리가 다른 여러 종류의 column을 구입할 필요가 있다. 비록, 동일한 분리 원리에 기초한 column이더라도, column 담체의 종류와 성질에 따라 용출 조건과 사용 가능한 용매와 종류, pH가 제한될 수 있다. 또한 담체가 단백질의 비특이적 흡착이 큰 것의 경우에, 미량의 단백질과 세포 접착 인자 등 고체 표면에 흡착하기 쉬운 단백질을 분리할 때 회수율이 극단적으로 나빠지므로 구입 시에는 분리원리를 고려할 뿐만 아니라 column 담체의 성질(**4장 Ⅲ** 참고) 등 다음에 열거하는 항목의 성능을 비교하고 구입을 결정한다.

Column 성질의 대표적인 항목

- 분리 원리
- 담체의 종류와 강도(내압성)
- 담체의 입자 크기
- 담체의 기공(pore) 크기
- 화학적 안정성(pH, 내용매성 등)

실리카겔계의 column은 합성수지계와 비교하여 내압이 크기 때문에 입자를 작게하고 균일하게 충진하여 전체 표면적을 크게 할 수 있다. 따라서 column의 결합 용량이나 분리능을 늘릴 수 있고 빠른 유속 조건에서 좋은 분리 특성을 나타낸다. 그 반면 강알칼리성 조건에서는 gel 담체가 녹기 때문에 사용할 수 없고, 또한 용매를 여러 종류로 바꾸면 노후화가 빨리 진행된다. 또한 실리카겔 표면상의 단백질과 상호작용을 하는 부위(silanol기)를 화학적으로 완전히 가릴 수 없기 때문에 미량의 단백질을 정제할 때 단백질이 gel 담체에 비특이적으로 흡착되는 영향을 무시할 수 없다. 기공(pore)의 크기가 200 Å 이하인 경우, 고분자 단백질은 column에 갇혀서 회수하기 어려운 것이 알려져 있기 때문에 300 Å 이상을 사용하는 것이 필요하다.

- **Fraction 회수용 튜브:** 취급의 편리성과 단백질의 흡착성을 고려하여 플라스틱 튜브가 많이 사용된다. 재질에 따라 내용매성과 내냉 온도, 단백질의 흡착성이 다르므로 이들을 고려해서 선택한다.

대부분 플라스틱 재질의 제품은 강산에 약하다. 그러나 참고로 본 저자는 acetonitrile/0.01% TFA(약 pH 2)의 용출액계로, Falcon사의 polypropylene제의 플라스틱 튜브를 사용하고 있고 −40℃의 동결보관에 사용하는 것을 포함해서 문제는 발생하지 않고 있다[m].

[m] 제조사에 따라, 용출액으로 acetic acid 용액을 사용한 경우에 polypropylene tube유래의 물질이 다량으로 용출되어 나오고 동결 건조하면 분말이 형성된다. 따라서 확실하지 않은 회사의 튜브를 사용할 경우에는 실험 전에 미리 튜브를 용매에 접촉시켜서 용출되는지를 검토해야 한다.

Ⅳ-2 실험과정

실험과정 순서도를 그림 2에 나타내었다. 다음은 이 순서도를 기초로 해서 구체적인 과정에 대해 설명한다.

1 전개용매의 준비와 탈기

용매의 적절한 준비는 고가의 column을 약화시키지 않고 chromatography를 성공시키기 위한 중요한 항목의 하나이며, 그 목적과 대책을 표 1에 정리하였다.

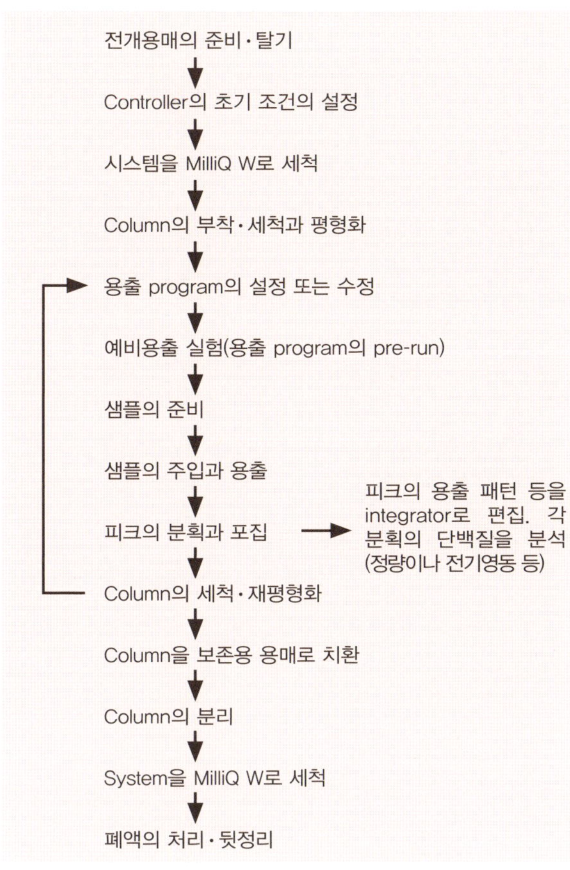

그림 2 Chromatography 실험 과정의 순서도

표 1 전개용매 준비의 목적과 방법

목적	예상되는 문제점	대책
자외선 영역의 흡광도가 낮은 용매의 준비	Background가 높다	고순도 HPLC용의 시약을 이용한다
불용성 물질의 제거	Column이 막힌다	Filter로 여과
기포를 제거	Column이 막혀 분리 기능이 저하	감압 탈기

A) 전개용매의 준비

다음에 서술한 시약류는 기포의 발생이나 성분의 변동을 막기 위해 사용할 때마다 새로 준비한다.

준비물

- 여과용 필터(0.45 또는 0.22 μm의 기공 크기, nitrocellulose 제품 또는 PVDF 제품)
- Filter holder(Millipore사 흡인여과용)
- MilliQ W
- 염류 등의 분말 시약(특급 또는 HPLC용)
- 유기계 용매(특급 또는 HPLC용)
- Trichloroacetic acid(TCA)

Protocol

- 수계 용매 준비의 소요시간은 시약의 칭량, 용해와 filter holder의 조립, 여과와 탈기를 포함하면 거의 1시간 정도.

- 유기계 용매 준비의 소요시간은 HPLC용의 시약만을 이용하는 경우에는 이를 혼합하고 뒤에 설명하는 초음파세척기에 의한 5분간의 탈기를 포함하여 대체로 30분 정도 소요.

여과에 의한 수계 용매의 준비

A-1) 수계 용매의 준비

❶ 특급의 분말 시약(염류 등) 및 계면활성제 등을 MilliQ W에 용해시킨다.

❷ 0.45 또는 0.22 μm의 filter로 여과한다(오른쪽 그림). pH가 중성부근이면 보통 nitrocellulose제의 filter로 가능하다. 만약 알카리성 또는 nitrocellulose가 좋은지 판단할 수 없을 경우에는 A-2)의 유기계 용매로 사용하는 성분의 filter 종류를 사용한다.

A-2) 유기계 용매의 준비

❶ 특급 또는 HPLC용의 유기용매에 산[trifluoroacetic acid(TFA) 등]을 첨가한다.

❷ 0.45 또는 0.22 μm의 filter(nitrocellulose제는 불가능; Millipore사의 PVDF막 등의 내유기용매성의 filter는 가능)로 여과한다[n].

ⓝ 모두 HPLC 등급 시약을 사용하면 여과가 필요 없지만, HPLC용이 아닌 시약과 혼합하는 경우에는, 먼저 HPLC용이 아닌 시약을 여과해 놓은 후 HPLC 등급의 시약과 혼합하여 사용한다. 그러나 혼합 후에 용액이 탁해지거나 침전이 생길 경우에는 혼합물을 다시 여과하여 사용한다.

B) 전개용매의 탈기

그림 3에 전개용매의 탈기법을 나타내었다.

- **탈기장치에 의한 탈기**: 수계 용매의 경우, 탈기장치를 용매병과 펌프 사이에 설치하여 사용하면 아래에 기술한 탈기처리는 필요 없다. 유기용매, 특히 역상 chromatography(**4장 VIII**)에 많이 사용되는 acetonitrile 용액을 탈기하는 경우는 초음파에 의한 탈기가 일반적인 방법이다.

- **초음파 세척기에 의한 탈기(그림 3a)** :

  유리 기구 세척용의 초음파 발생 장치로 비커 등의 유리 용기에 용매를 넣어 10분 정도 초음파 처리한다. 수계 용매, 유기계 용매에 관계없이 사용 가능하다.

- **Desiccator와 진공 펌프를 이용한 탈기(그림 3b)**

  흡입 펌프에 연결되어 있는 desiccator 안에 뚜껑 열린 유리용기에 담긴 용매를 넣고 흡입하여 큰 기포의 발생이 적어질 때까지 몇 분간 감압한다. 유기계 용매는 휘발하여 성분조성이 변화되는 경우가 많으므로 수계 용매의 탈기에 적합하다.

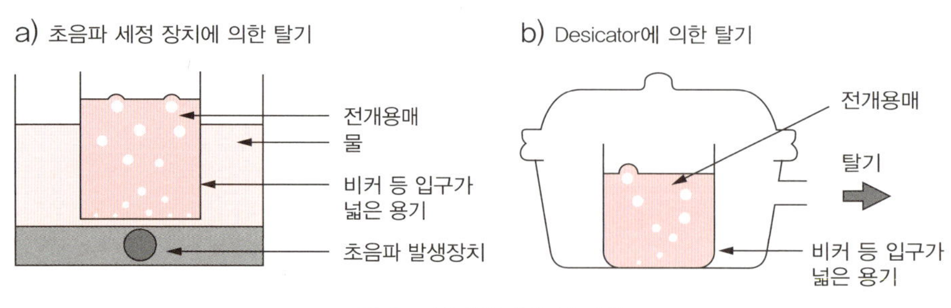

그림 3 전개용매의 탈기법

2 Controller의 설정

Column 보호를 위해 최대유속 값과 최대압력 값의 설정과 전원의 배선방식에 대해 설명한다.

- **프로그램 설정:** HPLC에 사용하는 column은 고가이므로 column 보호를 위한 처치가 필요하다. 최대유속이나 최대압력 한계를 설정하고, chromatography가 수행되고 있는 중에 설정치를 초과하면 자동적으로 펌프가 정지하는 프로그램이 내장되어 있다. 이러한 한계치에 대해서는 column에 첨부된 매뉴얼에 적혀 있으므로 반드시 이들 수치를 입력한다. 만약 column의 압력이나 유속이 설정 한계치를 초과하여 펌프가 정지한 경우에는 원인을 조사해서 장애를 해결한 후 시스템에 문제가 없으면 보통의 chromatography를 controller 제어 하에서 정지시켰을 때와 마찬가지로 controller 프로그램을 다시 시작한다.
- **System용 전원의 문어발식 배선의 지양:** 제어용 기기(펌프 및 controller)와 다른 기기류(기록계나 fraction collector 등)는 가능하면 다른 콘센트나 다른 전원계통에 연결하여 사용한다. 부득이한 경우에는 과전류 방지장치가 붙은 전용의 콘센트나 간이용 변압기를 사용하여 배선한다. 또한 controller 바로 가까이에 컴퓨터 디스플레이를 두지 않도록 한다. 그 이유는 펌프나 controller에 다른 기기로부터 발생하는 강한 정전기적 노이즈에 의해 드물게 펌프가 이상 작동하여 순식간에 column 압력이 한계를 넘어버려 고가의 column이 파괴되는 경우가 있다.

3 System의 MilliQ W에 의한 세척

앞서 사용한 용매계가 불분명한 경우, 또는 직전에 사용한 용매가 앞으로 사용할 용매계와 다른 경우에는 반드시 일단 MilliQ W(Millipore사의 순수 제조장치를 이용하여 제조한 것 또는 동급의 제품)를 이용하여 시스템의 전배관(용매용기, 탈기장치, sample injector의 루프도 잊지 않고 실시)을 세척한다. Sample injector의 교환에 관해서는 **4장 IV–1**절의 '8 샘플 주입과 용출' 항목을 참고한다.

4 Column의 system 설치 및 세척과 평형화

준비물

- 탈기된 MilliQ W(500 mL 정도)

Protocol

- Column의 설치에 수분 정도
- 세척에 30~60분 정도
- 평형화에 필요한 시간은 column의 종류와 용량에 따라 다르지만, 1~2시간 정도

❶ Column 설치를 위한 용매의 선정: 설치할 column 내의 용액이 system의 용액과 다른 경우는 system 내의 용액을 MilliQ W로 치환한 후에 column을 장착한다[ⓞ].

↓

❷ Column을 설치하는 방향의 확인[ⓟ]: 대부분 화살표가 있는 종이가 column 본체에 부착되어 있거나, 또는 부속 매뉴얼에 방향이 적혀 있다. 화살표가 붙어 있으면 화살표 방향으로 용매가 흐르도록 한다.

↓

❸ 펌프의 시작과 유속의 설정: 용매를 흘려보내면서 설치하는 것이 column에 기포가 들어가기 어려우므로, 유속을 0.2 mL/분 정도로 설정하고 MilliQ W를 흘려보내면서 column을 장착한다.

↓

❹ Column의 장착(아래 그림): 장착하려는 column의 유출구 쪽에 붙어 있는 밀폐용 마개를 미리 조금 느슨하게 해 두고, column의 유입구 쪽에서 기포가 들어가지 않도록 MilliQ W를 채우면서 column의 유출구 쪽의 마개를 뺀다. 다음으로 펌프 측에서 온 튜브를 column의 유입구에 기포가 들어가지 않도록 주의하면서 연결한다[ⓠ]. Column의 유출구 측에서 용매가 방울져 떨어지는 것을 확인하고 나서 column의 유출구 측을 검출기에 연결되어 있는 튜브에 장착한다[ⓡ].

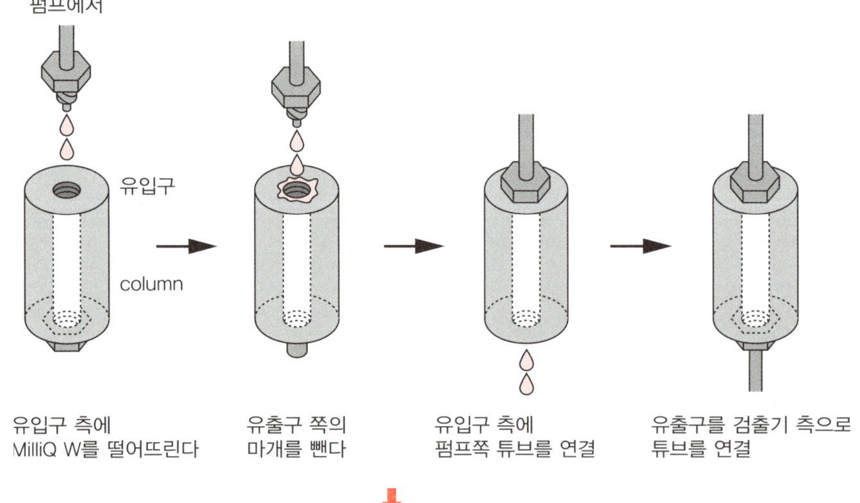

↓

❺ Column의 세척과 평형화: 30분 정도 낮은 유속(0.2 mL/분)으로 흘려보내어, 서서히 column을 용매에 적응시키고 표시되어 있는 column의 내압한계에 주의하면서 무리 없는 압력 범위에서 유속을(1 mL/분 정도가 적당) 올린다. 그 후 column bed volume의 10배 정도의 MilliQ W를 흘려보낸 후, MilliQ W를 실험에 사용하는 column 평형화 용매로 바꾼다. 그 후, 평형화 용매를 column bed volume의 10배 정도 흘려보내는 것으로 column의 평형화 처리를 종료한다.

ⓞ 신제품의 column이나 장기간 사용하지 않고 보관하던 column에는 보관용 용액으로 채워져 있는데, 그 용액으로 알코올류가 많이 이용되고 있다. 만약 염류를 포함한 수용액을 이용하여 column을 장착하면, alcohol과 염용액이 column 안에서 혼합되어 염이 석출되어, column이 막히고 column 압력이 한계를 넘어선 결과, column 담체가 파괴된다. 그리고 column 보관액의 조성이 불명확한 경우에도 MjlliQ W를 이용하여 column을 장착하는 것이 좋다.

ⓟ 대부분의 column은 용매의 흐름 방향이 결정되어 있다. 잘못하여 용매를 역으로 흘려 보냈을 경우는 담체의 불균일한 분포를 만들어 주기 때문에 column 노후화의 원인이 된다.

ⓠ 만약 기포가 column의 유입구에 붙어 있으면, column을 가볍게 두드려 기포를 제거한 뒤 연결한다.

ⓡ Guard column을 연결한 분리용 column을 부착할 경우에는, 먼저 guard column을 왼쪽에서 설명한 것과 같이 system에 접속한 후 분리용 column을 guard column의 하류에 동일한 순서로 장착한다(그림 4).

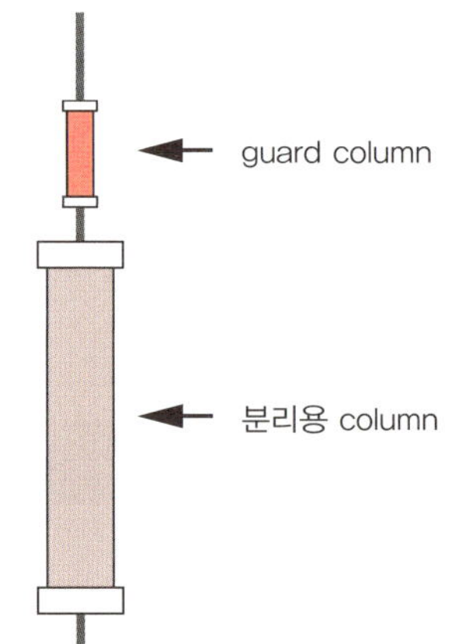

그림 4
Guard column과 분리용 column의 연결.
Guard column: 담체의 종류가 분리용 column의 담체와 동일하고, 용량은 1/10 정도이다. 불용성의 물질이 분리용 column에 축적되지 않도록 분리용 column의 직전에 장착하여 사용한다.

5 Gradient elution의 program 설정법과 그 program의 개선 방법

단백질을 column으로부터 용출하는 방법에는 평형화 buffer와 동일한 용매로 분리를 하는 isocratic 용출 방법과, 조성이 다른 복수의 용매를 혼합하여 용출하는 gradient 방법이 있다. Isocratic은 gel 여과 chromatography(**4장 VI**) 등에 사용되며, 프로그램은 간단하다. Gradient에 의한 용출이라는 것은 용매의 조성을 바꾸면서 column으로부터 단백질을 용출하는 방법이고 gel 여과 이외의 대부분의 chromatography에 사용된다. 여기에서는 일반적으로 사용빈도가 높은 2종류의 다른 용매를 혼합하여 용출하는 gradient program에 관하여 기술한다.

A) 용출 프로그램 입력

Program 입력방법이나 설정방식은 각 제조사마다 다르지만, 기본적인 설정 방식은 chromatography 조건을 변경하고자 하는 시간마다, 유속 값이나 용매의 혼합비율을 차례로 입력해 가면 최종적인 program이 완성된다.

B) Linear gradient program을 설정할 때의 주된 기준

- Gradient의 모든 용출액 volume은, column bed volume의 10배 정도.
- 유속은 column의 허용 최대 유속의 50~80% 정도로 실행하지만, column 압력이 내압한계에 근접하게 되면 유속을 낮춘다. 일반적으로 column bed volume이 2~3 mL 정도면, 0.5 mL/분이나 그 이하로 용출 용매를 column에 흘려보내면서 단백질을 용출하면 재현성이 좋다.
- 전체 용출 시간은 1시간 정도가 적당하다.
- **그림 5**에 linear gradient의 기울기와 용출 패턴의 변화를 모식적으로 나타내었다.

C) 보다 좋은 정제 program의 개량을 위한 전략

B)의 "Linear gradient program을 설정할 때의 주된 기준"과 성질이 비슷한 단백질의 정제에 관한 문헌을 참고로 하여, 적당하다고 생각되는 gradient program을 제작하여 실행한다. 보고된 문헌이 없거나 처음 사용하는 column으로 분리를 시도하려고 하는 경우에는 용출의 시작부터 마지막까지 용매의 혼합비가 일정한 비율로 증가하는 linear gradient를 이용하는 것이 일반적이다. 실행한 결과를 기초로 해서,

a: 원하는 피크 부근에 다른 단백질의 용출 피크가 몇 개가 겹쳐 있다면, linear gradient 기울기를 완만하게 하거나, 위로 볼록하게 굽어진 곡선인 gradient로 변경한다.

b: 원하는 용출 피크가 주변의 피크와 충분히 분리되어 있지만, 피크 자체가 너무 넓다면 gra-

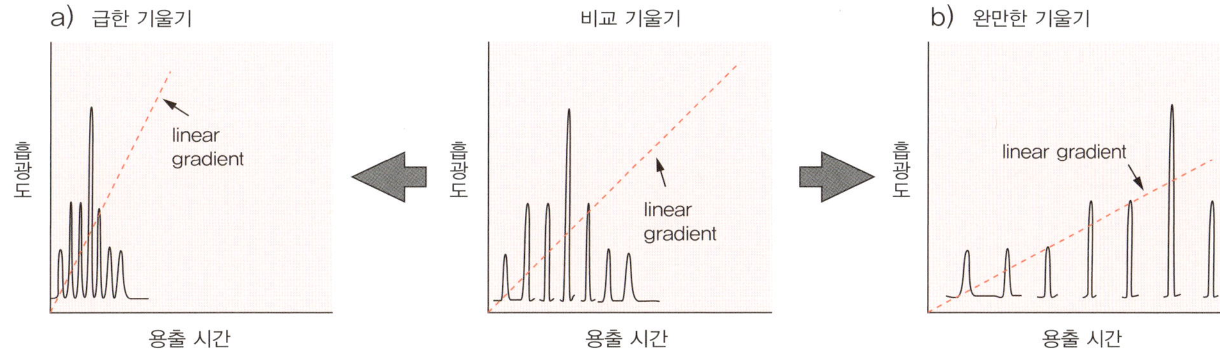

그림 5 Linear gradient의 기울기에 따른 용출 패턴의 변화

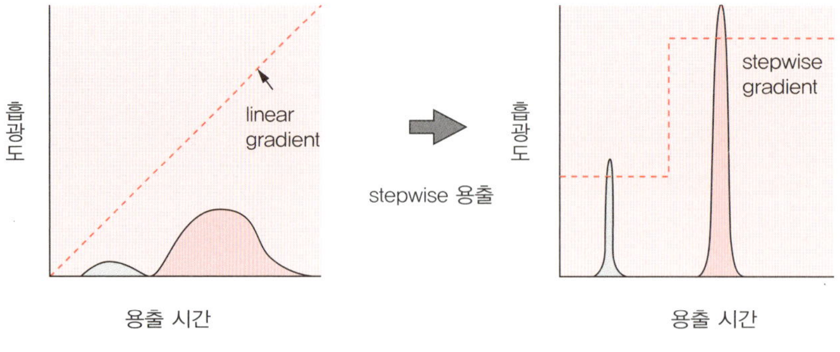

그림 6 Stepwise에 의한 용출 패턴

dient의 기울기를 급하게 하거나, linear gradient가 아닌 아래로 볼록한 곡선 gradient 또는 단계적으로 용출하는 stepwise program으로 변경한다.

Stepwise 용출이라는 것은 **그림 6**에 나타낸 것처럼 단계적으로 용출 조건을 변경하여 실시하는 chromatography 방법이다. 피크 간의 gradient와 용출 조건의 차이를 알고서 stepwise 용출로 변경하면 단시간에 소량의 fraction에 고농도의 단백질을 회수할 수 있다.

6 예비 용출실험(용출용 gradient program을 이용한 예비실험)

미량 단백질의 경우나 귀중한 재료를 이용하여 분리하는 경우에는 꼭 필요한 스텝이다. 실험방법은 단백질을 포함하고 있지 않지만 샘플의 용매를 재료로 이용하여 목적단백질을 포함한 샘플을 이용한 실제의 경우와 완전히 동일한 조작으로 chromatography를 실시한다. 이렇게 함으로써 실제 실험의 순서 확인과 기계의 상태나 연동성을 check할 수 있을 뿐만 아니라, 전개용매의 background 크기, 용매의 혼합비율 변화로 생기는 급격한 압력 변동이 column에 걸리는 최대 압력이나 샘플 용매 유래의 허위 피크의 존재 등에 대한 정보를 얻을 수 있다. 더욱이 생물학적 정량으로 생리 활성 물질을 정제하고 있는 경우에는 미리 그 분획의 활성을 조사함으로서 중간 정제 단계에서 혼입되는 미량의 계면활성제나 환원제 등의 방해나 가짜 양성반응 등을 검출할 수 있다.

7 샘플의 준비

A) 실험과정 전의 주의점

샘플에 불용성 물질이 포함되어 있으면 column의 담체 사이에 끼게 되고 분리 기능의 저하와 column압의 상승을 불러일으키고 그 결과, 최종적으로는 column의 파손을 초래한다.

• 주의하지 않으면 안 되는 샘플

샘플용매에는 용해되어도, chromatography의 전개용매와 샘플이 용해된 용매의 조건이 크게 다른 경우에는(예를 들면, 계면활성제나 요소에만 용해되는 샘플을 이들 계면활성제나 요소를 전혀 포함하지 않는 전개용매를 사용하는 chromatography을 실행하는 경우 등) 샘플 주입 후에 튜브나 column 내에서 침전할 가능성이 있으므로, 소량의 샘플을 이용하여 시험관에서 미리 혼합시켜 보는 실험을 하여 chromatography의 전개용매 중에서도 침전이 발생하지 않는다는

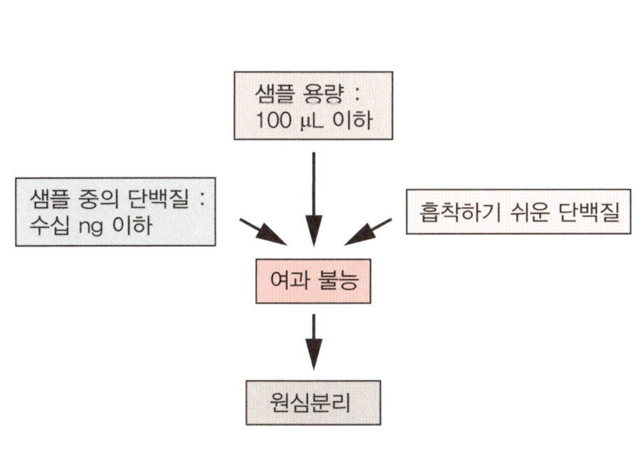

그림 7 여과하지 않는 편이 좋은 샘플의 간이 판별법

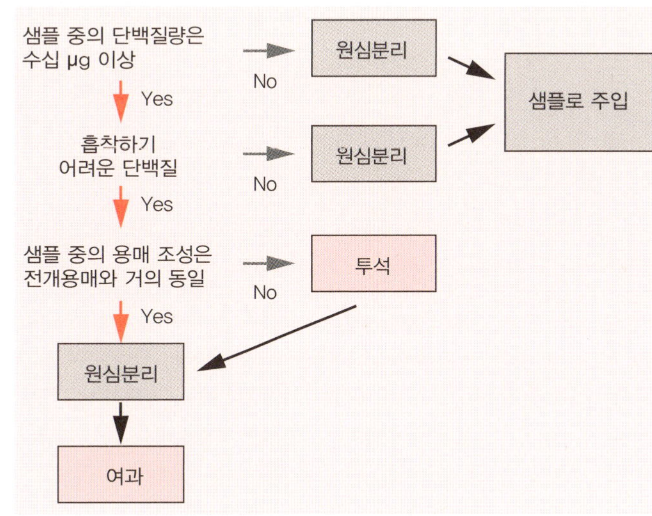

그림 8 샘플 준비를 위한 순서도

것을 확인한다. 또는 평형화나 분리에 이용하는 용매에 대해 투석하고, B)에서 기술하는 방법으로 용해되지 않는 물질을 제거한 후 사용한다.

• **여과할 수 없는 샘플**

샘플용액 중의 단백질 농도가 낮든지(수 μg/mL 이하), 총단백질 양이 수십 ng밖에 없는 경우는 여과하지 않고 원심분리를 실시한 후, 침전물이 없는 상층부만 회수해서 샘플로서 column에 주입한다. 또한 전체 단백질량이 수십 ng 이상 있더라도 정제하고자 하는 목적단백질이 매우 흡착하기 쉬운 경우에는, filter에 흡착되는 단백질이 많으므로 여과 후 회수되는 단백질이 매우 적어지므로 여과하지 않는 것이 좋다. 샘플을 여과할 것인지 아닌지에 대한 간이 판별법을 그림 7에 나타내었다.

• **그 외 주의점**

샘플 준비 후의 용액량이 어느 정도 될 것인지를, sample loop의 용량 등을 고려해서 미리 최종 용액량의 목표를 정하여 여과 작업에 착수한다. 활성의 소실이나 변성, 단백질 농도가 낮기 때문에 일어날 수 있는 비특이적 흡착 등을 피하기 위해서는, 샘플용액 중의 단백질 농도는 높은 것이 좋다. 샘플의 액량이 적은 경우에는, 준비 후의 용액량으로 0.5~1 mL이 기준이다.. 많은 경우라도 20 mL 정도로 한다. 상세한 것은 "8 샘플의 주입과 용출"의 항목에서 기술하겠지만, 샘플의 액량이 너무 적으면, sample injector에 주입할 때 주사기 내에 남는 액량을 무시할 수 없다. 역으로 액량이 너무 많으면 몇 번에 걸쳐 주입작업을 반복해야 하므로 비능률적이고, 희석된 단백질이 용기 등에 비특이적으로 흡착하고 불활성화되기 쉽다.

B) 샘플 준비의 구체적인 과정

샘플 준비를 위한 단계를, 간단한 순서도로 그림 8에 정리하였다.

• **원심분리를 이용하는 방법**

이 방법은 다음에 기술하는 여과법의 전처리에 사용하는 경우가 많다. 미세한 침전이나 비중이 가벼운 것은 완전히 제거할 수 없지만, 미량이나 소용량의 단백질 용액의 경우에는 다른 방법이 없다.

냉각하면 침전이 생기는 샘플 이외에는 냉각하면서 샘플 용량에 적당한 원심관[polypropylene제가 단백질의 흡착이 적고, 원심관의 내부 표면을 silicon이나 저흡착 처리가 되어 있으면 더욱 좋다: PROTEOSAVE SS(Sumitomo Bakelite Co.)]을 이용하여, 최고 속도에서 20분 정도 원심분리하고 상층액을 회수하여 샘플로 사용한다.

원심분리만으로는 어느 정도의 불용성 입자가 섞이는 것은 피할 수 없으므로 guard column을 이용한다. 원심분리조작에서는 '① 원심분리 종료 후 즉시에 원심관 바닥에 가라앉은 침전이 떠오르지 않는 동안에, ② 원심관을 흔들지 않도록 하고, 뚜껑을 열 때나 피펫으로 상층액을 흡입할 때 침전물이 떠오르지 않도록 주의 깊게 조작하여 상층액을 회수한다. 조작 도중에 침전물이 떠오르면 다시 한번 더 원심분리한 후 상층액을 회수하고, ③ 그렇게 해도 세밀한 입자가 상층액 중에 오염되어 있을 때는, 회수한 상층액을 새 원심분리 튜브의 가능한 한 바닥(튜브 벽 등의 불필요한 고체 표면의 접촉에 의한 단백질의 소실을 피하도록)에 넣고 재차 원심분리하고 나서 상층액을 회수하면 세밀한 입자가 감소한다.' 등의 사항에 주의하면서 실시하면 column 수명이 크게 길어진다.

• 여과에 의한 방법

샘플의 용량, 그 중 불용성 물질의 양, 단백질의 농도, 용해되어 있는 용매의 종류 등에 의해 filter의 재질이나 어느 정도의 표면적을 가진 filter unit을 이용할 것인지를 선택한다. 그림 9에 간단한 판별법을 제시한다.

여기에서는 우리들이 자주 이용하고 있는 disposable filter unit을 이용하는 경우에 관해서 자세히 기술한다. 또한 filter의 재질, 내용매성과 filter 안에 남는 용액량 등의 상세한 내용은 필터 제조사들(Millipore, filter 종합 카탈로그 분석편 등)의 카탈로그가 도움이 된다.

단백질량이 많고 일반적인 수계의 용매를 사용하며, 여과하는 용액량이 1~10 mL 정도로 불용성 물질이 별로 없거나 원심분리에 의해 거의 제거되었을 경우에는 0.22 또는 0.45 μm의 기공 크기로 직경 13 mm의 통상적인 filter(nitrocellulose나 올레핀계 폴리머)를 사용한다. 본 저자는 Chromatodisc 13A[Juji Field(Bio Labo사)] filter와 Telmo사의 플라스틱 주사기를 이용하여 여과하고 있다.

샘플 용량이 1 mL보다 적을 때에는 주사기나 filter unit에 남는 액량을 무시할 수 없기 때문에 직경 4 mm의 filter unit과 투베르클린용 주사기(Telmo사-SS01T, 1 mL)를 이용하여 여과한

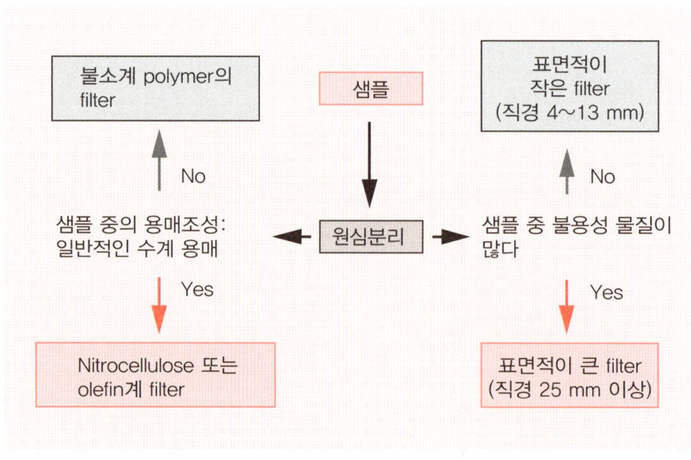

그림 9 샘플 여과용의 filter unit의 간이 판별법

다. 샘플 여과 후 일단 주사기를 filter unit으로부터 빼내고 100~200 μL의 용매만을 주사기로 흡입하고 재차 filter unit에 연결하여 여과하는 것으로 filter unit 등에 남아 있던 용액을 밀어내어 회수율을 높인다.

원심분리 후에도 불용성 물질의 양이 많은 경우에는 보다 표면적이 큰 직경의 25 또는 50 mm의 filter unit을 이용한다. 그리고 주사기를 밀 때 손으로 밀기 어려워지게 되면 새로운 filter unit으로 교환하며, 나중에 filter unit에 남은 용액은 위에서 기술한 바와 같이 용매로 밀어내어 회수한다. 샘플을 가장 대량으로 잃어버리는 경우는, 주사기가 빡빡해졌음에도 억지로 세게 밀어 filter unit이 어긋나서 빠지게 되면, 주사기 내의 모든 샘플이 순식간에 빠져나가 회수할 수 없게 될 때이다.

샘플이 유기용매에 용해되어 있을 때는(acetonitrile 등), filter의 재질로 불소계 polymer (PVDF, PTFE)를 사용하여 여과한다.

8 샘플 주입과 용출

앞서 기술한 방법으로 샘플을 준비하고 sample injector의 loop에 기포가 들어가지 않게 주입한 후, 유로를 바꾸어 sample loop 안으로 용매가 흘러들어가도록 하여 샘플을 column으로 유도한다. 또한 sample injector의 교환 레버 사용을 잘못하면, sample loop에 주입할려고 해도 대부분의 용액이 폐액으로 유실되어 100% 샘플 손실이 생길 수 있다. 만일을 대비하여 chromatography 종료까지 injector의 폐액 측에 시험관 등을 두고 샘플 주입 시에 sample injector에서 나오는 폐액을 회수해 두는 것이 좋다.

• Sample loop의 선택

샘플 용량에 적당한 sample loop를 선택한다. 너무 적은 용량의 sample loop에 여러 번이나 주입하는 것은 효율이 나쁘고 system에 기포가 들어가기 쉬워 flow-through(그냥 흘러 들어가는 분획)의 액량이 증가하기 때문에 다음 과정의 분석에 힘이 든다. 용량이 1 mL와 10 mL 정도의 sample loop를 준비하고, 샘플의 액량이 4~5 mL 정도까지는 1 mL의 sample loop를 사용하여 반복하여 injection하고, 그 이상의 액량의 샘플을 사용할 때는 10 mL의 sample loop를 이용한다. 단 목적단백질이 column에 결합하는 것을 사전에 알고 있는 경우에는 샘플 액량이 3 mL 정도로도 10 mL의 sample loop를 이용하는 것이 샘플 손실이 적고 조작도 쉽다.

• 샘플의 주입과 sample loop의 전환

그림 10에 실험과정의 flow chart를 나타내었다. Sample loop의 전환 위치를 틀리지 않도록 한다. 유로의 전환부분에 표시되어 있는 inject와 load의 의미를 동봉된 설명서를 잘 읽어 확인한 후에 사용한다. 일반적으로는 전환 위치를 load 쪽으로 하고 나서 샘플을 sample loop에 주입하고 inject로 바꾸고 sample loop 내에 있는 샘플을 column에 들여 보낸다(그림 11).

샘플의 기포는 제거하고 sample injector에 주입한다. 샘플을

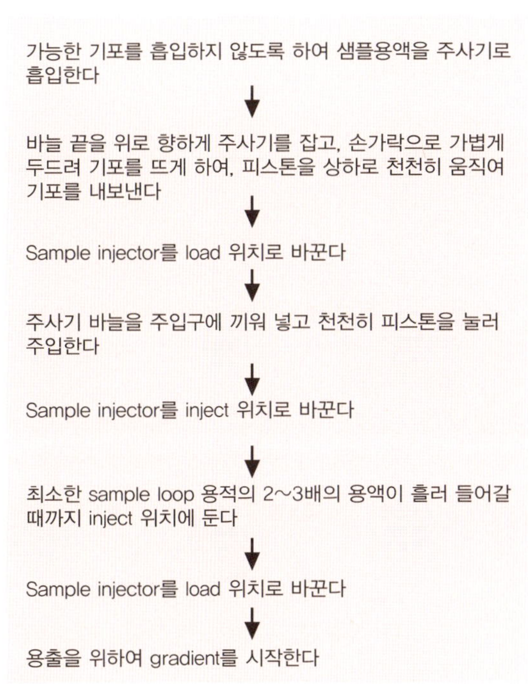

그림 10 샘플의 주입과 sample injector의 사용법

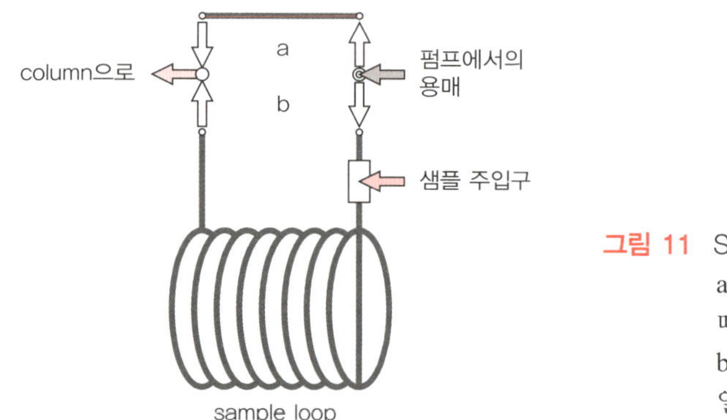

그림 11 Sample loop
a: injector 전환 위치가 sample load일 때,
b: injector 전환 위치가 sample inject 일 때 용액이 흐르는 루트

용기에서 주사기로 옮기고 나서 주사기 내의 기포를 제거한다. 기포가 남아 있는 채로 주입하면 system에 들어가고 column의 분리 기능이 저하된다.

용매가 최소한 sample loop 용적의 2~3배 정도 흘러 들어갈 때까지는 injector를 inject 위치에 유지하고 있다가 그 후 load의 위치로 되돌려 놓는다. Inject의 위치 그대로 두면 용매가 sample loop를 통과하는 용량만큼 gradient의 용출 개시가 늦어지게 되며, 용출 분리 조건이 이용된 sample loop의 용량에 따라 현저하게 달라진다.

- **샘플의 용출**

Column 용출 전에 column bed의 5~10배 정도의 용매로 세척하면 재현성이 높은 용출 패턴이 얻어진다. 이러한 세척 작업 중에 특이성이 낮은 단백질이나 칼럼과 상호작용하지 않는 단백질은 flow through에 회수된다.

9 피크의 분획과 포집

A) 분획의 준비

용출하기 전에 장치들이 준비가 되어 있는지를 확인해야 한다. 특히, gel 여과의 경우에는 샘플의 주입과 동시에 분리가 시작되며 프로그램을 도중에 정지시키면 분리능이 떨어지거나 근접한 피크들의 분리가 나빠지므로, Fraction collector과 Integrator 등을 준비해 두고 샘플을 주입하기 전에 아래 기술한 항목을 점검해 둔다.

Column으로부터 용출하기 직전에 실시하는 점검항목 및 주의사항

점검항목

- 용매를 확인하고, 전개용매가 용출 프로그램 종료까지 부족하지 않는 용량인가
- 용매가 흐르는 전체 라인을 보고 어디에도 누수되지 않는가
- Sample loop의 위치를 inject에서 load로 전환하였는가
- Fraction collector의 준비가 되어 있는가: 전원, 분획 프로그램, fraction tube 세트 등
- Fraction tube가 준비되어 있는가: 튜브의 크기, 재질, 표면 처리, 안정화제(케리어, 계면활성제등), 중화용 buffer의 첨가
- 기록계와 integrator가 준비되어 있는가: 전원, chart 속도, 감도, 전기적 입력신호

주의사항

처음의 조건으로 chromatography를 실시할 때의 fraction collector의 설정은 시간으로 분획하도록 설정한다. 방울 수로 분획하면 gradient 용출에 따라, 전개용매 중의 조성이 변화하고 표면장력이 변하여 방울의 크기가 변해 버리기 때문에 fraction당 액량이 달라진다.

B) 각 피크의 분석 방법

분획한 단백질은 다음과 같은 대표적인 정량법과 분석법이 있고 상세한 것은 본서의 2장이나 다른 기존 서적을 참고하기 바란다.

- 단백질 정량(Lowry법, Dye binding법, 흡광도법 280 nm 등)
- 전기영동(등전점 전기영동, native PAGE, SDS-PAGE 등)
- 생물활성의 측정(growth modulation, cell attachment 등)
- 면역학적 동정(ELISA, Western blot 등)
- 아미노산 조성 분석
- 아미노산 서열 결정

C) 단백질이 용출된 fraction의 간편한 동정법

어느 fraction에 단백질이 용출되었는가를 간단한 조작으로 알기 위한 조작법을 설명한다. 각 fraction의 1~2 μL을 nitrocellulose 필터에 점적하고 바람에 말린 후에 단백질 염색을 실시해 본 후에 판단한다. 단백질 염색 대신에 특이 항체나 특이 염색(lectin, 당 염색 등)과 조합할 수도 있다.

Nitrocellulose 필터 점적

Filter를 0.1%(w/v) Amido Black 10B/20%(v/v) methanol/7%(v/v) acetic acid에 2분 정도 담궈서 염색한 후, 10% methanol/7% acetic acid에서 3분 정도 탈색하고, 다시 물로 가볍게 세척한 후 바람에 말린다. 양성 대조로서는 농도를 이미 알고 있는 단백질을 용출 buffer로 희석하여 농도 series 용액을 미리 준비해 두고, 용출 fraction과 이들 양성 대조 series를 같은 필터에 점적하여 대략적인 회수율을 간편하게 평가할 수도 있다(그림 12).

염색 결과를 발표용 데이터로서 남기고 싶은 경우에는 filter가 젖어 있는 편이 signal이 강하므로 마르기 전에 디지털 카메라로 촬영하던가, 널리 사용되는 문서용 스캐너로 이미지를 스캔한다. 필요하면, 'ImageJ' 등의 무료 소프트웨어로 스캔한 이미지 등의 데이터를 정량화할 수 있다.

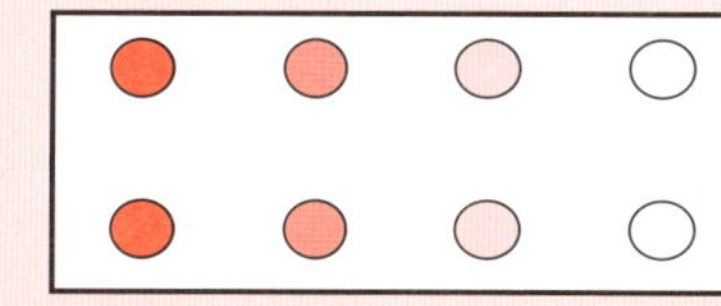

그림 12 재현성을 나타내기 위해, 같은 농도의 샘플을 2줄씩 점적한다.

4장 분리정제법

10 Column washing과 재평형화

즉시 동일 조건으로 chromatography를 실시할 예정이면, column bed 용적의 10배 정도의 평형화 용매(샘플을 injection할 때 흘려보내는 용매)를 흘려보내고, 재평형화되면 다음 샘플을 다시 injection 할 수 있다. 단 column 압력과 흡광도가 내려가지 않을 경우에는 column 설명서에 따라 세척 작업을 실시하고 column bed 용적의 10배 이상의 평형화 용매를 흘려보내 재평형화시켜 사용한다. Guard column이 붙어 있는 경우에는 column압의 상승은 guard column의 막힘이 원인인 경우가 많으므로 분리용 column을 떼어 내고 guard column만을 중점적으로 세척하여도 좋다.

11 Column을 보관 용매로 치환

Column을 장기간 사용하지 않을 때는 보관 중에 노후화되지 않고, 미생물이 증식하지 않는 용매 조성으로 바꿔 둔다. Column에 첨부되어 있는 매뉴얼을 참고하여 용매조성을 결정한다. 동일한 원리의 column이더라도 회사가 다르면 반드시 매뉴얼을 읽고 조작한다. Guard column을 연결한 분리용 column을 보관용매로 치환하는 경우도 guard column과 분리용 column을 한 개의 column으로서 취급한다.

12 Column의 제거

장기간 사용하지 않을 때는 column의 용매를 보관용 용매로 치환하고 나서 column을 제거하여둔다. 기포가 들어가지 않도록, 앞서 기술한 4의 "Column의 system 설치 및 세척과 평형화"를 참고하여 실시한다.

13 MilliQ W를 사용한 system의 세척

장기간 chromatography를 수행하지 않을 경우에는 system을 MilliQ W로 세척해 둔다. 염을 포함한 용매(이온교환 chromatography)를 이용하거나, 유기용매로 강산성 조건(역상 chromatography)에서 사용하는 경우가 많다. 따라서 pump head가 티타늄제이더라도, 그리고 system에 사용되고 있는 튜브, 튜브 연결관, 검출기, sample injector 등이 스테인리스제이더라도 용매에 오랫동안 계속 접촉시키면 녹이 발생한다. 또한 염을 포함한 용액을 system에 방치해 두면 접촉부분 등에서 용매가 증발하여 system 내에 침전물이 생기기 쉬워진다. 마지막으로 사용한 용매계가 유기용매이든 또는 염이 포함된 용매이든 간에, 거기에 포함되어 있는 용매와 용질은 세척에 사용하는 MilliQ W에 용해되어 제거된다.

14 뒷정리

A) Column의 보관

온도변화에 의한 column 내에 기포 발생을 피하기 위해 대부분의 column은 실온에 보관한다. 그러므로 실온에서도 박테리아 등이 번식하지 않는 보관 용매로 치환해 둔다.

B) 폐기물의 처리

각 실험자가 소속된 시설의 산업폐기물 담당자에게 문의하여 플라스틱 등을 분리 폐기한다.

C) 폐액의 처리

산, 알칼리, 중금속이나 유기용매의 폐기는 환경오염을 일으키므로 조례 등으로 규제되어 있다. 폐기 방법을 소속 담당자에게 확인하고, 잘 보관해 두었다가 처리하던가, 회수업자에게 위탁한다. 회수업자에게 위탁하더라도 적정하게 분리 보관해 두지 않으면 폐기 처리가 되지 않거나, 회수업자에게 위탁할 때 터무니 없는 돈을 청구 받을 수도 있다. 아래에 대표적인 분리방법을 제시한다.

- 산, 알칼리는 중화 후 희석하여 폐기가 가능한 경우도 있지만, 포함된 성분과 규정에 따라 폐기할 수 없는 경우에는 산과 알칼리로 각각 분리해 보관한다.
- Acetonitrile과 isopropanol은 가용성 용매로 함께 정리하는 경우도 있지만, 질소 함유계와 산소 함유계로 구별하는 경우에는 각각 분리하여 보관한다.
- 동과 아연은 일반 중금속계 폐액으로 함께 모아 보관한다.

Troubleshooting

문제점	가능성 있는 원인	해결을 위한 조치
● 용액이 나오지 않는다.	• 용매조에 액이 없다	➲ 용매를 조제하여 보충
	• 펌프와 용매조의 사이에 큰 기포가 혼입	➲ 용매조에서 펌프로 들어가는 튜브를 빼고 기포를 제거
	• 펌프 또는 밸브의 불량	➲ 수리
● 간헐적 송액	• 펌프 또는 밸브의 불량	➲ 수리
● 피크가 낮거나, 검출이 안 된다.	• 검출기의 램프가 꺼져 있다.	➲ 전원 확인후 휴즈, 램프를 교환
	• 검출기의 감도가 너무 낮다.	➲ 검출기를 고감도로 전환
	• 검출 파장이 적절하지 않다.	➲ 검출파장을 280에서 210 nm으로 바꾼다.
	• 샘플 loading시에 샌다.	➲ sample injector의 전환을 잘못 알고 있다. ➲ sample injector의 주변 누수를 수리한다.
	• 샘플이 주입되지 않는다.	➲ injector 측으로 바꾼다.
	• Column에 흡착되었다.	➲ 다른 종류의 담체 column을 시도한다.
	• 변성 침전되었다.	➲ 전개용매를 교체한다.
● 표시압이 너무 높다.		(우선 원인이 column에 있는지, column을 분리하고서 전 시스템을 접속하여도 아직 압이 높은지를 조사한다.)
	• 유속이 너무 빠르다.	➲ 설명서 등을 보고 적당한 수치를 설정한다.
	• 점도가 높은 용매(propanol 등)	➲ 유속을 낮춘다.
	• 튜브 연결관이 너무 조였다.	➲ 연결부를 한 번 분리하여 튜브 연결관이 너무 눌려 있지 않은지 본다.
	• column의 막힘	➲ 설명서에 따라 column 세척 ➲ column의 end fitting을 세척
● 빈번하게 압력이 변동한다.	• 기포의 혼입	➲ column을 제거하고, 높은 유속으로 시스템을 세척
	• 밸브의 막힘	➲ 펌프 주변의 밸브를 분리하고 세척
	• 펌프의 능력	➲ 펌프의 맥류를 제거하기 위하여 펌프 다음에 완충장치(damper)를 넣든지 아니면, 맥류가 안정되는 유속까지 펌프 스피드를 올린다.
● 높은 background 또는 노이즈	• 검출기 램프의 성능 저하	➲ 램프 교환
	• 용액 중의 불순물	➲ HPLC용 시약으로 교환한다. ➲ 검출 파장을 바꾼다.
	• 펌프의 맥류	➲ 검출기의 감도를 낮추든지 damper를 넣는다.
	• 검출기의 셀 내에 기포가 존재	➲ 일단 유속을 올려 세척하고 약한 역압(backpressure)를 건다.
	• 베이스 라인이 이탈	➲ buffer pH를 엄밀하게 조정한다.
● 피크의 위치 또는 높이에 재현성이 없다.	• 기구 등에서 불순물이 용해	➲ 시스템에 이용되고 있는 기구 · 시약을 새것으로 교체
	• 전개용매의 성능 저하	➲ 가능한 매회 사용 직전에 조제한 용출액을 이용한다.
	• 전개용매에 미량의 불순물	➲ column 평형화에 사용하는 용매의 액량을 가능한 줄여(bed 볼륨의 10배 정도) 평형화 과정을 종료한다.
	• 샘플 중 용매의 피크	➲ 방해되면 투석하는 등 다른 용매로 바꾼다.
	• 샘플의 분해	➲ 주입 직전까지 얼음에서 냉각하고, 분해를 억제한다.
	• 샘플이 기구 · column에 흡착	➲ 계면활성제의 첨가 · column 담체를 바꾼다.

● 피크의 분리가 나쁘다.		(표준 단백질을 이용하면 원인을 규명하기 쉽다.)
	• 유속이 너무 빠르다.	➲ column 설명서를 참고로 유속을 낮춘다.
	• gradient 조건이 부적당	➲ gradient 기울기를 변경한다.
	• column 담체 선정이 나쁘다.	➲ 담체를 바꾸던지, 계면활성제를 첨가한다.
	• column 성능 저하	➲ column 설명서를 참고로 세척하고 재생처리를 한다.
	• 샘플의 over loading	➲ column 설명서를 참고로 샘플량을 줄인다.
● 단백질의 회수율이 극단적으로 나쁘다.	• column에 흡착	➲ 염이나 계면활성제 및 ethylene glycol 등 소수결합 방지제를 첨가한다. ➲ column 담체를 바꾼다.
	• column에 침전	➲ 전개용매나 적용하는 분리원리를 바꾼다.
	• 샘플 단백질의 분해와 불활성화	➲ 선개용매나 적용하는 분리원리를 바꾼다.
	• column에 흡착되지 않는다.	➲ flow-through 분석
	• 느리게 띄엄띄엄 용출된다.	➲ 연속 용출을 stepwise로 바꾼다.
● 활성의 회수가 불가능하다.	• 단백질 회수 불가능	➲ 위에 "단백질의 회수율이 극단적으로 나쁘다" 항목에서 서술한 내용을 체크
	• 단백질 회수 가능	➲ chromatography의 조건을 변경(불활성화 되어 있다)
● 단백질이 전혀 회수되지 않는다.	• sample loop 조작 과실	➲ 전환 레버의 방향을 BSA를 샘플로서 사용하여 체크한다.

참고문헌

1) 堀尾武一, 新垣┌捷 :「分子細胞生物学基礎実験法 改訂第2版」, pp.264−293, 南江堂, 2004

2) 竹┌忠臣, 伊藤俊樹 編 :「改訂 タンパク質┌┌ハンドブック」, p.53−86, 羊土社, 2011

V 이온교환 chromatography

V-1 이온교환 chromatography의 원리

이온교환 chromatography(ion-exchange chromatography)는 거의 모든 가용성 단백질에 적용할 수 있는 일반적인 정제방법이다.

단백질은 중성의 수용액 중에서, 아미노기가 $-NH_3^+$로 carboxyl기가 $-COO^-$로 해리되어 있다. 이와 같은 양[positive, (+)]과 음[negative, (−)]의 전하를 가진 물질을 양쪽성 전해질(ampholytes)이라 부르며 그 순전하(net charge)는 pH에 의존하고 있다. 순전하가 제로가 되는 pH를 등전점(pI)이라고 부른다. 그림 1에 나타낸 것처럼 단백질의 순전하는 등전점보다 높은 pH에서는 음이 되고, 등전점보다 낮은 pH에서는 양이 된다. 한편 이온교환 chromatography에 이용하는 담체(gel)는 양의 전하를 띤 음이온 교환체와 음의 전하를 띤 양이온 교환체가 있다(표 1). 음의 순전하를 가진 단백질은 양의 전하를 가진 음이온 교환체에, 양의 순전하를 가진 단백질은 음의 전하를 가진 양이온 교환체에 결합할 수 있다. 결합한 단백질의 용출에는 용출 buffer의 이온 강도(염농도)를 증가시키는 방법이 일반적으로 이용되고 있다. 이온 강도(염농도)의 증가는 이온교환체에 결합하는 반대이온(counter ion)을 증가시킨다. 반대이온이 단백질 대신에 이온교환체에 결합하고 결합이 약한 단백질부터 순차적으로 유리되고 용출된다(그림 2). 이와 같이 이온교환 chromatography는 단백질이 갖는 순전하와 해리기와의 정전기적 결합(이온결합)을 이용하여 실행하는 chromatography이다.

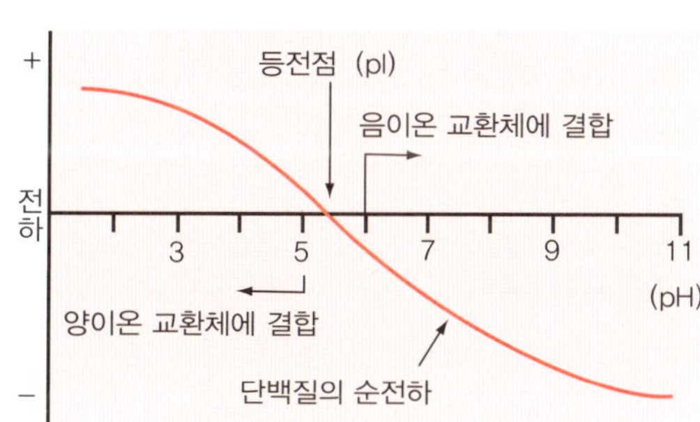

그림 1 pH에 의한 단백질의 순전하의 변화와 이온 교환체의 흡착

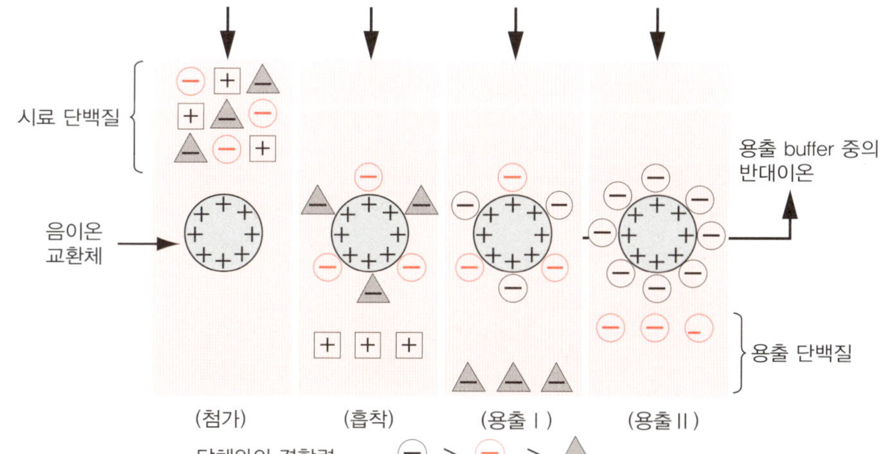

그림 2 음이온 교환 chromatography의 모식도
사용 buffer에서 음전하를 가지는 분자(⊖ ▲)는 담체와 결합하지만 양의 전하를 가지는 분자(⊞)는 결합할 수 없다. Buffer 중의 염농도를 올리면, 결합력이 약한(음전하가 적음) 분자(▲)가 우선 용출되고(용출 I), 다음으로 결합력이 강한(음전하가 많음) 분자(⊖)가 용출된다(용출 II).

표 1 이온교환체의 종류

이온교환체	해리기	구조
강 음이온 교환체	Q(quaternary ammonium)	$-CH_2N^+(CH_3)_3$
	QAE(quanternary aminoethyl)	$-OCH_2CH_2N^+H(CH_2CH_3)_2CH_2CH(OH)CH_3$
약 음이온 교환체	DEAE(diethylaminoethyl)	$-OCH_2CH_2N^+H(CH_2CH_3)_2$
	ANX(diethylaminopropyl)	$-OCH_2CH(OH)CH_2N^+H(CH_2CH_3)_2$
강 양이온 교환체	S(methyl sulphonate)	$-CH_2SO_3^-$
	SP(sulphopropyl)	$-CH_2CH_2CH_2SO_3^-$
약 양이온 교환체	CM(carboxymethyl)	$-OCH_2COO^-$

표 2 단백질 정제용의 이온교환 gel (*는 오픈 column용)

이온교환체	회사명			
	GE Healthcare	Bio-Rad	Tosoh사	Showa Denko사
강 음이온 교환체 Q(quaternary ammmonium) QAE(quaternary aminoethyl)	Mini Q Mono Q SOURCE15Q/30Q Q Sepharose HP/FF*/XL	Macro-Prep 25Q Macro-Prep High Q UNOsphere Q	BioAssist Q SuperQ-5PW Q-STAT TOYOPEARL SuperQ-650* TOYOPEARL Q-600C AR* TOYOPEARL QAE-550*	Shodex IEC QA-825
약 음이온 교환체 DEAE(diethylaminoethyl) ANX(diethylaminopropyl)	DEAE Sepharose FF ANX Sepharose 4FF*	Macro-Prep DEAE	DEAE-5PW DEAE-NPR TOYOPEARL DEAE-650*	Shodex IEC DEAE-825 Asahipak ES-502N 7C
강 양이온 교환체 S(methyl sulphonate) SP(sulphopropyl)	Mini S Mono S SOURCE 15S/30S SP Sepharose HP*/FF*/XL	Macro-Prep 25S Macro-Prep High S UNOsphere S UNOsphere Rapid S Nuvia S	BioAssist S SP-5PW SP-NPR TOYOPEARL SP-550/650*	 Shodex IEC SP-825
약 양이온 교환체 CM(carboxymethyl)	CM Sepharose FF	Macro-Prep CM Bio-Rex 70	CM-5PW CM-STAT TOYOPEARL CM-650*	Shodex IEC CM-825 Asahipak ES-502C 7C

V-2 실험조건

1 담체(gel)의 선택

이온교환체는 합성 polymer, agarose 등의 입자에 여러 종류의 이온교환기(**표 1**)를 결합시킨 것이다. 강 이온교환체는 넓은 pH 범위에서 해리되고 있지만, 약 이온교환체는 pH에 의존하여 전하가 변하고, 단백질의 결합능력도 변화한다. **표 2**에 GE Healthcare 등에서 출시되고 있는 이온교환체를 나타내었다. 특히 HPLC용 담체는 이외에도 국내외의 많은 업체에서 판매되고 있다. Polymer계의 gel에는 분리능이 우수한 것이 많지만, 연질 gel 쪽이 polymer계의 gel보다 비특이적 흡착이 적다. Gel의 입자 직경이 작을수록 분리능은 높아지지만, 대량 정제에는 적합하지 않다. 대부분의 담체는 column에 충진되어 있고, HPLC용으로서 사용 가능한 상태로 되어 있다Ⓢ. Sepharose FF 및 TOYOPEARL 시리즈라고 하는 연질 gel은 open column에 충진되어 특히 대량 정제의 초기 단계에서 사용된다(**4장 Ⅲ** 참고). 이 경우에는 다음 단계에서 한번 더 이온교환 HPLC를 수행할 수 있다. 소량의 정제에서는 처음부터 이온교환 HPLC를 실시한다. 일본제의 HPLC용 이온교환체로서, Shodex IECQA-824, SP-825(Showa Denko사), TSKgel DEAE-5PW, CM-5PW(Tosoh사)도 높은 분리능을 나타낸다.

Ⓢ Q Sepharose HP와 SP Sepharose HP는 이온교환 HPLC뿐만 아니라 많은 처리량이 요구되는 정제 시작 단계에서도 사용할 수 있다.

표 3 이온교환 chromatography에 자주 사용되는 buffer

이온교환체	buffer	반대이온	pH 범위
양이온 교환체	초산	Na^{+}	4.8~5.2
	인산	Na^{+}	6.7~7.6
음이온 교환체	Triethanolamine	Cl^{-}	7.3~7.7
	Tris	Cl^{-}	7.6~8.0

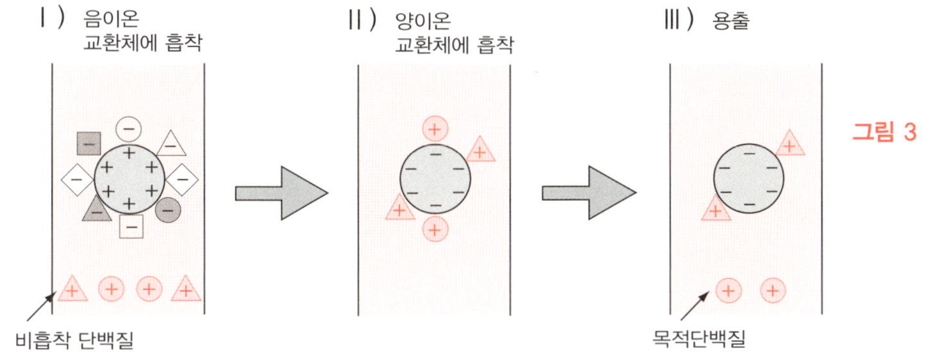

그림 3 2종의 이온교환 chromatography에 의한 정제
대부분의 불순단백질을 음이온 교환체에 흡착시킨다(I). 그 비흡착 단백질을 양이온 교환체에 결합시킨 후(II), 목적단백질을 용출, 분리한다(III). 이온교환체의 순서는 목적단백질에 따라 음과 양이 반대로의 경우도 있다.

2 완충액(buffer)

이온교환 chromatography에 많이 사용되는 buffer를 **표 3**에 나타낸다. 이와 같은 buffer에 필요에 따라 안정화제 등을 첨가한 것을 기초 buffer로 column의 평형화 등에 이용된다(**4장 Ⅲ** 참고)[t]. 대부분의 경우, 특정의 pH와 저이온 강도를 갖는 buffer로 목적단백질을 흡착시킨 후 이온 강도를 서서히 높여 용출한다. 단백질은 pH가 중성보다 높아질수록 음이온 교환체에 흡착하기 쉽고, 또한 낮아질수록 양이온 교환체에 흡착하기 쉬워진다(**그림 1**). 목적단백질을 음이온 교환체에 흡착시키기 위해서는 그 단백질의 등전점(pI)[u]보다 0.5 이상 높은 pH(보통, pH 7~9)를, 양이온 교환에는 pI보다 0.5 이상 낮은 pH(보통, pH 5~7)를 선택한다(**그림 1**). Buffer의 pH를 결정하기 위해서는 목적단백질의 안정성도 고려해야 한다. Buffer는 보통 10~50 mM의 농도로 사용되지만, 흡착력이 강한 단백질에서는 추가적으로 NaCl 등의 염이 첨가된다. 대부분의 단백질은 pH 5.5~7.5의 범위에서 등전점을 가진다. 따라서 목적단백질의 등전점을 알지 못할 경우에는, DEAE 등의 음이온 교환체와 20 mM 정도의 Tris buffer(pH 7.5~8.0)를 사용하여 실시해 본다. 목적단백질을 흡착시키지 않고 불순단백질의 대부분을 흡착시키는 것도 효과적인 분리조건이 된다. 이 경우에는 획득한 비흡착 분획을 첫 번과는 반대의 이온교환체 column에서 분리하면 정제도가 다시 상승한다(**그림 3**).

[t] 목적으로 하는 단백질이 소수성인 경우에는, 비특이적인 소수성 결합을 방지하기 위하여 buffer에 0.1% 정도의 비이온성 계면활성제(Triton X-100, Brji 35 등)나, CHAPS와 같은 양쪽이온성의 계면활성제를 첨가한다. SDS는 음의 전하를 가지기 때문에 사용할 수 없다.

[u] 단백질의 등전점(pI)은 등전점 전기영동법(**하권 2장 Ⅲ** 참고)에 의해 구할 수 있다.

3 시료액

연질 담체의 경우 적어도 column bed의 2배 용량의 buffer를 흘려 column을 평형화시킨다. 시료액은 사전에 투석, gel 여과, 희석 등에 따라 column

의 평형화 buffer의 pH와 이온강도에 맞춘다(투석은 **4장 III**, gel 여과는 **4장 VI** 참고)[v]. 시료가 대략적인 조추출액인 경우에는 15,000×g, 30분 이상(가능하면 100,000×g, 1시간 정도)으로 원심분리하여 불용성 물질을 제거한다. HPLC의 시료액인 경우는 filter로 여과시킨다. Gel의 흡착용량은 gel의 종류, 단백질의 등전점, buffer의 pH에 따라 다르다. 예를 들면, DEAE Sepharose FF는 lactalbumin을 최대 110 mg/mL gel, Mono Q는 최대 65 mg/mL gel 정도 결합할 수 있다. 실제의 chromatography에서는 최대흡착량의 1/10~1/5의 시료를 첨가하면 좋다. 시료액의 부피는 문제되지 않는다.

[v] 투석막(Eidia사)을 이용한 탈염은 시간이 걸린다. Column에 의한 탈염은 간편하지만, 시료의 수가 많으면 번거롭다. 탈염 column은 Bio-Rad(Econo-Pac 10 DG column) 등에서 발매되고 있다. 목적단백질이 높은 염농도에서 용출되는 경우 희석하여 column에 흘릴 수 있다. 희석하는 방법은 간편하지만, 부피가 증가한다는 단점이 있다.

4 유속

유속은 단백질의 분리에 영향을 주는 중요한 요소이다. 최대 유속은 column의 단면적에 비례하므로, 선유속(cm/시간)으로 표시된다. 연질 gel(예: DEAE Sepharose FF)에서는 최대 400 mL/시간까지 가능하지만, 보통 10 cm/시간 전후로 실시하고, HPLC용의 경질 gel(예: Mono Q)로는 150~600 cm/시간 정도로 실험을 진행한다[w]. 과도한 유속은 분리능을 저하시키거나, 압력 상승에 따른 문제를 일으킨다.

[w] 유속(mL/시간)은 다음의 공식에 의해 계산된다. (mL/시간 = 선유속 x column의 단면적)

5 용출, column의 보관

이온교환체에 결합된 단백질은 buffer 중의 염농도를 연속적으로 높이는 방법(gradient법) 또는 단계적으로 높이는 방법(stepwise법)으로 용출시킨다. 효과적으로 분리하기 위해서는 NaCl 농도를 0~0.5 M 정도의 범위에서 선형 gradient로 높이는 용출이 자주 이용되고, 대략적인 조분획을 위해서나 조건 검토 등을 위해서만 stepwise법이 이용된다. **그림 4**는 이온교환 HPLC의 gradient 용출 예를 나타낸 것이다.

한 번 사용한 column은, 1 M 정도의 NaCl로 세정한 후, 개시 buffer로 평형화하고 재사용할 수 있다. 그러나 다른 시료를 첨가하거나 비가역적으로 흡착한 단백질이나 지질을 제거하기 위해서는, 0.1 M NaOH로 세척하는 것이 좋다. 사용한 column은, 설명서에 따라 보관한다. 많은 담체는 20% ethanol, 0.05%(w/v) chloreton(trichlorobutanol)의 약산성 용액으로 평형화시키고 냉장고에 보관할 수 있다(**4장 III** 참고).

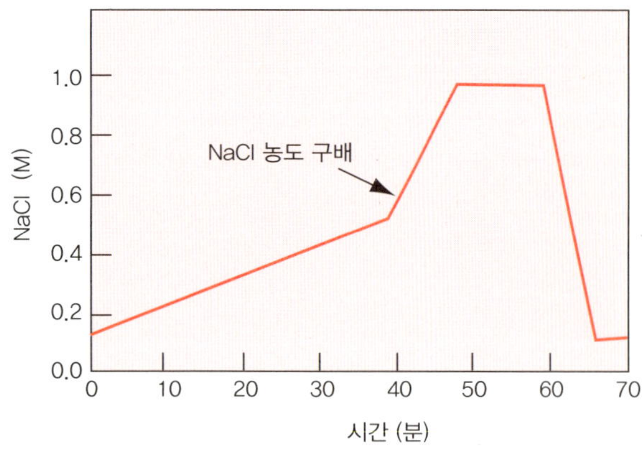

이온교환 HPLC의 NaCl 농도 구배 프로그램

buffer/시간 (분)	0	40	50	60	65
buffer-A* (%)	90	50	0	0	90
buffer-B* (%)	10	50	100	100	10
NaCl 농도 (M)	0.1	0.5	1.0	1.0	0.1

* buffer-A: 20 mM Tris-HCl(pH 7.5)
* buffer-B: 20 mM Tris-HCl(pH 7.5) +1 M NaCl

그림 4 이온교환 HPLC에 있어서 NaCl 농도 구배의 예

V-3 음이온 교환 HPLC의 실험 사례 - Laminin 332의 정제

다음으로 구체적인 실험방법으로서 laminin 332(laminin 5)를 Q Sepharose HP column을 이용한 음이온 교환 HPLC로 분리한 실험 사례를 나타낸 것이다. 이 단백질은 강한 세포부착 활성, 세포분산 활성 및 세포운동 활성을 갖는 새로운 laminin 분자로서 위암세포주 STKM-1의 배양액에서 정제되었다[1,2]. 배양 상층액을 황산암모늄 염석으로 농축하고, gel 여과와 heparin affinity column으로 부분 정제된 것을, 이 음이온 교환 HPLC(최종 정제 단계)의 시료로서 이용하였다(**4장 VI** 참고). HPLC의 조작에 대해서는 **4장 IV** 참고.

준비물

1) 기구 • 기계

- HiLoad16/10 Q Sepharose HP(GE Healthcare, bed 용적 20 mL)
- HPLC 장치*(LKB 2249 Gradient pump, 2158 Uvicord SD: 2210 Recorder, Sic Chromatocorder 12)
  * 이 HPLC 장치의 상당품이 GE Healthcare에서 판매되고 있다.
- 5 mL의 sample loop(GE Healthcare)
- 탈기장치(Showa Denko사, DEGAS)
- Fraction collector(Gilson, FC-203)
- Nunc Immuno Tube Mini-Sorp(Thermo Fisher Scientific)
- 주사기(Terumo사)
- 0.45 μm Chromato Disk(Kurabo사)

2) 시약의 조제

- Buffer A: 20 mM Tris-HCl(pH 7.5), 0.005%(w/v) Brji 35, 0.1%(w/v) CHAPS
- Buffer B: Buffer A + 1M NaCl
  * 각 buffer는 0.45 μm의 filter로 여과한다(여과방법에 대해서는 **4장 IV**의 HPLC의 항을 참고).

Protocol

1) 시료의 조제

약 3시간

❶ Laminin 332를 포함한 분획(0.5M NaCl)(4장 IV 참고)

⬇

❷ 원심분리에 의해 불용성 물질을 제거(Hitachi-R20A2 rotor로 18,000 rpm, 30분, 4℃)

⬇

❸ 상층액을 주사기로 흡입하여, 0.45 μm Chromato Disk로 여과한다ⓧ.

⬇

ⓧ 점성이 강한 시료는 희석한 후 여과한다(**4장 IV** 참고).

❹ 여과한 시료에 4배량의 buffer A를 첨가하고(5배 희석)[y], HPLC용의 시료로 한다(0.1 M NaCl)(chromatography 직전에 희석한다).

2) 음이온 교환 HPLC의 조작

❾까지 약 8시간

❶ HPLC의 전원을 켜고, UV recorder의 파장을 280 nm으로 설정한다[z].

❷ Pump의 유속을 2 mL/분으로 설정하고, HPLC의 배관 내를 buffer A(90%)/buffer B(10%)로 채운다.

❸ Pump를 작동하면서 Q Sepharose HP column을 HPLC 장치에 연결한다[a].

❹ Buffer A(90%)/buffer B(10%)로 column bed 부피의 2배를 흘려보내고 column을 평형화시킨다[b][c].

❺ 시료를 HPLC의 sample loop에 loading하고 column에 첨가한다[d]. 시료가 5 mL 이상일 경우에는 여러 번 나누어 시행한다.

❻ 비흡착 단백질의 흡광도가 충분히 감소하기까지 buffer A(90%)/buffer B(10%)로 세척한다.

❼ Controller를 **그림 4**와 같은 2단계의 NaCl 농도 구배를 만들도록 설정한다.

❽ 용출 개시와 동시에, fraction collector[e]를 start시킨다.

❾ 용출액을 2 mL/튜브로 분획하고, 각 fraction에 대해 활성측정(세포 분산 활성), 순도 검정(SDS-PAGE)을 한다(**그림 5**).

❿ 음이온 교환 HPLC로 chromatography를 다시 실시한다[f].

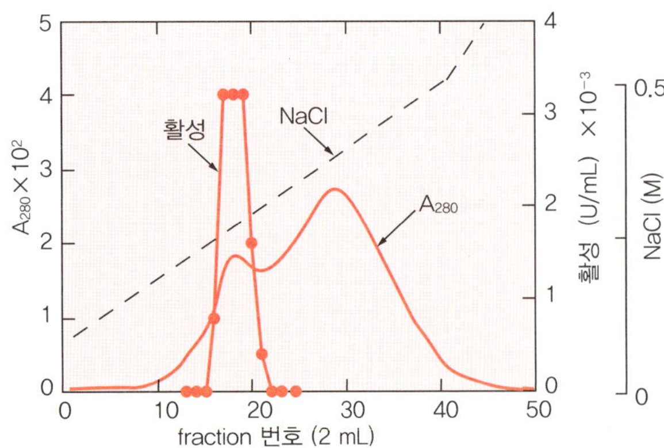

그림 5 Laminin 332의 Q Sepharose HP 이온교환 chromatography

ⓨ 시료의 NaCl 농도와 시료의 이온교환체와의 결합력에 따라 희석률을 바꾼다.

ⓩ 범위의 설정은 첨가하기 전 시료 흡광도의 1/2 ~ 1/4을 기준으로 한다.

ⓐ Column은 주입구 측에서부터 연결하여 column 내에 기포를 넣지 않도록 주의한다(**4장 IV** 참고).

ⓑ 이 실험 예는 목적단백질의 column에 대한 결합력이 강하기 때문에 0.1M NaCl로 칼럼을 평형화시켰지만, 처음의 시료에서는 buffer만(buffer A 100%)으로 시료와 column을 평형화하는 것이 좋다.

ⓒ 사용된 column의 경우, 이후 20분 정도에 걸쳐 buffer B를 100%(1 M NaCl)까지 올리는 농도 구배를 적용하고, 그대로 10분간 더 column을 세척한다. 다음 10분간으로 buffer B의 비율을 10%(0.1 M NaCl)까지 낮추는 농도 구배를 적용하고, 그대로 20분간 더 흘려 평형화시킨다. 다음 날 시료를 흘리는 경우는 펌프를 멈추고 튜브의 출구를 닫고 그대로 정치한다.

ⓓ 이온교환체와의 결합이 약한 때는 유속을 느리게 한다.

ⓔ Laminin 332는 기기 벽면에 흡착되기 쉬우므로 튜브는 비특이적 흡착이 적은 Nunc Immuno Tube Mini-Sorp를 사용한다.

ⓕ 첫 번째의 chromatography에서 활성을 띠는 분획에는 아직 불순물의 단백질이 포함되어 있기 때문에, 이 활성 분획을 buffer A로 5배 희석하여 다시 음이온 교환 HPLC를 실시하여 최종 정제된 샘플을 얻는다. 두 번째 HPLC시 전체 분획을 회수할 필요는 없지만, 활성측정은 필요하다.

3) Column의 보관 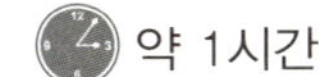 약 1시간

❶ Column에 여과된 순수물(예: MilliQ W)을 column bed 용적의 2배 이상 흘려보낸다.

⬇

❷ Column에 20% ethanol을 bed 용적의 2배 이상 흘려보낸다.

⬇

❸ Column의 출구를 막고 나서 입구를 막는다.

⬇

❹ 냉장고에 보관한다(1년 이상 보관 가능).

V-4 연질 gel 이온교환 chromatography

연질 담체를 open column에 충진하는 방법은 **4장 Ⅲ**에 설명되어 있다. Column 크기는 내경에 대한 높이의 비율이 4배 전후로 한다(**그림 6**). Stepwise 용출을 위해서는 각각의 농도로 bed 용적의 3~5배의 buffer를, 또한 농도 구배 용출 시에는 10~20배의 buffer를 사용한다. 유속은 0.5~2.0×bed 용적(mL)/시간이 일반적이다. 흡착이 약한 단백질이나 작은 column의 경우에는 시료를 가능한 천천히 흡착시켜야 한다[0.5~1.0×bed 용적(mL)/시간]. 용출 시에는 유속을 올린다. Open column에서의 농도구배 용출은 peristaltic pump 2대(예: ATTO사 AC-2110)와 controller(예: ATTO사 AC-5900 Gradicon III)를 사용한다(**4장 Ⅲ** 참고).

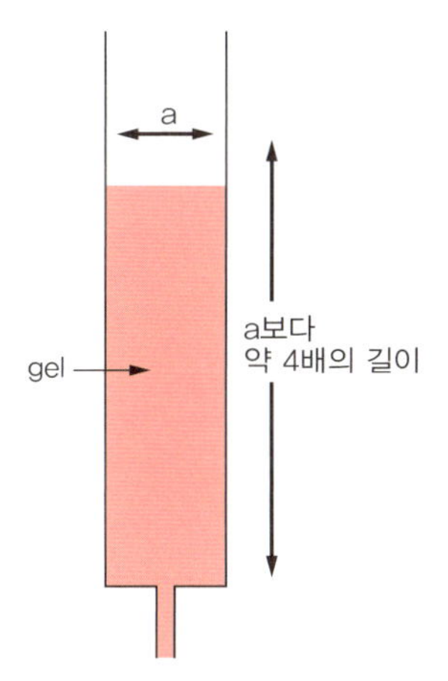

그림 6 연질 gel 이온교환 chromatography의 column 크기 설정

V-5 기타

GE Healthcare와 Bio-Rad에서 각각 cartridge type의 HiTrap 시리즈, Econo-Pac Cartridge 시리즈가 판매되고 있다. 이러한 cartridge는 주사기의 앞에 부착하여 사용하고 이온교환 chromatography의 조건 검토나 전처리, 시료의 농축 등에 사용된다. GE Healthcare에서는 이온교환 chromatography의 조건 검토용으로 5종 리간드(SP, CM, Q, DEAE, ANX)의 column을 갖춘 이온교환 chromatography column HiTrap IEX Selection Kit가 판매되고 있다. 이러한 cartridge type은 가격이 싸고 간단하여 사용하기 쉽고 더욱이 adapter로 연결하여 HPLC column으로도 사용 가능하다. 또한 GE Healthcare에서는 대충의 정제를 목적으로 하는 높은 결합용량의 이온교환 chromatography column인 HiTrap 16/10 SP XL, Q XL이 판매되고 있다. 이러한 column은 재조합 단백질을 발현시킨 대장균의 추출액 등에도 적용할 수 있다.

참고문헌

1) Miyazaki, K. et al. : Proc. Natl. Acad. Sci. USA, 90 : 11767-11771, 1993
2) 宮崎 香:「バイオマニュアルUP シリーズ, 改訂版 分子生物学研究のためのタンパク実験法」(竹縄忠臣 編), pp.17-47, 羊土社, 1998
3) 吉原 裕, 樋口富彦: 「分子細胞生物学基礎実験法」(新垣尚捷, 他 編), pp.271-274, 南江堂, 2004
4) 吉田 浩:「新生化学実験講座 タンパク質の化学」(日本生化学会 編), pp.169-177, 東京化学同人, 1990
5) Ion Exchange Chromatography & Chromatofocusing, Principles and Methods, 2004 年改訂(GE ヘルスケア社のサイトより英語版のみダウンロード可能)
6) 竹縄忠臣, 伊藤俊樹 編:「改訂 タンパク質実験ハンドブック」, pp.56-59, 羊土社, 2011

VI Gel 여과 chromatography

VI-1 원리와 특징

Gel 여과 chromatography(gel filtration chromatography)[g]는 분자 크기의 차이를 이용하여 다양한 물질을 분리하는 방법이다. 망상구조를 가진 담체(gel)를 가늘고 긴 column에 충진하고, 시료를 흘려보내면 저분자는 gel의 망상구조(matrix)의 내부에까지 침입하지만, 큰 분자는 gel의 matrix에 침입할 수 없어서 gel 입자의 사이를 그대로 통과한다(**그림 1**). 중간 크기의 분자는 gel 내의 큰 통로만을 통과한다. 따라서 그러므로 저분자는 column 내를 천천히 이동하고, 고분자는 빠르게 이동한다. **그림 2**는 분자 크기와 용출 위치와의 관계를 나타낸 것이다.

[g] 분자체 chromatography(molecular sieve chromatography), gel 침투 chromatography(gel permeation chromatography), size 배제 chromatography(size exclusion chromatography) 등으로도 불려진다.

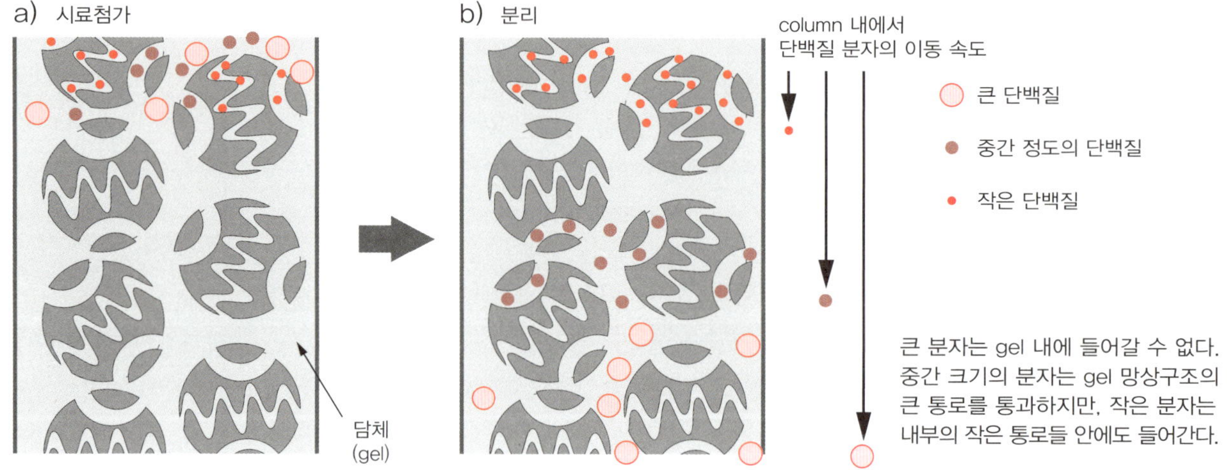

그림 1 Gel 여과 chromatography의 개요도

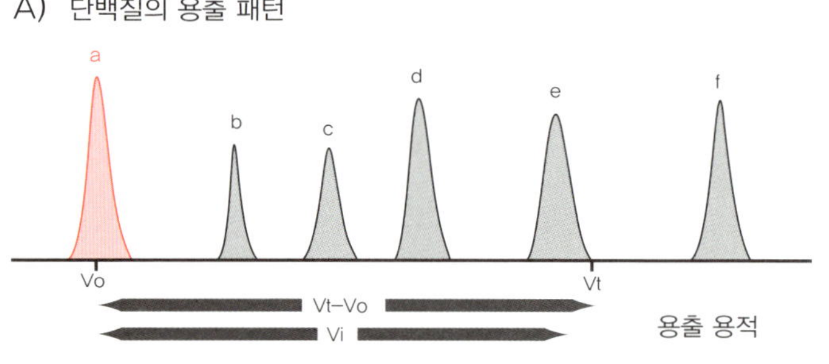

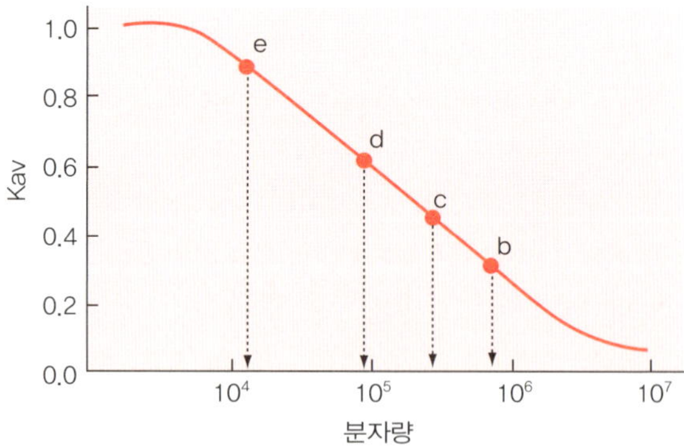

그림 2 분자 크기와 용출 위치와의 관계

A) a: gel 내에 들어가지 않는 고분자, b~d: 중간 크기의 분자, e: 용매 분자와 같은 이용도를 가진 저분자, f: gel과 상호작용하는 분자. a 이상의 고분자와 e 이하의 저분자는 분리되지 않는다.

B) 분자량 maker 단백질을 흘려 보내 표준곡선을 그린다. 그 위에, 목적단백질의 Kav(겉보기 분배계수)를 plotting하여 분자량을 구한다. 가로축은 log(분자량)이므로 세미로그(semi-logarithmic) 그래프를 이용하면 좋다.
Kav = (Ve−Vo) / (Vt−Vo) [Ve는 단백질의 용출 용적(mL). Kav 대신에, Ve를 세로축으로 취할 수도 있다.]

Gel 입자 안으로 전혀 들어가지 않는 분자가 용출되는 용적, 즉 gel 입자 사이에 용적을 배제용적(Vo)[h]이라 부른다. 한편 충분히 작은 분자는 Vo에 용매분자가 자유롭게 이동 가능한 gel 입자 내의 공간(용매용적 Vi)을 가산한 부피(Vo + Vi)에서 용출된다. Vo + Vi는 gel bed 용적(Vt)에 가깝고, 그 차이 값(Vt − Vo − Vi)은 gel을 구성하는 분자가 차지하는 실질적인 부피에 해당한다(**그림 3**). 분자량을 알고 있는 표준 단백질의 용출 위치와 목적단백질의 용출 위치로부터 대략적인 단백질 분자량을 측정할 수 있다(**그림 2B**)[i]. 그러나 gel 중의 이동속도는 분자의 모양에도 영향을 받으며, 일반적으로 가늘고 긴 분자는 구형의 분자에 비해 빨리 이동한다[j]. 또한 Vt보다 늦게 용출되는 분자는 gel과 결합 친화성을 가진다고 생각된다.

Gel 여과법은 매우 간단한 chromatography이고, 조작도 간단하다. 분리에 영향을 크게 미치는 요인으로는 분리 gel의 종류, column의 길이, 용매의 유속 등이다. 이 방법은 용출에 이온 강도를 변화시키는 이온교환 chromatography와 유기용매를 사용하는 역상 chromatography 등에 비해 단백질을 보다 안정적인 상태로 분리할 수 있다. 또한 분리 · 정제뿐만 아니라, 정제를 방해하는 고분자량의 불순물을 제거하거나, 시료에서 염 등의 저분자를 제거(탈염)하는 데도 이용된다. 여기에서는 기본적인 실험조건과 연질 담체를 이용하는 gel 여과 chromatography의 실험방법에 대해 설명하고, gel 여과 HPLC 실험의 예와 gel 여과에 의한 탈염작업에 대해서도 간단히 설명한다.

[h] 대부분의 연질 gel에서, Vo는 bed 용적의 약 30% 정도이다.

[i] GE Healthcare와 Bio-Rad 등에서 표준 단백질(분자량 marker 단백질)이 판매되고 있다.

[j] 가늘고 긴 분자는 gel matrix 내부로 들어가기 어렵기 때문으로 풀이된다. 따라서 겉보기 분자량은 실제의 분자량보다 크게 관찰된다.

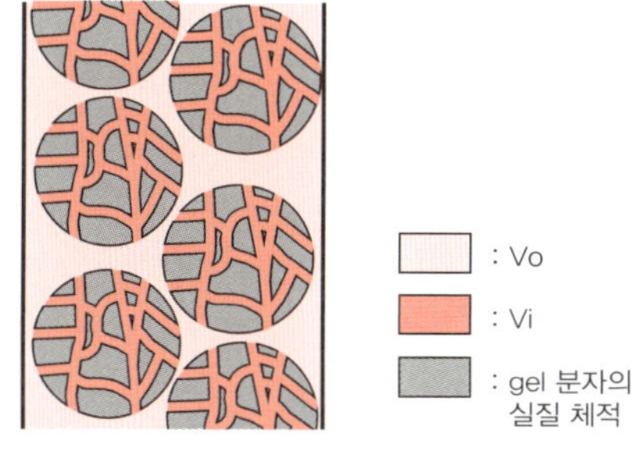

그림 3 단백질의 용출거동에 영향을 미치는 column 내의 체적

VI-2 실험조건

1 담체(gel)

표 1과 같이 다양한 gel 여과 chromatography용의 담체가 시판되고 있으며, 목적단백질이나 불순물의 분자량, 정제의 단계나 규모에 맞는 적당한 것을 선택한다. Gel은 HPLC나 FPLC용의 작은 연질 gel과 보통의 chroma-

표 1 Gel 여과 chromatography용으로 시판되는 대표적인 gel

제조사	상품명	특징
연질 gel		
GE Healthcare	Sephadex G10～100	Dextran을 epichlorohydrin으로 가교하여 얻은 beads 형태의 gel
	Sephacryl S100～500HR	Acryldextran을 N,N'-methylene-bis-acrylamide로 가교하여 얻은 gel
	Sepharose 2～6B	Agarose gel
	Sepharose 4, 6FF; CL-2～6B	가교된 agarose gel
Bio-Rad	Bio-Gel P-2～100gel	Acrylamide를 N,N'-methylene-bis-acrylamide로 가교하여 얻은 gel
Tosoh사	TOYOPEARL HW-40～75	친수성 vinyl polymer를 기질로 만든 gel
JNC	Cellufine GCL	Cellulose를 기질로 만든 gel
경질 gel(HPLC용)		
GE Healthcare	Superdex 75, 200; 30, 75, 200 prep grade	Dextran이 공유결합된 beads형 gel, 대량 정제를 위한 용도
	Superose 6, 12; 6, 12 prep grade	가교 agarose gel, 대량 정제용
Tosoh사	SuperSW, SW_{XL}, SW, BioAssistSW_{XL} 시리즈	Hydrophilic silica
	PW_{XL}, PW 시리즈	Hydrophilic polymer
Showa Denko사	KW-400, KW-800 시리즈	Hydrophilic silica

각 gel 제품에는 사용 분자량 범위가 다른 여러 가지가 있음.

tography용의 큰 연질 gel로 구분된다(**4장 Ⅲ** 참고). 전자는 단시간(1시간 정도)이고 게다가 높은 분리능을 얻을 수 있으므로 정제의 후반에 많이 사용된다. 후자는 시간이 걸리지만(15~20시간) 대량(수백 mg 이상)의 시료를 분리할 수 있으므로 정제의 초기 단계에서 사용된다. HPLC용의 gel은 친수성 silica와 polymer계가 많지만, GE Healthcare의 gel은 천연다당류를 작은 beads로 가공한 것이다. **그림 4**는 GE Healthcare의 gel 여과 chromatography용 gel 제품들의 분획 분자량 범위, 분리능, 사용하는 정제 단계, chromatography 규모를 정리한 것이다ⓚ. Superdex series와 Superose series는 column에 충진되어 있고 HPLC용으로 사용된다. Tosoh TSKgel SW series와 같은 silica-base의 HPLC용의 gel은 분리능이 매우 높지만, 흡착성도 강하다. 여기에 반해 GE Healthcare의 Superdex는 분리능은 조금 떨어지지만 흡착성이 낮다. 참고로 본 저자는 HPLC 담체로서는 Superdex series, 연질담체로는 Cellufine(JNC사)을, 그리고 Sepharose column을 이용하고 있다. 각각의 담체에는 분획분자량이 다른 것이 몇 가지씩 있으므로 목적단백질의 분자량에 맞는 것을 사용한다. 각 gel에는 배제분자량이 다른 여러 제품이 판매되고 있음.

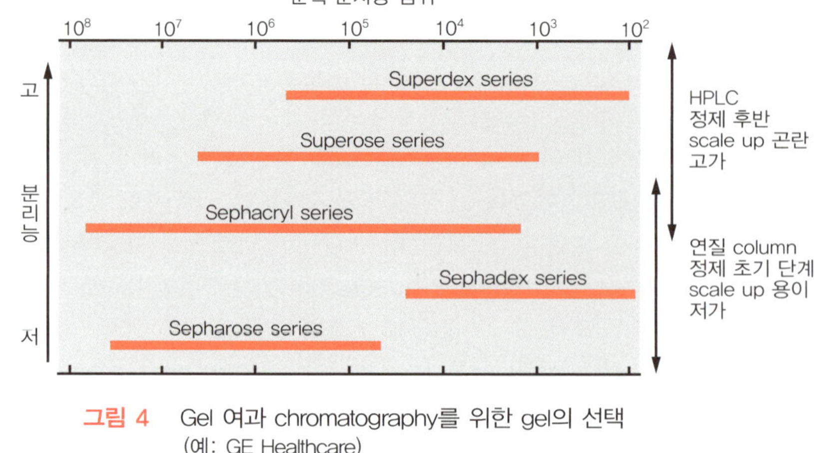

그림 4 Gel 여과 chromatography를 위한 gel의 선택
(예: GE Healthcare)

ⓚ Sephadex는 건조분말로 판매된다. 분말을 starting buffer에 현탁하고 상온에서 3시간 정치하거나 90℃에서 1시간 정도 정치하여 팽윤(swelling)시킨다.

2 시료

Gel 여과 chromatography는 시료의 용적이 분리에 크게 영향을 미친다. 시료는 가능한 한 소량으로 보통 bed 용적의 0.5~5%로 실시한다. 시료의 농축은, 황산암모늄 염석이나 ultrafiltration 등으로 할 수 있다(**4장 Ⅱ** 참고). 15,000×g, 30분 이상(가능하면 100,000×g, 1시간)의 원심분리로 불순물을 완전히 제거한다. 고농도의 시료(약 70 mg/mL 이상)나 점도가 높은 시료는 분리가 나빠진다.

3 Buffer

목적단백질이 충분히 용해되고, 또한 안정된 buffer와 pH를 선택한다. 보통 50 mM 정도의 중성의 buffer에 단백질의 비특이적인 흡착을 방지하는 의미로 0.1~0.5 M NaCl을 첨가한 것이 사용된다. 필요에 따라 안정화제, 계면활성제 등을 첨가한다(아래의 protocol 참고). 단백질에 따라서는 6 M 정도의 요소나 guanidine 염산, 0.1% SDS, 1 M acetic acid 등으로 가용화하고 그것으로 평형화한 column을 이용하는 경우도 있다.

4 기타

Column의 크기와 유속이 분리능에 영향을 크게 미친다. 단백질의 분리를 위해 가늘고 긴 column(예: 2.6×100 cm)이 적합하다. 그러나 탈염 때

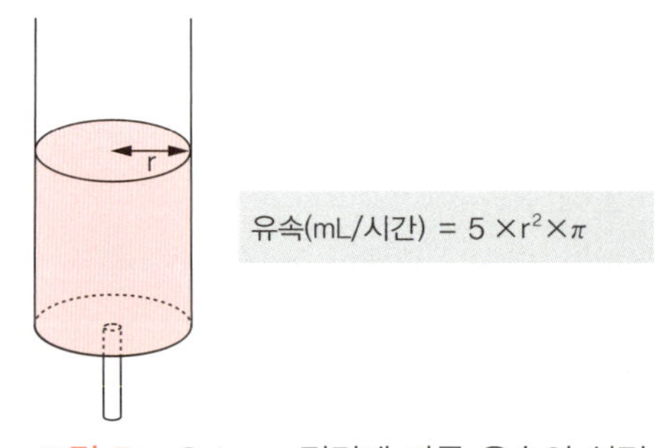

그림 5 Column 직경에 따른 유속의 설정

는 짧은 column(예: Econo-Pac column, Bio-Rad)이 사용된다. 유속은 가능한 한 느린 편이 좋다. 실험실용 연질 담체 column에서는 선유속 5 mL/cm^2 · 시간 정도에서 용출시킨다. 직경 2.6 cm의 column인 경우, 약 25 mL/시간이 된다(그림 5).

VI-3 Sepharose 4B를 이용한 gel 여과 chromatography
- Laminin 332의 정제에 응용

강한 세포부착 활성, 세포운동 활성, 세포분산 활성을 갖는 세포외기질(ECM) 분자 laminin 332(laminin 5)를 사람 위암세포주 STKM-1의 배양 상층액에서 정제할 목적으로 이 chromatography를 이용한다[1), 2)](4장 V 참고). 배양액을 황산암모늄으로 농축하고 정제단계의 최초 시료로 사용한다.

준비물

1) 기구 • 기계

- Column(GE Healthcare: C26/100, 내경 26 mm×높이 100 cm)
- Adapter(GE Healthcare: Adapter AC26)
- Reservoir(GE Healthcare: Reservoir RK16/26)
- Peristaltic pump(ATTO사: AC-2110)
- UV monitor(ATTO사: AC-5200)
- Fraction collector(ADVANTEC Toyo사: CHF121SA)

2) 시약류

Buffer의 조제		(최종농도)
1 M Tris-HCl(pH 7.5)	40 mL	(20 mM)
CHAPS	2 g	(0.1%)
10%(w/v)Brji 35	2 mL	(0.01%)
NaCl	58.44 g	(0.5 M)

DW로 2,000 mL 되게 한다. 4℃ 보관. 3개월 이상 보관가능

Protocol

1) Gel의 충진[l]  72시간

❶ Gel의 세척: 600 mL의 Sepharose 4B gel을 2 L의 비커에 넣고 buffer에 현탁한다[m].

↓

❷ Gel의 탈기[n]: 비커를 흡인 desiccator에 넣고 gel에서 기포가 나오지 않을 때까지 탈기한다(약 10분, gel을 흡인 bottle에 넣고 탈기할 수도 있다).

ⓛ Gel의 충진은 gel 여과 chromatography의 성패를 결정하는 중요한 과정이다. 불균일한 충진은 분리능을 저하시키고 유속을 느리게 한다. 충진할 Sepharose 4B는 이미 팽윤된 것을 사용하여 충진을 진행한다.

ⓜ Gel이 가라앉은 후 상층액을 제거한다. 이 작업을 2, 3회 반복하여 gel 파편과 불순물을 제거한다. 비이온성 계면활성제인 CHAPS는 고가 시약이므로 세척, 충진 시의 buffer에는 사용할 필요 없다.

ⓝ 담체에 기포가 들어가 있으면 그 부분에 용액이 흐르지 않기 때문에 분리를 방해하는 원인이 된다. 기포 형성을 방지하기 위해서는 충분한 탈기가 필요하고, column과 buffer의 온도 변화를 피한다.

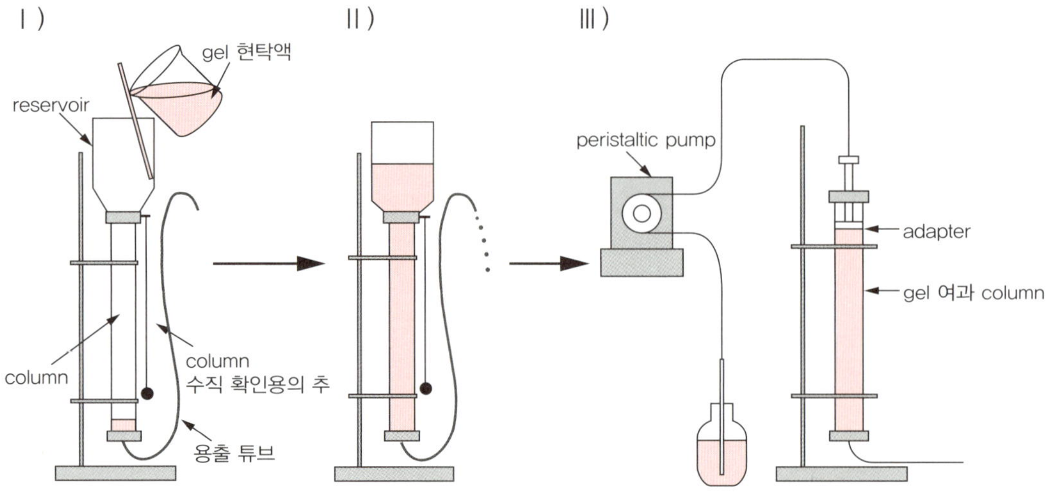

그림 6 Column의 gel 충진

❸ Column의 조립: reservoir를 부착한 column을 스탠드에 수직으로 고정한다(그림 6-Ⅰ)ⓞ.

❹ Column에 소량의 buffer를 흘려 용출 튜브 내의 공기를 밖으로 빼낸다. 튜브의 끝을 pinchcock로 막고 column의 바닥에서 수 cm 높이까지 buffer를 넣는다(그림 6-Ⅰ).

❺ Gel의 충진: Gel의 농도를 70%(v/v) 정도로 섞은 현탁액(850 mL)을 column의 벽으로 신속하고 조심스럽게 흘려 넣는다(그림 6-Ⅰ)ⓟ.

❻ 용출 튜브의 끝부분(액의 출구)을 column 상단 부위에 고정하고, buffer를 흘려보낸다(그림 6-Ⅱ).

❼ Gel이 가라앉으면, reservoir를 빼고 column에 adapter를 설치한다(그림 6-Ⅲ).

❽ Buffer의 치환과 평형화: Column 상부에서 peristaltic pump를 이용하여 약 30 mL/시간의 유속으로 gel 용적의 약 3배(1,500 mL)의 buffer를 흘려보내 평형화시킨다ⓠ.

❾ UV monitor와 Fraction collector: Column의 용출 튜브를 UV monitor에 연결하고, UV monitor의 용출 측을 fraction collector에 연결한다(4장 Ⅲ의 그림 2 참고).

2) 시료의 분리

24시간

❶ 시료의 준비: 원심분리에 의해 시료의 불용성 물질을 제거하고(Hitachi R20A2 rotor로 18,000 rpm, 30분), 상층액을 첨가 시료로 사용한다ⓡ.

ⓞ Column을 수직으로 세우지 않으면 담체가 불균일하게 충진된다. 추를 단 끈을 column에 붙여 수직을 확인한다.

ⓟ Gel을 여러 차례 나눠서 넣지 않고, 한꺼번에 부어 넣는다. Gel이 가라앉을 때까지 이동 불가.

ⓠ Adapter와 담체의 사이에 빈 공간이 있으면 시료가 희석되어 분리가 나빠지므로 adapter를 내려 빈틈을 없앤다(그림 6-Ⅲ).

ⓡ HPLC의 경우는 반드시 0.45 μm의 Chromato Disk(Kurabo사)로 여과한다.

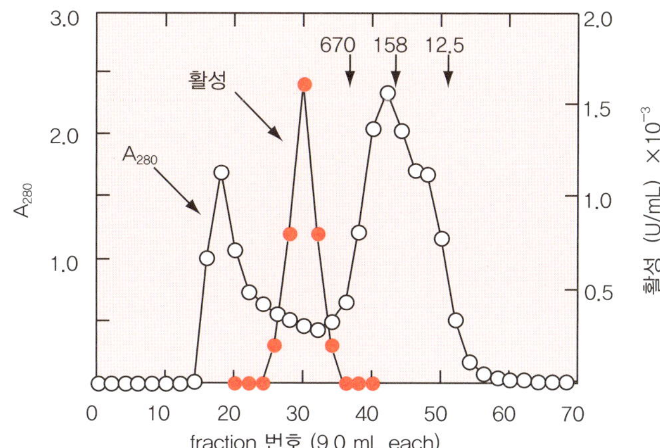

그림 7 Sepharose 4B chromatography에 의한 laminin 332의 정제
화살표 위에 표시한 숫자는 단백질의 분자량(kDa)을 나타낸다.

❷ 시료의 첨가: 12～25 mL의 시료를 약 30 mL/시간의 유속으로 흘려보낸다. 동시에 UV monitor와 fraction collector(5 mL/튜브)를 작동시킨다.

❸ 시료의 분리: 시료의 첨가 후, 일단 pump를 잠그고 액을 buffer로 전환한다ⓢ. 단백질의 용출을 위해 gel 용적(약 500 mL)의 1.2배(약 600 mL)의 buffer를 흘려보낸다ⓣ.

❹ 각 fraction(또는1～2 간격의 fraction)에 대해 280 nm에서의 흡광도(A_{280})ⓤ와 활성(이 경우에는 세포분산 활성)을 측정 및 순도 검정(SDS-PAGE)을 실시한다(**그림 7**).

ⓢ 시료의 첨가 또는 buffer 전환할 때에 튜브 내로 기포가 들어가지 않도록 주의한다.

ⓣ 목적단백질을 처음으로 분리하는 경우, 문헌의 자료나 SDS-PAGE에서 구한 분자량보다 늦게 용출되어 나올 수 있으므로 fraction을 조금 많게 받는다.

ⓤ A_{280} 값이 1일 경우 약 1 mg/mL의 단백질 농도를 나타낸다.

3) Column의 보관

❶ 용출 종료 후 gel 용적과 같은 양의 buffer를 계속 흘려보내어 column을 세척한다.

❷ 0.02%의 sodium azide(NaN_3)를 첨가한 buffer로 column을 채워 저온실에 보관한다(1년 이상 사용 가능).

VI-4 Superdex column을 이용한 gel 여과 HPLC

단백질의 최종 정제 단계에서 gel 여과 HPLC를 이용한 예로, Superdex column으로 gelatinase A를 정제한 예를 **그림 8**에 나타낸다. 사람의 glioblastoma cell line T98G의 배양 상층액에서 황산암모늄 농축, Cellufine GCL-2000(JNC사)을 이용한 연질 gel 여과, gelatin affinity chromatography, heparin affinity chromatography를 이용하여 gelatinase A(MMP-2)를 정제하였다. 매우 적게 남는 fibronectin 유형의 불순 단백질을 제거하기 위해 gel 여과 HPLC를 실시하고 gelatinase A(MMP2)를 정제하였다. HPLC 조작에 대해서는 **4장 IV**를 참고하기 바란다.

실험조건

HPLC 장치※: LKB2249 Gradient pump, 2158 Uvicord SD, 2210 Recorder, Sic Chromatocorder 12
Column: Superdex 200 10/300GL(23 cm³)(GE Healthcare)
Buffer: 20 mM Tris-HCl(pH 7.5), 0.005%(w/v) Brij 35, 0.5 M NaCl
유속: 0.4 mL/분
시료: 약 0.5 mg(1 mL)
※ 이 HPLC 장치와 동등한 제품이 GE Healthcare에서 판매되고 있다.

가로축은 용출 시간(분). 삽입 사진은 분자량 마커 단백질(왼쪽 lane: 위로부터 97, 66, 43, 29, 20, 14 kDa)과 3개의 fraction(1 fraction/분)의 SDS-PAGE 패턴. Fraction 22와 24(왼쪽 피크에 해당)의 고분자 불순 단백질과 fraction 38(오른쪽 피크에 해당)의 gelatinase A(MMP2)가 완전히 분리되어 있다.

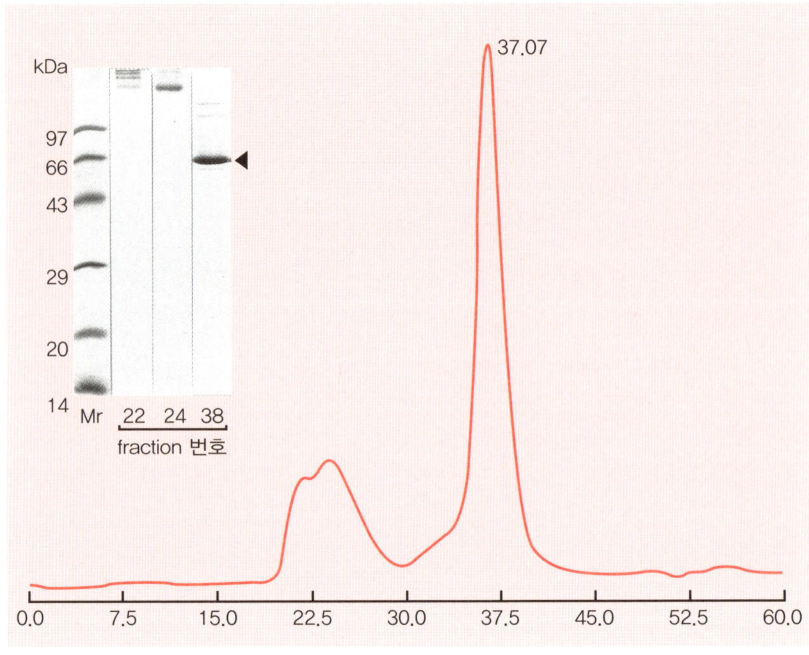

그림 8 Superdex column을 이용한 gel 여과 HPLC에 의한 gelatinase A(MMP2)의 정제

VI-5 Gel 여과에 의한 탈염

시료 중의 염이나 그 외 저분자 물질을 제거하거나, buffer를 교환할 때 gel 여과 column을 사용하면 투석에 비하여 매우 짧은 시간에 할 수 있다. 이를 위해 GE Healthcare의 Sephadex G-25나 Bio-Rad의 Bio-Gel P-6DG가 사용된다. 이러한 gel의 배제 분자량은 약 5,000이다(분자량 약 5,000 이상의 분자는 Vo에서 용출된다). 아래에 기본적인 실험 과정에 대해 설명한다.

1 Column

Gel을 충진한 탈염용 prepacked column이 GE Healthcare(PD-10 column, HiTrap Desalting column, Fast Desalting HR10/10 HPLC용 column: 모두 Sephadex G-25를 충진), Bio-Rad(Econo-Pac 10DG: Bio-Gel P-6DG를 충진)가 시판되고 있다. 이것들은 10 mL 정도의 bed 용적을 가진다. 연구자가 충진하는 경우에는 분말 gel(예: Sephadex G-25)을 buffer로 현탁하고, 실온에서 약 3시간(90°C에서 1시간) 팽윤시킨다. 이것을 적당한 column에 충진한다. 작은 column의 경우에는 스포이드를 이용하여 충진할 수 있다. Column의 직경에 대한 gel bed의 높이는 3~5배 정도로 충진한다. 가늘고 긴 column일 필요는 없다. 또한 bed 용적이 수십 mL 이하인 작은 column에서는 스포이드로 직접 시료액을 첨가하는 것이 가능하므로 column의 뚜껑이나 adapter가 반드시 필요한 것은 아니다(**4장 III** 참고).

2 시료의 첨가와 용출

Chromatography에 의한 목적단백질의 희석을 최소한으로 하기 위해서는 bed 용적의 약 30% 정도의 시료를 첨가한다. 시료의 거의 대부분을 회수하고자 할 경우에는 bed 용적의 15~20%의 시료를 첨가한다. 시료나 용출 buffer는 피펫이나 스포이드를 이용하여 gel 위에 조심스럽게 첨가한다(**4장 III** 참고). 자체 제작 column에서 유속이 너무 빠를 경우에는 용출 튜브를 pinchcock로 조이면서 조절한다. 시료가 완전히 gel 내로 이동한 후 용출 buffer를 첨가한다. 시료가 용출 buffer보다도 높은 비중을 가졌을 때는 직접 중층해도 좋다. 용출액의 염농도는 전기전도계(예: M&S Instrument Inc.)를 이용하여 측정한다[v]. 전기전도계를 용출 튜브에 직접 연결하고 monitor해도 좋고, 분획한 fraction의 전기전도도를 측정할 수도 있다.

[v] 시료액, buffer, 얻은 fraction의 전기전도도(단위: mho)를 측정하여 충분히 탈염되었는지를 알 수 있다. 여러 가지 농도의 NaCl 용액으로 표준 곡선을 만들어 두면, 전기전도도를 염농도로 환산할 수 있다.

참고문헌

1) Miyazaki, K. et al. : Proc. Natl. Acad. Sci. USA, 90 : 11767−11771, 1993
2) 宮崎 香 :「バイオマニュアルUP シリーズ, 改訂版 分子生物学研究のためのタンパク実験法」(竹縄忠臣 編), pp.17−47, 羊土社, 1998
3) 角野富三郎 :「タンパク質・酵素の基礎実験法」(堀尾武一 編), pp.241−254, 南江堂, 1994
4) 吉田 浩 :「新生化学実験講座 タンパク質の化学」(日本生化学会 編), pp.177−184, 東京化学同人, 1990
5) Gel Filtration, Principles and Methods, 2007 年改訂 (GE ヘルスケア社のサイトから英語版のみダウンロード可能)
6) 竹縄忠臣, 伊藤俊樹 編 :「改訂: タンパク質実験ハンドブック」, pp.60−64, 羊土社, 2011

VII Affinity chromatography

단백질은 어떤 물질과 특이적으로 결합함으로써 생리적인 역할을 하고 있다. Affinity chromatography(친화성 크로마토그래피)는 이러한 단백질과 특정 물질(리간드)과의 상호작용(또는 친화성: affinity)을 이용한 대표적인 흡착 chromatography이다. 예를 들면, 항체는 항원에, cytokine이나 hormone은 수용체에, 효소는 기질이나 저해제에 특이적으로 결합한다. 이와 같은 특이적 상호작용의 하나를 리간드로서 담체(또는 지지체)에 고정화하고, 거기에 단백질 용액을 흘려보내면 상대의 단백질이 리간드에 특이적으로 결합한다. 그 후 이 결합을 끊어 목적단백질을 column으로부터 용출할 수 있다. **그림 1**은 저해제를 리간드로 사용하여 효소를 정제하는 경우의 예이다. 리간드로 이용되는 저해제는 천연물질이나 합성물질이어도 좋다. 물론 효소를 고정화시켜 저해제를 정제할 수도 있다.

Affinity chromatography는 다른 chromatography에 비해 높은 정제 효율과 회수율을 가지며 한 번에 많은 양의 시료를 처리하는 것이 가능하기 때문에 비교적 초기 정제 단계에서 사용하는 것이 좋다. 물론 단백질과 리간드의 상호작용 특이성이 높으면 높을수록 정제효율이 높아진다. 많은 경우 이러한 affinity 담체가 판매되지 않기 때문에 연구자가 직접 준비해야 한다. 또한 친화성은 다소 떨어지지만, 특정의 아미노산, DNA, 색소, lectin 등을 리간드로 사용하고 이러한 리간드에 친화성을 가진 단백질 그룹을 분리하는 그룹 특이적 affinity chromatography도 자주 이용되고 있다. 이들 그룹 특이적 affinity chromatography 담체는 GE Healthcare, Sigma−Aldrich(이하 Sigma라고 약칭한다)와 Bio−Rad를 위시하여 많은 업체에서 판매되고 있다(**표 1**). Affinity chromatography는 연질담체를 이용한 open column으로 수행되는 경우가 많지만, 최근에는 HPLC용의 그룹 특이적 affinity 담체도 많이 시판되고 있다.

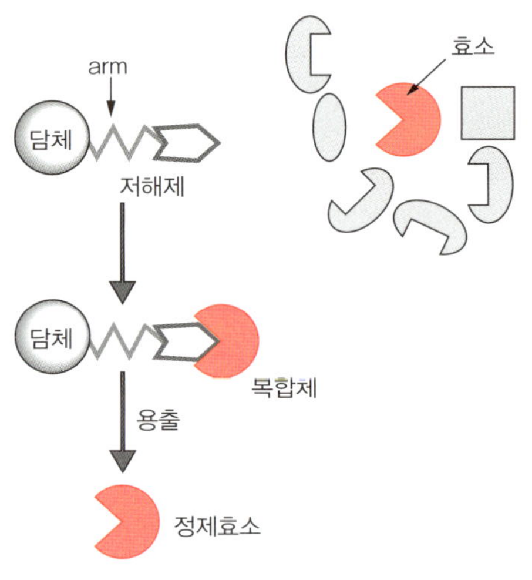

그림 1　Affinity chromatography의 원리

표 1　시판되고 있는 그룹 특이적 affinity chromatography용 담체

담체*	응용 예**
Protein A	IgG
Heparin	Fibronectin, FGF, HGF, HB–EGF
Concanavalin A: Con A	당단백질, 막단백질
Procion Red HE–3B	NADP+ 의존성 효소, MMPs, TIMPs
Cibacron Blue 3GA	NAD+ 및 NADP+ 의존성 효소, interferons
Gelatin	Gelatinase(MMP2/9), fibronectin
Lysine	Plasminogen, PA
Arginine	Prokallikrein, prothrombin, PA
Benzamidine	Serine protease
Chelating	Stromelysin, His–tagged protein
Lectin(여러 가지)	당단백질
Streptavidin	Biotinylated protein
Glutathione	Glutathione S–transferase fusion protein
Calmodulin	ATPase, protein kinase, phosphodiesterase
IgG	Protein A fusion protein

* GE Healthcare와 다른 업체에서 판매되고 있음.
** FGF: fibroblast growth factor, HGF: hepatocyte growth factor, MMPs: matrix metalloproteinases, TIMPs: tissue inhibitor of metalloproteinases, PA: plasminogen activator, HB–EGF: heparin binding EGF–like growth factor

이번 절에서는 trypsin 고정화 column을 이용한 trypsin inhibitor의 정제를 예로서 기본적인 실험 과정을 설명한다. 실험 예로 보여주지 않았지만, 특이성이 높은 affinity chromatography를 수행할 수 없는 경우, 그룹 특이적 affinity cromatography가 중요한 분리 수단이 된다. 우리들은 많은 단백질의 정제에 Heparin, Pocion Red, Concanavalin A 등의 affinity 담체를 효과적으로 사용하고 있다[1]. 또한 일반적으로는 affinity chromatography로 분류되지 않지만, hydroxyapatite cromatography와 소수성 cromatography의 특징에 대해서도 이 절에서 간단하게 설명한다. 항체 column을 이용하는 affinity chromatography에 관해서는 **하권 3장 II**를, 유전자 재조합 단백질의 affinity 정제에 관해서는 5장을 참고하기 바란다. 또한 affinity chromatography에 대한 자세한 내용은 다른 참고서도 참고하기 바란다[2)~4)].

VII–1 중요한 실험조건

1 리간드의 선택

위의 설명과 같이 가능한 한 특이성이 높은 것이 바람직하다. 친화성도 가능한 높은 것이 좋지만, 너무 높을 경우 단백질을 변성시키는 조건이 아니면 column으로부터 용출되지 않을 수도 있다. 보통 분자량(kDa)은 10^{-4}~ 10^{-7} M 정도가 좋은 것으로 알려져 있다. 또한 column을 반복해서 사용하기 위해서는 변성제 등에 대해 안정한 것이 좋다.

2 리간드 고정화 담체의 선택과 고정화 방법

리간드가 결정되면 다음은 이것을 담체에 화학적으로 고정해야 한다. 리간드 분자에 존재하는 amino기($-NH_3$), carboxyl기($-COOH$), thiol기($-SH$), 수산기($-OH$) 등의 작용기를 이용하여 담체에 고정화하기 위한 여러 종류의 리간드 고정용 담체가 시판되고 있다(표 2). 이들 모두는 단백질처럼 비교적 불안정한 물질과 순한 조건에서 단시간에 반응하고 가교할 수 있도록 되어 있다. 이러한 것들 중 시안화브롬 활성화 담체(CNBr 활성화 담체)는 예전부터 가장 많이 이용되고 있다. 이 담체는 그림 2a에 나타낸 바와 같은 반응으로 단백질, 핵산과 그 외의 생체고분자의 primary amino group에 반응한다(127페이지 결과 참고). NHS(N-hydroxysuccimide) 활성화 column은, 10원자의 spacer(arm)를 가진 리간드 고정용 담체가 충진된 column으로서 column에 리간드 분자를 직접 흘려보내서 고정화하도록 되어 있다(그림 2b). Epoxy 활성화 Sepharose는 당 사슬을 고정화하는 데 자주 이용된다.

물론, 적당한 작용기가 없는 분자는 작용기를 도입하지 않는 한 리간드로서 사용할 수 없다. 또한 작용기가 리간드 분자의 단백질 결합부위에 있는 경우도 부적당하다. 이와 같은 분자를 담체에 결합시키면 흡착체에 대한 결합성이 없어지게 된다. 예를 들면, 단백질과 같이 아미노기나 carboxyl기를 많이 가진 분자를 고정화하는 경우에는 상당한 비율의 분자가 결합성을 잃은 상태로 고정화된다. 항체 column을 제작할 때 항원 결합부위를 표면에 노출시키고 항체를 고정화하기 위한 kit가 Thermo Fisher Scientific에서 판매되고 있다. 이 방법에서는 우선 항체를 protein A 고정화 담체에 결합시킨다. 다음으로 항체와 protein A 분자를 dimethyl pimelimidate(DMP) 등의 가교제로 가교한다. Protein A는 항체의 항원 결합부위에는 결합하지 않기 때문에 항원 결합성을 유지한다. 우리는 이 방법으로 trypsin 항체 고정화 column을 제작하고 위암세포가 분비하는 trypsin을 정제하였다[5]. 한편 작은 분자를 직접 담체에 결합시키면 입체 장해(steric hindrance) 때문에 단백질에 결합할 수 없는 경우가 있다. 이러한 경우는 담체와의 거리를 얻기 위해 spacer(arm)원자를 가진 리간드 고정용 담체를 사용한다(그림 1, 그림 2b, 표 2).

담체에 결합시키는 리간드 양은 gel 1 mL당 1~10 μmol(보통 2 μmol 전후), 리간드가 단백질인 경우는 gel 1 mL당 5~10 mg이 적당하다. 리간드 농도가 너무 높으면, 단백질 간의 입체

표 2 시판되고 있는 리간드 고정화 담체

담체	Spacer arm	가교제
아미노기에 결합하는 것		
Cellufine amino	3원자	Carbodiimide
Cellufine formyl	8원자	불필요
NHS-활성화 Sepharose HP	10원자	불필요
CNBr-활성화 Sepharose 4B		불필요
활성화 CH-Sepharose 4B	6원자	불필요
ECH-Sepharose 4B	9원자	Carbodiimide
Epoxy-활성화 Sepharose 6B	12원자	불필요
Carboxyl기에 결합하는 것		
EAH-Sepharose 4B	11원자	Carbodiimide
Thiol기에 결합하는 것		
활성화 Thiol-Sepharose4B	10원자	불필요
Thiopropyl-Sepharose6B	4원자	불필요
Epoxy-활성화 Sepharose 6B	12원자	불필요
수산기에 결합하는 것		
Epoxy-활성화 Sepharose 6B	12원자	불필요

Cellufine 담체는 Chisso사(Biochemical Bio Business Co.), Sepharose 담체는 GE Healthcare 에서 판매되고 있다.
기타 Bio-Rad나 Sigma, Tosoh사에서도 리간드 고정화 담체가 판매되고 있다.

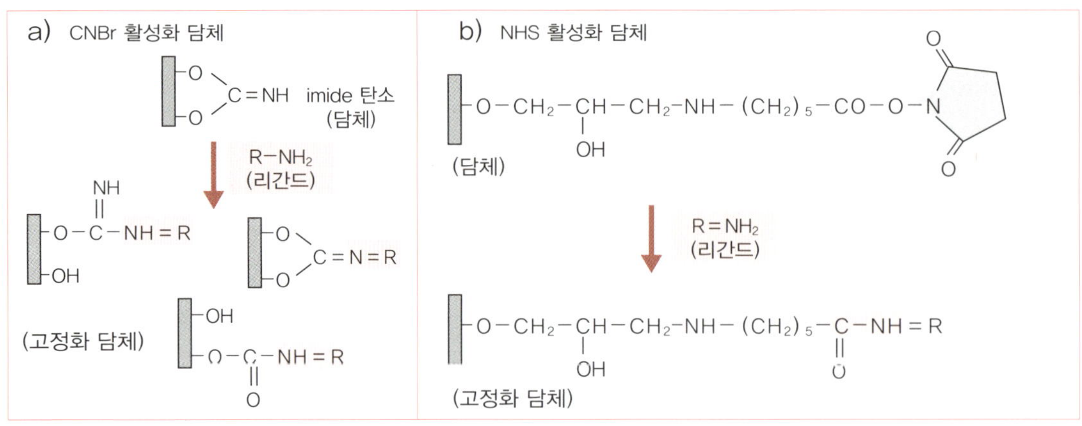

그림 2 CNBr-활성화 담체 및 NHS-활성화 담체와의 리간드 결합

장해에 의해 흡착효율이 오히려 나빠지거나, 비특이적 흡착이 높아지기도 한다. 한편, 상대적으로 적은 양의 단백질을 고정화할 때, 1분자의 단백질이 많은 장소(작용기)에서 담체와 결합(multipoint binding)하여, 목적단백질에 대한 결합 활성을 잃는 경우가 있다. 이 경우에는 다음에 기술하는 것처럼 담체의 반응기를 감소시킬 수 있다(다음에 설명하는 "Trypsin 고정화 column의 제작 protocol" 참고).

3 흡착조건

Affinity chromatography에 있어서 중요한 것은, 목적단백질을 효과적으로 흡착시키는 것과 동시에 불순 단백질의 비특이적 흡착을 어떻게 방지할 것인가 하는 것이다. 보통 시료단백질의 극히 일부가 목적단백질이므로 소량의 불순 단백질의 혼입이 중대한 문제가 된다. 담체 본체와의 비특이적 흡착을 방지하기 위해, 시료를 미리 리간드가 없는 담체 column(예: Sepharose 4B column)에 통과시키는 것이 바람직하다. 또한 같은 목적으로 buffer에 0.1~0.5 M의 NaCl을 첨가하여 비특이적인 이온결합에 의한 흡착을 방지한다. 목적단백질을 효과적으로 회수하기 위해서는, 그 단백질이 안정한 pH를 선택하고 또한 필요한 보조인자 등을 buffer에 첨가한다. 효소와 기질, 또는 효소와 inhibitor의 상호작용을 이용한 affinity chromatography에서는 실험 과정 중에 반응이 진행하는 경우가 있다. 예를 들면, protease인 gelatinase을 gelatin column으로 정제하면 리간드인 gelatine이 gelatinase에 의해 분해될 가능성이 있다. 그러나 이 효소는 Ca^{2+}를 요구하기 때문에 buffer에 Ca^{2+}가 들어 있지 않으면 반응은 진행하지 않는다. 이처럼 보조인자를 빼든지 buffer의 pH를 최적반응 pH로부터 멀게 하여 효소반응을 억제할 수 있다. 시료첨가의 유속은 단백질과 리간드의 결합성의 세기에 의존하지만, 보통 10 mL/cm²·시간(직경 1 cm의 column에서는 12.7 mL/시간) 이하의 유속으로 진행한다.

4 용출조건

리간드에 결합한 단백질의 용출법에는, 선택적 용출법과 비선택적 용출법이 있다. 선택적 용출법은 그다지 강하지 않은 결합에 대해 경쟁분자를 사용하는 방법이다. 예를 들면, Con A-Sepharose에 결합한 당단백질은 methyl-α-D-mannoside로 용출된다. 적당한 경쟁분자가

표 3 Affinity chromatography에서의 비선택적 용출법

pH (4이하, 10이상)
0.1 M glycine-HCl(pH 2.5), 1 M acetic acid, 0.05%(w/v) trifluoroacetic acid(TFA) 등
변성제
8 M urea, 6 M guanidine hydrochloride, 7.5%(v/v) dimethyl sulfoxide(DMSO) 등
Chaotropic ion(무질서 이온)
4.5 M $MgCl_2$, ≦ 3 M NaSCN, ≦ 3 M NaI, ≦ 3 M sodium trichloroacetate 등
비극성용매
≦ 50%(v/v) ethylene glycol, ≦ 10%(v/v) dioxane 등

없는 경우에는 비선택적 용출을 이용한다. 단백질과 리간드는 이온결합, 수소결합, 소수성 결합 등에 의해 복합적으로 결합한다. 따라서 온화한 조건에서 모든 단백질을 용출하기는 어렵다. 따라서 일반적으로 표 3에 나타낸 것처럼, pH 변화, 변성제, chaotropic ion, 비극성 용매 등이 사용된다. 이러한 처리는 단백질을 변성시킬 가능성이 있기 때문에, 사전에 생리활성에 대한 영향을 조사해 둘 필요가 있으며, 또한 용출 직후에 안정적인 조건으로 되돌리는 것이 필요하다. Column에 흡착한 단백질을 용출하기 위해서는 우선 0.5 M 정도의 NaCl을 넣은 buffer로 비특이적 흡착물질을 흘려보낸 후 상기의 시약을 포함한 buffer로 목적단백질을 한꺼번에 용출하는 경우가 많다. 그러나 흡착한 단백질이 많을 경우에는 분리효율을 높이기 위하여 그 농도를 연속적으로 상승시키고, 용출시키는 일도 있다(gradient 용출법).

Ⅶ-2 Trypsin affinity chromatography

동물세포는 여러 종류의 protease와 그 inhibitor를 생산한다. 사람 위암세포에서 trypsin 유사 효소를 포함하는 3종류의 serine protease가 분비되는 것이 밝혀졌다[5]. Anti-trypsin antibody column을 이용한 affinity chromatography에 의해 이 세포의 무혈청 배양 상층액에서 trypsin 유사 효소가 정제되었으며, 이는 췌장 유래의 trypsin과 동일한 효소인 것으로 확인되었다[5),6)]. 한편, 아래에 나타낸 것처럼 trypsin 고정화 column을 이용하여 human glioblastoma cell의 무혈청 배양액으로부터 5종류의 trypsin inhibitor가 정제되었다[7]. 이 방법으로는 흡착된 inhibitor가 부분적으로 trypsin에 의해 절단되는 경우가 있다. 또한 복수의 inhibitor가 동시에 정제되는 경우가 있기 때문에, 필요하다면 reversed-phase HPLC나 다른 chromatography를 병행한다.

1 Trypsin 고정화 column의 제작

준비물

1) 기구

- G3 grade의 glass filter(HARIO사 등)
- Column(Bio-Rad econo-column 등: 내경 1.0×높이 10 cm)
- 흡인장치 또는 water flow pump
- 흡인 bottle(1 L 정도)

- Rotator(TAITEC사 Rotator RT-5 등), 진탕기(see-saw type shaker 등) 또는 공중에 매달린 교반기(sluggish agitator)
- 비커(50 mL, 100 mL, 200 mL)
- 스포이드(5 mL)
- 유리봉

2) 시약류

- CNBr 활성화 Sepharose 4B(GE Healthcare) 2 g
- Bovine crystal trypsin(Wako Pure Chemical Industries)
- 1 mL HCl
- Coupling buffer
- Blocking buffer
- Washing buffer
- 0.05%(w/v) TFA(trifluoroacetic acid)(냉장보관)
- TB buffer[20mM Tris-HC1, 0.01%(w/v) Brij 35: pH 7.5(냉장보관)]
- TB + 0.5 M NaCl(냉장보관)

1 mM HCl

염산(원액 12 N)	86 μL

DW로 1,000 mL 되게 한다.

Coupling buffer

		(최종 농도)
$NaHCO_3$	8.4 g	(0.1 M)
NaCl	29.1 g	(0.5 M)

DW로 1,000 mL 되게 한다. pH 8.3, 냉장보관.

Blocking buffer

glycine	15 g	(0.2 M)

5 N NaOH로 pH가 8.3이 되게 하고 DW로 total volume이 1,000 mL 되게 한다. 냉장보관.

Washing buffer

Acetic acid(원액 17 N)	5.9 mL	(0.1 M)
NaCl	29.1 g	(0.5 M)

5 N NaOH로 pH가 4.0이 되게 하고 DW로 total volume이 1,000 mL 되게 한다. 냉장보관.

Protocol

❶ CNBr 활성화 Sepharose 4B(2 g)를 약 50 mL의 1 mM HCl이 있는 비커에 넣어 현탁하고, 실온에서 약 15분간 팽윤시킨다[w].

ⓦ 1 g당 3.5 mL로 팽윤한다.

⬇

❷ Glass filter로 흡인 여과한다. 흡인을 멈추고, glass filter상에 50 mL의[x]

ⓧ 보통 gel의 5~10배량.

1 mM HCl을 넣고 유리봉을 이용하여 현탁시킨 후, 흡인 여과한다. 이러한 세척을 한 번 더 반복한다(**아래 그림**).

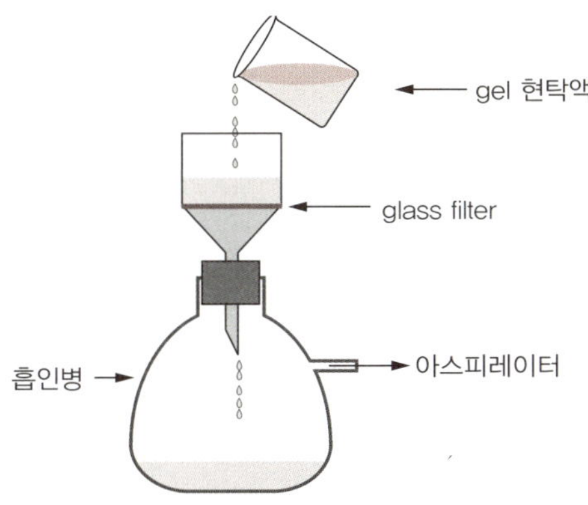

리간드 고정용 담체(gel)의 세척

❸ 상기와 같이, gel을 50 mL의 coupling buffer에 현탁시키고, filter상에서 여과한다ⓨ.

ⓨ 소량의 단백질을 고정화하는 경우에는, 다중결합을 억제하기 위해, 세척한 gel을 pH 8.3의 coupling buffer에서 약 4시간 incubation(미리 가수분해)한다. 이것으로 인해 담체의 반응기는 약 절반으로 줄어든다.

❹ Gel을 20 mL 정도의 뚜껑 달린 튜브로 옮긴다. 결정 trypsin(10 mg)을 coupling buffer(10 mg)에 용해시키고 즉시 gel과 혼합한다.

❺ Rotator, 진탕기 또는 공중에 매달린 교반기에서 천천히 교반하면서 4℃에서 하룻밤 동안 반응시킨다ⓩ(magnetic stirrer를 사용해서는 안 된다).

ⓩ Gel을 보통의 magnetic stirrer로 교반하면 gel 입자가 파쇄된다. 안정된 물질의 경우는 실온에서 약 2시간 반응시킨다. pH가 낮으면 리간드의 결합률이 낮아진다. 리간드의 다중결합을 억제하기 위해서 pH 6의 buffer가 사용되는 경우가 있다.

(16시간)

❻ 흡인여과로 반응액을 제거한다. 여과액의 단백질량을 측정하여, trypsin의 결합률을 구한다ⓐ.

ⓐ 결합률을 구하는 방법:
❹의 coupling buffer에 용해한 trypsin과 ❻의 여과액 중에 있는 미반응 trypsin의 단백질량을 280 nm의 흡광도로부터 각각 측정한다(1 OD ≒ 1 mg/mL).
결합률(%) = (결합한 trypsin 양/사용 trypsin 양) × 100

❼ Gel을 비커에 옮기고 blocking buffer 10 mL와 실온에서 약 2시간, 또는 4℃에서 하룻밤 incubation하여 나머지 반응기를 block한다. 가볍게 진탕하거나 혹은 간간이 손으로 흔들어주는 정도가 좋다.

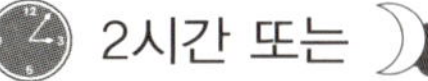
2시간 또는

❽ Glass filter상에서 흡인 여과한다. Glass filter 위에서 gel을 현탁하고, 이어 흡입 여과로 coupling buffer(50 mL), washing buffer(50 mL), TB + 0.5 M NaCl(약 100 mL)로 순차적으로 세척한다ⓑ.

ⓑ 세척이 불충분하면 용출 과정에서 가교되지 않은 리간드 분자가 용출된다. 그래서 본 실험에서는 씻어준 다음, column 용출액인 0.05% TFA(약 100 mL)에서도 세척한다.

❾ Gel을 비커에 옮기고 약 5배량의 TB + 0.5M NaCl(약 30 mL)로 충분히 현탁한다. 이 현탁액을 스포이드를 이용하거나 또는 직접 column에 흘려 넣어 충진한다(높이: 약 6 cm).

❿ 저온실(또는 chromatography chamber)에 column을 옮기고, bed 용적의 3배의 같은 buffer로 평형화한다ⓒ.

ⓒ Gel 또는 충진한 column을 보관할 때에는 0.02%(w/v) NaN_3 또는 0.005%(w/v) merthiolate(성분명: thimerosal)이 들어있는 butter로 4℃에서 보관한다.

2 Trypsin affinity chromatography의 조작법

준비물

1) 기구류

- Peristaltic pump(Atto사 등)
- Fraction collector(GE Healthcare 등)
- Teflon tube(Kunii사)

2) 시약류

- Trypsin−Sepharose 4B column(bed 용적 5 mL)
- TB buffer(Tris−HCl pH 7.5, 0.005% Brij−35)(500 mL, 냉장보관)
- TB + 0.5 M NaCl(500 mL, 냉장보관)
- TB + 1.0 M NaCl(500 mL, 냉장보관)
- 0.05%(w/v) TFA(pH 2.5)(500 mL, 냉장보관)
- Human glioblastoma T98G 세포의 무혈청 배양액(3 L, 냉장보관)

Protocol

17시간(일부 단계에서 overnight 반응 가능)

❶ 시료액의 조제[d] : Human glioblastoma T98G 세포의 무혈청 배양 상층액(3 L)을 황산암모늄으로 농축한 후, cellufine GCL 2,000 column을 이용한 gel 여과 chromatography로 분획하였다(**3장 I−2, 4장 Ⅲ, Ⅵ** 및 **문헌 1, 7** 참고). 목적의 inhibitor를 가장 많이 포함한 분획 약 50 mL를 모아 affinity chromatography의 시료액으로 사용하였다.

ⓓ 본 실험에서는 먼저 gel 여과 chromatography를 실시했지만, 목적에 따라서는 바로 affinity chromatography로 분획할 수 있다.

↓

❷ 이하의 조작은 모두 저온실(또는 chromatography chamber)에서 실행한다. Column을 사전에 5 bed 용적의 TB + 0.5 M NaCl buffer로 평형화한다.

↓  3시간

❸ 피펫을 이용하여, 약 3 mL의 시료액을 column의 gel 위에 조심스럽게 첨가한다. 그림 3에서처럼, pump를 사용하여 시료액을 10 mL/시간의 유속으로 column에 흘려넣는다(4장 Ⅲ 참고). 또는 그림 3b 나타낸 것처럼 낙차를 적당히 조절하여 자연 낙하로 시료를 첨가하여도 좋다(4장 Ⅲ의 그림 3 참고)[e]. Column 용출액은 fraction collector를 이용하여 분획한다(0.5~1.0 bed 용적/분획).

ⓔ Pump로 세척하고 시료도 첨가하는 경우에 액체가 도중에 공급이 중단되어 gel을 사용할 수 없는 경우가 생길 수 있다. 분획의 필요성이 없는 조작에서는 그림 3b와 같이 자연낙하 시키는 편이 보다 정확할 수 있다.

  5시간

❹ Gel 위의 시료액이 전부 gel 내에 들어갔을 때 ❸과 같은 방법으로 5 bed 용적의 TB + 1.0 M NaCl을 column에 흘려 준다[f].

ⓕ 이 과정에 의해 비특이적으로 흡착한 단백질을 세척하여 흘려보낸다.

  3시간

❺ 염을 제거하기 위하여, 3 bed 용적의 TB buffer로 column을 세척한다.

a) 펌프를 사용하는 경우

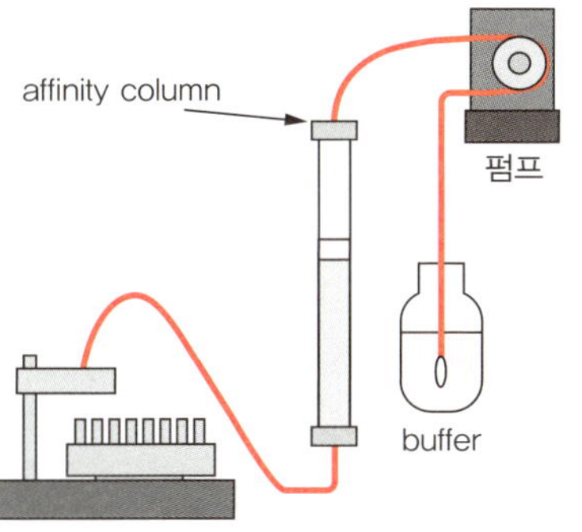

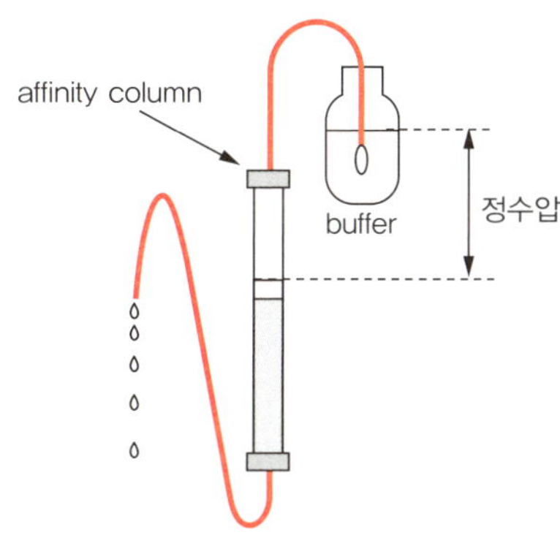

그림 3 Affinity chromatography의 개요도

⬇ 2시간

❻ 5 bed 용적의 0.05% TFA로 흡착 단백질을 용출한다[g].

⬇ 3시간

❼ 얻어진 분획의 280 nm 흡광도를 측정한다(**그림 4**). 또한 원래의 시료액, 비흡착 분획, TB + 1.0 M NaCl 용출분획 및 0.05% TFA 용출분획을 사용하여 SDS-PAGE에 의한 분석과 활성을 측정한다. 1시간

ⓖ TFA로 용출하는 것은 TFA가 동결건조에서 잘 승화하기 때문에 편리하다. 또한 다음으로 역상 chromatography를 실시할 경우도 그대로 column에 첨가할 수 있다. 단 이러한 산으로의 용출은 불안정한 단백질에는 적용할 수 없다. 항체 column으로 항원 단백질을 정제할 경우에는 0.1 M glycine-HCl(pH 2.8) 로 용출한 후, 1.0 M Tris, pH 8.0으로 용출액의 pH를 즉시 중성화시키는 것이 원칙이다.

결과

T98G 세포의 무혈청 배양액에는 여러 종류의 trypsin inhibitor가 존재하므로, 먼저 처음에 gel여과 chromatography로 대략적으로 분획한 후, affinity chromatography를 실시하였다. 얻어진 용출 분획을 다시 역상 chromatography로 정제하고, 각각의 band의 N-말단 아미노산 서열

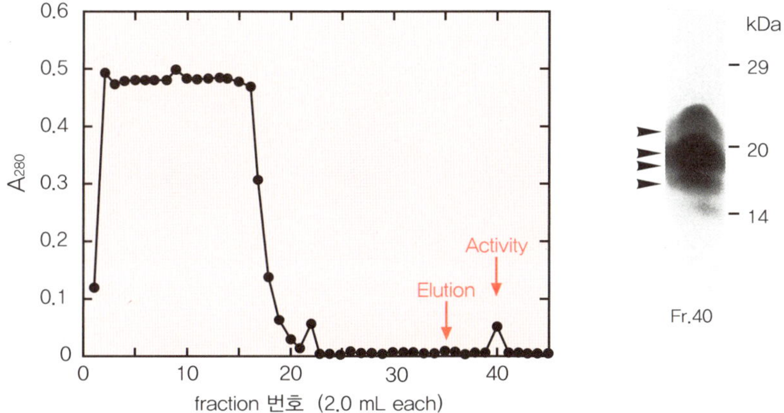

그림 4 Affinity chromatography에 의한 trypsin inhibitor의 정제
세로축은 용출액의 280 nm에서의 흡광도이다. 'Elution'의 위치에서 용출액(0.05% TFA)으로 교환하였다. 오른쪽 그림은 용축액(fraction 40)의 비환원 SDS-PAGE의 CBB 염색 패턴이다.

을 분석하였다. 그 결과 **그림 4**에 나타난 band는 모두 secretory leukocyte proteinase inhibitor(SLPI)와 그 부분 분해 산물로 판명되었다. Gel 여과 chromatography의 다른 분획으로부터는 새로운 inhibitor를 포함한 4종의 inhibitor가 확인되었다.

VII-3 기타 chromatography

1 Hydroxyapatite chromatography

Hydroxyapatite[$Ca_{10}(PO_4)_6(OH)_2$]는, 칼슘이온에 대한 친화성과 인산기에 의한 이온결합의 조합에 따른 상호작용으로 단백질과 결합한다. 그렇기 때문에 일반적인 이온교환 chromatography로 분리할 수 없는 단백질의 정제에 hydroxyapatite는 유효한 수단이다[3]. 예를 들어, IgG나 IgM 등의 monoclonal 항체나, 단일가닥 및 이중가닥 DNA의 분리 등에 이용되고 있다. 사용방법은 10mM 정도의 인산 buffer(pH 6.8)로 목적단백질을 결합시켜, linear gradient나 stepwise로 인산 buffer의 농도를 300~500 mM 정도로 올려 흡착한 단백질을 용출한다. 또한 산에는 약하므로 pH를 5 이하로 해서는 안 된다(세척할 때도 산을 사용해서는 안 된다). Chisso사나 Bio-Rad에서 HPLC와 FPLC용의 column이 판매되고 있다.

2 소수성(hydrophobic) chromatography

소수성 chromatography도 보통의 chromatography로 충분히 정제되지 않을 경우에 이용가치가 높은 방법이다. 이 방법은 단백질의 소수기의 결합을 이용하는 방법으로 역상 chromatography와 같은 원리를 가진다(**4장 VIII** 참고). 담체로서 phenyl, benzyl, octyl 및 butyl기 등의 소수기가 고정화된 HPLC용 담체를 GE Healthcare와 Tosoh사 등에서 판매하고 있다. 단백질은 높은 이온강도 하에서는 이온결합이 약해지고, 소수성 결합이 강해진다. 보통 적당한 중성 완충제를 포함한 1.5~2.5 M 황산암모늄[$(NH_4)_2SO_4$]의 존재 하에서 단백질을 column에 흡착시키고, 염농도를 gradient로 서서히 흘려 단백질을 용출한다. Ethylene glycol, 알코올, 계면활성제 등을 용출 buffer에 첨가함으로써 쉽게 용출하는 것이 가능하다.

참고문헌

1) 宮崎 香：「バイオマニュアルUP シリーズ, 改訂版 分子生物学研究のためのタンパク実験法」(竹縄忠臣 編), pp.17-47, 羊土社, 1998
2) Affinity chromatography, principles and methods (2003 年改訂, GE ヘルスケア社のダウンロードより可能)
3) 堀尾武一 編：「蛋白質・酵素の基礎実験法」, 南江堂, 1994
4) 日本生化学会 編：「新生化学実験講座 1 タンパク質1, 分離・精製・性質」, 東京化学同人, 1990
5) Koshikawa, N. et al.：Cancer Res., 52：5046-5053, 1992
6) Koshikawa, N. et al.：Biochem. J., 303：187-190, 1994
7) Koshikawa, N. et al.：J. Biochem., 119：334-339, 1996
8) 竹縄忠臣, 伊藤俊樹 編：「改訂 タンパク質実験ハンドブック」, pp.69-74, 羊土社, 2011

VIII 역상 chromatography

단백질의 정제 과정에서 목적단백질이 변성해도 괜찮은 경우(아미노산 서열분석용의 정제나 시료의 순도검정 등), 역상 chromatography는 매우 간편하고도 효과적인 분리를 기대할 수 있는 방법이다. 특히, 성질이 서로 비슷한 단백질의 분리에 위력을 발휘하는 경우가 많다. 여기서는 주로 단백질의 분석에 관하여 기술하기로 하고, peptide 분석에 관해서는 다른 기존 서적[1]을 참고하기 바란다.

VIII-1 중요한 실험조건

1 Column의 선택

역상 chromatography에 이용되는 chromatography 담체는 기본적으로 소수성 chromatography용의 담체와 같고, column 기재에 소수성 작용기가 공유결합하고 있는 것이다. 이 둘의 중요한 차이는 소수성 작용기의 밀도이고, 역상 chromatography용 담체에서는 고밀도의 작용기를 결합시키고 있다. 단백질은 이 소수성 표면에 잘 결합하는 소수성이 높은 단백질일수록 column에 잘 결합하여 용출 시간도 늦어지는 경향이 있다. Column 충진재의 흡착력은 대략적으로 C18 ＞ C8 ＞ Phenyl ＞ C4이기 때문에, 단백질의 소수성에 맞추어 선택할 필요가 있다. 단백질의 column에의 흡착은, 어느 정도 단백질의 분자량에 의존하기 때문에 펩티드나 분자량 20 kDa 이하의 단백질에서는 C18을 그리고 분자량 50 kDa 이상의 단백질에서는 C4를 기준으로 column을 선택한다. 또한 단백질의 분리에 이용되는 역상 chromatography용 column은 wide-pore column으로 불려지며, pore 직경이 300 Å 이상의 것이다. 현재 wide-pore column은 여러 종류가 시판되고 있으며, 그 특성은 다양하다. 널리 이용되고 있는 column에 대해서는 표 1에 정리하였다. 또한 각 회사의 홈페이지를 참고하기 바란다.

2 용매

여러 종류의 용매계가 많은 연구자에 의해서 시험되고 있지만, 일반적으로는 trifluoroacetic acid(TFA)/acetonitrile계가 이용되는 경우가 많다. TFA는 용매를 pH 2 부근에 유지시키며,

표 1 단백질 정제에 이용되는 역상 chromatography용 column

Column 제품	Pore 직경(Å)	작용기	비고
TSKgel Phenyl-5PW RP①	1,000	Phenyl	Polymer base
TSKgel Octadecyl-4PW①	500	C18	Polymer base
POROS R1②	6,000, 500	—	C4에 해당, Polymer base
POROS R2②	6,000, 500	—	C8/C18에 해당, Polymer base
Symmetry300 C18③	300	C18	Silica base
Symmetry300 C4③	300	C4	Silica base
Vydac C4④	300	C4	Silica base
Vydac C8④	300	C8	Silica base

① Tosoh사, ② Life Technologies사, ③ 일본 Waters사, ④ GRACE VYDAC사
Column의 길이는 다른 column chromatography와 마찬가지로 길이가 긴 것이 분리가 좋다.

silica column의 경우에는 tailing의 원인이 되는 silanol기의 해리를 억제하고, 동시에 소수성 이온 pair 시약으로도 작용한다. 산성조건에서 흡착된 단백질은 유기용매의 농도를 서서히 올려 줌으로써 column으로부터 용출된다. Acetonitrile은 점도가 낮고, column의 압력을 높이지 않기 때문에 높은 유속으로 이용할 수 있으며, 190 nm 이상에서 흡광도를 나타내지 않기 때문에 단파장의 UV를 이용한 고감도 검출을 할 수 있다. 역상 chromatography에 잘 이용되는 유기용매는 용출력에 있어서 1-propanol > 2-propanol > acetonitrile > ethanol > methanol[ⓗ] 순으로 알려져 있으므로, acetonitrile로 용출되지 않는 단백질은 propanol을 사용해 보는 것도 효과적이다.

ⓗ 저농도의 acetonitrile로 목적단백질이 용출되어 다른 피크와 겹치는 경우, ethanol과 methanol을 사용한다.

3 시료, 온도, 유속

Column에 첨가하는 시료의 기준은 1 mg/mL gel 이하이다. 시료의 농도는 거의 영향을 미치지 않는다. 온도가 높으면 column으로부터 시료가 용출되기 쉬워지지만, 일반적으로 실온에서 시행하는 경우가 많다[ⓘ]. 유속은 늦은 편이 분리가 좋아진다. 보통 1~2 mL/분으로 시행한다.

ⓘ 용액의 점도가 높을 때에는, 40℃ 정도의 고온에서 진행한다.

VIII-2 실험조작

준비물

1) HPLC 장치

- Pump
- Controller(gradient를 만들 수 있는 것)
- UV detector(216 nm, 280 nm에서 검출이 가능한 것)
- Monitor
- Mixer
- Fraction collector
- Sample loop(200 μL 정도의 것)
- Injection valve
- Sample applying용 유리주사기(0.1~1 mL 정도의 것)
- 초음파 세척기
- Magnetic Stirrer
- 물순환 pump

2) 시약류

- A액: 0.1% trifluoacetic acid(TFA)/DW[ⓙⓚ]
- B액: 0.1% TFA/acetonitrile[ⓛⓜ]
- 6 M guanidine 염산(샘플 준비용)
- Methanol(1급이면 충분)[ⓝ]

ⓙ 물은 Milli-Q W를 사용한다.

ⓚ TFA는 강한 산이기 때문에 취급 시 충분히 주의해야 하며, 장갑을 끼고 취급한다.

ⓛ Acetonitrile은 고속 액체 chromatography용(예: Wako Chemical)

ⓜ A액은 magnetic stirrer로 교반하면서 물순환 pump로 탈기한다. B액은 조제 후, 초음파 세척기로 탈기처리(1분 정도)해둔다. 기기에 연결된 탈기(degassing)장치가 붙어 있는 경우는 이 과정이 필수적이지 않다.
A액, B액 모두 filter 여과를 할 필요는 없다. 두 용액은 당일 사용할 양만 만든다. 대량으로 조제해서 며칠이나 계속 사용하면 용출 위치가 달라질 수 있다.

ⓝ Methanol은 column 사용 후 보관에 사용된다.

Protocol 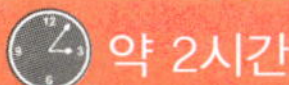 약 2시간

1) Column의 평형화

❶ A액을 흘려 송액계(pump, mixer, detector 등) 내의 용액을 전부 A액으로 교환한다[o].

⬇

❷ Column을 장착한다.

⬇

❸ Column 중에 남아 있는 물질의 세척과 평형화를 진행한다[p]. 216 nm[q]에서 monitor하며 program은 다음 표와 같다.

유속	온도	시간	Gradient pattern
Column 설명서 대로(표 1의 column의 경우에는 1 mL/분 정도)	실온	0～15분	B액 100%
		15～25분	A액 100%
		25～85분	A액 100%/B액 0% ～ A액 0%/B액 100%로 gradient
		85～90분	A액 0%/B액 100% ～ A액 100%/B액 0%로 gradient
		90분 이후	base line이 안정적으로 낮아질 때까지 A액 100%

[o] 송액계의 용액을 교환할 때에는, column을 설치하지 않은 상태에서 실시한다. 보통 HPLC의 액세서리로 접속용 부품이 포함되어 있으니 이것을 이용한다. 유로계의 길이에 따라 소요시간이 변하지만, 5 mL/분 정도의 유속에서 펌프의 drain을 열어서 펌프 내의 용액을 전부 바꾸는 데 5～10분, drain을 닫고 튜브 중의 용액을 바꾸는 데 10～20분 정도 필요하다.

[p] 펌프 내의 용액 교환은 drain valve를 열고하면 높은 유속으로 할 수 있다.

[q] 206～230 nm에서의 흡광도는 펩티드 결합에 의한 흡광이다.

2) 샘플의 준비[r][s]   20분

❶ 샘플(100 μg～수 mg)을 A액 250 μL에 녹인다[t].

❷ 15,000 rpm, 15분 원심분리하여 침전물을 제거한다.

❸ 상층액을 eppendrof tube에 분리하여 넣는다[u].

[r] Vortex 등 격렬한 교반은 피한다.

[s] 산성에서 침전되는 단백질은 6 M guanidine 염산용액으로 용해한다.

[t] 용해 후의 샘플을 filter에 통과시켜도 좋지만, 샘플이 손실될 수 있으므로 주의한다.

[u] 샘플에 따라 보관 가능한 시간은 다르지만, 가능한 한 빨리 다음 step으로 진행하는 것이 좋다.

3) 샘플의 apply와 gradient 용출  약 2시간

(4장 Ⅳ 및 그림 1 참고)

❶ Injection valve가 load 위치로 되어 있는지를 확인한다.

❷ Sample apply용 주사기를 사용하여 250 μL의 B액을 injection valve로부터 sample loop로 통과시키고, 계속해서 A액을 250 μL씩 3회 통과시킨다.

❸ 이것을 3회 반복하여 sample loop를 세척한다[v].

❹ UV monitor로 base line이 안정된 것을 확인한다.

❺ Sample apply용 세척로 샘플을 취한다.

❻ Injection valve가 load로 되어 있는지를 확인하고, sample을 apply한다. 이

[v] 이 작업은 sample loop의 세척과 주사기의 세척을 겸한다.

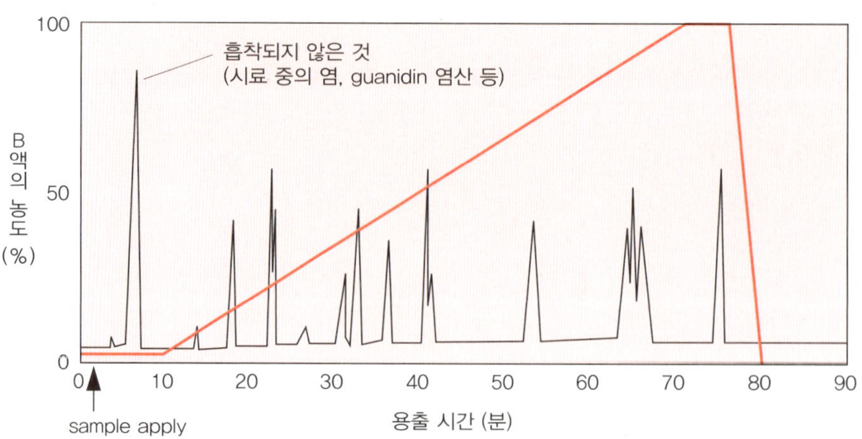

그림 1 Gradient 그림

때 주사기는 injection valve에 꽂은 채로 둔다[w][x].

⬇

❼ 용출 program을 시작한다. 일반적인 program을 다음의 **표**에 나타내었다[y].

유속	온도	시간	Gradient pattern
Column의 설명서 대로	실온	0~10분	A액 100%
		10~70분	A액 100%/B액 0% ~ A액 0%/B액 100%로 gradient
		70~75분	B액 100%
		75~80분	A액 0%/B액 100% ~ A액 100%/B액 0%로 gradient
		80~90분	A액 100%(샘플 수가 많은 경우에는 base line이 안정된 것을 확인하고 나서 다음 샘플로 옮겨도 괜찮다.)

Injection valve

0~2분	Load
2~5분	Inject
5~90분	Load

Fraction collector

Peak fraction mode로 설정해 둔다.

UV Monitor

216 nm에서 검출(고감도가 필요하지 않으면 280 nm에서도 좋다)[z].

ⓦ 샘플을 sample loop에 주입하고 곧바로 주사기를 빼면 loop 안에 기포가 들어갈 우려가 있다. 주사기는 injection valve가 Inject에서 load로 바뀐 것을 확인하고 나서 뺀다.

ⓧ Injection valve의 작동을 controller로 제어할 수 없는 타입의 장치인 경우 sample apply는 수동으로 시행한다.

ⓨ 분리가 잘되지 않을 경우는 gradient를 다소 완만하게 해본다(**4장 Ⅳ** 참고).

ⓩ 216 nm는 펩티드 결합이, 280 nm는 방향족 아미노산이 흡광을 나타내는 파장이다.

액의 농도(acetonitrile의 농도)가 50%를 넘지 않으면 목적단백질의 피크가 용출되지 않는 것에 관해서는, 보다 소수성이 낮은 column으로 교환하던지, acetonitrile 대신에 2-propanol을 사용해 본다. 사용 후의 column은 즉시 methanol로 치환하고 나서 보관한다.

이때 methanol은 column volume의 3배 정도 흘려보내고, UV monitor로 치환을 확인한다. 특히, silica base column의 경우, TFA column 내의 잔존은 column의 악화를 빠르게 한다(1주일 안에 분리가 나쁘게 되는 경우도 있다).

실험사례

Ribosome 단백질의 subunit의 분리(Hirano 등, 1987)(그림 2, 그림 3)

재료: *Bacillus stearothermophilus* 30S ribosome

Column: Vydac C4:5 μm, 300 Å, 8 mm×25 cm

유속: 0.7 mL/분

A액: 0.1% TFA/DW

B액: 0.1% TFA/2−propanol

용출	
0~30분	B액 10%~22%로 gradient
30~300분	B액 22%~34%로 gradient
300~360분	B액 34%~40%로 gradient
360~420분	B액 40%~50%로 gradient

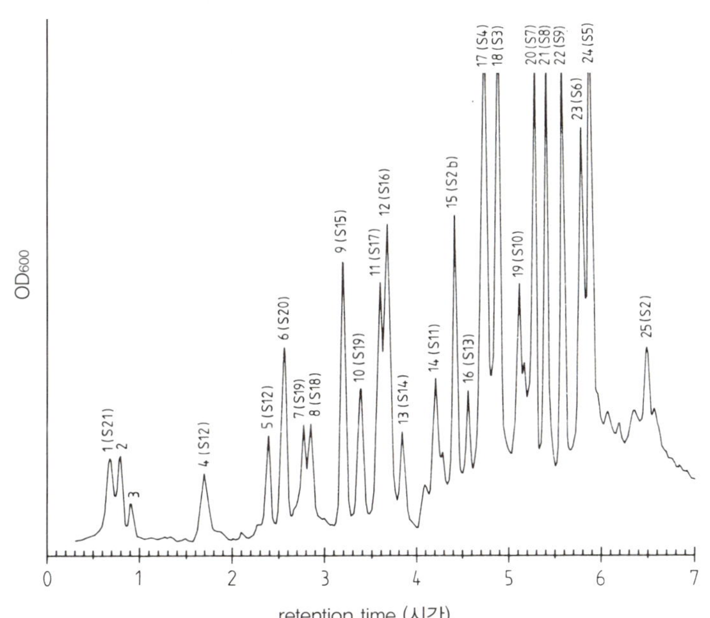

그림 2 Ribosome 단백질의 subunit의 역상 chromatography에 의한 분리 (문헌 1에서 기재).
그래프 안의 숫자는 fraction 번호와 ribosome subunit 이름(괄호 안)을 나타낸다.

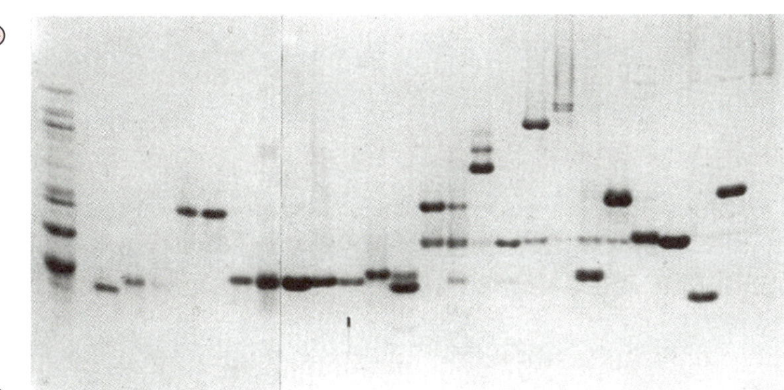

그림 3 그림 2의 fraction의 SDS−PAGE 패턴 (문헌 2에 기재).
그림 2와 그림 3에서의 fraction 번호는 동일한 것이다.

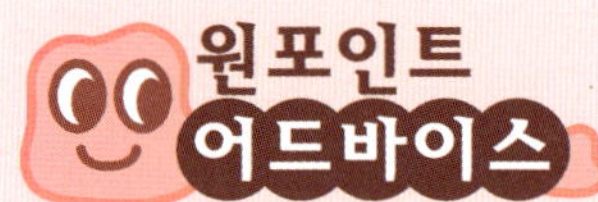

역상 chromatography에 의한 단백질 분리는 개개 단백질에 따라 조건이 변하기 때문에 조건 검토를 필수적으로 해야 한다. Gradient를 변화시켜 봐서 분리가 잘 되지 않을 때에는, 한 개의 column만 고집하지 않고 column을 바꿔보는 것이 좋은 경우가 많다.

참고문헌

1) 新垣尚捷, 他 編 :「分子細胞生物学実験法（改訂第2版）」 南江堂, pp.277−284, 2004

2) Hirano, H. et al. : Eur. J. Biochem., 170 : 149−157, 1987

3) 牧野圭祐 :「 生体高分子の高速液体クロマトグラフィー」, pp.127−160, 廣川書店, 1992

4) 竹┌忠臣, 伊藤俊樹 編 :「改訂 タンパク質┌┌ハンドブック」, pp.84−86, 羊土社, 2011

제5장

유전자 재조합 단백질의 발현과 정제

I 대장균에 의한 융합단백질(fusion protein)의 발현과 정제

유전자 산물을 활성이 있는 재조합 단백질로 얻기 위해 여러 가지 발현계를 이용할 때, 각각 얻어지는 단백질의 양과 질에 큰 차이가 난다. 표 1에 재조합 단백질의 생산에 이용되는 발현계의 특징을 정리했다. 그중에서도 많이 발전되어 온 무세포 합성계(5장 Ⅲ 참고)는, 숙주에 대한 독성이 높다고 생각되는 재조합 단백질에도 적용할 수 있고, 합성 성패의 결말까지의 기간도 짧기 때문에, 예산이 허락하면 우선 시도해 볼 가치가 있다[a]. 대장균을 숙주로 하는 계는 번역후 변형 과정이 없는 등 다른 발현계와 비교해서 몇 가지 결점을 갖고 있지만, 많은 kit와 매뉴얼이 정비되어 조작이 간단하고, 얻을 수 있는 단백질량도 많기 때문에 가장 많이 이용되고 있다.

ⓐ 무세포계에서 대량으로 발현할 수 있는 단백질은, 대장균에서도 쉽게 발현될 수 있다고 알려져 있으므로 무세포계를 대장균 합성계의 파일럿 실험이라고도 생각할 수 있다.

I-1 His-tag 단백질의 발현과 정제

1 실험의 개요와 예비실험

이 절에서는, 재조합 단백질을 재료로서 사용할 목적으로, 어느 정도 양의 정제 재조합 단백질을 얻고 싶어 하는 연구자를 위해 대장균에서의 His-tag 단백질의 발현과 정제법에 관해서 기술한다. 재조합 단백질의 발현과 정제에는 그림 1에 나타낸 단계들이 있지만, 특히 중요한 발현벡터와 숙주 대장균주의 선정, 발현유도조건, 대장균에서의 추출, affinity column으로 정제하는 방법과 조건에 관하여 상세히 설명한다. 또한 His-tag 단백질과 융합단백질의 성질의 비교는 GST 융합단백질(5장 I-2)에 나타내었다.

연구 목적과 단백질 정제조작의 숙달에 따라, 목적단백질만을 발현시킬 것인지, 융합단백질, 또는 tag 단백질로 할 것인지를 결정한다. 일반적으로 재조합 단백질 그대로를 대장균으로 발현시키면, 동정과 정제가 어렵다. 이러한 문제를 해결하기 위해, 표 2의 tag를 붙이는 이점을 살려서 tag 단백질 또는 융합단백질로 발현시켜서 정제하는 것이다. Tag 단백질로서 His-tag 단백질이, 융합단백질로서 GST(glutathione S-transferase) 융합단백질(5장 I-2)이 잘 알려져 있다. His-tag와 GST는 많은 시판 시약을 사용할 수 있고, 정제와 검출이 용이하므로 가장 널

표 1 다양한 재조합 단백질 발현계의 비교

재조합 단백질	대장균	효모	곤충세포	동물세포	무세포 합성계
예상 획득량	다량	대체로 다량	중간 정도	소량	중간 정도～다량
번역후 변형	없다	glycosylation 등이 달라진다	조금 달라진다	동일	시스템에 따라 다르다
실험조작상의 난이도	비교적 쉽다	조금 고난도	숙달 필요	숙달 필요	쉽다
단백질의 성질	변성체가 많다	변성체가 많다	거의 native	native	경우에 따라 다르다
기타	100 kDa 이하	acyl화 되지 않는다	막단백질 발현에 많이 쓰임	대량 획득에 문제	시판 kit로 단시간에 결착
일반적 선택 순위	2번째	3번째	4～5번째	4～5번째	자금이 있으면 1번째

재조합 단백질의 발현 목적을, 정제한 단백질을 얻기로 설정하고, 원래 동물세포를 숙주로 하는 경우와 비교하여 평가했다.

표 2 Tag를 붙이는 장점

- 특이 항체를 제작하지 않고 시판 항체로 목적단백질을 면역학적으로 검출할 수 있다. (예를 들어, Western blot, 면역침강법, 면역조직화학)
- 정제가 어려운 단백질을 시판 시약으로 효율적으로 정제가 가능하다.
- 내인성 단백질과 구별할 수 있다.

표 3 His-tag의 특징

특징	비고
모든 숙주에서 발현 가능	대장균, 효모, 곤충, 동물세포에서 보고
짧은 서열 추가	아미노산 6～8 잔기(염기 18～24)
임의의 벡터로 자체 제작 가능	합성 프라이머와 PCR
부가에 의한 활성과 입체구조에 대한 영향 적음	다른 태그에 비해 6 × His-tag가 가장 작은 분자
불용성이 되고 봉입체를 만드는 경우가 많음	이런 경우 정제 후 다시 구성해야 함
특이 항체를 여러 회사에서 제공	한 회사 독점이 아니라 싸고, 입수는 **표 5** 참고
정제 담체가 여러 회사에서 제공	Ni Column은 GE Healthcare사, Merck사, Qiagen사 등 Co Column의 TALON은 Takara Bio사 (Clontech사)
싼 정제 비용	정제 및 용출에 비싼 항체 컬럼이나 펩티드가 아니라 저렴한 imidazole과 urea를 사용함
단백질의 성질에 따라 정제법을 선택할 수 있음	Imidazole 농도와 pH 변화, EDTA 등
변성제 존재 하에서 태그에 의한 정제 가능	다른 tag로는 할 수 없음
Column에 결합하면서 refolding	다른 tag로는 할 수 없음
약한 환원제 존재 하에서 정제 가능	Mercaptoethanol 20 mM 이하(TALON은 10 mM), DTT는 5 mM 이하에서 사용 가능하지만, 선택할 수 있다면 mercaptoethanol이 좋다.
낮은 농도에서 부드러운 계면 활성제가 사용 가능	2% 이하의 Triton X-100, Tween 20, NP-40이 있지만, 발현단백질에 따라 사용 불가능할 수 있음
음이온 계면 활성제를 사용할 수 없음	0.3% SDS에서 사용하는 경우도 있지만, 사용 불가라고 기재되어 있는 설명서가 많음

표에서는 주로 Ni 컬럼에 대해 설명하고 구체적인 수치는 회사의 설명서를 참고하였다.
표의 특징과 같이 컬럼에 결합 강도는 His-tag 발현단백질 표면의 His 잔기와 입체적인 크기가 영향을 주기 때문에, 이 표에 나온 환원제나 계면활성제의 농도는 참고 값으로 고려한다.

리 이용되고 있다. His-tag 이외에도 몇 개의 시판 저분자 tag를 입수할 수 있으며, 그것들의 종류와 특징에 대해서는 **5장 I-3**에 정리했다. 그중에서도 **표 3**에 정리한 것처럼, His-tag는 장점이 많다. 그중에서도 특이점은 ① 가장 짧은 tag의 하나이고, ② 변성상태에서도 affinity 정제가 가능하고, ③ 담체에 결합한 상태에서 투석을 하지 않고도 refolding 조작을 간단하게 할 수 있다는 점이다. 최근, His-tag의 특징을 살린 채, tag 부분의 밀집된 전하를 해결했다고 할 수 있는 His-tag류가 판매되었기 때문에, **표 4**에 나타내었다. 고려해야 할 점으로서 tag이 붙어 있는 단백질과 융합단백질은 독립된 것은 아니고, GST 융합된 His-tag 단백질로 목적단백질을 정제하는 일도 많다. 그 이유로서, 목적단백질에 저분자 tag만 붙여서 발현시키면 숙주

표 4 His-tag 등 자주 사용되는 Tag들의 정제와 특징

Tag	길이	분자량	서열	특징
6 × His	6	0.8	HHHHHH	Tag와 발현단백질 중 His 잔기가 column 담체와의 결합력에 영향을 미치므로, 발현단백질이 고분자인 경우에는 6잔기 tag이 짧고 발현단백질의 표면에서 충분히 노출되지 않아 담체와의 결합이 약할 때가 있다.
poly Arg	5~9	–	RRRRR	Tag의 강한 전하를 이용하여 이온교환 column으로 정제하거나, 고체 표면에 고정화가 용이하다.
6 × HN	12	1.6	HNHNHNHNHNHN	6 x His보다 입체 구조적으로 His가 담체에 노출되기 쉽고, tag가 길기 때문에 발현단백질의 표면에 노출되기 쉽기 때문에 목적단백질이 고분자인 경우의 정제에 적합하다.
HAT	19	2.7	KDHLIHNVHKEFHA-HAHNK	천연에 존재하는 서열로 플러스 전하가 밀집하는 위의 tag들보다 응집하기 어렵고, tag가 길기 때문에 발현된 단백질의 표면에 노출되기 쉬울 뿐만 아니라 tag 부분이 α-helix 구조를 가지고 His 잔기가 column 담체에 효율적으로 제시되는 것으로, 담체와 보다 더 강하게 특이적으로 결합하여 정제 효율이 좋다.

6 x His의 His 곁사슬은 다소 알칼리성 조건에서 양전하를 갖게 되고, column 담체에 결합하지만, tag 부분에 정전하가 밀집해 있기 때문에 응집하기 쉬워진다고 알려져 있다.
Poly Arg의 Arg 곁사슬은 용액 중에 강하게 양전하를 갖게 되고, 이 성질을 이용하여 정제 등에 사용한다.
드문 예이지만 His-tag를 붙이는 것으로, 좋지 않은 실험결과가 일어나는 경우도 보고되고 있다(참고문헌 8).

대장균 내에서 불용성 단백질로 되어, 본래의 입체구조로 되지 않고, 봉입체로부터 정제한 후에 재생처리(**5장 I-4, I-5** 참고)를 거쳐야 한다. 비록 재생할 수 있다고 해도 일부 밖에 재생되지 않고, 회수율이 낮아지는 등 곤란한 점을 수반하고 있다. 그런데 목적단백질의 N말단에 GST를, C말단에 His-tag를 붙인 경우에는, N말단의 GST로 가용성 단백질로 되기 쉽고, GST의 affinity column으로 정제한 후에, 연결부에 특이적인 protease로 GST를 절단한 후 C말단 tag를 이용해서 protease를 제거하여, 가용성의 재조합 단백질을 간편하게 얻을 수 있는 것이 많다. 따라서 이 절과 다음 절의 융합단백질의 발현, 정제를 별개의 것으로 읽지 말고 실험을 구성할 것. 실제로 우리들도 목적단백질을 GST 융합 His-tag 단백질로서 정제하고, GST부분을 thrombin으로 절단한 후에 His-tag를 이용해서 목적단백질 부분을 GST로부터 분리하여 항원과 항체의 제조에 이용하고 있다.

A) 실험 순서의 개요

그림 1에 실험 과정 전체의 순서를 간단하게 나타냈다.

1) 특히 조심해야 할 step

His-tag 단백질을 어느 정도의 양을 정제하는 데는 그림 1의 box들에 나타낸 것처럼,

① 발현 vector의 선택(promoter 및 suppressor의 종류)
② 발현 vector에 적합한 숙주의 선정
③ 재조합 대장균의 배양과 유도조건

등이 중요하다. 간단하게 말하자면, 거의 없을 정도의 것이나 대량의 쓰레기 속에 아주 조금 포함되어 있는 목적단백질을 정제하는 일은 곤란하다. 역으로, 숙주 단백질과 비교해서 다량으로 발현하는 재조합 단백질을 정제하는 것은 특수한 지식 · 기술이나 특별한 장치가 없어도 비교적 쉽다.

2) 발현벡터와 숙주 대장균주의 선택

세포독성이 예상되는 His-tag 단백질의 발현을 성공시키려면,
① 숙주세포 내에서 발현 조절이 엄밀하게 제어될 수 있는 vector를 선택한다. 융합단백질과

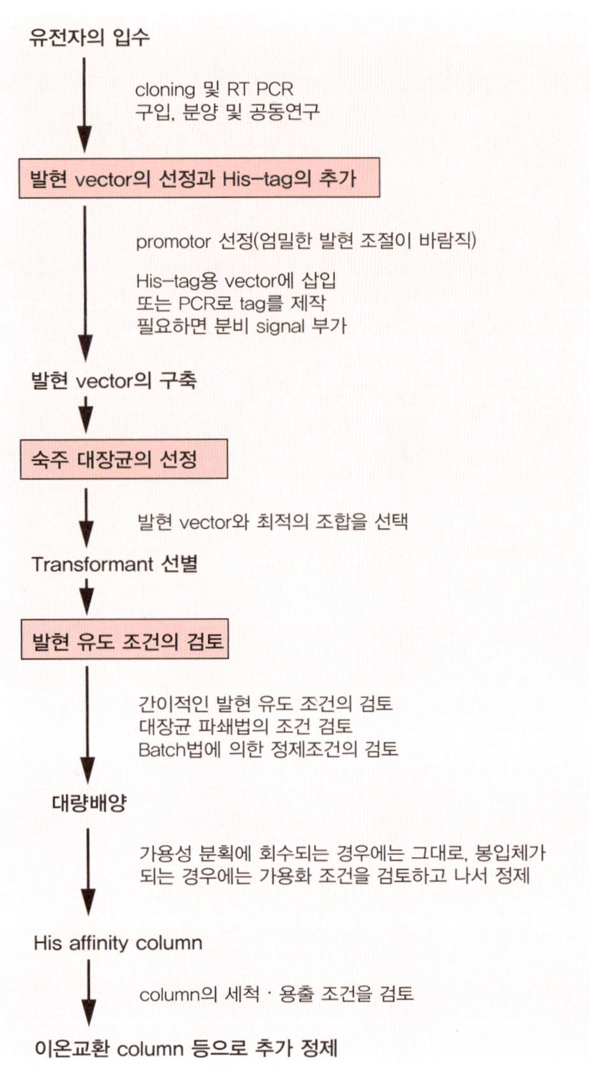

그림 1 His-tag 단백질의 발현과 정제 과정
특히 중요한 step은 사각 테두리를 쳤다.

달리 His-tag 단백질의 숙주에 대한 세포독성이 나오기 쉽기 때문에, 숙주의 상태가 나빠진 결과, 목적단백질이 발현되지 않는 것처럼 보이는 경우가 있다. T7 promotor와 *lac*I repressor를 갖는 pET vector 등과 같이 발현이 비교적 엄밀하게 제어되는 vector를 선택한다.

② Protease 활성이 낮은 숙주 쪽이 목적단백질과 tag가 분해되기 어렵다. His-tag는 목적단백질에 histidine이 6잔기 정도가 달려 있는 것뿐이기 때문에, 다량으로 발현하는 것으로 알려진 GST와는 달리 숙주세포 내에서 분해되기 쉽고, tag가 조금이라도 분해되면 검출과 정제에 지장이 생긴다. BL21 균주는 *ompT* 및 *ion* protease 유전자가 결손되어 있어서 사용되는 경우가 많다.

③ 발현용 vector에 적합한 숙주를 사용한다. pET vector와의 발현용으로 사용되는 T7 promotor는 보통의 숙주에는 존재하지 않는 phage의 T7 RNA polymerase 유전자를 갖는 대장균을 숙주로 할 때만 전사되어 목적단백질이 만들어진다. 즉, vector의 구축에는 보통의 host에 세포독성을 나타내지 않고, 발현할 때에 BL21(DE3) 균주처럼 phage T7 RNA polymerase 유전자를 갖는 숙주에서 발현시킨다.

④ Lactose operon 제어하의 promotor에는 배지에 glucose(1% 정도)를 첨가한다. 목적단백질이 독성을 나타낼 경우에는, suppressor로 억제되지 않고 새어 나와 발현되는 것을 glucose

를 첨가함으로써 억제하고, 대장균을 상태 좋게 증식시켜서 유도처리하면 발현을 보이는 경우가 있다.

⑤ 동물 유래의 유전자 서열에서 대장균과 codon 사용빈도가 다를 때에는, 저빈도 codon을 유전적으로 보강한 대장균주(Merck의 Rosetta 균주 등)로, 발현량이 올라가는 경우가 있다.

B) 대장균의 배양, 발현유도 조건결정을 위한 예비실험

숙주 대장균의 배양조건과 발현유도 조건을 결정하기 위한 예비실험은, 독성이 높은 유전자 산물과 발현량이 낮은 재조합 단백질의 회수율을 높이기 위해 매우 중요하다. 조건에 따라서는 불용성으로 알려진 것도 가용성으로 얻을 수 있다.

예비실험에서 유의해야 할 사항

① 증식기에서 발현유도를 한다. 증식기 이외는 발현하지 않거나 매우 낮다.
② 유도하는 배양온도를 검토한다. 저온(25℃ 정도)도 시험해 본다.
③ 유도처리제의 농도를 검토한다. 독성을 보이는 단백질의 경우, 0.1 mM이 좋을 때가 있다.
④ 처리시간도 중요하다. 장시간보다도 2~3시간이 좋은 경우가 있다.

발현이 전혀 보이지 않거나, 봉입체가 되어 가용성 분획으로 회수되지 않을 경우에는, 15℃ 부근에서 유도제를 첨가하지 않고 하룻밤 배양하거나, 저농도의 유도제(0.1 mM IPTG)로 단시간 처리하는 등의 방법을 시도해 본다. 또 낮은 copy수의 발현 vector(pETcoco 등)에서는 기저 발현량이 수십 분의 일이 되고, 목적유전자가 안정적으로 유지되어 독성이 높은 유전자 산물의 발현이 가능하다고 한다[5]. 지금까지 많은 논문에서 불용성 분획으로만 회수되었다고 보고된 단백질을 저온에서 발현시킴으로써 가용성이 되는 것들이 발견되었다[6].

Protocol

1) 대장균의 소량 배양과 유전자 발현유도 처리

배양용 시약 등 준비물에 대해서는, 분자생물학 실험에 관한 문헌 3과 4를 참고. 대장균에서 외래 단백질의 발현조건 등에 대해서는 문헌 5의 Merck사의 매뉴얼이 유용.

❶ 발현 vector를 도입한 대장균을 LB배지(항생물질을 포함) 5 mL가 들어 있는 15 mL 용량의 Falcon tube에 넣는다.

⬇

❷ 하룻밤 걸쳐서 전 배양한다ⓑ.

⬇ 

❸ 배양균액을 새로운 배지의 여러 개의 시험관 내에 100분의 1 이하의 용량으로 넣는다.

⬇

❹ 액이 탁해질 때까지는 눈으로 1시간마다 관찰하고, 그 후 30분마다 550 nm에서 흡광도를 측정한다ⓒ.

⬇

ⓑ 극단적으로 발현량이 낮은 경우에는, 전 배양은 하지 않고 agar plate에 직접 배양해서 발현유도를 실시하면 잘 될 수 있다.

ⓒ 배지만의 흡광도와 대장균이 그 배지에서 포화농도까지 증식했을 때의 흡광도를 측정하여, 흡광도 변화의 범위를 조사해둔다. 문헌에는 OD 0.5 부근에서 유도처리하도록 되어 있지만 배지의 종류와 효모엑기스에 따라서는, 배지만의 흡광도가 0.5 OD에 가깝거나, 측정치부터 배지의 OD를 뺀 흡광도가 0.5 OD에서는 이미 대장균의 포화농도에 도달하여 유도효율이 나쁜 경우가 있다.

❺ 대수증식기(logarithmic growth phase, 흡광도 0.2~0.5 OD 정도)에서 발현유도제(0.1~1.0 mM IPTG)를 넣어 유도처리(1~8시간)한다(15~37℃)[d].

[d] 발현량이 낮은 것의 양을 증가시키고 싶을 때와 가용성 분획을 회수하고 싶을 때는, 유도조건(온도 · 시간 · 유도제의 농도 등)이 매우 중요하다. 불활성이 되기 쉬운 것이라도 저온으로 하면 가용화하는 경우가 있다(참고문헌 6을 참고).

2) 소량의 배양액을 재료로 한 발현량의 검사법

샘플 준비에 1시간 정도
SDS-PAGE 전기영동에 1.5~2시간 정도
단백질 염색에 1.5~2시간
Western blotting은 6~8시간

목적단백질의 발현 정도는 SDS-PAGE 전기영동 후에 단백질 염색과 Western blot으로 평가한다. 필요한 시약과 장치 등 또는 구체적인 방법과 조작에 대해서는 문헌1의 본서 **하권 2장**을 참고한다. 시판되는 His-tag 항체는 여러 회사에서 구입할 수 있다(표 5). 참고로, 본 저자들은 GE Healthcare사의 항체로 Western blot을 수행하고, 발현유도의 설정 조건을 검토하고 있다.

❶ 1)에서 발현유도 처리한 대장균의 현탁액 500 μL를 1.5 mL의 eppendrof 튜브에 옮긴다.

⬇

❷ 4,000 rpm으로 3분간 원심분리하여, 상층액을 흡인 제거하고, 균체를 침전물로 회수한다.

⬇

❸ 뒤에 설명되는 sonication용 buffer 100 μL로 현탁시킨다.

⬇

❹ 143페이지의 초음파 처리에 의한 균체 파쇄를 참고로 초음파 처리한다. (대략 30초로 5~6회 정도)

표 5 His-tag 특이항체

항체명	Cat. 번호 또는 clone명	인식할 수 있는 tag의 위치	용도	회사
Anti-His	27-4710-01	미상	WB, ELISA	GE Healthcare사
Anti-His_6	04905318001	N>C, I	WB, IP, ELISA, IH	Roche사
Tetra-His	34670	N, C, I	WB, IP, ELISA, IH	Qiagen사
Penta-His	34660	N, C, I	WB	Qiagen사
Anti-6 × His	9F2	C	WB, IP	Wako Chemical사
Anti-6 × His	9C11	N, C, I	WB, IP	Wako Chemical사
Anti-6 × His	21-48	N, C	WB, IP, ELISA	Wako Chemical사
Anti-6 × His	28-75	N, C	WB, IP, ELISA	Wako Chemical사

항체의 종류: 모두 monoclonal 항체.
태그 위치: N은 N말단, C는 C말단, I는 내부에, >는 인식의 우위성을 나타낸다.
용도: WB는 Western blot, IP는 면역 침강, ELISA는 ELISA법, IH는 면역조직화학염색을 나타낸다. 여기에서는 주로 His-tag만 인식하는 시판용 항체를 나타냈다. 여기에 나타내지 않았지만, His-tag 항체로 시판되고 있는 것 중에는 인식을 위해 His-tag뿐만 아니라 주위의 서열을 필요로 하는 항체가 있다. 이들 tag 주변의 인식도 필요한 항체 중에는 그 판매사의 His-tag 발현 매개체와는 다른 제품으로 단백질을 발현시킨 경우는 검출되지 않는 경우가 많으므로 주의가 필요하다.

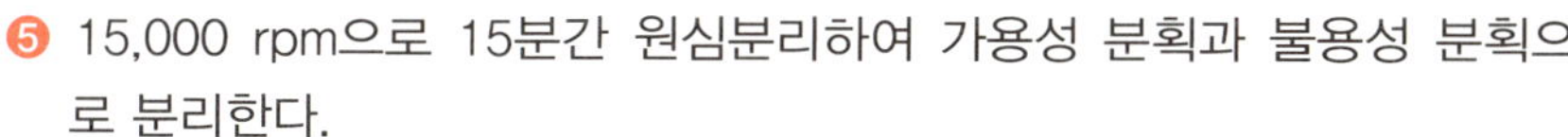

❺ 15,000 rpm으로 15분간 원심분리하여 가용성 분획과 불용성 분획으로 분리한다.

❻ SDS sample buffer를 넣고, 95℃에서 3분간 가열처리한다ⓔ.

ⓔ 100℃, 5분간은 너무 길다는 보고가 있다.

❼ 한 lane당 원래의 배양액 50 μL에 해당되는 양을 사용한다. (점도가 높을 때는 30초 정도 초음파 처리)

❽ SDS-PAGE를 실시한다. (**하권 2장 I** 참고)

❾ 전기영동 후, 단백질 염색 또는 His-tag 항체를 이용한 Western blot을 수행한다. (**하권 2장 III** 참고)

❿ 유도 처리에 수반해 증가하는 단백질 band나 항체 특이적인 band가 나타나는지 조사한다.

⓫ 발현량이 가장 많고 분해산물이 적고 가용성 분획으로 회수되는 조건을 결정한다.

2 대장균의 파쇄와 단백질의 추출

예비실험에서 얻어진 결과를 토대로, 500~1,000 mL의 배지에서 배양하고 발현유도 처리한 균체를 재료로 하여 다음의 작업을 실행한다. 단, scale-up하는 경우, 배양용기의 형태가 다르고 통기배양(aeration culture) 조건이 변하기 때문에 가용성으로 회수되는 비율이 변할 수 있다. Flat flask를 사용하는 경우는 통기성이 좋기 때문에 예비실험의 조건에 맞추기 위해서 shaker의 회전수를 낮추는 등 변경이 필요하다.

준비물

파쇄용 시약: 인산 buffer(pH 9.3)		(최종 농도)
Na_2HPO_4	28.4 g	(200 mM)
MilliQ W		

MilliQ W를 가하여 total 1,000 mL로 만든다.
사용시 제조가 바람직하지만, 실온에서 1주일 정도 보관가능.

파쇄용 시약: 인산 buffer(pH 4.4)		
$NaH_2PO_4 \cdot 2H_2O$	31.2 g	(200 mM)
MilliQ W		

MilliQ W를 가하여 total 1,000 mL로 만든다.
사용시 제조가 바람직하지만, 실온에서 1주일 정도 보관가능.

Sonication용 인산 buffer stock 용액

200 mM Na_2HPO_4	500 mL	(200 mM phosphate)

200 mM NaH_2PO_4 방울을 떨어뜨리며 pH-meter로 측정하여 pH 7.8로 조제.
사용시 제조가 바람직하지만, 실온에서 1주일 정도 보관가능.

Sonication용 buffer 용액

위의 인산 buffer로부터 500 mL만 사용		(100 mM phosphate)
NaCl	17.5 g	(300 mM NaCl)

MilliQ W를 가하여 total 1,000 mL로 만든다.
사용시 혼합하여 조제하고 전부 사용하기[f].

ⓕ 본서의 **2장 III**에서 설명했듯이, protease 저해제를 대장균의 파쇄용 buffer와 정제용 buffer에 첨가하는 경우가 많다.

Protocol

1) 침전물의 현탁법  1~2 시간

❶ 대장균의 균체를 원심분리로 침전시켜 회수한다.

❷ 원심분리 직후에 소량의 100 mM 인산 buffer(변성제 및 계면활성제를 포함하지 않음)로 다음의 '원포인트 어드바이스'에 나타낸 방법과 같이 균체를 현탁한다[g]. 이렇게 하면 응집덩어리가 생기는 것을 피할 수 있다. 원심분리 후 균체를 pellet 상태로 놔두면 single cell로 되기 어렵다. 또한 바로 용균하지 않고 원심분리로 얻은 균체를 동결보관하고 후일 추출작업을 계속하고자 할 때에도 균체의 침전 pellet을 일단 vortex mixer로 풀고 나서 냉동고에 보관하면, 냉동 후에 응집덩어리가 형성되지 않고 추출효율이 좋다.

⬇

❸ 불용성 분획이 얻어진 경우에는, 계면활성제와 변성제를 포함한 용액을 첨가하여 녹인다.

ⓖ 균체의 침전물에 계면활성제 등이 들어있는 buffer를 직접 첨가하지 않고, 일단 적당량의 인산 buffer 등으로 single cell이 되도록 현탁하고, 그 후 계면활성제와 lysozyme을 포함하는 용액을 첨가하여 용균시키면 발현된 재조합 단백질의 회수율이 좋다.

원포인트 어드바이스

여러 가지 현탁법

다음의 방법들은 대장균의 균체를 현탁하는 것 외에 용해하기 어려운 침전물을 용해시키거나 세세하게 분산시킬 때에도 응용할 수 있다.

① Vortex mixer

일반적인 현탁 · 용해법. 단 원심분리 후에 오래 방치해서 딱딱하게 굳어진 다량의 대장균의 침전물은 좀처럼 현탁되지 않는다. 너무 격렬하게 시행하면 거품이 생기고, 단백질이 변성될 가능성이 높다.

② Pipetting

소량의 대장균의 침전물 및 적은 용액량에 침전물을 현탁할 때의 효과적인 방법이다. 단점은 시간이 걸리고 손이 피곤하고, 거품이 생기지 않도록 해야 할 때는 피로감이 더 커진다.

③ Homogenization(수동 및 모터 구동)

용액량이 비교적 많고, 단백질 및 DNA의 침전물이 좀처럼 용해되지 않을 때에는 시도해볼만한 가장 유효한 방법이고, 거품이 생기지 않도록 하기 위해서는 모터 구동보다는 수동으로 하는 것이 좋다.

④ 초음파(Sonication)

대장균의 균체를 파쇄하기 위해 많이 사용되고, 현탁시킬 목적에는 그다지 효과적이지 않다. 용해도가 낮은 화합물과 유성물질을 잘게 분산시킬 경우에는 효과적일 수 있다.

2) 초음파 처리에 의한 균체 파쇄

초음파 처리를 너무 많이 하면 온도가 올라가서 재조합 단백질이 활성을 잃어버리거나 변성된다. 가능한 한 변성되지 않도록 하기 위해 샘플 튜브를 얼음이 들어 있는 용기(비커 등)에 세워서 차게 하면서 초음파 처리를 할 필요가 있다. 또한 예비실험으로 결정한 조건을 충족시키기 위해서 재현성이 있는 조작을 할 필요가 있다. 그러기 위해서는 다음과 같은 점을 주의하면서 초음파 처리를 한다.

예비실험

❶ 본 실험과 같은 용액량으로 동일한 용기를 준비한다ⓗ.

⬇

❷ 출력눈금의 설정 기준으로서, 장치에 따라 출력이 다르지만 최대출력의 80% 정도 이하로 설정한다ⓘ.

⬇

❸ 노즐의 대략적인 위치를 정한다ⓙ.

본 실험 30분 정도

❶ 균체를 미리 냉각시켜 둔 sonication용 buffer로 현탁한다.

⬇

❷ 예비실험에서 결정된 조건의 용기로 옮긴다.

⬇

❸ 예비실험으로 결정한 출력눈금과 위치에 노즐을 setting한다.

⬇

❹ 얼음으로 냉각하면서 한 번의 처리시간은 짧게 1분 이내로 처리한다.

⬇

❺ 처리 후는 용기를 흔들어 샘플 용액을 주변의 냉수로 냉각시킨다.

⬇

❻ 처리가 더 필요하다면 위 작업을 여러 번 반복한다. 처리조건으로는 30초 처리 후 30초 휴식하는 작업을 5~6회 반복하는 경우가 많다ⓚ.

ⓗ 처리용기를 바꾸면 처리조건이 달라진다. 초음파는 용기의 벽에 반사되어 공명하기 때문에 용기의 재질 및 모양 등을 변경했을 때는 공명의 조건과 균체에 가해지는 에너지가 변하여 처리조건이 다르게 된다.

ⓘ 최대출력으로 설정하면 단시간에 열이 발생하고 온도가 급격히 상승한다. 또한 용액에 거품이 많이 일어나므로 단백질이 산화되거나 활성을 잃어버릴 수 있다.

ⓙ 출력눈금의 설정을 항상 똑같이 해도 출력이 같지는 않다. 설정이 같더라도 노즐의 용액 중 깊이 및 위치에 따라 실제로 출력되는 에너지가 다르고, 이러한 차이가 초음파 처리시에 발생하는 소리의 변화로 나타난다. 노즐의 깊이 등을 바꿔가면서 처리하여 발생하는 소리와 용액 표면의 움직임 등을 참고하여 가장 유효하게 출력되는 노즐의 위치를 결정한다.

ⓚ 용균되면 용액의 색이 변하여 하얀색의 느낌이 없어진다. 확인하고 싶을 때에는 초음파 처리한 액을 slide glass 위에 떨어트리고, 공기건조 후 알코올고정과 gram 염색을 하고 현미경으로 확인한다.

3 His-tag 단백질의 용해

His-tag 단백질의 가용화 조건을 결정하고, column chromatorgraphy의 조건을 설정할 수 있도록 표 6에 His-tag 정제용 담체에 영향이 없다고 보고된 계면활성제나 환원제 등의 농도를 나타낸다. 다음의 작업들은 별도 언급하지 않는 한 냉각한 시약을 이용하여 저온실에서 실시한다. 온도가 높으면 protease 효소에 의한 분해가 빠르게 될 뿐만 아니라 column에 대한 tag 부착단백질의 결합이 약해진다.

A) 가용성 분획으로 회수되는 경우

대장균의 발현계에서 His-tag만 달려 있는 재조합 단백질은 2에서 서술한 초음파 처리만 (강력한 계면활성제나 변성제도 첨가하지 않은 buffer에서) 할 경우, 가용성 단백질로서 회수되는 경우는 적다. 이 경우, 대부분의 단백질은 불용성의 분획으로 회수된다. 다행히도 가용성의 His-tag 단백질로 회수되도록 발현유도조건이 설정될 때는 계면활성제나 변성제를 포함하지 않은 sonication buffer 또는 유사한 buffer로 평형화한 column으로 뒤에 설명하는 용출조건을 검토하여 숙주 유래의 단백질과 분리해서 정제한다.

B) 불용성 분획으로 회수되는 경우

His-tag 단백질을 발현시켰을 때에 회수될 가능성이 가장 높은 분획으로, sonication 후의 침전물을 urea나 guanidine 등의 변성제나 환원제로 가용화시킨 후, HisTrap column 등으로 정제한다. His-tag 단백질의 주요 장점 중 하나는, 변성 조건하에서 column에 결합 가능하고, 또한 결합한 채로도 재생이 가능하다. 본서 **5장 I-4**의 조건을 참고하여, 담체에 결합한 채로 재생 조작을 하면 보다 조작이 간단하고 효과적일 수 있다.

1) 침전물을 용해시키기 전에 주의해야 할 주요사항

① 봉입체를 고형물로서 대장균의 추출액과 분리하여 회수 가능하다면, 대장균 유래의 가용성 단백질을 제거할 수 있고, 잡다한 단백질의 양과 종류가 대폭으로 감소하기 때문에 가능한 한 봉입체가 부서지지 않도록 분리를 시도한다.

② 그러기 위해서는 sonication 조건을 검토하여, 균체는 파쇄되지만 봉입체가 그다지 세세하게 분산되지 않고, 큰 덩어리로 남을 수 있는 파쇄조건을 찾는다.

③ 점도가 높은 응집 덩어리의 경우에는 원심분리 조작만으로 봉입체를 분리하는 것은 곤란하다. 이와 같은 경우에는 파쇄액을 nuclease 처리(20 μg/mL RNase A 또는 5 μg/mL DNase I 등)한 후에, 거즈 등으로 걸러서 봉입체만을 회수할 수 있다.

④ 봉입체가 TritonX-100 등의 계면활성제에 녹기 어려운 성질을 이용하여(본서 **5장 I-4** 참고) 표면에 부착되어 있는 숙주 막단백질 등을 계면활성제로 세척 · 제거하고 가용화하면 정제도가 높아지고 그 후의 정제 과정이 쉬워진다.

2) 대표적인 lysis buffer와 세척용 buffer

아래에 자주 사용되는 Nickel column 담체(HisTrap)를 사용하는 조건을 제시하지만, 다른 His-tag affinity 담체에 관해서도 여기에 준한 조건으로 실시하는 경우가 많다. 단 column에 첨부된 매뉴얼과 관련 자료를 읽고 나서 작업을 실시한다.

표 6 His-tag 단백질 정제에 영향이 없다고 알려진 시약의 농도

시약	농도
Triton X-100	2%
Tween 20	2%
CHAPS	50 mM
NaCl	2 M
glycerol	50%
2-mercaptoethanol[ⓐ]	20 mM
urea	8 M
guanidine hydrochloride	6 M

농도는 대략적 기준 수치이며, 담체의 종류와 그리고 결합에 참여하는 tag 이외의 histidine 잔기 수에 따라 이것보다 저농도에서 결합이 저해되는 경우가 있다.

ⓐ DTT는 불가.

비물

- 정제 담체: HisTrap column(Ni 이온, GE Healthcare사)이나 TALON(Co 이온, TAKARA Bio사) 등

200 mM 인산 buffer(pH 4.0, 5.3, 6.0, 7.8)		(최종 농도)
200 mM Na_2HPO_4	500 mL	(200 mM phosphate)

200 mM NaH_2PO_4를 떨어트려, 각각 pH 4.0, 5.3, 6.0, 7.8로 조정.

guanidine lysis buffer		
guanidine hydrochloride	57.3 g	(6 M guanidine)
200 mM 인산 buffer(pH 7.8)	10 mL	(20 mM phosphate)
NaCl	2.9 g	(500 mM NaCl)

MilliQ W를 첨가하여 total 100 mL로 만든다.

urea washing buffer(pH 7.8)		
urea	48.1 g	(8 M urea)
200 mM 인산 buffer(pH 7.8)	10 mL	(20 mM 인산)
NaCl	2.9 g	(500 mM NaCl)

MilliQ W를 첨가하여 total 100 mL로 만든다.
urea는 온도를 올리는 편이 잘 용해되지만, 너무 올리면 분해되므로 50℃ 이하로 한다.

urea washing buffer(pH 6.0)		
urea	48.1 g	(8 M urea)
200 mM 인산 buffer(pH 6.0)	10 mL	(20 mM 인산)
NaCl	2.9 g	(500 mM NaCl)

MilliQ W를 첨가하여 total 100 mL로 만든다.

urea washing buffer(pH 5.3)		
urea	48.1 g	(8 M urea)
200 mM 인산 buffer(pH 5.3)	10 mL	(20 mM 인산)
NaCl	2.9 g	(500 mM NaCl)

MilliQ W를 첨가하여 total 100 mL로 만든다.

urea/imidazole washing buffer		
urea	48.1 g	(8 M urea)
200 mM 인산 buffer(pH 6.0)	10 mL	(20 mM 인산)
NaCl	2.9 g	(500 mM NaCl)
3 M imidazole(147 페이지 참고)	1.6 mL	(50 mM imidazole)

MilliQ W를 첨가하여 total 100 mL로 만든다.

urea lysis buffer		
urea	48.1 g	(8 M urea)
200 mM 인산 buffer(pH 7.8)	10 mL	(20 mM 인산)
NaCl	2.9 g	(500 mM NaCl)

MilliQ W를 첨가하여 total 100 mL로 만든다(pH 7.8).
urea는 온도를 올리는 편이 잘 용해되지만, 너무 올리면 분해되므로 50℃ 이하로 한다.

Protocol

1) Lysis buffer에 guanidine을, washing buffer에 urea를 사용하는 경우

추출효율은 좋지만, 변성작용이 강하다. 다음에 설명하는 2) urea lysis buffer(pH 7.8)를 이용하는 것이 순하고, 정제 후에 활성회복을 위한 재생 작업이 필요 없는 경우도 있다.

봉입체의 세척에 1～2시간
봉입체의 용해, column에의 첨가, 세척에 2～3시간

❶ 초음파 처리하여 용균시킨 후에 봉입체를 원심분리 등으로 회수한다.

↓

❷ 침전물로 회수된 봉입체를 최종 농도 0.2% Triton X-100을 포함한 sonication용 buffer로 조심스럽게 현탁한 후, 원심분리하여 회수하는 방법으로 세척한다(본서 **5장 I-4 참고**).

↓

❸ 이러한 세척 작업을 2～3회 반복함으로써 불순 단백질을 제거한다.

↓

❹ 적당량(10～30 mL)의 guanidine lysis buffer로 용해시킨다.

↓

❺ 미리 bed 부피의 10배 이상의 urea washing buffer(pH 7.8)로 평형화해 놓은 HisTrap column에 건다[ⓛ].

↓

❻ Column을 bed 부피의 5배 이상의 urea washing buffer(pH 7.8)로 씻어 비특이적 결합단백질을 제거한다[ⓜⓝⓞ].

↓

❼ Column을 bed 부피의 5배 이상의 urea washing buffer(pH 6.0)로 씻어 약하게 결합하고 있는 단백질을 제거한다.

↓

❽ Column을 bed 부피의 5배 이상의 urea washing buffer(pH 5.3)로 씻어 약하게 결합하고 있는 단백질을 제거한다[ⓟ].

ⓛ Column의 유속이 매우 중요. 너무 빠르면 결합해야 할 단백질이 그냥 통과해버린다. 이것을 피하기 위해서 유속을 느리게(10 mL/h 정도) 하거나, 그냥 통과해 버린 분획을 여러 번 column에 다시 건다.

ⓜ 산성에서 활성을 잃어버릴 가능성이 있는 경우는 urea washing buffer 대신에 urea/imidazole washing buffer를 사용하여 세척한다.

ⓝ His-tag의 histidine 잔기의 수와 목적단백질의 표면에 나와 있는 histidine 잔기의 총수에 의하지만, pH 5.3 또는 50 mM imidazole이라도 column으로부터 용출되는 경우가 있다.

ⓞ 처음에는 각 세척 단계에서 2~5 bed 부피에 해당하는 세척액을 버리지 말고(유속이 너무 빠르지 않다면 이 부근이 단백질의 용출 피크 위치), 그 뒤로의 용출 fraction에서도 단백질이 검출되지 않을 때에는, 세척액을 조사할 수 있도록 해 둔다.

ⓟ 어느 fraction에 어느 정도의 단백질이 용출되었는지 빨리 알고 싶을 때에는, 본서 **4장 IV**의 101페이지 「단백질이 용출된 fraction의 간편한 동정법」을 이용하여 조사한다.

2) Lysis buffer와 washing buffer 양쪽 모두 urea를 사용할 경우

Lysis buffer에 8 M urea가 포함된 경우.

● 앞서 기술한 1)의 lysis buffer로 guanidine lysis buffer 대신에 urea lysis buffer를 이용한다. 이후의 과정과 주의점은 같다.

4 Affinity column으로부터 His-tag 단백질의 용출

Column으로부터 단백질을 용출시키기 전에, 담체에 결합시킨 채로 활성의 재생처리를 실시할 수 있다. 용출에는 여러 가지의 방법이 있으며, 여기에서는 대표적인 2가지의 방법을 설명한다.

A) Imidazole의 농도를 올려 용출하는 경우

뒤에 기술하는 B)의 pH를 낮춰서 용출하는 방법보다도 imidazole을 이용하는 편이 부드럽게 용출되므로 목적단백질이 산성조건에서 불활성화할 가능성이 적다.

준비물

• Native 용출 buffer
(Imidazole 농도를 50~500 mM 사이에서 변화시킨 용액을 몇 가지 만든다.)

3 M imidazole		(최종 농도)
imidazole	20.6 g	(3 M imidazole)

MilliQ W을 첨가하여 total 100 mL로 만든다.

native 용출 buffer		
200 mM 인산 buffer(pH 6.0)	500 mL	(100 mM phosphate)
NaCl	17.5 g	(300 mM NaCl)
위의 3 M imidazole	적당량	(0~500 mM imidazole)

MilliQ W을 첨가하여 total 1,000 mL로 만든다.
사용시 혼합하여 만들고 남김없이 다 사용한다.
Imidazole 농도는, 0, 50, 100, 200, 350, 500 mM의 것을 조제한다.

2배 농축 native binding buffer(pH 7.8)		
200 mM 인산 buffer(pH 7.8)	500 mL	(100 mM phosphate)
NaCl	35 g	(600 mM NaCl)

MiliQ W를 첨가해서 total 1,000 mL로 만든다.

native binding buffer		
2배 농도 native binding buffer	500 mL	(50 mM phosphate)
MilliQ W	500 mL	(300 mM NaCl)
total	1,000 mL	(pH 7.8)

사용시 혼합하여 조제하고 남김없이 다 사용한다.

urea/imidazole 용출 buffer		
urea	48.1 g	(8 M urea)
200 mM 인산 buffer(pH 6.0)	10 mL	(20 mM phosphate)
NaCl	2.9 g	(500 mM NaCl)
3 M imidazole	적당량	(50~200 mM imidazole)

MilliQ W을 첨가하여 total 100 mL로 만든다.
사용시 혼합하여 조제하고 남김 없이 다 사용한다.
Imidazole 농도는 0, 50, 100, 200, 350, 500 mM의 것을 조제한다.

Protocol

A-1) 목적단백질이 가용성 분획으로 회수되어, native binding buffer로 column에 결합시킨 것을 용출하는 경우

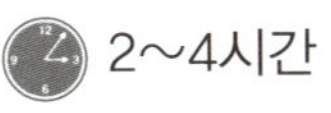

2~4시간

❶ Column bed의 10배 정도의 native binding buffer로 column을 세척한다.

⬇

❷ Column bed의 10배 정도의 native 용출 buffer(imidazole 불포함)로 용출하고, 각 fraction당 0.5~1배의 bed 부피로 회수한다.

⬇

❸ 50 mM imidazole을 포함하는 native 용출 buffer로 동일하게 용출한다[q].

⬇

❹ 100 mM imidazole을 포함하는 native 용출 buffer로 동일하게 용출한다.

⬇

❺ 200 mM imidazole을 포함하는 native 용출 buffer로 동일하게 용출한다[r].

⬇

❻ 350 mM imidazole을 포함하는 native 용출 buffer로 동일하게 용출한다.

⬇

❼ 500 mM imidazole을 포함하는 native 용출 buffer로 동일하게 용출한다.

⬇

❽ 용출된 fraction의 염과 imidazole의 농도를 낮추기 위해 저온에서 적당한 buffer로 투석 처리를 한다.
유속이 너무 빠르지 않으면 단백질은 보통 2~3배의 bed 부피 부근에서 피크로 용출된다.

ⓠ 불순 단백질의 종류가 적을 경우에는, imidazole의 농도를 세세하게 여러 단계로 나누어 용출할 필요는 없다. 단, 처음에는 불순 단백질의 양과 비율이 불분명하기 때문에 이 정도의 조건으로 검토하는 것이 나중의 실험계획을 세우기 쉽다.

ⓡ 보통은 200 mM imidazole로 용출되는 경우가 많다. 드물게 200 mM 이상에서도 용출되기도 하지만, 500 mM imidazole에서 용출이 거의 모두 끝난다.

A-2) 목적단백질이 불용성 분획으로 회수되어 guanidine, urea가 포함된 buffer 용해 후에 column에 결합시키고 용출하는 경우

 2~4시간

❶ 145페이지의 urea washing buffer(pH 6.0)로 column을 세척한다.

⬇

❷ Imidazole을 포함하지 않는 urea/imidazole 용출 buffer로 한 fraction당 bed 부피의 0.5~1배로 하여 10배의 bed 용량 정도 용출한다[s].

⬇

❸ 50 mM imidazole을 포함하는 urea/imidazole 용출 buffer로 동일하게 용출한다.

⬇

❹ 100 mM imidazole을 포함하는 urea/imidazole 용출 buffer로 동일하게 용출한다.

⬇

❺ 200 mM imidazole을 포함하는 urea/imidazole 용출 buffer로 동일하게 용출한다.

⬇

❻ 350 mM imidazole을 포함하는 urea/imidazole 용출 buffer로 동일하게 용출한다.

⬇

ⓢ 보통은 200 mM imidazole로 용출되는 경우가 많다. 드물게 200 mM 이상에서도 용출되기도 하지만, 500 mM imidazole에서 용출이 거의 모두 끝난다.

7. 500 mM imidazole을 포함하는 urea/imidazole 용출 buffer로 동일하게 용출한다.
유속이 너무 빠르지 않다면 단백질은 보통 bed 부피의 2～3배 부근에서 피크로 용출된다.

B) Urea buffer로 pH를 낮춰서 용출하는 경우

산성조건에서 안정된 단백질이거나, 또는 imidazole의 농도를 올려서 column chromatography의 조건을 검토해 봐도 불순 단백질을 제거하고 효과적으로 목적단백질을 분리할 수 없는 경우에 이용한다.

준비물

urea 용출 buffer(pH 4.0)		(최종 농도)
urea	48.1 g	(8 M urea)
200 mM 인산 buffer(pH 4.0)	10 mL	(20 mM 인산)
NaCl	2.9 g	(500 mM NaCl)

MilliQ W을 첨가하여 total 100 mL로 만든다.

Protocol

2～4시간

1. 145페이지의 urea washing buffer(pH 5.3)로 column을 세척한다.

↓

2. Urea 용출 buffer(pH 4.0)로 한 fraction당 bed의 0.5～1배로 총 10배 정도 용출한다[t][u].

[t] 유속이 너무 빠르지 않다면, 2～3 bed 용량 부근에서 피크를 가지는 패턴으로 용출된다.

[u] 용출하는 방법과 주의점 등은 앞에서 기술한 A)의 과정에 기재된 것을 참고.

원포인트 어드바이스

어느 fraction에 어느 정도의 단백질이 용출되었는지를 가볍게 조사해서(본서 **4장 IV**의 101페이지의 '단백질이 용출된 fraction의 간편한 동정법'의 항을 참고) 대략적인 회수율과 chromatography의 전체상을 파악하여, 용출 피크 부근을 중점적으로 전기영동이나 Western blotting 등으로 조사하여 순도 및 용출 패턴 등의 정보를 빠르게 얻게 되면 능률적인 실험계획을 세울 수 있다.

재빨리 다음 실험 과정으로 넘어갈 수 있는 것은 시간과 노력의 절약뿐만 아니라 정제하고 있는 단백질의 변성 불활성화와 용기에의 흡착을 줄이는 중요한 요인이 된다.

이 affinity column 만으로는 single band가 되지 않는 경우에 음이온 교환체(예: Mono Q, GE Healthcare사)를 이용한 정제가 효과적인 경우가 많다.

음이온 교환체 column에 의한 정제의 구체적 예로서 column을 20 mM Tris–HCl pH 7.5/0.05% Brji 35/0.05 M NaCl로 평형화한 후에, 샘플을 column에 걸고 10 bed 용량의 평형화 buffer로 세척한다. 세척 후, 유속 0.5 mL/분으로 NaCl 농도를 40분간 0.5 M까지 높이는 gradient로 용출한다.

음이온 교환체 column의 용출조건은, 불순 단백질의 양 등에 따라 다르다. 더욱 구체적인 방법에 대해서는 본서의 **4장 IV, V** 등을 참고한다.

5 Nickel column의 재생과 보관

사용한 Nickel column(HisTrap 등)은 다음의 과정을 통하여 재사용할 수 있다. 단, TALON column과 같이 Co 이온을 가진 담체에는 이 방법은 사용할 수 없으므로 column에 첨부된 매뉴얼에 따른다.

준비물

3 M NaCl

		(최종 농도)
NaCl	17.4 g	(3 M NaCl)

MilliQ W를 넣어 total 100 mL로 만든다.

6 M guanidine/EDTA buffer

guanidine hydrochloride	57.3 g	(6 M guanidine)
145페이지의 200 mM 인산 buffer(pH 7.8)	10 mL	(20 mM 인산)
NaCl	2.9 g	(500 mM NaCl)
EDTA·3Na $3H_2O$	2.1 g	(50 mM EDTA)

MilliQ W를 넣어 total 100 mL로 만든다.

200 mM $NiSO_4$

$NiSO_4 \cdot 6H_2O$	2.6 g	(200 mM)
MilliQ W		
total	50 mL	

사용시 만든다.

5 mM $NiSO_4$

200 mM $NiSO_4$ 용액	0.5 mL	(5 mM)
MilliQ W	19.5 mL	
total	20 mL	

사용시 만든다.

20% ethanol

ethanol(특급)	20 mL	(20%)
MilliQ W	80 mL	
total	100 mL	(pH 7.8)

Protocol

1) Column의 재생  2시간 정도

❶ 사용 후의 column은 column bed의 10배 이상 용량의 3 M NaCl로 세척한다ⓥ.

⬇

❷ Column bed의 2배량의 5 mM $NiSO_4$을 흘린다.

⬇

ⓥ 3 M NaCl에 의한 세척만으로는 column에 결합된 불순물을 완전히 제거할 수 없기 때문에 column의 결합능력이 점차 저하한다.

❸ Column bed 용량의 10배 이상의 평형화 buffer를 column에 흘려주고 사용한다ⓦ.

2) Column의 보관

 1~2시간

❶ 사용 후 column을 column 부피의 10배 이상의 6 M guanidine/EDTA buffer로 세척한다.

❷ Column 부피의 10배 이상의 MilliQ W를 흘린다.

❸ Column 부피의 2배 이상의 20% ethanol로 세척한다.

❹ 4℃에서 보관.

ⓦ Column을 완전히 재생하고 싶을 때에는 뒤에 기술한 column의 보관에서 제시한 방법으로 6 M guanidine/EDTA buffer와 MilliQ W로 세척하여 column으로부터 Ni 이온과 함께 불순물을 제거한 후, 5 mM $NiSO_4$ 용액을 Ni column에 column bed의 10배 이상 흘리고 재차 Ni 이온을 column에 결합시켜 native binding buffer(147페이지)로 평형화해서 사용한다.

6 단백질 정제를 성공시키기 위한 중요 포인트

① 대장균에서 발현시킨 단백질량을 가능한 한 늘린다. 원래 없는 것은 정제할 수 없고 전체 단백질 중에서의 비율이 적은 것을 정제하는 것은 매우 곤란하다.
- 엄격하게 발현 조절할 수 있는 promoter와 suppressor를 갖는 vector를 선택한다.
- Promoter에 가장 적합한 숙주 대장균을 선택한다.
- 가능하면 protease 유전자가 결손된 숙주를 선택한다.
- 배양조건을 엄격하게 조절하여 발현 유도는 반드시 증식기에 시행한다.
- 유전자를 도입한 clone은 반드시 복수로 check해서 발현이 좋은 것을 사용한다.
- 발현 유도 조건을 여러 가지 검토해서 가능한 좋은 조건을 찾는다.
- 사전에 유전자 영역에서 막 관통부분을 제거하고 발현시키는 것이 좋다.
- 낮은 사용 빈도 codon의 염기서열이 원인인 듯 보이면 숙주를 바꾼다(Merck사의 Rosetta 주 등).

② 활성과 고차구조가 중요시될 때는 되도록 가용성의 단백질로서 회수한다. 정제를 위해서는 봉입체로 되는 것이 정제하기 쉽지만, 활성이 없는 경우가 많고 정제 후에 활성 회복을 위한 여러 가지 복원 조건을 찾아보아야 한다.
- 발현 유도 조건을 검토한다.
- 낮은 copy vector(Merck사의 pETcoco 등)로 발현시키면 좋은 경우가 있다.
- N말단에 분비단백질 GST를, C말단에 tag를 갖는 융합단백질로서 발현시킨다.

③ 봉입체를 용해할 때는 사용 목적에 따른 용해제를 선택한다.
- Urea 등 순한 추출제를 우선 시도해본다.
- Guanidine은 추출 효율이 좋지만 강력한 변성 작용을 하고, urea는 순한 변성제이지만 추출효율은 낮다.

④ Affinity 담체에서의 용출 방법은 여러 종류가 있고, 단백질의 성질에 따라 선택한다.
- 순한 용출 방법으로 imidazole의 농도를 올려서 용출하는 방법이 있다.
- pH를 낮추어 용출하는 방법은 산성 조건(pH 4 부근)에서도 안정적인 것에 적합하다.
- EDTA 사용은 chelate된 metal과 함께 담체에서 용출하므로 최종 수단이 된다.

⑤ Affinity 담체만의 한 단계로만으로 항상 정제할 수는 없다. 본서의 다른 항을 참고로 원리가 다른 분리 방법을 조합해서 정제한다.

• Gel 여과 column(**4장** VI 참고)과 음이온 교환체 column(**4장** V 참고)을 시도해본다.

⑥ Column의 70 kDa 부근에서 거동을 함께 하며 분리가 어려운 단백질이 있는 경우는 대장균 유래의 chaperone 유사 단백질의 가능성이 높다.

• 중성 부근의 pH에서 ATP 존재하에 incubation하여 해리시키고서 column에 건다.

실험사례

그림 2에 본 저자의 실제 실험 결과를 나타내었다.

실험조건

• 발현 벡터

pGEX(GE Healthcare사)를 개선하여 목적단백질의 N말단에 GST를 융합할 수 있도록 frame을 맞추어 cDNA를 삽입하고, C말단에 PCR로 His-tag을 부착했다.

• 숙주 대장균

Protease 유전자가 결손되어 있는 BL21 유래 세포주의 BL21(DE3)에 한층 발현을 억제할 수 있도록 lysozyme을 가진 BL21(DE3) pLysS(STRATAGENE사)을 사용했다.

• 발현유도조건

2×YT 배지 500 mL로 배양하고, 유도조건을 여러 가지 검토한 결과, 25°C에서 0.1 mM IPTG를 2시간 처리함으로써 재조합 단백질의 반 정도를 가용성 분획으로 회수할 수 있었다.

• 배양과 샘플 처리

❶ 원심분리에 의해 균체를 회수

⬇

❷ 초음파로 파쇄

⬇

❸ 원심분리에 의해 가용성 분획을 회수

⬇

❹ 그 분획에 2배 농도의 native binding buffer를 동량 혼합하여 affinity column용의 샘플로 하였다.

• His-tag affinity column chromatography 조건

❶ Column bed 1 mL의 affinity column에 샘플을 걸었다.

⬇

❷ Bed 부피의 10배량의 native binding buffer로 세척

⬇

❸ Imidazole의 농도를 순차적으로 50, 200, 350, 500 mM으로 올려, 각각의 농도로 10 bed 부피씩 용출하여 각 fraction당 0.5 bed 부피마다 회수(20 fraction / 각 imidazole 농도)

⬇

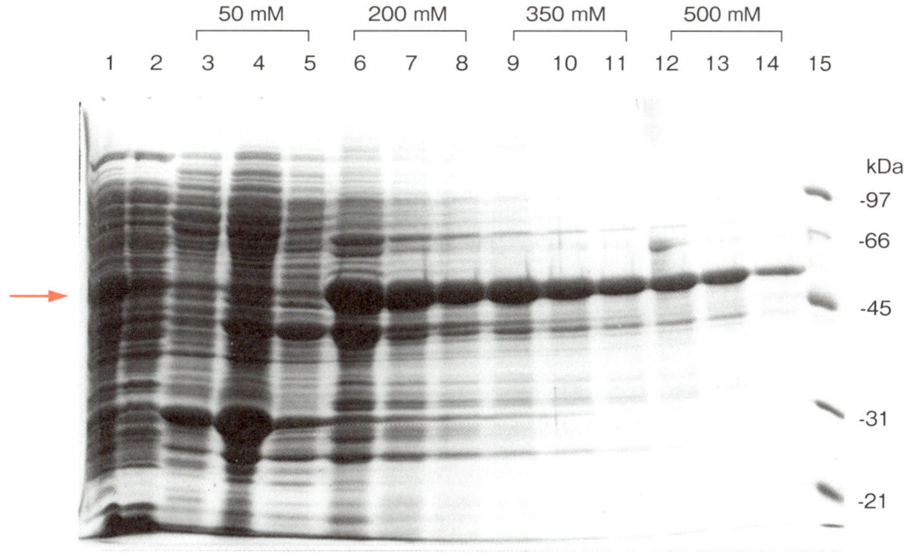

그림 2 니켈 affinity column을 이용한 His-tag 단백질의 정제
대장균[BL21(DE3) pLysS]을 숙주로 His-tag 재조합 단백질을 발현시켜 초음파로 용균하고 원심분리로 가용성 분획으로 회수하고, chelating sepharose에 니켈을 결합시킨 column에 걸어 imidazole의 농도를 올려서 column으로부터 용출하였다. 용출된 단백질 피크의 해당 fraction의 동정은 spot법에 의해(본서 **4장 IV**의 101페이지 참고) 결정 후 환원조건하에서 12.5% SDS-PAGE로 분리하고 염색하였다. 왼쪽에 표시한 화살표는 목적의 His-tag 단백질의 영동위치를, 오른쪽에 표시한 숫자는 분자량(kDa)을 표시한다. 보다 구체적인 조건은 본문을 참고.

❹ 각 fraction의 2 μL를 nitrocellulose filter에 점적하고, 본서 **4장 IV**의 101페이지 「단백질이 용출된 fraction의 간편한 동정법」에 기재한 방법에 의해 용출된 피크 fraction을 동정(149페이지의 원포인트 어드바이스 참고)

⬇

❺ 각 피크 fraction을 전기영동의 샘플로 사용하였다.

• 전기영동

❶ 각 fraction의 10 μL를 12.5%의 gel로 환원조건하에서 SDS-PAGE(**하권 2장 I** 참고)

⬇

❷ Commassie Briliant Blue R-250으로 염색(**하권 2장 I** 참고)

각 lane의 설명 (괄호 안 숫자는 **그림 2**의 lane 번호)

왼쪽부터 순서대로, column에 걸기 전(1), column에서 그대로 지나가 버린 분획(2), 50 mM imidazole 용출의 3, 5, 7번째 fraction(3, 4, 5), 200 mM imidazole 용출의 3, 5, 7번째 fraction(6, 7, 8), 350 mM imidazole 용출의 3, 5, 7번째 fraction(9, 10, 11), 500 mM imidazole 용출의 3, 5, 7번째 fraction(12, 13, 14), 가장 오른쪽 끝은 분자량 marker(15). 융합단백질은 GST의 분자량인 26 kDa을 가산해서 예상되는 약 56 kDa의 위치에서 용출됨.

• 비고

① 데이터에는 나타나지 않았지만, 특이적으로 용출된 이 단백질이 His-tag를 갖는 것을 특이항체(GE Healthcare사)를 이용한 Western blot으로 확인한다.

② 처음에는 이 단백질의 N말단에 His-tag만을 부가하여, pET 벡터로 발현시키려고 시도했지만, 극히 미량밖에 발현되지 않았다. 숙주 대장균을 변경하거나 발현 유도조건을 검토해 보았지만 봉입체는커녕 Western blot에서 band가 희미하게 검출되는 정도로 상황은 전혀 개선되지 않았다.

③ GST에 융합한 His-tag 단백질로서 발현시켰더니 데이터에 나타나 있는 것처럼 높은 발현을 볼 수 있었고, 정제도 용이하게 할 수 있었다.

Troubleshooting

문제점	해결을 위한 조치
● 발현이 없든지 낮다.	➲ 발현이 엄격히 조절되는 vector(pET 등)로 바꾼다. ➲ 발현유도 조건을 검토한다. ➲ Codon 사용빈도를 개선한 숙주(Rosetta주 등)로 바꾼다. ➲ 가용성 융합단백질 발현 vector와 조합한다. ➲ 분해되기 쉬운 ampicillin을 carbenicillin으로 바꾼다. ➲ 기저 수준의 발현을 낮추기 위해 배지에 포도당(1% 정도)을 첨가한다. ➲ 세포독성이 없는 무세포합성계(본서 5장 III 참고)를 시도해 본다.
● 가용성 분획으로 회수되지 않는다.	➲ 발현유도조건(저온과 저농도 IPTG 등)을 검토한다. ➲ 가용성 융합단백질 발현 vector와 조합한다. ➲ 발현시키는 단백질의 영역을 다시 선택한다. ➲ 낮은 copy 발현 vector(pETcoco 등)로 바꾼다.
● 활성이 없다.	➲ 가용성 분획으로 회수하도록 시도한다. ➲ Thioredoxin 등의 holding vector를 시도해 본다. ➲ 실험 재구성(본서 5장 I-4, I-5 참고)을 시도해 본다. ➲ 다른 합성계를 시도해 본다.
● 분해산물이 많다.	➲ 발현유도를 변경한다(짧은 시간과 저온). ➲ Protease 억제제(본서 2장 II 참고)를 buffer에 첨가한다. ➲ Protease 결손 숙주로 변경한다.
● Column chromatography에서 거동을 같이 하는 불순 단백질이 있다.	➲ 0.4 M NaCl, 2 M urea, 0.4 M guanidine, 30% glycerol 중 한 가지 또는 여러 가지를 buffer에 첨가하여 소수성 결합을 분리시키고 column에 건다. ➲ 대장균 유래의 샤페론 단백질을 5 mM ATP/10 mM $MgSO_4$를 포함한 중성용액으로 30분간 incubation하여 분리시키고 column에 건다.
● Ni Column과 Co Column을 통한 분리 후의 단백질 분자량이 달라졌다.	➲ Protease 억제제를 첨가한다. ➲ 금속 column에 의한 산화가 의심이 되며, 다른 column을 이용한 정제를 시도한다(참고문헌 8).
● Ni Column과 Co Column을 통한 분리 후, 단백질의 순도를 증가하였어도 활성이 저하되거나 없어졌다.	➲ 금속 column에 의한 산화나 변형이 의심이 되며, 다른 종류의 column에서 정제를 시도한다(참고문헌 8).

참고문헌

단백질 전기영동과 Western blot:

1) 岡田雅人, 三木裕明, 宮崎 香 編 :「無敵のバイオテクニカルシリーズ, 改訂第4版 ンパク質実験ノート 下巻 タンパク質を調べよう (機能\解析編)」, 羊土社, 2011

Tag의 종류 등:

2) Jarvik, W. J. & Telmer, A. C. : Epitope tagging. In Anu. Rev. Genet., 32 : 601−618, 1998

분자생물학 실험서:

3) Sambrook, J., Fritsch, E. F., & Maniatis, T. eds. : Molecular cloning 3rd Edition, Cold Spring Harbor Laboratory Press, 2000

4) 村松正實, 山本 雅 編 :「改訂第5版 新 遺伝子工学ハンドブック」, 羊土社, 2010

유전자 발현 유도:

5) Merck社 (http://www.merck.co.jp) : pET system manual, タンパク質発現システム第11 版 日本語版

6) Katsuno, H. et al. : Protein & Peptide Letters, 17 : 568−572, 2010

단백질 실험의 개요와 관련한 참고자료:

7) 戸田年総, 他 編 :「タンパク質研究なるほどQ & A」, 羊土社, 2005

His-tag를 붙이면 좋지 않은 경우가 있다는 보고(표 4):

8) Ramage, P. et al. : Amersham Life Science News, 4 : 4−6, 2002 閲覧には, 下記のGE ヘルスケア社の URL へ, http://www.gelifesciences.co.jp/newsletter/life_science_news/

I−2 GST 융합단백질의 발현과 정제

목적유전자 산물을 효소인 GST(Glutathione S−Transferase: 흡혈충인 *Schistosoma japonicum*에서 유래)와의 융합단백질로서 발현시키면, His−tag 단백질과 비교해서 후에 서술할 몇 가지의 장점이 있는데, 특히 우수한 점은 가용성으로서 얻을 가능성이 높아 한 step의 affinity chromatography로 정제도가 높은 단백질을 쉽게 얻을 수 있다는 점이다. 정제 원리의 개요를 **그림 1**에 나타낸 바와 같이, GST 융합단백질을 정제용 담체(보통 Sepharose)에 GST의 기질인 glutathione을 고정화시킨 column에 걸어 효소−기질의 특이적인 친화성으로 결합시킨 후에, column에 결합시켜 놓은 채로 protease로 절단하든지, 과량의 기질을 흘려 해리시키고 용출시켜서 정제한다.

표 1에 저분자 tag인 His−tag(**5장 I−1**)와 GST 융합단백질의 특성을 비교하였다. GST 융합단백질은 26 kDa의 분자량을 가진 GST가 이량체를 형성하기 때문에 목적단백질의 활성이나 입체구조에 입힐 영향이 적지 않다고 예상되므로, 재조합 단백질의 발현에는 저분자 tag를 먼저 시도해 보는 것을 고려한다. 그러나 정제 후에 GST가 쉽게 분리될 수 있고, 저분자 tag에서는 흉내낼 수 없는 다음의 장점들이 있다. GST 덕분에 다량으로 발현되고, 가용성 분획으로 회수되기 쉽고, affinity column에 의한 one step의 과정으로 거의 순수 정제되고, 풀다운 assay 등 단백질 상호작용 분석에 그대로 사용 가능하고, 결합단백질을 남김없이 트랩할 수 있는 가능성이 있다.

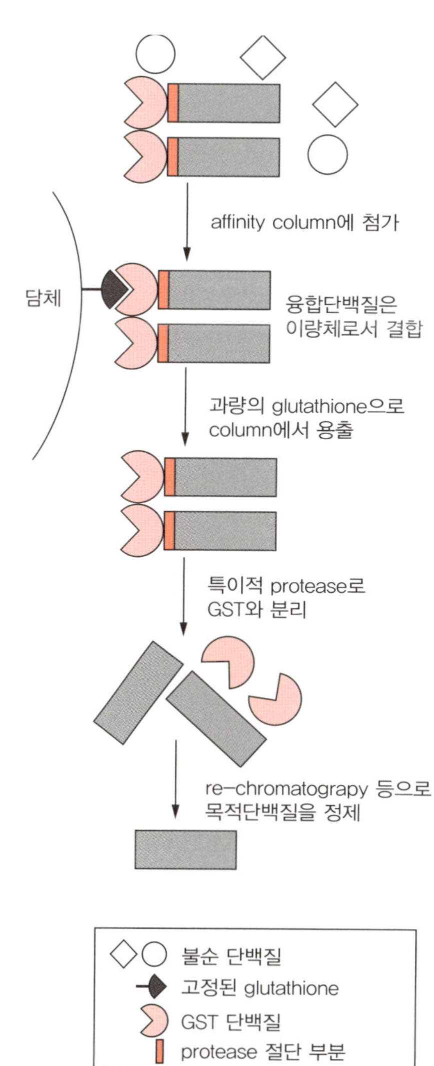

그림 1 GST 융합단백질의 정제원리와 개요

표 1 His-tag 단백질과 융합단백질의 비교
대표적인 융합단백질인 GST 융합단백질과 비교하였다.

특징과 영향	His-tag 단백질	GST 융합단백질
부가위치	N말단, C말단, 양쪽	대부분 N말단
증가하는 아미노산 잔기와 분자량	6개 아미노산 잔기(0.8 kDa)	26 kDa
활성 등에 대한 영향	적다	크다
숙주의 세포독성	크다	적다
숙주에서의 용해성	대부분의 경우 불용성	대부분의 경우 가용성
발현되는 단백질량	적다	많다
one-step 정제	불순물이 있다	거의 단일 band

표 2 GST 융합단백질 발현용 vector의 비교
많이 이용되는 2종류의 vector를 요약 정리하였다.

vector	promoter	host	GST 이외의 tag	구축용 제한효소 site	부가되는 아미노산	GST 제거용 protease	공급처
pGEX-6P	tac	보통 대장균	없음	6종류	3잔기 이상	PreScission	GE Healthcare사
pET-49	T7	T7중합효소 도입주	His-tag와 S-tag	13종류 이상	2잔기 이상	HRV3C, thrombin	Merck사

• 각각의 vector는 promoter가 다르고, pET-49는 대장균 본래의 중합효소로 전사되지 않기 때문에, 비유도 시의 발현량이 pGEX보다 낮다고 여겨진다. 그 대신 T7 polymerase를 도입하여 변형한 DE3주를 사용할 필요가 있다(본서 **5장 I-1**의 "발현벡터와 숙주 대장균주의 선택"에 설명되어 있다).
• 기타의 발현단백질의 생산량을 늘리기 위해 변형된 여러 대장균주에 대해서는 Merck사, New England Biolabs 등의 카탈로그에 도움이 되는 설명이 있다.
• GST 제거용 protease의 특성 및 인식서열 등에 대해서는 본서 **5장 I-3**의 표 7에 설명되어 있다.

단, 다음과 같은 결점도 있다. ① 불용성 분획으로 회수된 경우, 변성조건하에서는 GST가 불활성화하기 때문에 정제되지 않는다. ② 활성이 있는 조건에서는 이량체를 형성하기 때문에, GST를 가진 hetero한 분자가 공존한 경우에는 실험결과의 해석이 복잡해진다. 그러나 앞의 **5장 I-1**에서 서술했던 것과 같이 GST 융합단백질과 His-tag는 결점을 서로 보완하기 때문에 적극적으로 병행하면 이점이 많다.

표 2에 시판되는 GST 발현 vector의 특성을 비교하였다. pET-429는 최근 발매되어 그전까지는 보지 못했던 다음과 같은 특징을 가지고 있다. Promoter가 대장균 유래가 아닌 T7계 phage 유래이고, 세포 내에 대량으로 있는 대장균의 RNA polymerase가 promoter에 결합하지 않기 때문에 백그라운드에서 목적유전자의 발현이 낮고, 발현 유도 시에는 목적유전자의 발현과 T7 promoter에 특이적으로 작용하는 phage 유래 RNA polymerase의 2개의 유전자 발현을 동시에 'ON'으로 하는 방법을 취하기 위해, 지금까지 널리 이용된 대장균 유래의 tac promoter보다도 엄격하게 발현 제어 가능하고, 세포 독성이 높은 유전자 산물의 생성이 용이하게 된다. 또한 제한효소 site가 많고 목적유전자를 plasmid에 연결할 때 단백질의 해독틀(reading frame)을 맞추기 쉬우므로 발현 벡터의 구축이 용이하며, GST 이외에 His-tag와 S-tag를 붙이는 것이 가능하고 이것들의 tag를 이용하여 정제까지 할 수 있다. 널리 이용되고 있는 protease인 thrombin으로 tag를 제거할 수 있을 뿐만 아니라, 저온에서 활성을 가지고 인식서열의 특이성이 높은 HRV3C protease를 사용하여 더욱더 mild한 조건으로 GST와 His-tag를 제거할 수가 있다. 한편 pGEX vector(**그림 2**)는 지금까지 오랫동안 이용되고, 특히 pGEX-6P는 높은 특이성으로 저온에서도 활성을 갖는 PreScission protease의 인식부위를 가져, 이것에 의해 mild하게 GST를 잘라내어 목적단백질을 회수할 수 있다고 한다.

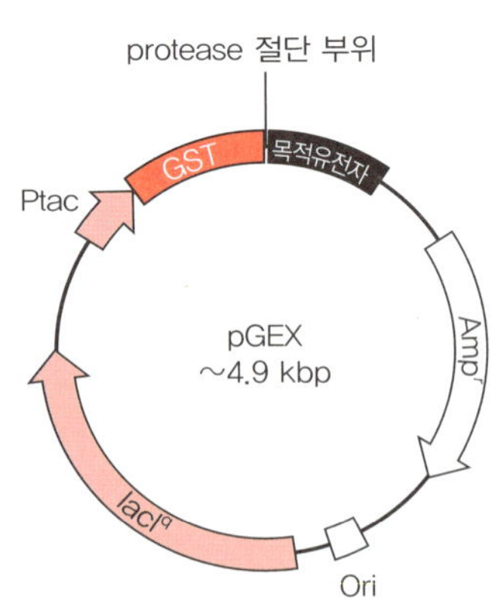

그림 2 pGEX vector

준비물

- 대장균의 배양에 관한 시약 종류는 **5장 I-1**의 참고문헌 3)을 참고
- 2~3 mL 용량의 column(Asyst사 CC column, 또는 Bio-Rad의 econo-column)
- Glutathione-Sepharose(GE Healthcare사)와 유사 제품: 발현량에 따르지만, 대충해서 500 mL 배양에 column bed 1~2 mL
- Biotinylated thrombin: 1 U/μL(Merck사)
- Thrombin cleavage buffer(Merck사)

1M DTT 용액

DTT	1.54 g
MilliQ W	10 mL

분주해서 동결보관

PBS(−) KCl(−)

PBS(−)에서 KCl를 없앤 것

$Na_2HPO_4/12H_2O$	2.9 g
KH_2PO_4	0.2 g
NaCl	8.0 g
MilliQ W	
total	1,000 mL

Sonication용 buffer

		(최종 농도)
PBS(−) KCl(−)	50 mL	
사용시 1 M DTT를 첨가한다	50 μL	(1 mM)

사용시 조제한다

세척용 buffer

NaCl	58.44 g	(2 M)
1 M Tris-HCl pH 7.5	10 mL	(20 mM)
MilliQ W		
total	500 mL	

용출 buffer I

PBS(−) KCl(−)에 환원형 glutathione 첨가

PBS(−) KCl(−)	10 mL	
환원형 glutathione	15.4 mg	(5 mM)

사용시 조제

용출 buffer II

1 M Tris-HCl pH 9.6	0.5 mL	(50 mM)
환원형 glutathione	46.1 mg	(15 mM)
MilliQ W		
total	10 mL	

사용시 조제

Protocol

1) 예비실험에서 가용성으로 회수한다

전 배양에 12~16시간, 그 후에는 4~12시간.

GST와 융합하는 주된 목적은 가용성의 재조합 단백질을 얻는 것이다. 가령 융합단백질의 발현에 성공해도, 유도 조건에 따라 가용성 분획으로 오는 비율이 크게 다르다. **5장 I-1**에서 서술한 발현조건(IPTG의 농도, 온도, 처리시간 등)을 검토하는 것이 중요하다. 필자의 경험으로는 37°C에서 1 mM IPTG 1시간 처리하면 거의 대부분 불용성으로 회수되지만, 유도조건을 검토하여 온도나 IPTG의 농도를 낮춘 결과, 50% 가까이 가용성으로 회수할 수 있게 되었다.

❶ Vector를 도입한 대장균을 LB배지(항생물질 포함) 5 mL가 들어간 15 mL 용량 Falcon tube에 주입한다ⓧ.

↓

❷ 하룻밤 걸쳐 전배양한다.

↓ 

ⓧ Control로서 ① 미도입한 숙주에 IPTG 처리, ② GST 발현 vector(목적유전자 없음)를 도입해 무처리, ③ GST 발현 vector(목적유전자 없음)를 도입해 IPTG 처리의 3종류를 설정해 두면 Western blot 하지 않아도 SDS-PAGE 후의 단백질 염색에서, 융합단백질의 발현량을 어느 정도 추정할 수 있다.

❸ 배양균액을 새로운 배지가 들어 있는 복수의 튜브 내에 100분의 1 이하 용량으로 넣는다.

⬇

❹ 배양액이 탁해질 때까지는 눈으로 1시간마다, 그 후에는 30분마다 550 nm 흡광도를 측정하여 균의 증식을 확인한다.

⬇

❺ 대수증식기(흡광도 0.2~0.5 OD 정도)에서 발현유도제(0.1~1.0 mM IPTG)를 넣어 유도처리(15~37℃에서 1~8시간)한다ⓨⓩ.

❻ 발현유도 처리한 각 대장균 현탁액 500 μL를 1.5 mL eppendorf tube로 옮긴다.

⬇

❼ 24,000 rpm에서 3분간 원심분리하고, 상층부를 흡인 제거하고, 균체를 침전물로 회수한다.

❽ Sonication용 buffer 100 μL로 현탁한다ⓐ.

❾ 초음파 처리: 30초 5~6회가 표준. 상세한 것은 **5장 I-1**의 143페이지「초음파 처리에 의한 균체 파쇄」를 참고한다.

❿ 15,000 rpm에서 15분간 원심분리하여 가용성 분획과 불용성 분획으로 분리한다.

⓫ SDS sample buffer를 더하여, 95℃에서 3분간 가열처리한다.

⓬ 한 lane당 본래의 배양액 50 μL에 해당하는 양을 사용한다(점도가 높을 때는 초음파 처리한다).

⬇

⓭ SDS-PAGE(**하권 2장 I** 참고)

⓮ CBB 염색(**하권 2장 I** 참고)

2) 대장균의 파쇄와 추출

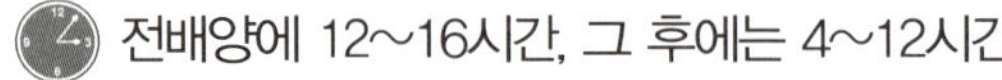
전배양에 12~16시간, 그 후에는 4~12시간

❶ 예비실험과 마찬가지로 전배양한 것을 scale up(500~1000 mL)하여 배양하고, 대수증식기에서 예비실험에 기초한 조건으로 발현 유도 처리한다.

❷ 5,000 rpm, 15분의 원심분리로 균체를 침전물로 회수한다.

❸ 40 mL의 sonication용 buffer에 현탁하고, 초음파로 균체를 파쇄한다ⓑⓒ.

❹ 25,000 rpm, 30분의 원심분리로 가용성 분획을 회수한다.

ⓨ 유도 처리할 때의 OD 측정의 주의점 등: 5장 I-1-1의 예비실험 항목을 본다.

ⓩ 필자들은 최근에, 저온에서의 배양도 발현 유도를 시행하면, 불용성으로만 발현된다고 생각되던 단백질도 가용성으로 발현 가능하고, 활성을 가진 채 간단하게 정제할 수 있다는 사실을 보고하였다[1].

ⓐ Sonication 후의 파쇄액에 affinity 담체를 첨가해서 반응시키고 씻어준 후 SDS sample buffer를 첨가해서 용출하고, SDS 전기영동 후 CBB 염색 패턴으로 평가하는 간단한 방법도 있다. 그러나 담체에 어느 정도 결합하고 있는지, 가용성 부분만 결합하기에 불용성 부분은 평가하기 어려운 문제점 등이 있다. 이전 실험에서 IPTG 처리에 의해 증가하는 진한 band가 예상한 분자량과 일치하였기 때문에, 목적의 융합단백질이라 생각하여 항체를 제작했지만, 대장균 유래의 단백질이라는 것이 나중에 판명되어 헛수고로 끝났다. 따라서 발현량과 가용성으로 회수된 비율에 대한 평가는 SDS-PAGE 후의 CBB 염색과 Western blotting을 종합하고 이를 토대로 실험을 계획할 것을 권장한다. Western blot 등에 필요한 시약과 장치 등, 또는 구체적인 방법이나 실험과정에 대해서는 본서 하권을 참고한다. 시판되는 항체는 여러 회사에서 구할 수 있다(**5장 I-1** 표 5). 필자들은 GE Healthcare사의 항체로 조건을 검토하고 있다.

ⓑ 초음파에 의한 대장균의 파쇄에 대해서는, 5장 I-1에 구체적으로 쓰여 있는 것을 참고한다. 단, sonication용 buffer는 본 항에서 설명하는 PBS(-) KCl(-)에 DTT를 첨가한 것을 사용한다.

ⓒ Sonication용 buffer에 KCl이 포함되어 있으면 회수가 좋지 않은 경우가 있으므로 buffer에 첨가하지 않는다.

3) Affinity column의 준비

❶ Glutathione-Sepharose를 1 g 정도 무게를 달아[d] 20 mL 비커나 50 mL conical tube에 넣는다.

❷ MilliQ W에 현탁[e]하고, 담체가 침전하도록 몇 분 기다리다가 대부분의 담체가 침전하면 상층부 용액을 버려, 작게 파손된 담체를 없앤다[f].

❸ 현탁과 상층부 제거과정을 3회 정도 반복한다.

❹ 끝을 잘라낸 P-1000 tip으로 column에 담체를 옮긴다[g].

❺ Sonication용 buffer를 column 부피의 10배 이상 흘리는 것으로 평형화한다[h].

4) Column에의 첨가와 용출

Column 첨가까지와 첨가 · 세척 · 용출로 4~6시간 정도

❶ 가용성 분획을 0.45 μm의 filter로 여과하여 불용성 입자를 제거한다[i].

❷ Sonication용 buffer로 평형화한 column에 건다[j].

❸ Column bed 용량 10배의 sonication용 buffer로 세척한다.

❹ Column bed 용량 10배의 세척용 buffer로 세척한다.

❺ Column bed 용량 10배의 용출 buffer I로 용출한다[k].

❻ Column bed 용량 10배의 용출 buffer II로 용출한다[l][m][n].

5) GST의 제거

재조합 단백질에서 GST를 제거하려면 ① 정제 GST 단백질 용액 중에서 protease로 절단하고, Glutathione-Sepharose에 걸어서 GST와 분리하든지, ② 정제 GST 단백질을 용액 중에서 beads에 결합한 protease로 처리하고 Glutathione-Sepharose에 걸어서 GST와 분리하든지, ③ Glutathione-Sepharose column 용출 전에 2 bed 부피 정도의 protease 용액을 column에 걸어 column에 결합시킨 채 protease를 처리하고 용출해서 재조합 단백질을 얻는다. 대략적으로 3가지의 방법이 있다. 그러나 ①과 ③에서는 재조합 단백질을 GST와 분리할 수 있지만, protease가 공존하고 후의 실험에 방해가 될 수 있다. 만약 N말단에 GST를, C말단에 His-tag가 붙어 있으면

ⓓ 무게의 약 5배의 부피로 팽윤하지만, 파손된 담체를 기울여 따라서 버리기 때문에, 예정한 column bed 용량의 배 정도의 양으로 시작한다.

ⓔ Stirrer bar를 쓰면 담체가 깨지기 때문에 피펫의 앞부분으로 교반하거나 튜브의 뚜껑을 덮어 상하로 뒤집어서 교반한다.

ⓕ 작은 입자가 있다면 column이 막히기 쉽고, column 실험과정에서 예상치 못한 시간이 걸린다.

ⓖ 끝이 좁은 tip으로는 담체가 깨진다.

ⓗ Buffer에 1 mM 정도 DTT가 포함되어 있으면 GST가 Glutathione-Sepharose에 결합하기 쉽다.

ⓘ Column이 막히는 것을 방지하고 유속을 control하기 위해 필요하다. 단백질 농도가 높기 때문에 filter에의 흡착량은 문제가 되지 않는다.

ⓙ 유속이 빠르면 결합하지 않고 column에서 빠져나온다. 만약을 위해 빠져나온 분획을 재차 column에 거는 것이 좋다. Buffer에 1 mM 정도의 DTT가 있으면 GST 단백질이 흡착하기 쉽다.

ⓚ 이 농도에서는 용출되지 않는 경우가 많지만 처음에는 만일을 대비해 용출 피크의 1~3 bed 부피 부근을 회수하여 전기영동 후 CBB 염색해 본다.

ⓛ Buffer가 알칼리성이 아니면 용출되지 않는다고 한다. Column의 0.5 bed 부피를 각 fraction으로 받고, 10 bed 부피로 모은다.

ⓜ Column에서의 회수가 나쁘다고 느낄 때는, 용출 조작 후의 담체를 column에서 일부 취해 SDS sample buffer를 넣어 상층부 용액을 전기영동해 본다.

ⓝ Column에 GST 단백질이 남아 있는 경우 용출 buffer의 pH가 알칼리성임을 확인 후 환원형 glutathione 농도를 50 mM까지 올려서 용출해 본다.

His-tag 정제용의 담체로 간단하게 protease로부터 분리할 수 있다.

여기에서는 필자들이 시행하고 있는 GST만 붙어 있는 재조합 단백질을 ①의 개량법(Biotinylated protease)으로, 간단하게 protease를 제거해서 재조합 단백질을 얻는 방법을 소개한다.

❶ 정제 GST 단백질(1~2 μg 정도)을 50 μL의 1× thrombin cleavage buffer에 용해하고, biotinylated thrombin(Merck사 등)을 0.5~4 μL까지 여러 가지로 첨가한다.

↓

❷ 20℃에서 4시간 정도 반응 후 반응을 정지한다.

↓

❸ 각 조건의 10 μL를 SDS-PAGE로 분석하여 절단 조건을 결정한다.

↓

❹ 최적의 조건에서 scale up해서 biotinylated thrombin으로 절단 후 반응을 정지시킨다.

↓

❺ Glutathione-Sepharose column에서 그대로 빠져나가는 분획을 회수한다.

❻ Streptavidin Sepharose 또는 Avidin Agarose column에 그냥 빠져나가는 분획을 회수하여, GST나 protease가 포함되지 않은 재조합 단백질을 얻는다.

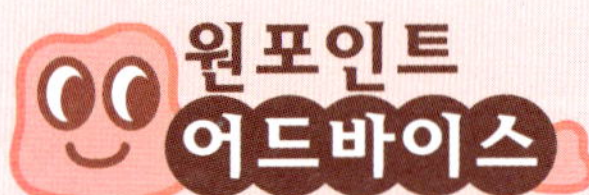

순도를 높이기 위한 힌트

- 60~70 kDa 부근에 column의 거동을 같이 하는 불순 단백질이 있는 경우, 대장균 유래 heat shock 단백질 dnaK나 groEL의 가능성이 높다. 2 mM ATP/10 mM $MgCl_2$ 존재하에 37℃, 30분 처리하고 나서 column에 걸면 분리될 수 있다.
- His-tag나 S-tag를 병행하고, 이들 affinity를 통하여 정제한다.
- 음이온 chromatography를 병행한다. 우리들은 순도가 불충분할 때 Mono Q(GE Healthcare사) column 등을 사용하고, 4장 V에 제시한 방법으로 정제도를 높인다.

회수량을 높이기 위한 포인트

- 발현 vector와 host를 선택하고, 발현 유도조건을 상세히 검토해 어떻게든 가용성으로의 회수하는 비율을 늘린다.
- 지나치게 sonication하지 않도록 하며, 상대는 GST 효소라는 것을 잊지 않는다.
- Column 과정의 각 step을 Western blot으로 모니터하면, 어디에서 재조합 단백질이 손실되는지 알고 회수율을 높일 수 있다.
- Column에서의 회수가 나쁠 때에는, 용출 buffer의 pH를 알칼리성으로 하여 환원형 glutathione의 농도를 높인다.

참고문헌

불용성 발현 단백질의 가용성 발현과 정제(저온 발현유도):

1) Katsuno, H. et al. : Protein Pept. Lett., 17 : 568-572, 2010

발현이 어려운 단백질의 발현과 정제(저온 발현유도 프로모터와 GST 융합단백질):

2) Hayashi, K. et al. : Protein Expr. Purif., 62 : 120-127, 2008

I-3 그 밖의 tag · 융합단백질 · 형광단백질과 tag 제거용 protease

여기에서는 His-tag(**5장 I-1**)와 GST 융합 tag(**5장 I-2**) 이외에 구입가능하고 유용하다고 생각되는 tag · 융합단백질 · 발현 vector에 덧붙여 tag나 융합단백질의 제거에 이용되는 protease에 대해 간단하게 소개한다.

표 1에, 정제에 이용되는 시판 저분자 tag의 특징 등에 대하여, His-tag를 포함하여 정리했다. 구체적인 정보는 표에 기재된 각사의 홈페이지에서 입수할 수 있다. His의 동류로서 6 × His, RGS6H, HAT의 3종류를 제시했는데, 병렬로 연결한 변형도 있다. 짧은 His 서열을 고안하여 길게 하면 가용성과 항체 인식성도 증가하지만, tag를 자체 제작할 때에는 긴 염기서열을 부가하지 않으면 안 되고, 또한 tag가 부가된 단백질의 conformation 영향도 보다 크므로 선택에 고심을 하게 된다.

표 2에, 정제에 이용된 시판 융합단백질과 tag의 특징 등에 대해 GST를 포함하여 정리했다. MBP tag는 GST와 함께 정제와 검출뿐만 아니라, *in vitro* 단백질 상호작용 분석을 위해 pull-down법에 사용되고 있다[1]. TAP tag는 표적의 하나의 분자에 여러 개의 tag를 붙여 표적단백질에 결합하는 단백질을 일망타진하기 위해 사용되지만, 당초 효모만이었고, 동물세포에서는 성공 예의 보고가 거의 없었지만, 최근에 보고되고 있다[2,3].

표 3에, 가용성을 높이기 위한 융합단백질을 제시했다. 정확히 발현시켰다고 하더라도 불용성의 봉입체로서 회수되는 경우, 계면활성제 등으로 가용화되었다고 해도 활성이 없는 경우가 많다. 본서 **5장 I-4**와 **I-5**의 재생법을 시행하게 된다. 그러나 대부분의 경우 시간이 소요될 뿐만 아니라 재생률도 낮고, 그 후에 활성형을 정제할 필요가 있다. 그 때문에 활성이 있는 가용성의 단백질로서 발현할 수 있으면 큰 장점이 있으므로 표에 있는 것을 포함하여 여러 가지로 고안되고 있다. 또한 가용성 발현을 위한 배양조건의 힌트에 대해서는 본서 **5장 I-2**를 참고한다.

표 4에, 살아 있는 세포에서 표적단백질의 분포나 발현량의 동태에 대해 분석하기 위한 형광

표 1 정제용 저분자 Tag의 종류와 특징
여기에서는 판매되고 있는 발현 vector • 검출용의 항체와 시약, 정제 가능한 저분자 Tag를 택했다.

Tag	아미노산 잔기수	유래	정제법	비용	특징	입수처
6 × His	6	합성	Ni, Co column	저가	변성조건에서 정제, vector에 자체 제작으로 부가, 시판품 다수 있음	Merck사, Qiagen사 등
FLAG	8	합성	항체 column	고가	여러 가지 면역적인 검출법	Sigma사
Strep	8	Streptavidin	strep-Tactin column	고가	특이적인 상호작용, desthiobiotin으로 마일드하게 용출	Merck사, IBA사
RGS6H	9	합성	Ni, Co column	저가	His 변형으로 6×His 특징에 덧붙여 항체의 인식특이성이 높다	Qiagen사
T7	11~16	phage T7 gene10	항체 column	고가	항체를 사용한 검출법	Merck사
Avi (biotin화 서열)	15	carboxyl carrier protein	avidin column	비교적 저가	avidin-biotin의 강한 특이적 결합	Merck사, Avidity사
S	15	Ribonuclease	Ribonuclease	비교적 고가	내부 Tag로서 N말단이나 C말단의 Tag와 병행가능	Merck사, Abcam사 등
HAT	17 또는 19	닭 LDH	Co column 등	비교적 저가	His 변형: 6 × His 특징에 덧붙여 보다 가용성이 높다	Clontec사, Abnova사 등

• 6 × His 서열: HHHHHH, FLAG 서열: DYKDDDDK, Strep 서열: WSHPQFEK, RGS6H 서열: RGSHHHHHH, T7 서열: MASMTGGQQMG, Avi 서열: GLNDIFEAQKIEWHE, S 서열: KETAAAKFERQHMDS, HA 서열: KDHLIHNVHKEEHAHNK
• Avi 서열에 biotin을 부가하려면 biotin ligase가 필요하지만, Bir A 변이를 갖지 않는 대부분의 대장균 내에서 biotin화된다. 그러나 시험관 내에서 biotin화 하려면 biotin ligase 처리가 필요하다.
• HAT 서열은, Clontech사 제품은 위에 제시한 17개 잔기이지만, HA가 직렬로 반복한 2개 아미노산 잔기가 더 많은 19개로 된 것을 판매하는 회사도 있다.

표 2 정제를 목적으로 하는 융합단백질

검출용과 정제용 시약이 시판되고 있는 것을 선정

융합단백질	부가위치	분자량	검출용 시약	정제용 시약	특징 등	구입처
CBP	N말단 • C말단	4 kDa	biotin화 calmodulin	calmodulin column	Ca^{2+} 유무에 따라 가볍게 정제	Stratagene사
Pinpoint	N말단	22.5 kDa	streptavidin 표지효소	SoftLink avidin column	biotin화	Promega사
GST	N말단	26 kDa	항체	glutathione column	저가이고, 일반적	본서 **5장 I-2**를 참고
MBP	N말단	42 kDa	항체	amylose column	정제가 쉽고, magnetic beads 타입 있음	New England Biolabs사
TAP(CBP + SBP)	N말단 • C말단	약 8 kDa	항체	streptavidin column과 calmodulin column	단백질 복합체 정제용, 포유동물용	Stratagene사

• CBP: calumodulin binding peptide, Pinpoint: biotin화 되는 tag 단백질, GST: glutathione S-transferase, MBP: maltose binding protein, TAP: tandem affinity purification(여러 종류의 융합단백질과 tag를 조합하여 목적단백질과 결합한 분자를 빠짐없이 철저하게 정제하기 위한 tag)

• 분자량은 주로 SDS 전기영동상의 평가치를 기재

• Pinpoint 융합단백질에 biotin을 부가하려면 biotin ligase가 필요하지만, Bir A 변이를 갖지 않는 HB101과 JM109 등 많은 대장균 내에서는 biotin화된다.

• TAP 융합단백질 tag

CBP(calmodulin binding peptide) 서열: KRRWKKNFIAVSAANRFKKISSSGAL, SBP(streptavidin binding protein) 서열: MDEKTTGWRGGHVVEGLAGELEQLRARLEHHPQGQ-REPSGGCKLG

효모용 TAP tag는 표 중의 동물세포와는 달리 CBP와 protein A의 조합으로 이용되고 있고, 시판품을 입수하려면 TAP tag 부착 ORF clone이 Open된 Biosystems사/Huna-koshi사에서 판매되고 있다.

Lap에서 만들어 사용하려면 아래 주소의 Vanderbilt University의 Kathy Gould Lap의 홈페이지에서 protocol 등의 정보를 입수할 수 있다.

https://medschool.vanderbilt.edu/gould-lab/

표 3 주로 가용화 발현을 목적으로 이용하는 융합단백질

융합단백질	부가 위치	분자량	검출용 시약	특징	정제	구입처
Thioredoxin	N말단	12 kDa, 17 kDa	항체	S-S결합에 의한 folding 조절	다른 정제 Tag와 병행하여 정제	Merck사, Invitrogen사
Nus	N말단, 중간	69 kDa	항체	논문에 따르면 50% 정도의 가용화 성공률	다른 정제 Tag와 병행하여 정제	Merck사

• Thioredoxin: 회사에 따라 크기에 차가 있으며, Merck사에서는 109, Invitrogen사에서는 152개의 아미노산.

표 4 살아 있는 세포에서의 검출을 목적으로 하는 형광 융합단백질

이미 40종류 이상 알려진 것 중에서, 발색이 가장 강한 것으로 보고된 것을 선택했다.

융합단백질	색	여기파장	검출파장	subunit 구조	특징 등	구입처
T-Sapphire	청	399 nm	511 nm	monomer	청색 중 가장 밝다	Dr. Oliver Griesbeck
mTFP1	시안	462 nm	492 nm	monomer	시안 중 가장 밝다	Allele Biotechnology사
Azami green	녹	492 nm	505 nm	monomer	녹색 중 가장 밝다	MBL사
Ypet	황	517 nm	530 nm	monomer	황색 중 가장 밝다	Dr. Patrick Daugherty
tdTomato	적	554 nm	581 nm	monomer	적색 중 가장 밝다	Clontech사

• 표에 제시한 것 이외에 다수의 형광단백질이 있고, multimer 형성이 되기 쉬움과 단백질 기능에 주는 영향뿐만 아니라 발현량의 차이에 따른 세포독성의 정도와 사용하는 동물과 식물세포와의 호환성에 따른 영향의 정도가 다르다는 것이 보고되고 있으므로 이 표 이외의 것을 포함한 사항들의 검토가 필요.

• Subunit에 대해서는 당초 multimer로 보고된 분자라도 지금은 monomer형을 입수할 수 있으므로 표에서는 monomer로 표기했다.

• 이들 형광 융합단백질을 이용하여 세포가 살아 있는 상태에서 목적분자의 분포와 시간에 따른 변화를 실시간으로 분석할 수 있다.

• 여러 종류의 목적단백질을 각각 다른 색의 형광단백질과의 융합단백질을 동일한 세포에 도입하여 발현시키는 것에 의해 이들 여러 분자의 존재를 동시에 분석할 수 있다.

• 한 세트의 특정한 형광 융합단백질을 이용하여 분자 상호작용을 실시간으로 분석하는 조합에 대해서는 **표 5**를 참고.

• 표에 제시한 것 이외의 형광단백질의 종류와 특성에 대해서 잘 정리된 것이 Olympus사의 다음 사이트에 있다.

http://www.olympusmicro.com/primer/techniques/confocal/applications/fpcolorpalette.html

융합단백질들을 제시하였다. 이미 40종류 이상의 것이 보고되고 있고, 각각 장단점이 있다. 여기에서는 각각의 색에서 가장 발색이 강하고(mole 흡광계수와 양자수율의 곱이 큰 것), 처음에는 dimer 등으로 보고되던 것이 지금은 monomer로 발현 가능한 형광단백질을 각각의 색 대표로서 제시했다. 입수처가 연구자일 경우에는 독자 개개인이 메일로 부탁하면 된다.

표 5 살아 있는 세포 내에서 분자간 상호작용을 조사하기 위한 형광 융합단백질의 종류와 그 조합

형광단백질 1	형광단백질 2	여기파장(nm)	상호작용 없는 경우(nm)	상호작용 있는 경우(nm)	기구
EBFP2	mEGFP	383	448	507	FRET
ECFP	EYFP	439	476	527	〃
Cerulean	Venus	433	475	528	〃
MiCy	mKO	440	495	559	〃
TFP1	mVenus	462	492	528	〃
cyPat	Ypet	435	477	530	〃
EGFP	mCherry	488	507	610	〃
Venus	mCherry	515	528	610	〃
Venus	tdTomato	515	528	581	〃
Venus	mPlum	515	528	649	〃
Sirius	ECFP	380	424	476	〃
Sapphire	DsRed	380	510	583	〃
luciferase	EGFP	기질과 보조효소	470	509	BRET

• 표는 보고된 문헌과 다음의 Zeiss사의 홈페이지의 정보를 일부 수정하고 가미하여 작성했다.
http://zeiss-campus.magnet.fsu.edu/articles/spectralimaging/spectralfret.html

• FRET(Fluorescence resonance energy transfer)라는 것은 첫 번째의 단백질이 여기광에 의해 얻은 에너지를 두 번째의 형광단백질로 줄 수 있는지를 조사하고, 단백질 간에 공간적으로 가까이에서 2개가 결합하고 있는지 등 분자간의 상호작용을 조사하는 데 사용되는 방법.
BRET(Bioluminescence resonance energy transfer)라는 것은 첫 번째 단백질의 여기에너지가 화학 반응에 따라 얻어진 경우를 말한다.

• 표 안의 형광단백질의 번호는 계에 주어진 에너지가 첫 번째(형광단백질 1)를 여기하고, 그 에너지가 두 번째(형광단백질 2)로 옮기는 순서로 번호를 붙였다.

• 상호작용이 없는 경우에는 형광단백질 1이 여기되어 그 형광분자 본래가 가지는 파장의 형광이 나올 뿐이지만 상호작용이 있는 경우에는 형광단백질 1이 여기되어 획득한 에너지를 무형광적으로 형광단백질 2로 넘어가므로 형광단백질 2가 가지는 파장의 형광이 관찰된다.

• 이 표를 보면 하나의 여기광에서 2쌍의 분자간 상호작용을 분석할 수 있다는 사실을 알 수 있다.
예를 들면, 하나의 380 nm의 여기로 Sirius-ECFP와 Sapphire-DsRed의 2쌍의 FRET가 성립한다고 보고되고 있다.
또한 보고된 바는 아직 없지만, Venus와의 조합에서는 filter의 해상도가 좋다면 3종류의 후보 분자와의 상호작용을 동시에 분석할 수 있다고 생각되는데, 당연하지만 예비실험이 필수이다.

표 6 입수 가능하다고 생각되는 특수한 용도의 tag와 융합단백질의 발현 vector

이름	목적	용도 및 특징
d2EGFP	PEST(Pro, Glu, Ser, Thr)에 풍부한 서열을 부가하여 세포 내에서의 수명을 짧게 한다.	목적단백질을 일시적으로 발현시켜 세포의 변화를 시간차로 분석
Kaede	자외선 조사로 녹색을 적색으로 변화시켜 분포를 확인하는 형광 융합단백질	신경망 세포 등에서와 같이 세포가 서로 교차하는 계에서 자외선을 쬐어 한 세포 전체의 뻗은 형태 관찰
AIDタグ	식물 호르몬의 첨가에 수반하여 동물세포 중에서 목적단백질을 단시간에 소거	임의로 단백질 분해를 유도하고 단시간에 목적단백질의 기능 정지가 가능

• PEST 서열을 가지면 ubiquitin화되기 쉽고 빠르게 분해된다고 알려져 있다.

• AID tag의 크기는 25 kDa
동물에는 존재하지 않는 식물호르몬의 auxin을 시스템에 첨가하면 동물의 세포 내에 도달하고 융합단백질과 결합하여 ubiquitin화되는 것을 유도한다. 그 결과 융합단백질이 단시간에 세포 내에서 분해, 소거된다.
AID tag 융합 vector 입수하기 위해서는 다음의 문헌을 참고하기 바란다: 西村浩平, 외: 실험의학, 28권, pp.2279-2284, 羊土社, 2010년

• d2EGFP는 Clontech사에서, Kaede는 MBL사에서 각각 구입할 수 있다.

표 5에, 살아 있는 세포 내에서 단백질 상호 간의 작용을 실시간으로 보기 위해 사용할 수 있는 형광 융합단백질의 조합을 제시했다. 이외에도 여러 가지 조합이 있지만, 대표적인 것을 선택했다. 또한 형광단백질과 FRET를 이용한 구체적인 실험방법에 대해서는 기존 서적[4), 5)]과 본서 **하권 4장 Ⅲ**을 참고하기 바란다.

표 7 Tag와 융합단백질 절단용 protease
표에는 비교적 특이성이 높은 protease를 선택했다.

프로테아제	인식서열	특징 등	기타
enterokinase	DDDDK@	재조합 효소가 천연형보다 기질 특이성이 높은 듯하다.	Trypsin inhibitor 고정화 beads로 제거
factor Xa	IE/DGR@	고순도 효소의 특이성은 높지만, dimer에서 활성을 나타내기 위한 환원제는 불가	GST 융합단백질의 절단에는 용출 후에 glutathione 제거가 필수
PreScission	LEVLFQ@GP	4℃에서 활성이 있으므로 융합단백질과 섞여 있는 protease의 영향을 저감	GST tag 부착 효소를 glutathione sepharose로 제거
HRV 3C	PreScission과 동일	PreScission과 동일	His tag 부착 효소를 Ni agarose로 제거
TagZyme	N말단 아미노산	Exoprotease로 N말단에서 His tag를 2 아미노산씩 잘라낸다.	목적단백질에 His tag 서열과 stop 아미노산의 설계가 필수
TEV	EXXYXQ@G/S	높은 서열인식(최적 ENLYFQS), 고적응 성능으로 넓은 반응영역에서 Tag 제거 가능	His tag, GST tag 부착 등이 있고, 반응 후의 제거가 용이
thrombin	LVPR/K@GS	과잉(1:2000 정도)이 아니면 고순도 효소로 특이적으로 절단	Benzamidine 고정화 beads와 biotin화 효소는 avidin agarose로 제거

• X: 임의의 아미노산, @: 절단 위치를 나타낸다.
• 구입처는 enterokinase: NEB사, Invitrogen사 등/ factor Xa: Merck사 등/ PreScission: GE 헬스케어사/ HRV 3C: Novagen사/ TagZyme: Qiagen사/ TEV: Invitrogen사 등/ thrombin: Merck사와 GE Healthcare사 등, biotin화된 것은 Merck사 등.

표 6에, 특수한 용도로 사용되는 tag와 융합단백질을 제시했다. 분해되기 쉬운 형광단백질은 생세포 내에서 재빨리 분해되어 과잉발현을 피할 수가 있기 때문에, 외부의 자극에 반응하는 그때마다 목적단백질의 양적변화와 분포의 변화를 가시화하고 정량할 수 있다. 특히 세포내 AID tag 부착 목적단백질이, 본래 동물에는 존재하지 않는 식물호르몬의 첨가를 계기로 분해가 시작되고, 단시간에 소실된다. 연구자 임의로 분해시스템을 켜서 목적분자를 단백질 수준에서 신속하게 제거할 수 있는 흥미 깊은 구조이다.

표 7에, 본서 **5장**에서 기술한 여러 가지 tag와 융합단백질을 절단 제거하는 데 사용되고 있고 입수가능한 대표적인 protease를 제시했다. 일반적으로 구입이나 공여받은 벡터에 있는 protease 절단서열을 사용하게 되고, enterokinase나 thrombin 등을 사용하게 된다. 그때 biotin화되어 있거나 tag가 부착되어 있으면 avidin beads나 tag를 trap하는 beads를 사용함에 따라 절단 반응 후에 one step으로 용이하게 목적단백질과 분리할 수 있다. 단, 사용하는 효소의 순도가 낮은 경우이거나 반응조건이 적절하지 않은 경우(융합단백질이 불안정화한 pH와 온도 또는 융합단백질에 대한 protease의 비율이 너무 높은 경우 등)에는, protease 인식부위 이외에서도 절단되어 버리므로 예비실험이 필요하다. PreScission이나 HRV 3C 등은, 4°C에서도 충분한 활성이 있으므로 융합단백질과 섞여 있는 protease 활성을 억제하면서 인식부위를 특이적으로 절단할 수 있으므로 많이 이용되고 있다. TEV는 7개 아미노산의 인식서열 중 4개의 아미노산을 특이적으로 인식할 뿐만 아니라, 넓은 범위의 pH와 온도에서 활성을 나타내는 것이어서 융합단백질이 안정된 조건에 맞추어 절단할 수 있으므로 주목되고 있다.

참고문헌

1) 村松正實, 山本 雅, 岡崎康司 編 :「改訂第5版 新 遺伝子工学ハンドブック」, pp.234−238, 羊土社, 2010
2) Chen, G. I. et al. : Methods, 42 : 298−305, 2007
3) Gingras, A. C. et al. : Nat. Rev. Mol. Cell Biol., 8 : 645−654, 2007
4) 竹縄忠臣, 伊藤俊樹 編 :「改訂 タンパク質実験ハンドブック」, pp.233−237, pp.248−252, 羊土社, 2011
5) 高松哲郎 編 :「バイオイメージングがわかる」, pp.51−61 (FRET), 羊土社, 2005

I-4 봉입체로부터의 활성재생법

대장균을 숙주로 하는 발현계는 균의 증식 속도가 빠르고, 대량 배양이 간단하며, 재조합 단백질을 대량으로 생산할 수 있기 때문에 가장 널리 쓰이고 있는 매력적인 재조합 단백질 생산 시스템이다[1]. 그런데 균체 내에 지나치게 많은 재조합 단백질이 축적된 나머지 봉입체(inclusion body)라고 불리는 불용성의 응집체를 형성하고, 불활성형의 재조합 단백질이 생산되는 것이 관찰되었다. 이러한 봉입체의 형성은 대장균의 protease에 의한 분해를 회피할 수 있고, 균체로부터 재조합 단백질의 분리정제가 쉽다는 장점을 갖는다. 그 반면, 봉입체에 포함되어 있는 재조합 단백질은 본래의 생리활성을 가지고 있지 않기 때문에 일단 봉입체를 guanidine 염산이나 요소 등의 단백질 변성제로 가용화시킨 후 투석이나 희석에 의해 변성제를 빼서 활성형의 구조로 되감는 과정(refolding, 되감기)이 필요하게 된다.

단백질의 변성 및 활성재생(복원, renaturation)에 관해서는, 옛날에는 Anfinsen의 ribonuclease A를 이용한 입체구조형성 과정을 명확하게 한 연구가 유명하고[2] 변성 단백질은 변성 조건을 없애면 대부분의 경우 가역적으로 본래의 구조로 재생하는 것이 알려져 있다. 그러므로 그동안의 단백질 구조형성에 관한 연구는 봉입체를 형성한 재조합 단백질의 활성재생법을 확립하는 데 유익한 정보를 제공한다. 그러나 단백질의 활성재생에는 아직까지 불분명한 점이 많아 모든 재조합 단백질의 활성재생을 가능하게까지는 미치지 않고, 개개의 단백질의 최적 refolding 조건을 모색하고 있다[3),4)]. **그림 1**에 봉입체를 형성한 재조합 단백질의 활성재생의 모식도를 나타낸다.

재조합 단백질의 활성재생을 실시하는 데 주의하지 않으면 안 될 중요한 점으로서, 정확한 분자내 S–S 결합의 형성이라는 문제가 있다. 분자 내에 S–S 결합을 가지고 있지 않은 단백질의 경우, 가용화된 봉입체가 다시 불용성의 응집체를 형성하지 않도록 최적의 조건에서 변성제를 제거함으로써 대부분의 단백질을 본래의 입체구조로 되돌리는 것이 가능하다. 한편, S–S 결합을 다수 가지고 있는 단백질의 경우, 분자내 또는 분자 간의 올바른 위치에서 S–S 결합을 형성시킬 필요가 있고, 일반적으로 활성재생은 어려움을 동반한다. 사실 대부분의 분비단백질

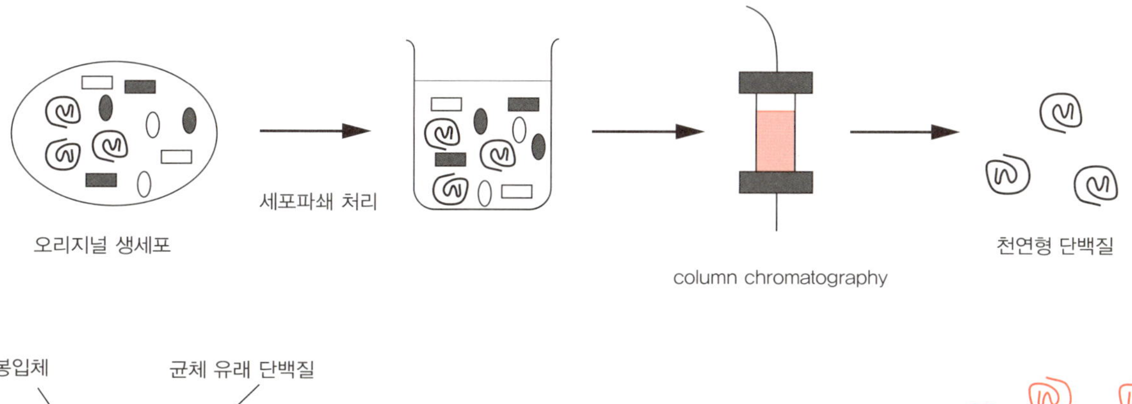

그림 1 생세포에서의 천연형 단백질의 정제법과 봉입체를 형성한 재조합 단백질의 정제법 비교

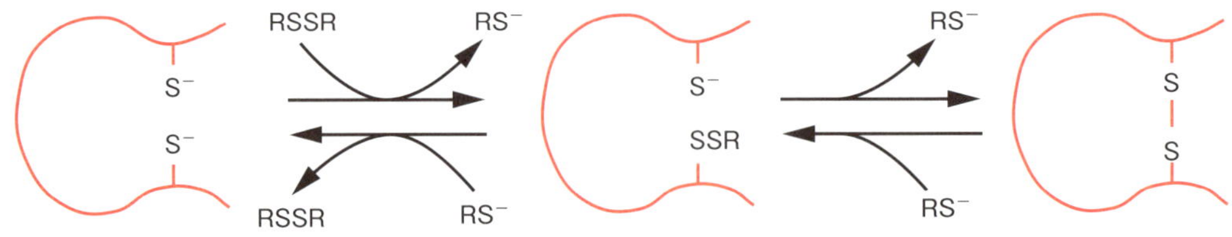

식 1 S–S결합 형성의 평형식

은 분자내 혹은 분자 간에 S–S 결합을 가지고 있어서, 다수의 S–S 결합을 갖는 단백질의 효율적인 활성재생법의 확립은 학문적으로도 산업적으로도 중요시되고 있다. 만약 독자의 연구대상의 단백질이 다수의 S–S 결합을 가진 경우라면, 활성재생용 buffer로서 산화환원 시스템(redox system)을 이용할 필요가 있다. 예를 들면, 글루타치온과 같은 저분자 thiol 화합물의 산화형(GSSG) 및 환원형(GSH)의 혼합물(환원형:산화형의 몰 비율이 5:1~10:1)을 최종 농도가 mM 수준이 되도록 첨가함으로써 S–S 결합의 reshuffling과 올바른 S–S 결합 형성에 적합한 산화환원 퍼텐셜을 주어, 활성형으로 되돌아올 수 있게 된다[5]. 식 1에 S–S 결합 형성의 평형식을 나타내었다.

이미 몇 개인가의 의약용 재조합 단백질이 대장균을 이용해 봉입체의 형태로 대량 생산되어, 활성형으로 refolding되어진 정제품이 임상에서 이용되고 있다. 또한 대장균으로 생산하고, 활성 재생한 재조합형 bovine–prochymocin이 치즈 생산에 이용되고 있다. 즉, 봉입체를 형성한 재조합 단백질의 효율적인 refolding법을 개발하는 것은 의약품, 식품, 화학산업에 있어서 중요한 역할을 하고 있다. 본 항에서는 일반적인 재조합 단백질의 활성재생법에 관해서는 간단한 protocol을 제시하는 데 그치고, 다수의 S–S 결합을 갖는 단백질의 활성재생법의 구체적인 예로서, 조직 plasminogen 활성화인자(tissue–type plasminogen activator, t–PA)의 활성재생법에 대해 소개하고자 한다.

준비물

1) 기구・기계

- 중형 항온 shaking incubator(Bio–Shaker, Taitec사, BR–40LF)
- 대형 항온 shaking incubator(Bio–Shaker, Taitec사, BR–300LF)
- 5 L용 미생물 배양장치, Jar Fermenter(Biott사, BMS–P)
- 고속 냉각원심분리기
- Mini gel용 전기영동 장치(Atto사)
- 초음파 파쇄기(Branson사, Sonifier 250[A: 아날로그, D: 디지털])
- Open column(GE Healthcare사, XK column)
- 투석 튜브(Spectrum사, Spectra/Por® Biotech 투석막)
- Ultrafiltration 장치(Millipore사, Amicon Ultra–4 및 Amicon Ultra–4)
- Ultrafiltration system(Pall사, Paul TFF “Centramate” cassette)
- Ultrafiltration membrane(Pall사, Paul TFF cassette ultrafiltration membrane)
- 분석용 고속액체 chromatography system(Shimadzu Corporation)

- 액체 chromatography system(GE Healthcare사, AKTAexplorer 10S 및 AKTAprime plus)
- 분석용 C_4 역상 HPLC column(Vydac사, 0.37 × 25 cm)
- 분석용 gel 여과 HPLC column(Tosoh사, TSKgelG3000SW_{XL}, 5 μm, 0.78×30 cm)
- 동결건조기(Labconco)사
- 부흐너 깔때기, 흡인병

2) 시약류

- 항생물질 용액
- 2×YT 배지
- M9-카사미노산(Casamino acids) 배지
- 세포 파쇄용 buffer
- 6 M guanidine 염산용액ⓞ
- 8 M urea 용액ⓟ
- Isopropyl β-D-thiogalactoside(IPTG)
- Indole acrylic acid(IAA)
- Q Sepharose FF(GE Healthcare사)
- SP Sepharose FF(GE Healthcare사)
- Sephacryl S-100 HR, S-200 HR, S-300 HR(GE Healthcare사)
- 단백질 정량 kit(Pierce사, BCA protein assay reagents)

ⓞ Guanidine 염산은 단백질 변성작용을 가지므로, 장갑과 보호 안경을 착용하고 적정량을 잰다. 6 M이 되도록 guanidine 염산을 용해하면, 흡열반응에 의해 용액의 온도가 상당히 떨어지기 때문에 hot stirrer로 온도를 높이면서 용해시키면 빨리 녹는다.

ⓟ Guanidine 염산처럼, 요소도 단백질 변성작용을 가지고 있기 때문에 장갑과 보호 안경을 착용하고 정량하며 조제한다. 고농도의 요소용액은 실온보관 중에 시안산을 발생시키고 재조합 단백질의 아미노기를 변형시킬 수 있으므로, 장기간 보관은 피하고 가능한 사용시에 준비한다.

3) 시약의 조제

항생물질용액

- 100 mg/mL가 되도록 암피실린 나트륨을 MilliQ W에 녹이고 여과 멸균 후, 소분하여 -20℃에 보관한다.
- 25 mg/mL가 되도록 테트라사이클린을 50% ethanol에 녹이고, 여과 멸균 후, 소분하여 -20℃에 차광하여 보관한다.

2×YT 배지

Bacto-trypton(Difco사)	16 g
Bacto-yeast extract(Difco사)	10 g
NaCl	5 g

DW로 1 L가 되게 만들고, 120℃에서 20분간 autoclave로 멸균한다. 균 접종 전에 최종 농도가 100 μg/mL이 되도록 암피실린 또는 25 μg /mL 되게 테트라사이클린을 첨가한다.
실온에서 2~3개월 보관 가능하다.

***10×M9염 용액**

Na_2HPO_4	60 g
KH_2PO_4	30 g
NH_4Cl	10 g
NaCl	5 g

DW로 1 L가 되게 만들고, 120℃에서 20분간 autoclave로 멸균 후, 4℃에 보관한다.

세포 파쇄용 Buffer

1 M potassium phosphate(pH 7.0)	5 mL	(10 mM)
0.5 M EDTA-Na(pH 8.0)	1 mL	(1 mM)

1 N KOH로 pH 7.0에 맞추고, MilliQ W를 가하여 total 500 mL 되게 한다.

1 M 인산-K(pH 7.0)

KH_2PO_4	13.6 g

2N KOH를 첨가하여 pH 7.0에 맞추고, MilliQ W를 가하여 total 100 mL 되게 한다.

0.5M EDTA-Na(pH 8.0)

ethylenediamine tetraacetic acid disodium	18.6 g

2N NaOH를 첨가하여 pH 8.0에 맞추고, MilliQ W를 가하여 total 100 mL 되게 한다.

6 M guanidine 염산 용액

guanidine 염산염	57.32 g	(6 M)
Tris base	605.7 mg	(50 mM)
DTT(dithiothreitol)	154.3 mg	(10 mM)

2N HCl로 pH 8.5에 맞추고, MilliQ W를 가하여 total 100 mL 되게 한다.

8 M urea 용액

Urea	48.05 g	(8 M)
Tris base	605.7 mg	(50 mM)
DTT	154.3 mg	(10 mM)

2N HCl로 pH 8.5에 맞추고, MilliQ W를 가하여 total 100 mL 되게 한다.

M9-카사노미산 배지		(최종 농도)
*10×M9염 용액	100 mL	
2% 카사노미산	100 mL	(0.2%)
10% glucose	20 mL	(0.2%)
1 M thiamine염산	1 mL	(1 mM)
1 M $MgSO_4$	1 mL	(1 mM)
1 M $CaCl_2$	0.1 mL	(0.1 mM)
DW(멸균한 것)	780 mL	

각각의 용액을 별도로 멸균(thiamine 염산은 여과멸균) 후 혼합한다.
균 접종 전에 최종 농도 100 μg/mL 되게 암피실린 또는 25 μg/mL 되게 테트라사이클린을 첨가한다. 사용시 조제한다. 다른 살균용액은 4℃에서 2~3개월 보관가능.

Protocol

1) 재조합 균의 배양  12~24시간

❶ 적당한 발현 vector를 가진 재조합 균을 약제 내성 marker에 맞춰서, 최종 농도 100 μg/mL의 암피실린 또는 25 μg/mL의 테트라사이클린을 포함한 2×YT 배지에 하룻밤 배양한다(종배양, seed culture).

❷ 종배양한 재조합 균을 항생물질을 포함한 재조합 단백질 생산용 배지(M9-카사미노산 배지) 등에 이식시켜 대량 배양(1~5 L)을 한다. 발현 vector의 성질에 따라서, 재조합 균의 증식이 대수 증식기에 들어간 시점ⓠ에서 적당한 조건으로 발현을 유도한다(예: IPTG 첨가, IAA 첨가, 온도 변화).

ⓠ 균 접종 후 4~6시간 정도(사전에 생육곡선을 그려 본다).

❸ 발현유도를 개시 후, 지속적으로 sampling하고, 모든 균체단백질을 SDS-polyacrylamide gel 전기영동에 의해 분석한다(**하권 2장 I 참고**). 발현 level이 최대가 되는 시점에서 배양을 종료한다ⓡ.

ⓡ 발현시킨 단백질에 따라 발현 수준은 다르므로, 예비실험을 통하여 사전에 최적 조건을 결정해 두는 편이 좋다.

2) 균체의 파쇄  1시간 30분

❶ 배양액을 냉각원심분리기로 4℃에서 분리하고(6,000 × g, 20분) 균체를 회수한다.

❷ 배양액의 1/20 양의 세포 파쇄용 buffer에 현탁하고, 초음파 처리에 의해서 세포를 파쇄한다(일반적으로 Sonifier 250을 이용할 경우, Out put : 4.70% Duty에서 1분간 처리를 2~3회 반복하면 충분히 파쇄할 수 있다)ⓢ.

ⓢ 초음파 파쇄의 경우, 열이 상당히 발생하기 때문에 얼음에 담가 식히면서 균을 파쇄한다.

❸ 냉각 원심분리기로 4℃에서 원심분리하고(13,000 × g, 20분), 침전물을 회수한다.

3) 봉입체의 회수 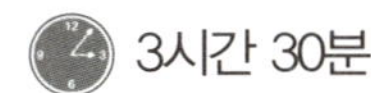 3시간 30분

❶ 봉입체를 포함한 침전물 분획을 1/20 양의 4% Triton X −100을 포함한 세포 파쇄용 buffer에 현탁하고(**아래 그림**), 실온에서 30분간, BR−40LF로 160 rpm으로 shaking한다(**오른쪽 그림**)ⓣ.

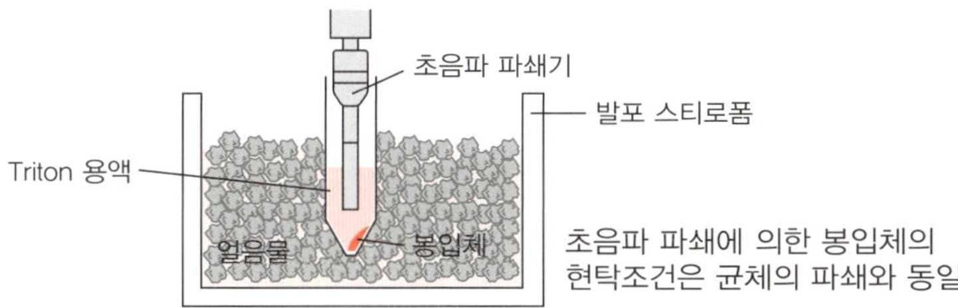

❷ 4℃에서 원심분리하고(25,000 × g, 20분), 침전물을 회수한다.

❸ 상층이 투명하게 되기까지 Triton 용액으로 봉입체의 세척(❶❷의 과정)을 반복한다(일반적으로 2회의 반복으로 투명하게 된다)ⓤ.

❹ 침전물을 배양액의 1/10 양의 MilliQ W로 현탁하고, 4℃에서 원심분리한다(25,000 × g, 2분). 2회 반복하여 Triton을 제거한다. 봉입체는 −20℃에서 장기간 보관가능하다.

4) 봉입체의 가용화  2시간

❶ 봉입체에 적당한 농도(1∼10 mg/mL)가 되도록 6 M guanidine 염산용액 또는 8 M 요소용액ⓥ을 첨가하고, 37℃에서 1시간 환원하여 가용화한다ⓦ.

❷ 4℃에서 원심분리하고(25,000 × g, 20분) 불순물을 제거한다.

❸ 순도가 불충분한 경우, gel 여과 또는 이온교환 chromatography(후자는 urea의 경우만 가능)에 의하여 변성제 존재하에서 정제한다ⓧ.

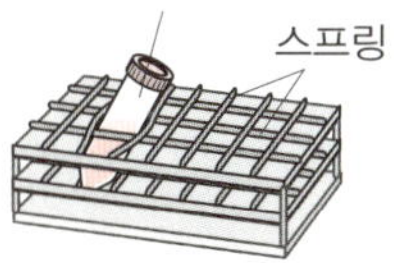

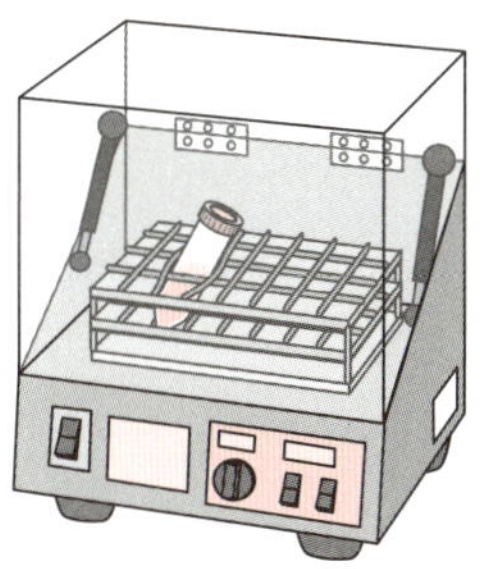

ⓣ Pipetting에 의하여 균일하게 현탁되지 않을 경우에는 초음파 처리를 하면 균일하게 된다.

ⓤ 이 Triton 등의 계면활성제에 의한 막 단백질의 추출과정이, 후의 refolding 효율에 큰 영향을 미친다. 추출 조작을 하지 않으면, 막 분획에 존재하는 대장균 유래의 protease가 refolding 과정에서 재조합 단백질과 함께 활성재생하여 재생한 재조합 단백질을 분해해 버리는 경우가 보고되어 있다. **표 1**에 각종의 계면활성제에 의한 봉입체의 조제에 대해 정리하였다.

ⓥ 발현시킨 단백질에 따라 경우가 각각 다르기 때문에 양쪽 다 시도해 보는 편이 좋다.

ⓦ 재조합 단백질 분자간 S–S 결합 및 분자내의 잘못된 S–S 결합 또는 재조합단백질과 대장균 유래 단백질의 S–S 결합이 봉입체를 형성하고 있다고 생각된다. 그렇기 때문에 높은 활성재생 비율을 높이기 위해서는 환원제(10 mM DTT)에 의한 S–S 결합의 절단이 필요하다.

ⓧ 발현량이 세포 전체 단백질의 30%를 넘을 경우 Triton 처리에 의하여 봉입체 내의 목적단백질의 순도가 80% 이상이 되며, 그대로 refolding 조작에 사용될 수 있다.

표 1 각종 계면활성제에 의한 봉입체의 준비 사례

재조합 단백질	발현법	계면활성제 용액
Human prourokinase	직접 발현	0.1% Triton X−100
Human t−PA	직접 발현	5 M 요소, 2% Triton X−100
Human t−PA	직접 발현	1% Triton X−100, 1% β−DPG
Human M−CSF	직접 발현	2% Triton X−100
Arginine deiminase	직접 발현	4% Triton X−100
인간 IGF−Ⅰ	융합단백질 발현	0.5% sarcosyl
Bovine growth hormone	직접 발현	2% deoxycholic acid
Bovine prochymosin	직접 발현	0.5% Triton X−100

β−DPG : octyl−β−D−thioglucopyranoside.

5) 활성재생 12~24시간

가용화된 변성단백질을 활성형으로 refolding시키기 위하여 보통 변성제를 포함하지 않은 적당한 buffer로 투석 또는 희석(**오른쪽 그림**)함으로써 변성제를 제거하고 활성재생을 실시한다[ⓨ].

6) 활성재생 후의 정제

최적의 refolding으로 활성 재생에 성공한 경우, 대장균 유래의 불순물 및 refolding이 불완전한 단백질을 제거하기 위하여, 보통의 column chromaography를 통하여 고순도로 정제한다(**4장** 참고).

ⓨ 이 조작이 가장 중요하고, 개개의 단백질에 있어 최적의 refolding 조건을 스스로 검토해서 발견해 내지 못하면 성공하지 못한다. **표 2**에 제시한 여러 가지의 parameter를 보고, 최적의 refolding 조건을 확립한다. **표 3**에 몇 개의 재조합 단백질에 관하여 봉입체로부터 활성재생의 최적 조건을 정리했다. 분자 내에 다수의 S–S 결합을 가지고 있는 단백질에 관하여서는, SH–SS 교환반응을 행하기 위하여 일반적으로 환원형 glutathione:산화형 glutathione을 10:1의 비율로 첨가한 buffer를 이용하는 경우가 많다. **표 4**에 대표적인 재조합 단백질의 S–S 결합 형성에 의한 활성재생의 최적 조건을 나타내었다.

표 2 재조합 단백질의 활성재생 수율에 영향을 미치는 parameter

1. 투석외액 및 희석액의 pH
2. Refolding 온도
3. Refolding 시간
4. 투석외액 및 희석액의 이온 조성 및 이온 강도
5. 변성제의 제거 방법(단계투석 등)
6. 재조합 단백질의 순도
7. 재조합 단백질의 변성시의 농도
8. 환원제의 존재

표 3 각종 재조합 단백질의 봉입체에서의 활성재생의 최적 조건

재조합 단백질	가용화 용액	활성재생법	pH	온도(℃)	시간(h)
Human interferon γ	6 M guanidine–HCl	희석	7	4	하룻밤
Human prourokinase	6 M guanidine–HCl	희석	8.8	15	24
Bovine prochymosin	8 M 요소	투석	10.5	실온	6
인간–angiogenin	7 M guanidine–HCl	희석	8.5	4	24
소–성장호르몬	6 M guanidine–HCl	투석	8.5	실온	24
arginine deiminase	6 M guanidine–HCl	희석	7.5	15	90
돼지–adenylate kinase	6 M guanidine–HCl	투석	7.4	4	하룻밤
인간–IGF–Ⅰ	6 M guanidine–HCl	희석	8	25	72
연어–성장호르몬	7 M 요소	희석	8	4	24

표 4 각종 S–S 결합을 갖는 재조합 단백질의 활성재생의 최적조건

재조합 단백질	S–S 결합의 수	환원형 Glutathione (mM)	산화형 Glutathione (mM)	pH	온도(℃)	시간(h)
항체 Fab 단편	5	5	0.5	8	10	150
Human t–PA	17	0.5	0.3	8.75	15	24
결실형 Human t–PA	9	2	0.2	8.6	20	24
결실형 Human M–CSF	9	0.5	0.1	8.5	4	48
Human IL–2	1	10	1	8	실온	16
Human IL–4	3	2	0.2	8	실온	4
Human IL–6	2	0.01	0.002	8.5	22	16
Human TIMP–1	6	2	0.2	8	4	16
결실형 Human TIMP–2	3	0.78	0.44	9.75	25	2

실험사례

조직 Plasminogen 활성화인자(t-PA)의 활성재생법

t-PA는 혈전 용해에 중요한 역할을 하는 serine protease로서, fibrin 존재하에 plasminogen을 plasmin으로 변환시키는 작용을 가지고 있다. 사람 t-PA는 527 아미노산으로 된 외가닥 당단백질로서 분자 내에 17개의 S-S 결합을 가진 복잡한 단백질이다. t-PA는 N말단 측으로부터 finger domain(F), 상피세포증식인자 형태 domain(G), 2개의 Kringle domains(K1, K2), serine protease domain(P)의 5가지 domain으로 이루어져 있다(그림 2). t-PA는 fibrin 존재하에서 활성이 100배 이상으로 증가하기 때문에 전신성의 출혈 경향을 회피할 수 있는 부작용이 적은 혈전용해제로서 임상응용이 기대되고 있는 대형 Bio 신약이다. 이미 동물세포를 이용한 재조합형 t-PA나 사람 태아간세포를 이용한 천연형 t-PA 가 임상으로 이용되고 있지만, 그것은 당의 사슬이 결합 활성형으로서 배지 중에 분비 생산된 것이다. 한편 대장균을 숙주로서 t-PA를 발현시킬 경우 당 사슬은 결합하지 않고, 대부분의 발현 산물은 불용성의 봉입체로서 균체 내에 축적하는 것으로 보고되고 있다[6)-8)]. t-PA는 분자 내에 다수의 S-S 결합을 포함한 복잡한 구조를 가진 단백질이고, 봉입체로부터 활성재생이 가장 어려운 부류의 단백질이다. 그러므로 대장균으로 대량으로 발현한 재조합형 t-PA의 고효율 활성재생법이 실현되었다면, 다른 복잡한 S-S 결합을 가진 단백질의 효율적인 활성재생에 응용이 가능하고 Bio 의약품의 저렴한 생산법의 확립 및 단백질의 입체구조 분석 등에 있어서 크게 공헌할 수 있는 기술이 된다. 본 항에서는 Sarmientos 등의 실례에 대하여 설명한다[6)].

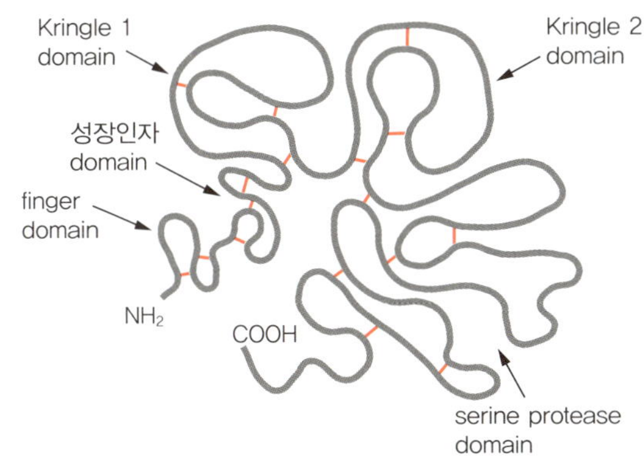

그림 2　t-PA의 전체 구조도
붉은색 선은 S-S 결합을 나타낸다

Protocol

1) 재조합 균의 배양

❶ Melanoma 세포로부터 cloning한 human-t-PA 성숙영역에 해당하는 cDNA를 λ phage의 P_L promoter의 downstream에 연결하고, t-PA 발현 vector pXL130을 구축한다. 또한 plasmid의 안정화를 꾀하기 위하여 T7 terminator를 부가한다.

⬇

❷ t-PA 발현 vector를 대장균 K12주(cI^{ts} cro^{+})에 도입하여 재조합 균을 얻는다. 암피실린을 포함한 LB 배지를 이용하여, 30℃에서 배양을 시작하고, 42℃로 온도를 바꿈으로서 온도 감수성의 cI repressor에 의한 억제를 해소하고 promoter를 활성화시킨다. 42℃에서 30분간 배양 후 30℃에서 다시 90분간 배양을 계속한다.

5장 재조합 단백질의 발현과 정제

2) 균체의 파쇄 및 봉입체의 회수

❶ 균을 모은 후, 배양액의 1/10 양의 PBS에 현탁하고, 초음파 처리로 균체를 파쇄한다.

❷ 원심분리 후, 봉입체를 포함한 불용성 분획을 1/20 양의 buffer–1ⓐ로 세척한다.

3) 봉입체의 가용화

세척한 후 pellet을 가용화 bufferⓑ에 현탁하고, 4℃에서 16~24시간에 걸쳐 가용화한다.

4) 활성재생

원심분리 후, 가용성 분획을 β–mercaptoethanol을 포함하지 않은 가용화 buffer에 4℃에서 2시간 투석하여 환원제를 제거한다. 계속해서 활성재생 bufferⓒ로 50배 희석하고, 15℃에서 16~24시간 공기를 차단시키고 incubation한다. 이러한 방법에 의하여 2~5 μg/mL의 천연형 t–PA에 상당하는 활성을 얻을 수 있다.

5) 활성재생 후의 정제

❶ 활성재생 후의 전체 정제단계는 4℃에서 실시하고, 비특이적인 흡착을 막기 위해 0.01% Tween 80을 첨가한 buffer를 사용한다.

❷ 활성재생한 t–PA는 2단계로 정제한다. 우선 처음에 활성 재생용액의 pH를 0.1N HCl로 pH 4.0에 맞추고 일괄처리에 의하여 t–PA를 SP resin(양이온 교환 column)에 흡착시킨다(5 mL resin/1 mg t–PA).

❸ Gel을 pH 4.0의 buffer–2ⓓ로 세척하고, 다시 pH 5.5의 buffer–2로 세척한다. 최종적으로 buffer–3ⓔ으로 t–PA를 column으로부터 용출시켜 0.1N HCl로 pH 7.6으로 맞춘다.

❹ 계속하여 용출액을 Lysine–Sepharose(GE Healthcare사, 3 mL resin/1 mg t–PA)에 loading하고 t–PA를 흡착시킨 후 buffer–4ⓕ로 용출시킨다. SDS–PAGE의 결과, 정제된 샘플은 95% 이상의 순도를 나타내고, human melanoma 세포로부터 얻어진 천연형 t–PA와 같은 고유활성도(specific activity)를 가지고 있는 것으로 확인되었다. 즉, glycosylation은 대장균 발현형 t–PA의 활성재생 및 고유활성도에는 영향을 미치지 않는 것으로 판명되었다. 최종적으로 3 mg/L/OD의 정제 샘플을 얻을 수 있지만, 처리과정에서 활성재생 단계의 수율은 20% 정도로 낮기 때문에 전체 과정의 수확 비율은 거의 2.8%이다[7]. t–PA의 refolding 반응은 늦어서 48시간 이상 걸린다.

ⓐ Buffer–1		(최종 농도)
Urea	150.15 g	(5 M)
Triton X–100	10 g	(2%)
0.5 M EDTA–Na	5 mL	(5 mM)
Tris base	3.03 g	(50 mM)

2N HCl로 pH를 7.5로 맞추고, MilliQ W를 가하여 total 500 mL 되게 만든다.

ⓑ 가용화 buffer		
Guanidine–HCl	66.87g	(7 M)
β–mercaptoethanol	390.7 mg	(50 mM)
KH_2PO_4	1.36 g	(0.1 M)

2N HCl로 pH 8.5로 맞춘 후, MilliQ W를 가하여 total 100 mL 되게 만든다.

ⓒ 활성재생 buffer		
Urea	750.75 g	(2.5 M)
Tris base	30.29 g	(50 mM)
NaCl	2.92 g	(10 mM)
0.5 M EDTA–Na	50 mL	(5 mM)
Lysine	7.31 g	(10 mM)
환원형 gluta–thione	768.3 mg	(0.5 mM)
산화형 gluta–thione	919 mg	(0.3 mM)

2N HCl로 pH 8.75로 맞춘 후, MilliQ W를 가하여 total 5 L 되게 만든다.

ⓓ Buffer–2		
인산	19.6 g	(0.2 M)
구연산1수화물	105.07 g	(0.5 M)
Urea	30.03 g	(0.5 M)

2N NaOH로 pH 4.0으로 맞춘 후 MilliQ W를 가하여 total 1 L 되게 만든다.

ⓔ Buffer–3		
NaCl	29.22 g	(0.5 M)
Urea	60.06 g	(1 M)
Tris base	6.06 g	(50 mM)

2N HCl로 pH 9.0으로 맞춘 후 MilliQ W를 가하여 total 1 L 되게 만든다.

ⓕ Buffer–4		
NaCl	29.22 g	(0.5 M)
Arginine hydrochloride	43.55 g	(250 mM)
Tris base	6.06 g	(50 mM)

2N HCl로 pH 7.6으로 맞춘 후 MilliQ W를 가하여 total 1 L 되게 만든다.

6) 참고 예

Grunfeld 등도 대장균을 숙주로 해서 t−PA의 봉입체로서의 발현 및 활성재생에 관하여 검토하고, 활성재생에 영향을 미치는 여러 종류의 parameter를 최적화함으로써 90%의 수율로 활성 재생 과정을 달성했다고 보고하였다[8]. 그들의 경우에도 활성 재생용액 중의 t−PA 농도는 2.6~3.7 mg/L의 경우에 효율 높은 refolding이 확인되었다. 본 활성재생법에 있어서는 최종 농도 0.25 M의 arginine을 첨가하는 것이 중요하고, 첨가하지 않는 경우에는 거의 10%의 수율로만 refolding되는 것 같다.

최근, 대장균 내에서 높은 발현으로 봉입체를 형성하는 재조합 단백질에 있어서, chaperonin을 같이 발현시킴으로써 가용성 분획으로의 회수율을 증가시키고 활성형으로의 발현이 가능했다는 보고가 잇따르고 있다.[9, 10] 장래에는 시험관내 활성 재생계에 대항해서 *in vivo* 활성 재생계에 의한 산업 생산규모로의 활성형 재조합 단백질의 대량 생산이 실현될지도 모른다.

사람을 시작으로 하여 여러 생물의 genome 분석이 급속히 진행됨에 따라 재조합 단백질의 생산 수요가 지금까지 이상으로 높아지고 있다. 신약개발 분야에 있어서도 genome 신약개발을 가속하기 위해서는 병에 관련한 단백질의 입체구조를 차례차례 해명할 필요가 있고, 신약개발 표적이 되는 단백질을 어떻게 신속하게 대량생산할 수 있는지가 신약개발 연구의 승패를 좌우한다. 그런데 유전자 재조합 기술을 구사한다면 어떠한 단백질이라도 간단하게 대량 생산이 가능하지 않을까라고 생각했으나 실제로는 그리 손쉬운 일이 아니어서 아직도 각각의 단백질에 대해 시행착오를 반복하면서 생산에 힘쓰고 있는 것이 현실이다.

본 항에서 소개한 재조합 단백질의 활성재생법을 충분히 활용함으로써, genome 신약개발에도 공헌하고, 또한 genome 정보로부터 이끌어 낸 미지의 단백질 기능분석에서의 응용도 기대된다. 한 예로서, 토호쿠대학교(현, 동경대학교)의 Tsumoto 등에 의해 개발된 면역글로불린 fold를 가진 단백질의 효율적인 refolding법에 대해서 소개한다[11)~13)]. 상세한 것은 문헌을 참고하기를 바라지만, 사람의 전체 막단백질의 3분 1은 세포외 도메인으로 면역글로불린 fold와 유사구조를 가지는 점에서 refolding법은 미지의 신약개발 표적 탐색이나 구조유전체학(structural genomics) 발전에 도움이 되리라고 생각된다. 또한 Alliance Protein Laboratories사의 Arakawa(荒川) 등은 refolding 과정에 있어서의 아르기닌의 효과와 작용에 대해서 흥미 깊은 결과를 보고하고 있어서 반드시 참고하기 바란다[14)].

시판용 refolding kit의 소개:

1) Merck사, Novagen®iFOLD® Protein Refolding System: 96 well plate의 각각 well에 다른 buffer와 refolding 용액이 미리 분주되어 있고 refolding 조건을 동시에 전체적으로 평가 가능한 kit. 아래 Refold Database에서 소개되고 있는 refolding 정보와 기타 참고문헌 정보에 기초하여 buffer 조건을 설정한다.
http://databasecommons.org/database.jsp?db_id=1295

2) TAKARA Bio사, Refolding CA Kit:
각종 계면활성제와 고중합도 cycloamylose를 조합한 refolding kit.
http://www.takara.co.kr/file/manual/pdf/7350_e.v0702.pdf

3) PIERCE, Pierce™ Protein Refolding Kit
9종류의 base 용액에 여러 가지 첨가제를 적당한 농도로 첨가하고, 최적조건을 screening 하는 refolding kit.
https://www.thermofisher.com/order/catalog/product/89867

참고문헌

1) 三沢 悟, 熊谷 泉：BIOINDUSTRY, 15：29−36, 1998
2) Anfinsen, C. B. & Haber, H.：J. Biol. Chem., 236：1361−1363, 1961
3) Misawa, S. & Kumagai, I.：Biopolymers (Peptide Science), 51：297−307, 1999
4) 津本浩平, 三沢 悟, 熊谷 泉：蛋白質 核酸 酵素, 46：1238−1246, 2001
5) Rudolph, R. et al.： in Protein Function, a Practical Approach, edn2., pp.57− 99, Oxford, IRL Press, 1997
6) Sarmientos, P. et al.：Bio/Technol., 7：495−501, 1989
7) Dater, R. V. et al.：Bio/Technol., 11：349−357, 1993
8) Grunfeld, H. et al.：Appl. Biochem. Biotechnol., 33：117−138, 1992
9) Joly, J. C. et al.：Proc. Natl. Acad. Sci. USA, 95：2773−2777, 1998
10) Qiu, J. et al.：Appl. Environ. Microbiol., 64：4891−4896, 1998
11) Tsumoto, K. et al.：J. Immunol. Methods, 219：119−129, 1998
12) 津本浩平, 三沢 悟, 熊谷 泉：生物物理, 40：274−276, 2000
13) 津本浩平, 熊谷 泉, 荒川 力：実験医学, 21：1669−1673, 2003
14) 荒川 力, 勝山 巖, 熊谷 泉, 津本浩平：蛋白質 核酸 酵素, 48：2310−2317, 2003

I−5 Arginine에 의한 재조합 단백질의 재생방법

원리 • 실험법의 개요, 목적

여기에서는 대장균을 이용한 발현계에 의해 봉입체로서 얻어진 유전자 재조합 단백질을 변성제로 가용화한 후 arginine 용액 안에서 refolding하는 방법에 대해 소개한다.

일반적으로 guanidine이나 urea 등의 chaotropic 시약으로 변성 · 가용화한 단백질에서는 소수성 아미노산 잔기가 분자표면(용매측)에 노출되어 있다. 이것은 용매인 물분자 간 수소결합 네트워크로부터 소수성 분자가 튕겨지는 힘에 의한 소수성 상호작용, 즉 단백질의 입체구조를 지탱하는 원동력이 되는 소수성 상호작용과 관련이 있다. 즉, 천연단백질에서는 친수성 부분이 분자 표면에, 소수성 부분이 용매에 접촉하기 어려운 분자 내부에 수용되도록 배열하는 것으로 입체구조가 유지되지만, chaotropic 시약에 의해 물분자 간의 수소결합 네트워크가 파괴되면, 단백질 분자 내에서 소수성 상호작용이 약해지고 열운동에 의해 입체구조가 붕괴된다. 한편, 봉입체는 단백질의 회합체(aggregate)이고, 변성단백질이 분자 간의 소수성 상호작용으로 결합되어 다량체가 됨으로써 불용성화된 것이다. 따라서 chaotropic 시약은 이 분자 간의 소수성 상호작용을 약화시키는 것으로 봉입체를 가용화할 수 있다.

Chaotropic 시약으로 변성 · 가용화한 단백질을 효율적으로 refolding 시키는 열쇠는 변성제를 제외하고 물의 수소결합 네트워크를 부활시킬 때 단백질 분자 내의 소수성 상호작용을 선택적으로 회복시켜 분자 간의 상호작용을 억제하는 것에 있다. 단백질 분자 사이에 소수성 상호작용이 일어나면, 많은 경우 aggregate되어 불용성화되지만, 이때 소수성 부분은 분자표면에 노출된 채 안정화되므로 refolding은 저해된다.

Arginine은 guanidino기를 가진 아미노산이지만, 이 부분의 구조가 guanidine과 유사하고(그림 1), chaotropic 시약으로서 작용하는 한편, 아미노기와 carboxyl기의 전하는 용이하게 물분자 간의 수소결합 네트워크에 수용되어 안정화되므로 분자 전체로서는 비교적 약한 chaotropic 시약이 된다. 이 시약은 단백질 분자 내부의 소수성 상호작용을 저해할 정도로 강하지 않지만, 분자 간 소수성 상호작용은 어느 정도 저해하므로 효율 좋은 refolding을 추진할 수가 있다. 적당한 농도의 요소도 같은 효과를 갖지만, 단백질이 장시간 요소에 접촉하면 요소의 이성화에 따라 생기는 cyanate 이온에 의해 단백질 분자 내의 아미노기가 화학변형(carbamyl화)될 가능성이 있다. Arginine은 이와 같은 화학변형이 일어나지 않는 점이 뛰어나다. 또한 용액 중에서 변성단백질 분자끼리의 접촉 빈도를 낮추는 것으로도 분자 간의 상호작용을 억제할 수 있으므로 변성된 상태의 단백질을 arginine 용액 안에 떨어뜨려 신속히 확산시킴으로써 refolding 효율을 높이는 방법이 일반적이다.

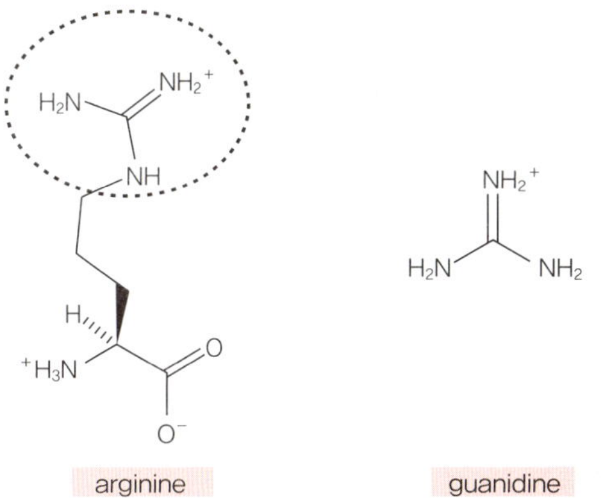

그림 1 Arginine과 guanidine의 화학 구조
점선으로 둘러싼 부분은 arginine 잔기 내의 guanidino기

여기에서는 단백질 분해효소인 Matrix metalloproteinase-2 (MMP-2)의 촉매 도메인(그림 2)을 대장균 내에 봉입체로서 발현시킨 후 arginine을 이용하거나 refolding법에 의해 촉매활성을 갖는 효소로서 재생된 예를 소개한다. 또한 MMP-2는 금속의존성 효소이고 활성 중심에 Zn^{2+}를 가지는 외에 그 이외의 부분에도 Zn^{2+}과 복수의 Ca^{2+} 결합부위를 가지고 있고, 이 금속이온 결합에 의해 입체구조가 안정화되어 효소활성이 발휘할 수 있다는 사실이 알려져 있다. 따라서 refolding 과정에서는 이들 금속이온을 첨가했다.

한편, MMP-2의 촉매 도메인은 cysteine 잔기를 포함하지 않아 분자 내 이황화결합(S-S)을 갖지 않지만, 분자 내 이황화결합을 갖는 단백질 분자의 refolding에는 arginine 용액 중에 적당한 산화형 및 환원형 guanidine을 첨가하고, 올바른 분자 내 이황화결합의 형성을 촉진할 필요가 있다(**5장 I-4** 실험 사례 참고).

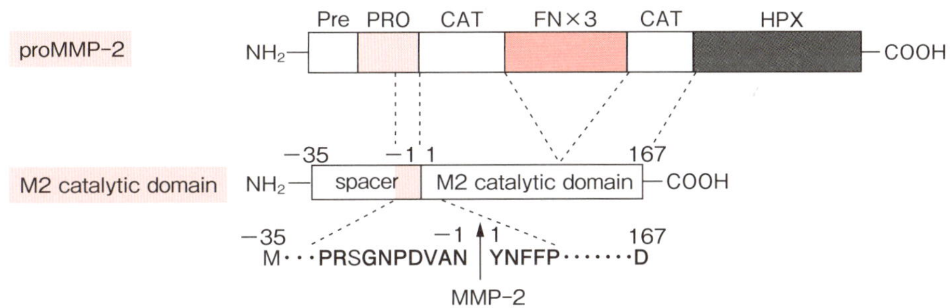

그림 2 재조합 MMP-2 촉매 domain의 분자 설계
proMMP-2의 domain 구조(위)와 대장균으로 발현시킨 MMP-2 촉매 domain(M2 catalytic domain)의 구성(아래)을 모식적으로 나타낸다. 이 구성에서는 번역 개시 methionine(여기에서는 M^{-35})과 MMP-2 촉매 domain 사이에 34잔기의 spacer 서열(-34~-1)이 삽입되어 있고, 이 서열의 삽입에 의해 대장균 DH5α 주에서의 발현 효율이 현저하게 상승하는 것을 경험적으로 알고 있다. 또한 이 spacer의 COOH 말단측 10잔기는 S^{-8} 이외 proMMP-2 propeptide 영역과 상동한 서열(굵은 글씨로 표시)로 되어 있고, refolding에 수반하여 효소활성을 회복한 MMP-2 촉매 domain이 자가촉매적으로 spacer를 분리하고 천연의 활성형 MMP-2와 같은 Y^{1}NFFP 서열을 갖는 NH_2 말단이 되도록 설계했다.
Pre: 분비 신호서열, PRO: propeptide 영역, CAT: 촉매 domain, FN: fibronectin-like domain, HPX: hemopexin-like domain.

준비물

1) 기구・기계

- 냉각원심분리기
- 초음파 파쇄기
- Magnetic stirrer
- 투석막
- Ultrafiltration 장치(Millipore, Centriprep YM−10, Centricon YM−10 등)

2) 시약류

- 2 M Tris−HCl(pH 8.0)
- 1 M Tris−HCl(pH 7.5)
- 0.5 M EDTA(pH 8.0)
- 5 M NaCl
- 20% TritonX−100 용액
- 8 M guanidine−HCl 용액
- DTT(dithiothreitol)
- 2 M arginine(pH 7.5) 용액
- 2×YT 배지
- IPTG

3) 시약의 조제

Sonication buffer		(최종 농도)
2 M Tris-HCl(pH 8.0)	1.25 mL	(50 mM)
0.5 M EDTA(pH 8.0)	0.5 mL	(5 mM)
5 M NaCl	0.5 mL	(50 mM)

MilliQ W로 50 mL 되게 만든다.
사전에 냉각해 둔다.

8 M guanidine-HCl 용액		
guanidine-HCl 염	37.26 g	(8 M)
2 M Tris-HCl(pH 8.0)	2.5 mL	(0.1 M)

MilliQ W로 50 mL 되게 만든다.

8 M guanidine 100 mM DTT 용액		
8 M guanidine-HCl용액	1 mL	
DTT	15.43 mg	(100 mM)

DTT 15.43 mg을 8 M guanidine-HCl용액(pH 7.5) 1 mL에 용해한다.

Arginine refolding buffer		
2 M arginine(pH 7.5)[z]	100 mL	(1 M)
1 M Tris-HCl(pH 7.5)	10 mL	(50 mM)
5 M NaCl	6 mL	(150 mM)
1 M $CaCl_2$[a]	1 mL	(5 mM)
0.1 M $ZnCl_2$[a]	200 μL	(100 μM)

MilliQ W로 200 mL 되게 만든다.

ⓩ 2 M arginine 용액은 HCl을 이용하여 pH를 조정한 것을 사용한다.

ⓐ 금속이온 결합이 입체구조 안정화에 관여하지 않는 단백질의 경우는 불필요하다.

투석외액		
1 M Tris-HCl(pH 7.5)	50 mL	(50 mM)
5 M NaCl	30 mL	(150 mM)
1 M $CaCl_2$ ⓐ	10 mL	(10 mM)

MilliQ W로 1,000 mL이 되게 만든다.

Protocol

1) 대장균에서 재조합 단백질의 발현

❶ MMP-2 촉매도메인의 발현 벡터(여기에서는 Sigma의 pFLAG-CTC를 사용)로 형질전환한 대장균(DH5α주)의 colony에서 멸균한 이쑤시개로 균을 채취하여, 10 mL의 2×YT 배지에 넣어 37℃에서 하룻밤 shaking incubation한다.

❷ 증가한 균을 2×YT 배지에서 10배로 희석하고, 37℃에서 2.5시간 shaking incubation한다.

❸ 최종 농도가 1.0 mM이 되도록 IPTG를 첨가하고, 다시 5시간 배양함으로써 균체 내에 목적단백질을 발현시켜 봉입체를 형성시킨다.

❹ 원심분리(1,800×g, 10분, 4℃)로 균을 침전물로 회수하고, 상층부를 버린다.

2) 균체의 파쇄 및 봉입체의 회수

❶ 원심분리로 모은 균체(침전물)에 10 mL의 sonication buffer를 첨가하여 재현탁하고, 얼음 위에서 냉각시키면서 초음파 파쇄기를 이용해서 sonication(30초간×8회)을 실시하여 균을 파쇄한다ⓑ.

❷ 최종 농도가 1%가 되도록 TritonX-100을 첨가하여 교반 후, 재차 sonication(30초간×2회)을 실시한다.

❸ 파쇄한 대장균액을 원심분리(30,000 × g, 30분, 4℃)하고, 봉입체를 포함한 침전물과 상층부를 분리한다ⓒ.

❹ 침전물에 TritonX-100을 포함하지 않는 sonication buffer 10 mL 첨가하여 sonication(30초간×2회)을 실시한다.

❺ 원심분리(30,000×g, 30분, 4℃)하고, 봉입체를 침전시켜 회수한다.

❻ ❹ 및 ❺를 2회 반복하여 봉입체를 세척하는 동시에 TritonX-100을 제거한다.

ⓑ 처음부터 TritonX-100을 첨가한 경우, 거품이 생겨 파쇄 효과가 떨어지는 경우가 있다. 계면활성제를 넣지 않은 경우라도 균체의 밀도가 높을 때는 sonication할 때에 거품이 생기기 쉬우므로 주의해야 한다.
대장균 유래의 metalloprotease에 의한 재조합 단백질의 분해를 억제하기 위해 sonication buffer에는 EDTA를 첨가하고 있지만, 그래도 분해가 일어나는 경우에는 serine protease 저해제인 phenylmethylsulfonyl fluoride(PMSF)나 4-(2-aminoethyl) benzenesulfonyl fluoride(ABSF) 등을 첨가한다.

ⓒ 처음에는 SDS-PAGE를 실시하여 상층부보다 침전물 쪽에 목적단백질이 존재하는 것을 확인한다.

3) 봉입체의 가용화  2.5시간

❶ 세척한 봉입체(침전물)에 8 M guanidine 100 mM DTT 용액을 1 mL 첨가하여, 가끔 shaking하면서 실온에서 2시간 incubation하여 봉입체 단백질을 가용화하고, 1.5 mL eppendorf tube로 옮긴다ⓓ.

⬇

❷ 원심분리(15,000 rpm, 15분, 4℃)하고, 가용화한 단백질을 포함한 상층부를 회수하고, 불순물을 침전시켜 제거한다.

ⓓ 봉입체를 효율적으로 가용화하기 위해 최후에 pipetting하여 봉입체를 풀어준다.

4) Refolding  12~24시간

Refolding buffer 50 mL에 대해 3)에서 준비한 단백질 용액 500 μL를 이용하여 refolding 과정을 실시한다. (최종적으로 8 M guanidine을 포함하는 단백질 용액이 100배로 희석된다.) 모든 조작은 4℃에서 실시한다ⓔ.

❶ 100 mL 비커에 50 mL의 refolding buffer를 넣고, stirrer로 거품이 발생하지 않을 정도로 강하게 교반한다.

⬇

❷ 교반하고 있는 refolding buffer에 200 μL(또는 100 μL)의 micropipette를 이용하여, 3)에서 준비한 단백질 용액을 5초에 한 방울씩의 속도로 떨어뜨린다(그림 3)ⓕ.

⬇

❸ 모든 단백질 용액(500 μL)을 떨어뜨린 후, 약 30분간 추가로 교반한다.

⬇

❹ 용액을 플라스틱 튜브에 옮겨 하룻밤 가만히 둔다ⓖ.

ⓔ 희석률을 100배 이하로 하면 guanidine의 최종 농도가 높아지고 refolding 효율이 저하할 가능성이 있다. 또한 100배보다 크게 하면 농축하기에 시간이 걸리므로 주의한다.

ⓕ Refolding 조작에서는 guanidine의 농도를 낮추는 것과 동시에 변성단백질을 신속하게 확산시킬 필요가 있기 때문에, 단백질 용액을 buffer 안에 한 방울씩 떨어뜨려 충분히 확산시킨다. 5초에 한 방울의 기준으로 떨어뜨린다.

ⓖ Refolding에 수일~수주간 걸리는 단백질도 있고, 온도를 상승시키는 것에 따라 refolding이 촉진되는 것도 있는 등 단백질에 따라 최적조건이 달라진다. Refolding에 실패한 단백질은 합쳐져 침전되는 경우가 많으므로 이것을 원심분리 또는 여과를 통해 제거한 후 다음 과정으로 넘어간다.

5) 샘플의 투석  2~3일

투석으로 arginine을 제거하고 목적의 buffer로 치환한다.

❶ 하룻밤 두면서 refolding시킨 단백질의 용액을 투석막에 넣는다ⓗ.

⬇

❷ 단백질 용액의 20배 이상 체적의 투석외액을 사용하여, 여러 번 교환하면서 arginine 농도가 충분히 내려갈 때까지 4℃에서 투석을 실시한다ⓗ.

ⓗ 1 M arginine은 투석막을 통과하기 어려운데다가 삼투압이 높으므로, 투석 중에 샘플의 부피가 약 1.5배 증가한다. 이것을 고려해서 사용하는 투석막의 크기를 결정할 필요가 있다. 또한 샘플의 arginine 농도를 충분히 낮추기 위해 2~3회 투석외액을 교환하면서, 적어도 2일간 투석을 계속할 필요가 있다.

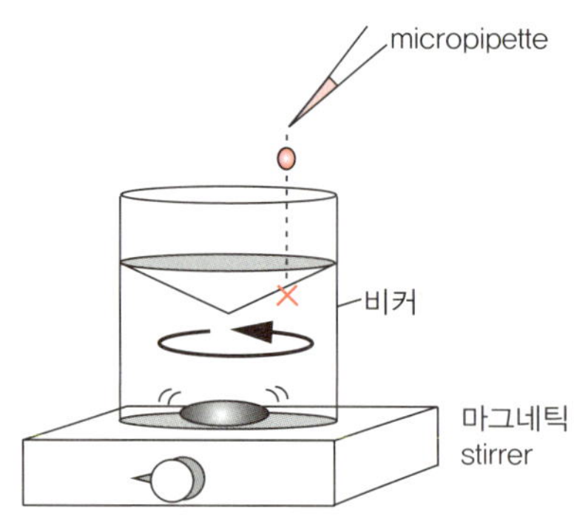

그림 3 Refolding 과정
X 위치에 떨어뜨리고 잘 확산시킨다.

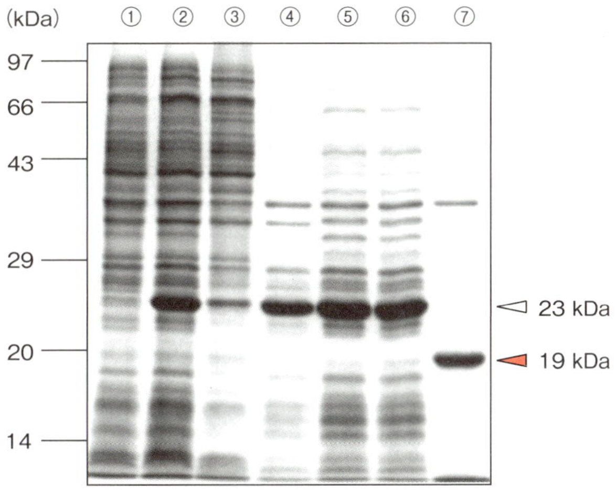

그림 4 MMP-2 촉매 domain의 대장균 발현에서 refolding까지 각 샘플의 SDS-PAGE 분석
각 레인의 샘플:
① 발현 유도 전의 대장균 용해물
② 발현 유도(5시간) 후의 대장균 용해물
③ Sonication 처리 후의 가용성 분획
④ Sonication 처리 후의 불용성 분획(봉입체 분획)
⑤ Refolding 용액으로 희석한 직후의 시료
⑥ Refolding 용액으로 희석하고 24시간 후의 시료
⑦ 위의 ⑥에서 투석을 통해 arginine을 제외한 시료
왼쪽의 숫자는 분자량을 나타낸다. 재조합 단백질을 봉입체로서 회수하는 단계 ④에서 이 단백질의 순도가 높아진다. 또한 arginine 존재하에서의 refolding 과정 ⑥에서는 분자 간 상호작용이 저해되므로 재조합 단백질의 크기는 NH_2 말단측의 spacer 서열이 붙은 상태의 23 kDa였지만, 이 NH_2 말단 부분은 투석 중에 두 분자 간의 자기촉매반응에 의해 제거되어, ⑦에서는 재조합 단백질의 크기가 19 kDa로 변화했다.

❸ 투석 후 원심분리로 불용성의 불순물을 제거하고, SDS-PAGE로 단백질의 회수율과 분해의 여부를 확인한다.

6) 샘플의 농축 • 정제

샘플을 목적의 농도로 만들기 위해 ultrafiltration으로 농축을 실시한다. 또한 순도가 불충분한 경우, 적당한 방법으로 정제를 한다.
분자량이 30,000 이하의 단백질의 경우에는, 상기의 3) 단계에서 봉입체를 8 M guanidine 용액으로 가용화하여 얻을 수 있는 단백질 용액을, C_4 column을 사용한 역상 HPLC로 정제하고, 동결건조 후, 재차 guanidine 용액에 용해하여 refolding 과정을 하는 방법도 유효하다[1]. 그림 4에 단백질의 대장균 발현에서 refolding까지의 각 과정의 샘플을 SDS-PAGE 분석한 결과를 나타낸다.

참고문헌

1) Higashi, S. et al. : J. Biol. Chem., 283 : 35735-35744, 2008

II 동물세포에서의 유전자 재조합 단백질의 발현

Genome 프로젝트에 의해, 인간이나 쥐의 전체 길이의 유전자 서열이 결정되었다. 다음 단계로서, 그들 유전자가 암호화하는 단백질의 구조나 기능을 해명하는 것이 중요하게 되었다. 지금까지 재조합 단백질의 발현계로서 그 수확량의 많음 때문에 대장균과 곤충세포, 효모를 이용한 발현계가 일반적으로 널리 이용되어 왔다. 그렇지만 이들의 발현계는 동물세포에서 일어나는 정상의 번역 후 변형이 일어나지 않거나 동일하지 않아서 올바른 입체구조가 형성되지 않는 경우가 있는 등의 결점이 있다. 한편, 동물세포에서 재조합 단백질 특히 분비단백질의 발현은 동물 단백질의 분석을 목적으로 할 경우에는 가장 이상적임에도 불구하고 그 수확량이 적기 때문에 꺼리는 경향이 있었다(**5장 I 표 1** 참고).

최근, 다양한 vector의 개발과 세포 발현계의 확립에 의해 동물세포에서도 충분한 양의 재조합 단백질을 얻는 일이 가능하게 되었다. 그래서 예를 들면 항체 의약의 분야에서, CHO 세포(Chinese hamster 난소 유래)에 인간 항체 유전자를 도입함으로써, 항체를 대량으로 생산하는 세포의 제작이 이루어지고 있다. 본 항에서는 인간 태아 신장유래 세포주 HEK293을 이용한 재조합 laminin 332(laminin 5)의 대량 발현계를 예로 들어 동물세포에서의 유전자 재조합 단백질의 발현에 대해 설명한다. 또한 발현 벡터 제작을 위한 유전자 조작법에 대해서는 기존 서적을 참고하기 바란다[1), 2)].

II-1 발현계의 설계와 도입

실제로, 동물세포에서 단백질을 발현시키려면 아래에 기술한 것과 같은 선택이 필요하게 된다. 이러한 선택은, 실험자 자신의 실험목적에 따라 정해져야 한다.

A) 일과성 발현과 안정 형질발현의 선택

동물세포에서 단백질을 발현시키는 방법은, 일과성 발현(transient expression)법과 안정 형질발현(stable expression)법으로 크게 두 가지로 나눌 수 있다. 일과성 발현법은 유전자도입 2,3 일 후의 발현 피크 때 발현분석을 실시하는 방법이다. 단시간으로 한 번에 복수의 도입유전자 효과를 조사할 수 있지만, 그때마다 유전자도입(transfection)을 할 필요가 있다. 안정 형질발현법은 도입유전자를 발현하고 있는 세포를 약제에 의해 선별된다. 일단 높은 발현의 세포주가 수립된다면, 그 후의 기능분석과 정제가 상당히 쉬워진다. 그러나 많은 시간과 노력이 필요하다는 단점이 있다. 또한 한편으로 세포독성과 증식 억제를 보이는 단백질의 경우에는 세포주 확립을 할 수 없는 경우가 많다.

B) 유전자도입 세포와 발현 vector의 선택

기본적으로는 모든 세포주에 유전자를 도입하여 발현시키는 것이 가능하다. COS 세포(원숭이 신장 유래), CHO 세포, Hela 세포, NIH3T3 세포, HEK293 세포 등이 많이 이용되고 있다. 특히, HEK293 세포는 대표적인 유전자도입 세포라고 할 수 있다. 한편, 이들 세포에 대해서 다양한 발현 vector가 개발되고 있다. 발현 vector에서 중요한 것은, 도입유전자의 전사량, 더 나아가서는 단백질의 발현량에 관여하는 promoter이다. 널리 이용되고 있는 promoter로서, cytomegalovirus(CMV) promoter, 인간 신장인자-1α(human elongation factor-1α, EF-1α) 등이 있다. 또한 현재, 도입유전자 산물과 짧은 펩티드 tag와의 융합단백질을 발현시키는 vector도 다수 시판되고 있다. Tag의 첨가에 의해 발현단백질을 안정화시키거나, 또는 발현단백질의 정

표 1 세포의 주요 유전자 도입법

	인산칼슘법	lipofection법	electroporation법	virus
장점	• 특별한 시약과 기구가 필요 없다.	• 간편하고 도입 효율이 높다. • 단시간에 가능하다. • 세포독성이 낮고, 도입 후의 세포생존율이 높다.	• 간편하고 도입 효율이 높다. • 아주 단시간에 가능하다.	• 도입 효율이 매우 높다. • Primary culture 세포에도 가능하다. • 도입유전자가 염색체에 편입되므로 안정적인 균주를 얻기 쉽다.
단점	• 세포독성이 높고 transfection 후의 세포생존율이 낮다. • 다른 방법에 비해 도입 효율이 조금 낮다. • 최적 조건이 까다롭다.	• 시약이 다소 비싸다	• 기계가 고가이다. • 어느 정도의 조건 검토가 필요하다.	• virus 준비가 필요하다. • 염색체에 랜덤으로 편입된다.

제와 검출을 현저히 용이하게 할 수 있다(5장 I 참고). 발현 vector의 상세한 정보는 Thermo Fisher Scientific의 Invitrogen 부문, 또는 Clontech(http://www.clontech.com/)의 홈페이지를 참고하면 좋다.

이와 같이 유전자도입 세포나 발현 vector가 다수 존재하는 것에서도 알 수 있듯이, 현재 도입유전자를 확실하게 발현시킬 수 있는 시스템은 확립되지 않았다. 도입세포와 발현 vector의 조합에 의해서 발현량이 달라진다. 즉, 조합이 맞는 세포와 vector가 있다. 또 이 조합이 좋아도 도입유전자의 종류에 따라서도 발현량이 달라진다. 우선은 발현이 잘되는 것으로 알려진 세포와 vector의 조합을 시험해 봐야 한다. 필자들은 HEK293 세포와 pcDNA vector series, pSecTag vector series(모두 Invitrogen)를 사용해서 여러 가지 유전자를 대량으로 발현시키는 것에 성공했다.

C) 유전자 도입법의 선택

세포에 유전자를 도입하는 간편하고도 신속한 방법으로서 표 1에 나타낸 방법이 일반적으로 이용되고 있다. 각각의 방법에 대해 장점과 단점이 존재하기 때문에 이용하는 세포와 비용에 따라 결정한다. 현재 널리 이용되고 있는 lipofection법은 도입효율이 높은 데다 간편하고 또한 세포독성이 낮기 때문에 폭넓은 세포에 적용할 수 있다. 특히 HEK293과 같은 damage에 약한 세포에는 lipofection법이 적합하다. 최근에는 RNAi[i]법에 의해 siRNA의 세포 도입도 많이 이용되고 있다. Virus를 이용한 유전자 도입법은 virus의 준비가 필요하고 다소 번잡하다(II-2 참고).

[i] RNA 간섭(RNA interference : RNAi)은 이중가닥 RNA 특이적인 ribonuclease인 Dicer에 의해 생성된 21~23 염기의 짧은 RNA(small interfering RNA : siRNA)가 RISC(RNA-induced silencing complex)에 투입되고, 이 복합체가 표적 mRNA를 절단하는 현상이다. 이것을 이용해서 포유류 세포에서 siRNA를 이용하여 서열 특이적으로 유전자 발현을 억제하는 방법이 생겨났다. 이것에 의해 종래의 유전자 knock out법에 비해 간편하고도 저렴하고 단시간에 다수의 유전자의 기능을 분석할 수 있게 되었다.

준비물

1) 세포 및 기구

- 인간 태아신장 유래 세포주 HEK293[j] 등의 유전자 도입용 세포
- Clean bench나 CO_2 Incubator 등 일반적인 세포배양에 필요한 설비
- 0.5 mL polystyrene tube(FALCON, cat NO.2052)
- 60 mm culture dish

[j] American Type Culture Collection (ATCC, cat No. CRL-1573) 또는 세포주은행에서 구입가능.

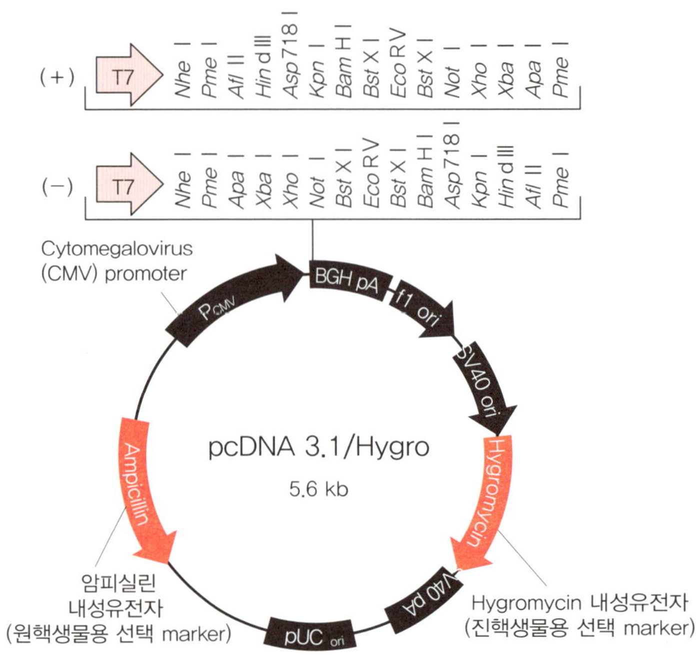

그림 1 포유류 세포용 발현 vector의 구조
pcDNA 3.1/Hygro vector의 구조를 나타낸다. Multi cloning site의 (+), (−)는 제한효소 site의 방향이 역으로 되어 있다. ori는 복제 기점, pA는 poly(A) signal을 나타낸다.

2) 시약

- Plasmid kit(Qiagen사 등)
- 발현 vector(모두 Invitrogen)
  - pcDNA 3.1/Hygro(Hygromycin 내성유전자 보유)(그림 1)
  - pcDNA 3.1(G418 내성유전자 보유)
  - pcDNA 3.1/Zeo(Zeocin 내성유전자 보유)
- Fetal bovine serum(FBS)
- 세포증식배지(DMEM 또는 DMEM/F12 등의 기초 배지에 FBS를 10% 되도록 더한 것)
- OPTI−MEM I Reduced Serum Medium(Invitrogen cat No.31985)
- Lipofectamine reagent(Invitrogen)ⓚ
- Plus reagent(Invitrogen사)ⓚ
- Poly−L−lysine hydrobromide(분자량 3만~7만)(Sigma사, cat No.2636)
  구입한 poly−L−lysine hydrobromide를 MilliQ W 또는 PBS(−)로 10 mg/mL로 조제한 후, 0.22 μm의 filter로 여과멸균한다. 사용할 때는 MilliQ W 또는 PBS(−)로 10 μg/mL로 희석해서 사용한다.
- 선택 시약(표 2)
  - Hygromycin B(Wako chemical사 등)ⓛ
  - Geneticin(G418 Sulfate)(Sigma사 등)ⓛ
  - Zeocin(Invitrogen)

ⓚ 현재는 이들보다도 한층 유전자도입 효율이 높은 lipofectamine 2000(Invitrogen, cat No.11668−027)도 판매되고 있다. 또한 FuGENE6(Roche, cat No.1181509 1001)은 세포독성이 낮고, 작업 과정도 적다.

ⓛ 시약을 분말로 구입한 경우, 적당한 농도(Hygromycin B, 10mg/mL ; Geneticin, 50mg/mL)가 되도록 MilliQ W로 용해시켜 0.22 μm filter로 여과 멸균한 것을 분주하여 4℃에 보관한다. 액체로 된 것도 판매되고 있다.

표 2 유전자도입 세포 선택에 사용되는 주요 시약

선택 시약 이름(stock 농도)	작용기전	세포 및 사용 농도(μg/mL)	
Blasticidin S(5 mg/mL)	진핵생물과 원핵생물에서 단백질 합성을 특이적으로 저해	HEK293	5~10
		Hela	1~3
		CHO	5~10
		COS	3~10
		NIH3T3	5~10
		MDA-MB231	10
		Keratinocyte	5
Hygromycin B(10 mg/mL)	Ribosomal translocation을 저해하고, mis-translocation을 촉진함으로써 단백질 합성을 저해	HEK293	100
		Hela	~550
		CHO	~250
		Jurkat	~1,000
G418(Geneticin)(50 mg/mL)	진핵생물과 원핵생물에서 단백질 합성을 저해	HEK293	500
		Hela	200~400
		CHO	~400
		Jurkat	600~700
		NIH3T3	600~1,000
Puromycin(5 mg/mL)	단백질 합성 억제제. 단백질 합성 중에 펩티드 사슬을 미완성인 채로 방출시켜서 번역과정을 저해	HEK293	5
		Hela	3~5
Zeocin(100 mg/mL)	세포 내에서 DNA와 결합하고 절단하여 세포를 사멸시킨다.	HEK293	200~300
		Hela	~150
		CHO	~250
		COS	~400
		Jurkat	~200
		NIH3T3	~400

3) 시약의 조제

PBS(−) (Ca^{2+}, Mg^{2+} 포함 안 된 인산완충 생리식염수)

NaCl	8.0 g
KCl	0.2 g
Na_2HPO_4	1.15 g
KH_2PO_4	0.2 g

MilliQ W로 용해시켜 1 L로 만든다(pH 조정 불필요).
그 후에 autoclave 멸균(121℃, 20분).

2%(w/v) EDTA

EDTA • 2Na	2.0 g

MilliQ W로 80 mL로 용해시킨 후, 1 N NaOH로 pH 7.4로 조정.
MilliQ W로 최종 100 mL로 만든 후, autoclave 멸균(121℃, 20분).

0.25%(w/v) 트립신/0.02% EDTA

트립신 용액에 다음의 2% EDTA를 1/100 용량(최종 농도 0.02%) 가한 것.

Protocol (그림 2)

1) 발현 vector의 준비

❶ 최저 1 μg 분량의 발현 vector를 초원심분리 또는 plasmid 정제 kit 등으로 정제해 둔다ⓜ.

⬇

❷ 정제한 발현 vector를 멸균한 MilliQ W로 0.5 μg/μL로 조제한다.

⬇

❸ 이후의 과정은 모두 clean bench 내에서 실시한다.

ⓜ 보통의 plasmid 조제법에는 대장균 유래의 endotoxin을 다량으로 함유한다. Endotoxin은 transfection의 효율을 감소시킨다. 그렇기 때문에 초원심분리나 column에 의한 plasmid 정제 kit을 이용하면 좋다. 그러나 도입 효율을 개의치 않고 HEK293 등의 적응성이 높은 세포이면, QIAprep Spin Miniprep kit(Qiagen) 사용으로도 충분하다. 또한 특히 plasmid DNA를 제한효소를 사용하여 선형 사슬 모양으로 만들 필요는 없다.

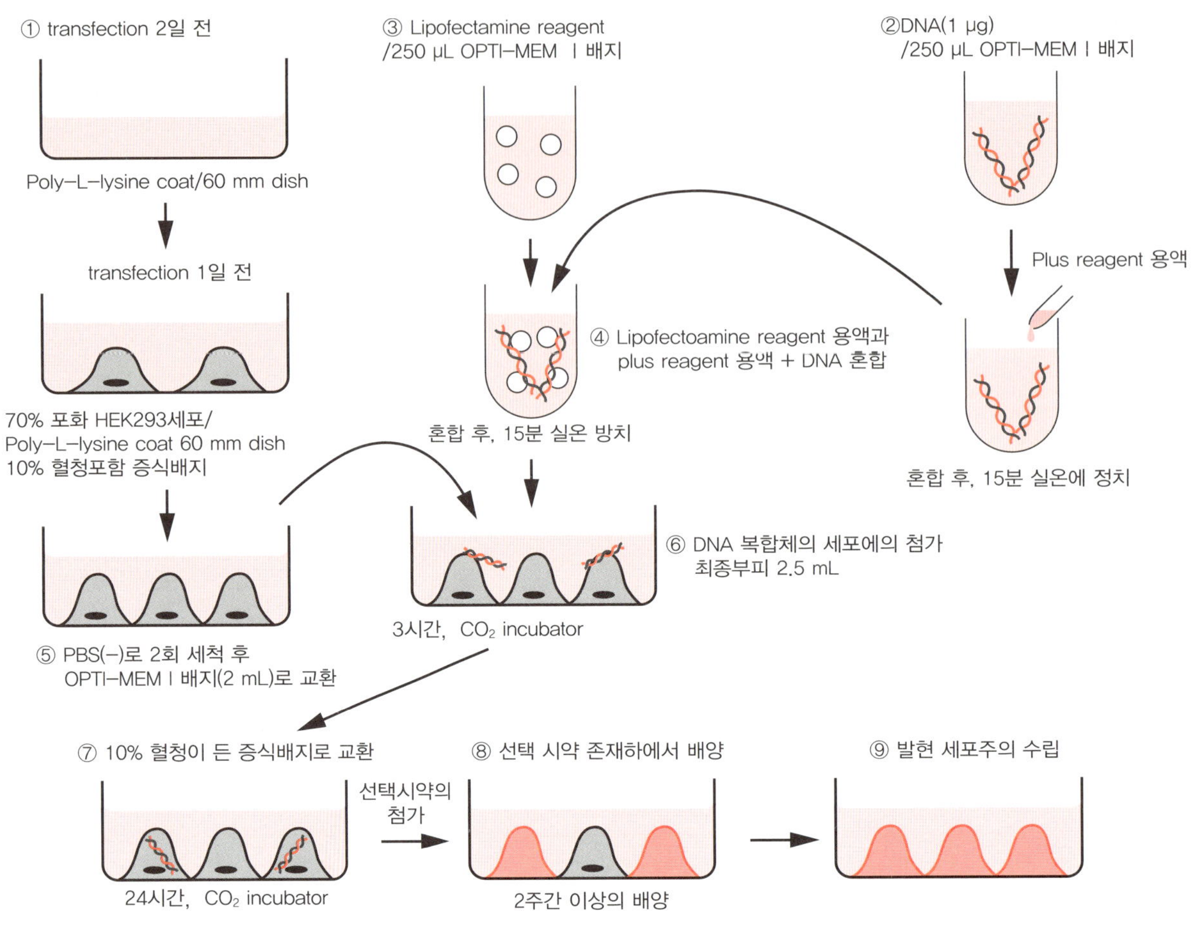

그림 2 Lipofectamine을 이용한 transfection의 개요도

2) 선택시약의 최적 농도의 검토

유전자도입 세포를 선별하기 위해서, 발현 vector에 넣어진 약제 내성유전자에 대한 선택시약을 이용한다. 그 농도는 세포에 따라서 또한 이용하는 선택시약에 의해서 달라지기 때문에 각각의 경우에 대비해서 사전에 검토해 둘 필요가 있다ⓝ.

3) poly-L-lysine coated dish의 준비ⓞ

❶ Transfection 전날까지 60 mm dish에 poly-L-lysine 용액(10 μg/mL)을 dish가 덮이는 양(2∼2.5 mL)으로 넣어 coating 해둔다. Coating은 4℃에서 하룻밤 혹은 37℃ incubator에서 2시간∼하룻밤 이상 실시한다.

⬇

❷ 사용 전에 ❶에서 준비한 dish에서 poly-L-lysine 용액을 흡인 제거하고 PBS(−)로 2회 세척한다.

4) Transfection용 세포의 준비ⓟ

Transfection 전날에, 항생물질을 포함하고 있지 않는 10% 혈청배지 5 mL에 현탁한 1.0∼3.0×10^6개(70∼80% 포화)의 HEK293 세포를 3)에서 준

ⓝ 시약 존재하에서 발현 vector를 도입하지 않은 세포(50% 포화 정도)가 1주일 정도에 사멸하는 농도가 시약농도의 기준으로써 좋다. HEK293 세포와 여러 세포의 일반적인 최적 농도를 **표 2**에 나타내었다.

ⓞ 이 처리는 HEK293 세포 등 접착성이 낮은 세포의 경우에만 실시하면 좋다. 보통의 접착성 세포에는 필요하지 않다.

ⓟ 여기에서는 60 mm dish에서 실시하고 있지만, 35 mm dish나 24 plate 등에서 줄여서도 가능하다. 그 경우에는 제시한 세포수나 이하의 시약의 양도 적당히 감소시킨다.

비한 poly-L-lysine coated dish에 넣는다.

5) Transfection 및 안정 형질발현 세포주의 수립

❶ OPTI-MEM I 배지ⓠ(무혈청 배지에서도 가능)를 50 mL 튜브 등에 필요량으로 넣는다. 튜브에 넣은 OPTI-MEM I 배지를 37℃ water bath에 둔다.

⬇

❷ 0.5 mL polystyrene 튜브 2개에 각각 250 μL의 OPTI-MEM I을 넣는다.

⬇

❸ 한쪽의 polystyrene 튜브ⓡ의 OPTI-MEM I 배지에, 사전에 0.5 μg/μL로 준비해 둔 DNA 용액 2 μL(DNA 1 μg)를 첨가한다.

⬇

❹ DNA 용액을 첨가한 OPTI-MEM I 배지에 plus reagent 용액ⓢ 7 μL를 첨가한다.

⬇

❺ 튜브를 가볍게 흔들어 혼합하고, 15분간 실온에 정치한다.

⬇

❻ 사전에 OPTI-MEM I 배지를 나누어 넣어둔 다른 한쪽의 튜브(DNA를 포함하지 않음)에, lipofectamine reagent 용액ⓣ 5 μL를 더한다. 튜브를 가볍게 흔들어 혼합해서 정치해 둔다.

⬇

❼ ❺의 incubator 안의 세포를 PBS(−)로 2회 세척하고, 혈청 성분을 잘 제거한 후ⓤ, 따뜻하게 해 둔 OPTI-MEM I 배지(항생물질 및 혈청을 포함하지 않는 배지도 가능) 2 mL를 첨가한다. 사용시까지 CO_2 incubator에 넣어둔다.

⬇

❽ ❺에서 15분간 incubation한 DNA 용액에 ❻에서 준비해 둔 용액(OPTI-MEM I/lipofectamine 용액)을 멸균 tip을 끼운 pipette으로 첨가한다.

⬇

❾ 가볍게 흔들어서 혼합하고, 다시 15분간 실온에서 정치한다.

⬇

❿ 15분 후, ❼에서 준비한 세포에 ❾의 용액을 멸균 tip을 끼운 pipette으로 떨어뜨린다. 이때 한 곳이 아닌 여러 곳에 나누어 떨어뜨린다.

⬇

⓫ 용액 방울을 떨어뜨린 후, dish를 가로, 세로, 비스듬하게 흔들어 방울로 떨어뜨린 시약이 전체적으로 잘 퍼지도록 한다.

⬇

⓬ CO_2 incubator에 다시 넣는다.

⬇

⓭ 3시간 후 DNA를 포함한 OPTI-MEM I 배지를 제거하고, 10% 혈청 배지로 교환한다. 24시간, CO_2 incubator에 넣어둔다.

⬇ 

ⓠ 개봉 후의 OPTI-MEM I 배지는 pH가 변화하기 쉽다. 그래서 병을 개봉하면, 여러 개의 튜브에 나누어 넣고 가능한 개폐를 적게 하는 편이 좋다.

ⓡ Polystyrene 튜브는 DNA의 흡착이 적다.

ⓢ Lipofectamine reagent 용액과 혼동하지 않도록 한다.

ⓣ Plus reagent와 혼동하지 않도록 한다.

ⓤ Lypofection법은 양전하를 띤 시약과 음전하를 띤 DNA의 복합체(전체로는 양전하)가 음전하를 띠고 있는 세포표면에 이온결합으로 붙고 세포의 식세포작용 등에 의해 도입된다. 한편, 혈청 중에는 전하를 띤 단백질과 지질이 다량 포함되어 있다. 따라서 혈청성분을 충분히 제거하지 않으면 transfection의 효율이 낮아진다. 한편, lipofectamine 2000과 FuGENE6은 혈청 존재하에서도 transfection이 가능하므로, 이 step은 불필요하다.

⑭ 다음날, 세포를 현미경으로 관찰한다. 이때 dish에 세포가 이미 포화되어 있는 경우에는 trypsin을 이용해서 떼어내고, 90 mm dish에 다시 넣는다.

⬇

⑮ 사전에 최적조건을 결정해 둔 농도ⓥ가 되도록 선택시약을 배지에 여러 곳에 나누어 방울을 떨어뜨린다. 떨어뜨린 후 ⑪처럼 dish를 흔들어 시약이 전체적으로 잘 퍼지도록 한다.

ⓥ 여기에서 서술한 DNA 및 시약의 양은 HEK293 세포의 경우이다. 다른 세포에 대해서는 적당한 조건의 검토가 필요한 경우가 있다.

⬇

⑯ 선택개시 3~4일 후 사멸한 세포가 나오기 시작하므로 적당히 배지교환을 실시한다. 배지교환 때마다 선택시약을 넣는다. 보통 2~3일 간격으로 배지교환과 선택시약 첨가를 시행한다.

⬇

⑰ 선택개시 후 적어도 2주 이상 지나서 살아남아 있는 세포를, 도입유전자 발현 세포주로 한다ⓦ. 이후의 취급사항은 보통 배지와 같다. 선택시약도 아주 가끔 떨어뜨리는 정도가 좋다. 세포가 충분히 늘어난 단계에서 Western blot 등으로 도입유전자의 발현을 확인한다.

ⓦ 선택시약의 효과가 나타나는 속도는 Hygromycin B > G418 > Zeocin의 순서이다. 따라서 유전자도입 세포의 약제 선택에는 Hygromycin B가 1주일 정도인 것에 비해서 Zeocin은 2주일 정도 걸린다.

⬇

⑱ 또한 필요에 따라서, 도입유전자를 고발현하는 clone을 얻기 위한 cloning도 실행가능하다.
일반적인 cloning법으로서 한계희석법, cloning cylinder를 이용한 방법 등이 있다. 필자들은 90% 정도 confluent한 발현세포를 10^4~10^5배 희석하고 plating하여 형성시킨 single colony를 현미경으로 보면서 tip이 달린 pipette으로 직접 벗겨내는 방법을 이용하고 있다. 이 방법은 상당히 간편하고 신속, 확실하다. 오염의 위험성이 걱정된다면 clean bench 내에 현미경을 넣고서 실시해도 좋다.

⬇

⑲ 복수의 도입유전자를 발현시키는 세포주를 얻고 싶을 경우, 앞에서 얻었던 고발현주에 대해서 다른 선택 마커를 가진 발현 vector에 재조합 유전자를 같은 조작으로 또 도입한다.

실험사례

HEK293 세포를 이용한 재조합형 인간 Laminin 332의 대량 발현계

발현 vector

인간 · Laminin α 3쇄 cDNA 발현 vector – [pcDNA 3.1/Hygro(+)]
인간 · Laminin β 3쇄 cDNA 발현 vector – [pcDNA 3.1/Zeo(+)
인간 · Laminin γ 2쇄 cDNA 발현 vector – (pcDNA 3.1)

조작 및 결과

HEK293 세포에 상기의 발현 vector를 γ 2쇄, β 3쇄, α 3쇄의 순으로 도입했다. 도입세포의 선택에는 10 mL 배지에 대해서, 각각 50 mg/mL

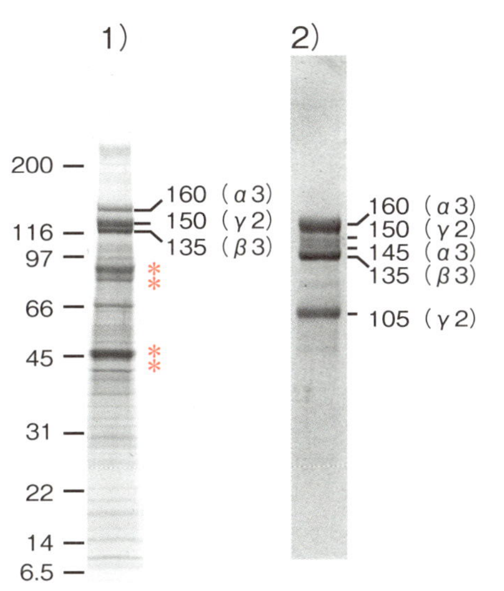

그림 3 Laminin 332 강제 발현 세포의 배양상층액 및 정제된 재조합형 Laminin 332의 CBB 염색상

Laminin 332의 3가지 구성 사슬 α 3, β 3, γ 2쇄의 cDNA 발현 vector를 HEK293 세포에 도입하고 재조합형 Laminin 332를 강제 발현시켰다.
Lane 1: Laminin 332를 강제 발현시킨 HEK293 세포의 배양상층액 0.6 mL 정도.
Lane 2: 정제된 재조합형 Laminin 332.
Lane 1은 5~20%, Lane 2는 3~7.5%의 gradient gel을 이용하여 환원조건하에서 전기영동했다. 전기영동 후 CBB 염색에 의해 단백질의 밴드를 검출했다. Lane 1 왼쪽의 숫자는 분자량 marker를 나타낸다. 또한 Lane 1, 2 오른쪽의 괄호 안은 발현시킨 Laminin 332의 구성사슬을 나타내고 숫자는 분자량을 나타낸다. 또한 *는 발현시킨 단백질의 분해산물을 나타낸다. 분자량의 단위는 kDa이다.

G418을 100 μL(최종 농도 500 μg/mL), 100 mg/mL Zeocin을 20~30 μL(최종 농도 200~300 μg/mL), 10 mg/mL Hygromycin B를 100 μL(최종 농도 100 μg/mL) 첨가했다. 각 단계에서 도입유전자 산물을 높게 발현하고 있는 clone을 선별했다. 최종적으로 3개의 구성사슬을 대량으로 발현하고 있는 세포(Lm332-HEK)를 수립하였다. Lm332-HEK 세포의 배양상층액으로 gel 여과 column, 항체 column을 이용하여 재조합형 Laminin332를 정제하였다(gel 여과 column 대신에 음이온교환 column을 이용할 수도 있다. **하권 3장 II** 참고). 정제한 재조합형 Laminin332의 수확량은 배양상층액 1 L에서 약 1 mg이었다. 이것은 인간의 위암세포주 STKM-1의 배양상층액에서 얻은 천연형 Laminin332의 약 10배의 수확량이었다. 또한 재조합형 Laminin332의 생리활성은 천연형의 것과 거의 동등했다. 그림 3은 Lm332-HEK 세포의 배양상층액 및 정제한 재조합형 Laminin332의 CBB 염색을 나타낸다. 중요한 분비단백질로서, α 3, β 3, γ 2의 각 사슬을 직접 확인할 수 있다. 상세한 것은 참고문헌 3, 4를 참고하기 바란다.

II-2 Retrovirus에 의한 유전자도입 사례

여기에서는 필자가 보통 시행하고 있는 Stanford대학에서 개발된 retrovirus system을 이용한 유전자도입 실험 사례를 아주 간단하게 소개한다. Retrovirus는 숙주 세포의 genome에 편입되므로 도입유전자가 자손세포에도 안정적으로 전해진다. Retrovirus vector는 8~10 kb 정도까지 유전자를 도입할 수 있고 정제가 용이하다. 또한 세포에의 도입효과가 매우 높다. 한편으로는 분열증식하지 않는 세포에의 유전자도입에는 적합하지 않다는 결점이 있다. 그 경우에는 lentivirus를 이용하면 좋다. Retrovirus에 의한 유전자도입은 plasmid 유전자도입 세포와 같은 대량 발현일 필요는 없지만, 확실하게 안정 형질발현 세포주를 제작하여 도입유전자가 coding하는 단백질의 기능분석을 하고 싶거나, 세포독성과 증식억제를 나타내는 단백질을 발현시키고 싶은 경우 등에 유용하다.

준비물

1) 세포 및 기구

- Packaging 세포
  필자는 스탠퍼드대학교의 Nolan 박사 연구실에서 수립된 phoenix 세포를 사용하고 있다. 이 세포는 이미 mouse Moloney leukemia virus(MoMLV) 유래 gag(구조단백질), *pol*(protease, 역전사효소, integrase 등의 virus 효소단백질 group)과 env(virus를 덮는 envelope protein) 유전자가 도입되고 있다. 그렇기 때문에 virus genome DNA의 LTR(Long Terminal Repeat: promoter 활성을 가진)과 ψ 서열(packaging signal)에 목적유전자를 삽입한 retrovirus vector를 도입하는 것만으로 virus를 생산할 수 있다. Phoenix 세포에는 ecotropic용과 amphotropic용이 있다. 각각 mouse 및 rat의 세포, 인간을 포함한 포유류 세포에 감염 가능한 재조합 retrovirus를 생산할 수 있다. 입수법이나 원리등 상세한 것은 스탠퍼드대학교의 Nolan 박사 연구실 홈페이지에서 알아볼 수 있다(http://www.stanford.edu/group/nolan/index.html).
- Clean bench나 CO_2 incubator 등 일반적인 세포배양에 필요한 설비
- 유전자도입 시약[보통, FuGENE6(Roche사, cat No.11815091001)을 이용하고 있다.]
- 6well culture dish
- (준비가능하다면) 32℃ CO_2 incubator
- (준비가능하다면) 32℃로 조절가능과 동시에 6well culture dish를 원심분리 가능한 원심분리기. 예를 들면, HITACHI사의 CF16RX II.

2) 시약

- 5 mg/mL polybrene: Hexadimethrine Bromide(Sigma사, cat No.10768-9)ⓧ
  PBS에서 5 mg/mL이 되도록 용해시킨 후(점성 있음), clean bench에서 0.22 μm filter에서 멸균한다. 소분하여 -20에 보관.

ⓧ Poly-cation인 polybrene은 음전하의 세포막과 바이러스 막 양쪽에 흡착하여 본래 서로 반발하는 양쪽을 중개한다. 이로 말미암아 감염효율을 향상시킨다. 한편으로 세포독성을 나타내므로 정해진 농도로 사용하는 것이 중요하다.

Protocol

그림 4에 전체 조작의 순서를 나타내었다.

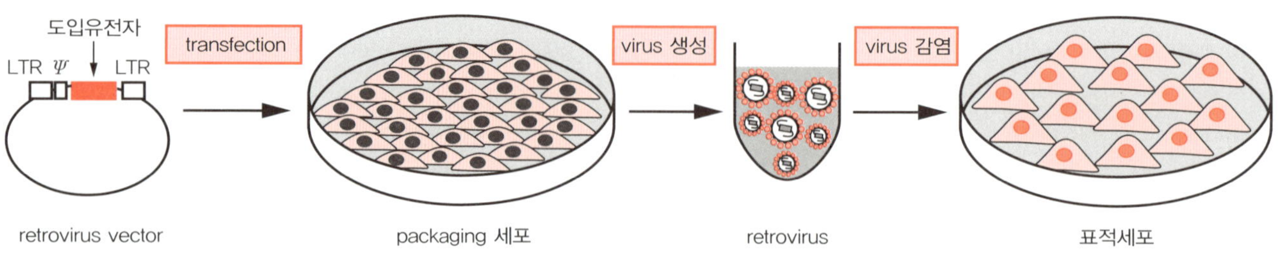

그림 4 Retrovirus에 의한 유전자도입의 순서도

1) 감염용 virus 조제

❶ 제작한 retrovirus vector를 앞 항목에서 소개한 lipofection법에 따라 packaging 세포(phoenix세포)에 도입한다ⓨ.

ⓨ Phoenix 세포에서는 FuGENE6을 이용한 경우에 가장 안정적으로 높은 유전자도입 효율을 얻을 수 있다.

❷ 유전자도입 24시간 후, 신선한 10% 혈청이 들어간 증식배지로 교환하고, 32℃ CO_2 incubatorⓩ로 옮긴다.

ⓩ 32℃의 incubation 쪽이 virus에 있어서 안정적이지만, 37℃라도 상관없다. Virus vector에 약제 내성유전자가 있는 경우, 선택시약에 의해 안정적인 virus 생산세포를 수립하고, stock하는 것도 가능하다.

❸ 유전자도입 48시간 후, phoenix 세포의 상층부를 15 mL 튜브에 회수하고 1,500 rpm, 5분, 실온에서 원심분리하고, 세포를 제외한 상층액을 회수하고 virus액으로 사용한다. 원심분리 대신에 0.45 μm의 filter로 세포를 제거해도 좋다ⓐ.

ⓐ 이 step을 시행하지 않으면, 이후 감염세포에 phoenix 세포가 혼입하게 된다. 조제한 virus액은 사용시까지 −80℃에서 보관가능. 단 동결 · 융해의 반복에 의해 virus의 감염효율이 떨어지므로 주의한다.

2) 세포의 retrovirus 감염

❶ 감염 전날에 retrovirus를 감염시키는 세포의 세포밀도가 30%가 되도록 6well culture dish(5×10^4 cells in 3 mL 증식배지/dish)에 깔아 둔다ⓑ.

ⓑ Retrovirus는 숙주세포의 핵막이 소실되는 세포분열기가 아니면 숙주의 염색체에 access할 수 없다. 그렇기 때문에 증식이 활발한 세포 밀도로 해두는 것이 중요하다.

❷ 감염 당일, 3 μL의 polybrene(최종 농도 5 μg/mL)을 세포의 배양액에 직접 첨가하여 앞뒤로 기울여 흔들어 배양액 안에 균일하게 되도록 한다.

❸ 15분간, 37℃의 CO_2 incubator에서 세포를 incubation한다.

❹ Virus액이 동결되어 있는 경우, ❸의 incubation 사이에 37℃의 water bath에서 재빨리 용해시켜 둔다ⓒ.

ⓒ 이때, virus는 열에 약하기 때문에, 37℃를 초과하지 않는다. Virus 용액이 용해되면, 32℃ 혹은 37℃의 CO_2 incubator에 넣어 둔다.

❺ Incubation했던 세포 배양액을 제거하고, 3 mL의 virus액으로 치환한다.

❻ 3 μL의 polybrene(최종 농도 5 μg/mL)을 재차 첨가하고, 전후로 비스듬하게 흔들어 virus액 속에 균일하게 되도록 한다.

❼ 2,100 rpm, 1시간, 32℃(CF16RXⅡ, HITACHI)에서 원심분리한다(HITACHI의 CF16RXⅡ의 경우에는, 사전에 원심분리기를 max speed, 35℃로 설정하여 샘플 없는 상태로 원심분리기를 작동시켜서 기계를 따뜻하게 해 둔다)ⓓ.

ⓓ 이 원심분리기에 의한 방법은 incubation method보다 virus 감염 효율이 높다. 원심분리 대신에 32℃의 CO_2 incubator(32℃ 쪽이 virus에 있어 안정적이지만, 37℃도 가능)에서 8~24시간 incubation으로 감염시키는 것도 가능하다.

❽ ❼의 조작 후, virus 용액을 제거하고ⓔ 증식배지로 치환한다. 이후에는 37℃의 CO_2 incubator에서 보통의 배양을 한다. 만약 연속하여 감염시킬 경우에는 7시간 이후에 실시한다.

ⓔ Virus 용액은 위험하므로 연구기관마다 정해진 절차에 따라 처리하고 폐기할 것.

❾ 도입유전자의 발현을 Western blotting이나 flow cytometry, 형광현미경 등으로 확인한다. 실제의 실시사례를 그림 5에 나타냈다.

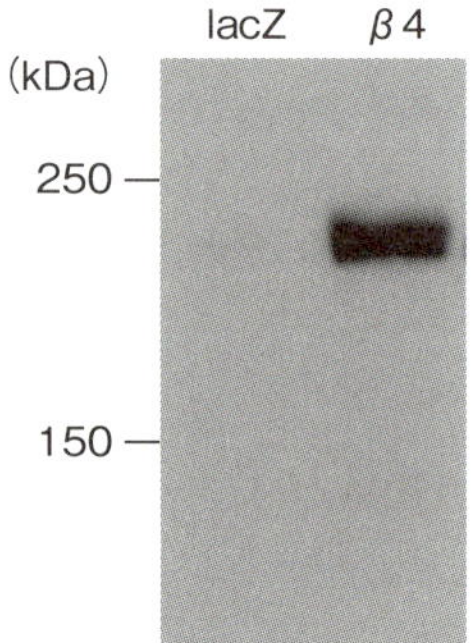

그림 5 Retrovirus에 의한 integrin-β 4 유전자도입 세포에서의 integrin-β 4의 발현.
Integrin-β4 유전자 결핍의 표피 keratinocyte에 각각 lacZ 유전자(control, 왼쪽 lane) 및 integrin-β4 유전자(오른쪽 lane)를 retrovirus로 감염시켰다. 감염 후의 세포추출액을 환원조건으로 6%-PAGE 전기영동을 실시하였다. Integrin-β4에 대한 항체를 이용한 Western blotting으로 각 세포에서의 integrin-β4의 발현을 확인하였다. 왼쪽 숫자는 분자량을 나타낸다.

II-3 기타

다양한 유전자 발현계가 확립되고 있지만 동물세포의 단백질, 특히 세포외 단백질을 천연의 상태에서 확실하게 발현할 수 있는 것은 여기에서 소개한 시스템이다. 미생물 발현계에 비하면 아직 발현량은 낮지만, 대부분의 경우 단백질 기능분석의 목적에는 충분하다. 또한 유전자도입에 의해 특정 단백질의 세포기능에 주는 영향을 분석할 수 있다. 이 경우에는 반드시, 목적유전자를 삽입하고 있지 않는 발현 vector(empty vector)를 도입한 세포와의 비교도 필요하다. 현재로서는 Invitrogen이 개발한 GATEWAY system을 이용하면, 하나의 entry vector에서 대장균, 곤충, 포유류, 바이러스 등 여러 가지 발현 vector로의 전환이 가능하다. 차후에 많은 세포에 대해 보다 확실하게, 또한 보다 효과적으로 유전자를 발현할 수 있는 시스템의 개발이 바람직하다.

참고문헌

1) 田村隆明 編 :「改訂第3版 遺伝子工学実験ノート (上, 下)」, 羊土社, 2009
2) 村松正實, 山本 雅, 岡崎康司 編 :「改訂第5 版 新 遺伝子工学ハンドブック」, 羊土社, 2010
3) Kariya, Y. et al. : J. Biochem., 132 : 607-612, 2002
4) Kariya, Y. et al. : J. Biol. Chem., 279 : 24774-24784, 2004
5) 大野茂男, 西村善文 監修 :「タンパク実験プロトコール 1 機能解析編」, 秀潤社, 1997
6) 竹縄忠臣, 伊藤俊樹 編 :「改訂 タンパク質実験ハンドブック」, 羊土社, 2011

Ⅲ 무세포 단백질 합성계

Ⅲ-1 무세포 단백질 합성계의 개요와 이점

무세포 단백질 합성계라는 것은 말 그대로 세포를 이용하지 않고, 세포의 밖에서 단백질을 합성하는 기술이다. 이 때문에 생세포를 이용한 단백질 발현계와는 달리, 세포가 생존하기 위한 생체유지기구의 영향을 받지 않고, 세포에 독성이 되는 단백질이나 세포 내의 단백질 분해효소에 의해서 분해되기 쉬운 단백질 등의 발현 이용에 효과적이다. 또한 생세포를 이용한 단백질 발현에는 목적유전자의 vector에의 도입부터 시작하고, 세포에의 유전자 도입부터 세포배양, 회수, 파쇄라는 일련의 작업이 필요한 것에 반해 무세포 단백질 합성계에서는 주형 DNA 혹은 RNA를 넣는 것만으로 단백질이 합성되고, 목적단백질을 포함한 crude extract에 맞는 것을 즉시 얻을 수 있는 이점도 있다. 주형 DNA를 vector에 넣을 필요성은 특별히 없고, PCR 산물을 이용하는 일이 가능하기 때문에 어떤 유전자의 cDNA를 입수한다면 PCR과 무세포 단백질 합성이라는 과정을 거쳐 단시간에 목적유전자의 번역 산물을 얻을 수 있다. 또한 생세포를 이용하지 않기 때문에 고안한다면 생물이 보통 사용하고 있는 20종류의 표준아미노산 이외의 비천연형의 아미노산을 단백질에 집어넣을 수가 있다[1]. 더욱이 ribosome display[2]나 *in vitro* virus[3]라는 수법을 이용하여 특정의 기능을 가진 천연에는 없는 단백질을 합성하는 것이 가능하다.

원핵생물, 진핵생물에 관계 없이 세포 내에서는 DNA를 주형으로 mRNA가 전사되고, mRNA는 세포질에 있는 리보솜으로 옮겨지고, 이 리보솜 위에서 mRNA는 단백질로 번역된다. 무세포 단백질 합성계는 이 세포 내의 system을 시험관 내로 끄집어 내어 주형 DNA 혹은 주형 mRNA에서 단백질을 합성하는 기술이다. 시스템의 구성요소로서는 주형으로 이용되는 DNA 또는 mRNA 외에 주형을 전사할 때 기질로 되고 또한 단백질 합성에너지원이 되는 nucleoside 3인산이나 단백질 합성의 기질이 되는 아미노산, 그것을 리보솜 위에 옮겨놓은 tRNA, 그리고 리보솜이나 번역인자 등의 펩티드 합성반응의 진행에 필요한 여러 가지 생체고분자 등을 들 수 있다. 종래에는 대장균이나 밀 배아, 토끼 망상 적혈구 등의 세포를 파쇄해서 30,000×g 정도의 원심분리 후 상층부(S30)가 이들 번역에 관여하는 모든 인자를 포함한 것으로서 무세포 단백질 합성계로 이용되어 왔다. 이들 시스템은 Roche사나 Promega사 등에서 실제 kit로 판매도 되고 있고, 단백질 연구의 여러 방면으로 이들 kit가 이용되고 있다(표 1).

또한 한편으로 이러한 세포추출액을 이용했던 시스템과는 조금 다른 무세포 단백질 합성계가 개발되어[4], PURESYSTEM®이라는 kit로 판매된다. PURESYSTEM®은 S30을 이용하지 않고 리보솜이나 각 번역인자 등을 각각 정제하고 그것을 이용하여 재구축한 무세포 단백질 합성계이고(그림 1), 장점으로서 그들 각각의 인자에 전부 His-tag(**5장 Ⅰ-1** 참고)가 이용되고 있어서 거대분자인 리보솜과 His-tag가 부가된 단백질을 제외한 tag가 없는 단백질들은 단시간

표 1 주요 무세포 단백질 합성 kit

이름	Maker	계	유래	권장하는 주형
Expressway	Invitrogen	S30	대장균	plasmid
WEPRO 시리즈	Cell free science	S30	wheat germ	mRNA
PURESYSTEM®	Wako Chemical, NEB	재구성계	대장균	PCR 산물
RTS 시리즈	5 PRIME	S30	대장균, wheat germ	plasmid
TNT 시리즈	Promega	S30	대장균, wheat germ, 토끼 reticulocyte	plasmid
Human Cell-Free Protein Expression System	Takara Bio	S30	인간 세포주	plasmid

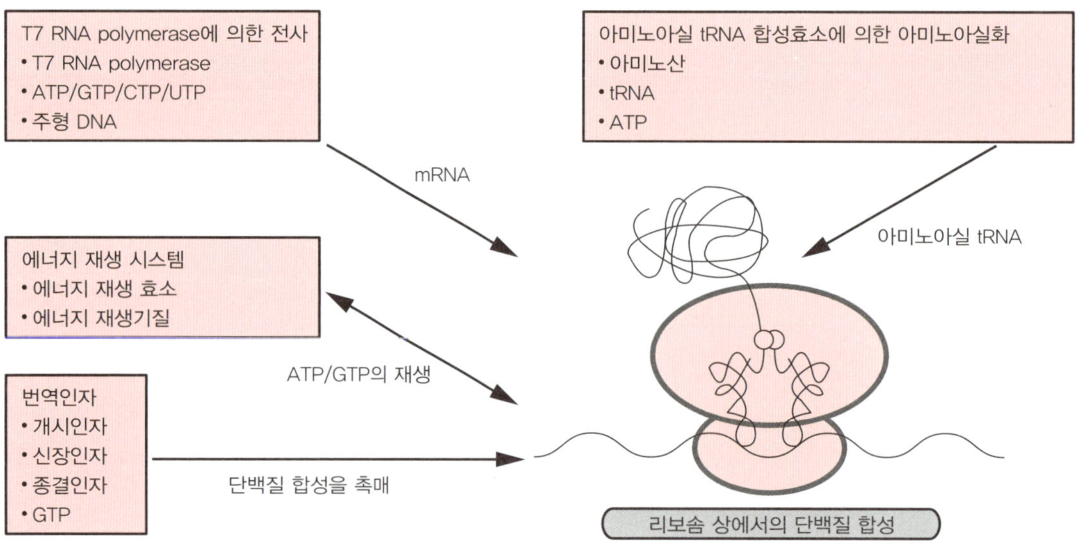

그림 1 PURESYSTEM® 의 개요
PURESYSTEM® 은 뉴클레오티드 3인산, 아미노산을 기질로, T7 RNA polymerase에 의한 전사, 아미노아실 tRNA 합성효소에 의한 tRNA의 아미노아실화, 에너지 재생시스템에 의한 ATP, GTP의 재생, 리보솜 및 번역인자에 의한 단백질 합성의 4가지 반응을 하나의 튜브에서 일어나게 하여 목적단백질을 합성하는 시스템이다.

에 고순도롤 정제할 수 있다. 또 종래의 시스템으로는 제거하기가 곤란했던 DNase나 RNase의 혼입량이 매우 적기 때문에 목적단백질 ORF의 down, up-stream이 비교적 짧은 PCR 단편으로도 분해를 받지 않고, vector에 조합한 경우와 같은 효율로 단백질의 합성이 이루어진다. 따라서 목적유전자를 vector에 조합할 필요성이 없기 때문에 여러 가지 단백질을 고속, 대량으로 합성하는 데 적합하다는 특징이 있다. 더욱이 특정 번역인자를 제외한 시스템이 특정 맞춤 kit로 판매되고 있고, 시스템에 여러 가지 다양한 고안과 발전이 이루어지고 있기 때문에 단백질에 비천연아미노산의 도입, ribosome display, *in vitro* virus라는 무세포 단백질 합성계를 이용한 응용적인 연구에도 이용 가능하다.

본 항에서는 이 PURESYSTEM® kit를 이용한 무세포 단백질 합성계에서의 단백질 합성부터 정제까지의 실험방법에 대해 설명한다.

III-2 PURESYSTEM® kit를 이용한 단백질의 합성 · 정제

준비물

1) 기구류

- Thermocycler(유전자 증폭기, PCR기기)
- Agarose gel 전기영동장치
- UV illuminator
- 항온조
- Amicon Ultra-0.5, Ultracel-100 membrane, 100 kDa(Millipore)

- Vortex mixer
- Micro Bio-Spin(Bio-Rad)
- SDS-PAGE 전기영동장치

2) 시약류

- PCR 반응 kit
- 목적유전자를 증폭시키기 위한 Forward primer 및 Reverse primer
- 1×TAE
- 0.5 μg/mL ethidium bromide
- RNase free water
- PURESYSTEM® classic II mini kit(Wako chemical)
- Ni-NTA agarose(Qiagen)

Protocol

1) 주형 DNA의 준비

PURESYSTEM®으로 이용하는 것이 가능한 주형은 다음의 4종류이다.

- 목적유전자의 upstream에 전사 promoter 서열을, downstream에 전사 terminator 서열을 가진 환상 plasmid DNA
- 목적유전자의 upstream에 전사 promoter 서열을 가지고, downstream을 특정의 제한효소로 절단한 선형 plasmid DNA
- PCR 증폭으로 얻은 목적유전자의 상류에 전사 promoter 서열을 가진 DNA 단편
- 전사 반응으로 얻은 mRNA

여기에서는 PCR 산물을 주형으로 이용하는 경우의 주형 준비방법을 기술한다[f]. PCR 산물을 주형으로 한 경우, PCR 반응액을 그대로 단백질 합성반응에 이용하는 것이 가능하고, 또 vector에 cloning할 필요가 없기 때문에 단백질을 빠르게 얻는 것이 가능하다. 또한 plasmid 준비에 있어서 RNase의 오염을 걱정할 필요도 없다.

A) Primer의 설계

주형의 증폭은 2단계의 PCR로 나누어 진행한다(그림 2). Kit에 포함된 Universal primer 1개와, 목적유전자를 증폭시키기 위한 forward primer와 reveres primer을 각각 1개씩, 합계 3가지의 primer를 준비한다(그림 3). Universal primer에는 전사 promoter 서열의 하류에, 번역의 개시복합체의 형성 속도를 높이는 epsilon 서열 및 SD 서열이 코딩되어 있다[g]. 처음에 목적유전자를 forward primer 및 reverse primer로 PCR 증폭한 후, 이것을 주형으로 Universal primer와 reverse primer로 다시 PCR을 진행하여, PURESYSTEM®에 사용하는 주형 DNA를 준비한다.

※ 실험은 RNase의 오염에 주의하여 실시한다. 사용하는 물은 MilliQ W나 그에 준한 것을 이용한다.

ⓕ 주형으로 plasmid를 이용하는 경우에는 T7 promotor 서열, SD 서열, 목적유전자, T7 terminator 서열의 순으로 code되어 있는 것을 이용할 것. T7 terminator 서열이 없는 경우에는 종결 codon의 downstream의 적당한 곳에 제한효소 처리한 것을 이용할 것. 또한 plasmid를 준비할 때에는 RNase의 오염에 주의하고, 최종산물은 TE를 이용하지 않고 물로 용해한다.

ⓖ 대장균에서의 번역에는 SD 서열이 필수지만, 다시 그 upstream에 epsilon서열이 존재하면 번역효율이 향상되는 것으로 알려져 있다.

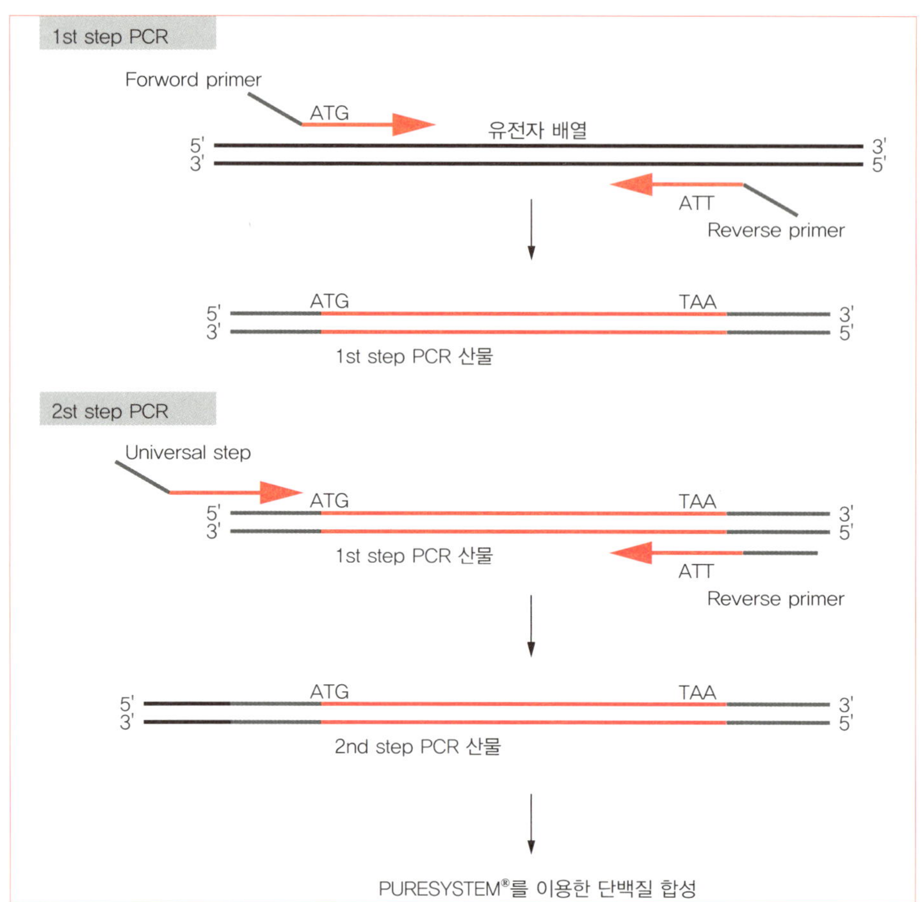

그림 2 Two-Step PCR을 이용하여 PURESYSTEM®을 위한 주형 DNA의 제작
목적의 cDNA 서열에 맞추어 설계된 forward primer 및 reverse primer를 이용하여 1단계의 PCR을 시행한 후, 이것을 주형으로서 kit에 포함된 Universal primer와 제작한 reverse primer를 이용하여 2단계의 PCR을 진행하고, 이 반응산물을 이용하여 단백질을 합성시킨다.

B) PCR ⏱ 6시간

❶ 목적유전자를 포함한 DNA(genomic DNA, cDNA library, 또는 plasmid 등)를 주형으로 forward primer와 reverse primer를 이용하여 1st step PCR을 실시한다. 각 primer를 최종 농도 0.2 μM로 첨가하고, 시판되고 있는 PCR kit를 이용해서 반응을 진행한다. PCR kit의 protocol에 따라 목적유전자를 증폭시킨다.

⬇

❷ 1st step PCR 산물을 2 μL 취해, agarose 전기영동 후 ethidium bromide 염색을 통해 목적유전자가 증폭되고 있는 것을 확인한다.

⬇

❸ 물로 1st step PCR 산물을 100배 희석하고, 2nd step PCR의 주형으로 사용한다.

⬇

❹ 1st step PCR 산물을 주형으로 삼고 Universal primer와 reverse primer를 사용하여 2nd step PCR을 실시한다. 1st step PCR 산물을 반응용액의 1/10 양, 각 primer를 최종 농도 0.2 μM로 첨가하고, 반응을 1st step PCR과 마찬가지로 진행한다. Forward primer를 **그림 3**처럼 디자인한 경우에는 annealing 온도를 47℃로 설정한다ⓗ.

ⓗ 디자인한 primer 서열에 따라 이 제한이 적용되지 않는 경우도 있다. 디자인한 primer에 맞춰서 PCR 조건을 적절히 설정한다.

A) Universal primer

```
        T7 promoter 서열                                                              epsilon 서열   SD 서열
GAAATTAATACGACTCACTATAGGGAGACCACAACGGTTTCCCTCTAGAAATAATTTTGTTTAACTTTAAGAAGGAGATATACCA
```

B) Forward primer

```
                  목적유전자 서열(17~23 base)
AAGGAGATATACCAATGNNNNNNNNNNNNNNNNNNNN
```

C) Reverse primer

```
        목적유전자 서열(17~23 base)
TATTCATTANNNNNNNNNNNNNNNNNNNNN
```

그림 3 PURESYSTEM®에 사용되는 primer의 디자인

Universal primer는 PURESYSTEM®용 주형 DNA에 부가하는 5'측 조절 부위가 코딩되어 있다. T7 RNA polymerase가 인식하는 T7 promoter 서열 외에 번역 효율을 높이기 위한 epsilon 서열 및 SD 서열이 코딩되어 있다. 한편, forward primer 및 reverse primer는 목적의 유전자 서열을 증폭할 수 있도록 그림 N부분을 각자 설계한다. Two-step PCR하기 위한 forward primer의 5'말단에는 Universal primer의 3'말단 배열을 부가한다(그림 중 적색 하이라이트 부분).

⑤ 2nd step PCR 산물을 2 μL 취해, agarose 전기영동후 ethidium bromide 염색을 통해 목적유전자가 증폭되어 있는 것을 확인한다. 목적유전자가 증폭되어 있으면 이 반응용액을 그대로 PURESYSTEM®의 주형으로서 이용할 수 있다ⓘ.

ⓘ PCR 산물을 정제할 필요는 없지만 만일 정제할 경우에는 RNase의 오염에 주의하며, 최종산물은 TE가 아닌 물(MilliQ W나 그에 준한 것)로 용해한다.

2) 단백질의 합성  2시간

① PURESYSTEM® kit에서 Sol.A, Sol.B를 필요한 개수만큼 꺼내서 얼음에서 녹인다(**그림 4**).

② 준비한 새로운 eppendorf tube에 필요량의 물을 더하고ⓘ, Sol.A를 25 μL, Sol.B를 10 μL 첨가한다.

③ 주형 DNA를 1 pmol 이상 첨가한다. PCR 산물을 주형으로서 이용하는 경우에는 2.5 μL 더하면 대략 1 pmol 정도가 첨가된다.

④ 주형을 첨가하면 반응이 개시되므로 37℃ incubator에서 2시간 반응시킨 후, 반응튜브를 incubator에서 회수하고 얼음 위에 두고 다음 실험을 진행한다.

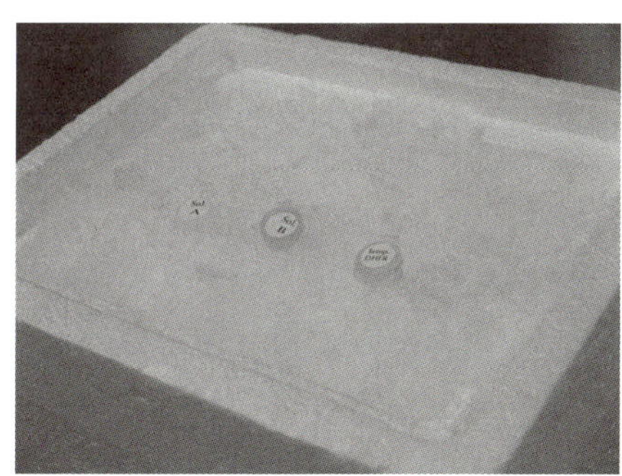

그림 4 PURESYSTEM® kit의 Sol.A와 Sol.B의 융해

PURESYSTEM® kit의 Sol.A, Sol.B는 얼음에서 천천히 녹인다.

ⓘ 반응용액이 최종적으로 50 μL가 되도록 한다.

3) 단백질의 간이정제  4시간

합성한 단백질에 His-tag가 부가되어 있지 않고, 분자량이 100 kDa 이하

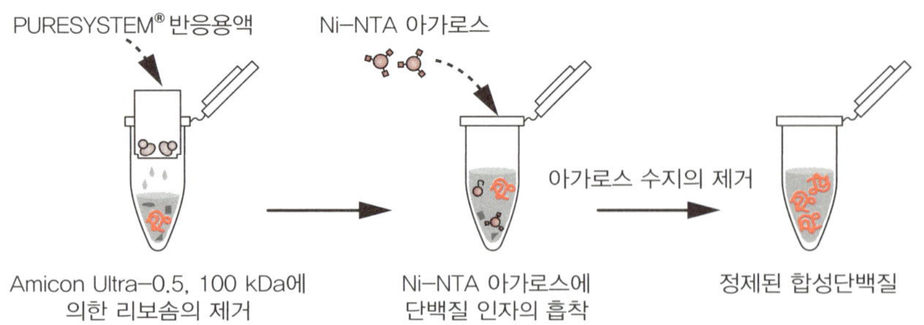

그림 5 PURESYSTEM® 합성산물의 정제방법의 개요.
거대분자인 리보솜을 Amicon Ultra–0.5, 100 kDa를 이용한 ultrafiltration으로 제거하고, His–tag가 부가한 번역인자 등을 니켈 column으로 제거함으로써, 목적단백질에 태그 등이 부가되어 있지 않아도 간편하게 정제할 수 있다.

라면 아래와 같이 간이정제법(그림 5)을 이용할 수 있다.

❶ 합성 반응용액에 같은 양(50 μL)의 물을 넣고 희석한다.

❷ Amicon Ultra–0.5, 100 kDa에 이 용액을 넣고, 1,500 × g, 4℃, 30분간 원심분리한다. 이 조작으로 100 kDa 이상의 성분인 리보솜의 제거가 이루어진다.

❸ 원심분리 후 얻어진 투과액을 2 mL 튜브에 옮긴다.

❹ 투과액을 넣은 2 mL 튜브에 Ni–NTA agarose 현탁액을 10 μL 더한다ⓚ.

❺ 2 mL 튜브를 4℃에서 1시간 vortex mixer(99 rpm • program A1)로 수평진동 교반한다ⓛ.

❻ Micro Bio–spin에 튜브의 내용물을 옮겨, 1,500 × g, 3분간 4℃에서 원심분리하고, 투과액을 회수한다ⓜ. 이 과정에서 His–tag가 부가된 번역인자 등이 제거되고 합성된 단백질을 얻을 수 있다.

❼ 합성된 단백질은 SDS–PAGE(**하권 2장 I–1** 참고)로 검사를 실시한다ⓝ. 실험 사례를 그림 6에 제시한다.

ⓚ 수지의 현탁액을 빨아들이기 어려운 경우에는 가위 등으로 tip 끝을 잘라내고 사용한다.

ⓛ His–tag가 부가된 인자를 제거하기 위한 것이며, 이 방법이 전부는 아니다. 보통의 column chromatography로 정제하는 것도 가능하다.

ⓜ 먼저 Ni–NTA agarose에 His–tag 부가 인자를 흡착시킨 후, Amicon Ultra–0.5, 100 kDa에 의해서 리보솜 및 agarose 수지를 one step으로 제거하는 방법으로도 똑같이 정제가 가능하다. 이 경우, 이 step ❻을 생략할 수 있다.

ⓝ 보통 Coomassie 염색(**하권 2장 I**–2 참고)을 이용한 방법으로 검출이 가능하지만 단백질 합성량이 낮은 경우에는 TCA 침전(**4장 II** 참고) 등을 통해 어느 정도 농축한 형태로 전기영동을 실시할 필요가 있다. 또한 은염색을 한 경우에는 tRNA가 염색되어 버려 목적단백질이 tRNA의 band와 겹쳐 버릴 가능성이 있으므로 50 μL의 반응계에 대해서 3.75 μg의 RNase A를 첨가하여 37℃에서 15분간 반응시키고 나서 전기영동을 시행한다.

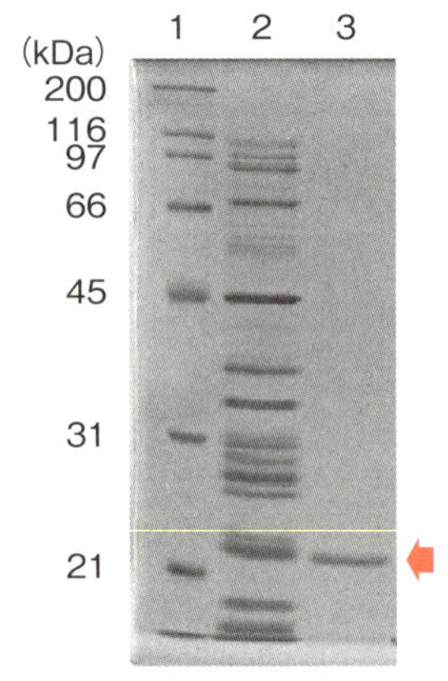

그림 6 DHFR 합성 후와 정제 후의 전기영동 패턴.
DHFR(dihydrofolic acid reductase)을 본 방법으로 합성하였다. 정제한 DHFR은 SDS–PAGE 상에서 단일 band로서 확인되었다(화살표). Lane1: 단백질 marker, Lane2: DHFR 합성 후, Lane3: DHFR 정제 후. (참고문헌 4에서 전재)

여기에 서술한 것은 PURESYSTEM® classic mini kit를 이용한 일반적인 단백질 합성 · 정제법이다. 목적단백질이 발현 · 정제된 것이 확인 가능하다면, 1 mL scale의 PURESYSTEM® CLASSIC II standard로 대량으로 합성하는 것도 가능하다.

상기의 정제법에서는 목적단백질을 정제할 수 없는 경우가 있다. 이것은 목적단백질이 불용성이거나 소수성이 높기 때문에 Amicon Ultra-0.5, 100 kDa 막에 흡착되어 버리거나 Ni-NTA agarose 수지에 비특이적으로 흡착하는 경우가 있다. 이러한 경우에는 계면활성제를 시스템에 첨가해서 단백질 합성을 진행하거나(표 2), 반응온도를 28℃로 내려서 3시간 정도의 합성을 시도하거나, GroEL, GroES 등의 분자 chaperone을 첨가하여 합성을 시도한다든지, Amicon Ultra-0.5, 100 kDa 대신에 핵산 침전제를 이용하여 리보솜을 제거하는 등의 방법으로 목적단백질의 정제가 가능해지는 경우가 있다.

표 2 PURESYSTEM®에 있어서 단백질 합성 효율에 영향을 주지 않는 계면활성제의 농도

CHAPS	~0.5%
SHAPSO	~0.25%
n-Octyl-beta-D-glucopyranoside	~0.1%
n-Heptyl-beta-D-thioglucopyranoside	~0.1%
mega-8	~0.25%
mega-9	~0.1%
NP40	~1%
Tween20	~1.0%
Brij35	~0.5%
Brij58P	~1.0%
Triton-X100	~0.5%

Troubleshooting

문제점	가능성 있는 원인	해결을 위한 조치
• 2단계의 PCR에서 목적한 길이의 증폭산물을 얻을 수 없다.	• PCR의 반응조건이 최적이 아니다.	➲ Annealing 온도, extension time 등을 재검토한다. ➲ PCRx Enhancer System(Invitrogen) 등의 첨가제를 이용하여 합성을 한다. ➲ Universal primer를 사용하지 않고 단백질 합성의 제어영역을 포함한 긴 Forward primer를 이용하여 1단계 PCR을 수행한다.
• Positive control 이 합성되지 않는다.	• Kit의 구성 성분이 불활성화되어 있다.	➲ Kit는 -80℃에서 보관한다. 융해 후 재동결을 피한다.
	• 다량의 RNase가 오염되었다.	➲ Nuclease가 오염되지 않도록 장갑, 마스크를 착용하고 실험을 한다. 특히 주형으로 plasmid DNA를 이용하는 경우는 RNase 오염에 주의한다.
• 목적하는 단백질의 합성량이 낮거나 합성되지 않는다.	• Template DNA의 서열에 오류가 있다.	➲ Template DNA의 서열을 확인한다. 특히 주형으로 plasmid DNA를 이용한 경우는, T7 promoter 서열, 리보솜 결합부위(SD 서열), 전사 terminator 서열이 포함되어 있는지 확인한다.
	• Template DNA의 순도, 농도가 적절하지 않다.	➲ Template DNA의 순도, 농도를 확인한다. 주형으로 plasmid DNA를 이용한 경우에는 RNase의 오염에 주의한다.
	• 전사 산물이 2차 구조를 형성하여 번역되지 않는다.	➲ 2차 구조를 형성하지 않는 변이를 도입한다. 특히, 개시 codon 부근에 이와 같은 서열이 있는 경우에는 5' 측에 tag 서열을 도입한 주형을 이용한다.
• Ni-NTA agarose로 정제 후에도 단일밴드로 정제되지 않는다.	• Ni-NTA 수지의 양이 적다.	➲ Ni-NTA 수지의 양을 늘린다.
	• Ni-NTA 수지와 His-tag 융합단백질의 흡착이 좋지 않다.	➲ 수지와 incubation하고 있을 때의 교반을 충분히 실시한다. ➲ 수지를 첨가한 후의 incubation 시간을 늘린다.
• 목적단백질이 합성되지만 불용성이다.	• 목적단백질의 소수성이 높다.	➲ 표 2에 기재한 계면활성제를 첨가하여 단백질 합성을 진행한다. ➲ 합성시의 온도를 37℃보다 낮은 온도로 진행한다.

참고문헌

1) Noren, C. J. et al. : Science, 244 : 182-188, 1989
2) Mattheakis, L. C. et al. : Proc. Natl. Acad. Sci. USA, 91 : 9022-9026, 1994
3) Nemoto, N. et al. : FEBS Lett., 414 : 405-408, 1997
4) Shimizu, Y. et al. : Nat. Biotechnol., 19 : 751-755, 2001

IV 고차구조 분석을 위한 단백질의 준비

IV-1 X선 결정구조 분석을 위한 단백질 준비법

물질에 X선이 투사되면, 물질과 X선 사이에 여러 가지의 상호작용이 일어나고 물질에서 다양한 산란이 일어난다. 이 산란 중에 투사 X선과 같은 파장을 가지는 동시에 동일한 방향으로 산란된 파동이 서로 간섭하는 성질을 가진 산란(탄성산란)이 있다. 결정체(crystal)는 규칙적으로 분자(원자의 집단)가 배열되어 있기 때문에 각 분자에서의 산란은 서로 간섭하면서 산란 강도가 강한 산란 파동을 얻을 수 있다. 이 간섭 현상을 회절(또는 반사)이라고 한다. 산란 강도는 원자의 배열이 규칙적으로 배열할수록 강해지고, 고분해 기능까지의 회절을 얻을 수 있다. X선을 결정에 투사함으로써 얻을 수 있는 산란파의 강도분포를 이용해서 분자의 전자밀도 분포를 구하고, 구해진 전자밀도 분포와 일치하도록 모델 구축을 수행하는 것이 X선 결정구조 분석이다.

X선 결정구조 분석에 있어서 어려운 과정으로, 목적단백질의 대량정제, 결정화, 위상결정 및 구조 정밀화가 있다. 그 중에서도 대량정제 및 결정화는, 결정구조 분석의 성공여부를 결정하는 열쇠가 되는 과정이다. 이 때문에 대부분의 결정구조 분석에 있어서 대량정제 및 결정화가 가장 많은 노력과 시간을 소비하는 과정이다. 목적단백질의 결정을 얻기 위해서는 정제순도가 높고, 입체구조를 갖춘 샘플을 얻는 것이 가장 중요하다. 본 항에서는 목적단백질의 결정을 얻기 위해서 알아야 하는 정보나, 결정을 얻을 가능성이 있는지의 여부를 판별하는 방법에 대해 기술하고, 결정화의 순서에 대해서도 조금 언급하기로 한다.

1 정제의 순도

결정구조 분석을 성공하기 위해서는, 양질의 결정(고분해 기능까지 X선을 회절시키는 능력이 있는 결정)이 재현성 좋게 많이 얻을 수 있는지 어떤지가 중요한 관건이다. 양질의 결정을 얻기 위해서 가장 중요한 것은 목적단백질의 정제 순도이다. 결정화에 있어서 정제 순도는 매우 유익한 정보이고, 정제 순도가 나쁘면 목적단백질의 결정은 얻을 수 없다고 말해도 과언이 아니다. 이 때문에 결정화에 이용할 때의 목적단백질의 순도는 90% 이상이 바람직하다고 한다.

정제과정에 있어서, 목적단백질의 순도를 확인하는 방법으로서 SDS 전기영동을 많이 이용하지만, 이 방법으로 조사하는 경우라면, 결정화에 이용하는 정제 샘플은 목적단백질만이 있는 단일밴드의 샘플이 바람직하다.

A) GST 등 융합단백질을 이용하여 발현 정제한 경우

융합단백질 부분을 제거하고 목적단백질만을 얻는 것이 결정화로 적합하다.

B) His-tag 단백질로서 정제한 경우

목적단백질에 부과된 아미노산 잔기수가 적기 때문에, His-tag가 붙은 채로도 결정을 얻는 경우가 많다.

C) Baculovirus • 곤충세포계를 이용한 대량 발현계의 경우

목적단백질이 불균일하게 glycosylation되어 있는 것이 있다. 이 경우 효소를 이용해서 당쇄를 가지런히 하고, 구조적으로 균일한 것을 정제할 필요가 있다. 목적단백질의 분자량이 일치하는지 어떤지 또 어떠한 당쇄가 붙어 있는지를 확인하는 것은 4 검정법의 항목에서 서술하는 질량분석법이 적합하다.

2 완충용액

단백질의 결정화는, 단백질 용액을 결정화 조건으로 셋업하고부터 결정이 석출되고 회절실험에 이용 가능한 크기로 성장할 때까지 시간(1주일 이상)이 걸린다. 이 과정에서 단백질의 입체구조가 변화하고 비가역적 변성이 일어나면 결정이 석출되지 않거나 석출되어도 충분한 크기의 결정을 얻을 수 없다. 비가역적인 변성을 막기 위해 목적단백질의 입체구조가 안정되게 보관될 수 있는 완충용액을 선택하는 것이 중요하다. 목적단백질의 반응에 관여하는 부위는, 자유도가 높고 미세한 구조변화가 일어나기 쉬운 장소이다. 이와 같이 미세한 구조변화가 일어나기 쉬운 부위의 구조를 균일하게 만들기 위해, 완충액에 첨가제(목적단백질의 기질이나 저해제) 등을 넣어주면 양질의 결정을 얻을 수도 있다. 필요 이상의 첨가제(방부제, protease 저해제 등)의 사용은 결정화를 방해할 우려가 있으므로 주의해야 한다. 따라서 결정을 얻기 위한 완충용액의 조건으로는, 목적단백질이 원자레벨에서 똑같은 입체구조를 가지는 동시에 그 구조가 안정적으로 장기 보관할 수 있는 것으로서, 불필요한 것을 포함하지 않는 완충용액을 선택할 필요가 있다.

목적단백질의 활성측정이 가능한 경우, 활성측정은 단백질의 입체구조가 안정적으로 유지되고 있는지 여부를 조사하는 방법으로서 효과적인 수단이다. 활성을 장기적으로 유지하는 완충용액의 조건이 단백질의 입체구조를 안정적으로 유지할 수 있다고 생각된다.

3 안정성

단백질의 결정화에는 고농도(10 mg/mL 이상)로 농축된 단백질 용액을 이용하는 것이 보통이므로, 목적단백질이 어느 정도의 농도까지 농축 가능한지 조사해 둘 필요가 있다. 지금까지의 경험으로는 고농도 단백질 용액의 준비가 어려운 경우에는 목적단백질이 안정된 구조를 취하지 않을 수가 있어서, 결정화가 어려운 경우가 많다.

여러 개의 도메인 구조를 가진 목적단백질이 용액 중에서 도메인의 배치가 크게 변할 가능성이 있을 때, 도메인 사이에 존재하는 유연한 부위의 아미노산 잔기를 변이시켜서 도메인의 움직임을 고정시키는 입체구조가 가능하면, 결정을 얻을 수 있는 경우가 있다.

4 검정법

목적단백질의 결정을 얻기 위해 필요한 최소조건은, 목적단백질을 고순도로 정제하고 안정되고 동시에 균일한 입체구조를 유지한 상태의 샘플을 준비하는 것이다. 목적단백질의 정제샘플이 결정을 얻는 데에 적합한지 어떤지를 검정하는 방법으로서, SDS 전기영동법 외에 동적 광산란법(dynamic light scattering method)이나 질량분석장치의 이용, 원편광 이색성 스펙트럼 측정 등이 있다. 다음은 각 측정 방법의 특징 및 장치(표 1)에 대해 간단하게 기술한 것이다.

A) 동적 광산란법

동적 광산란법은, 용액에 단색광을 넣었을 때에 발생하는 산란광으로 용액 중에서 브라운 운동하고 있는 입자(단백질 등)의 이동확산계수를 측정하는 방법이다. 이 확산계수로부터 용액 중의 입자의 크기, 분자량이나 분산성 등을 조사하는 것이 가능하다. 결정을 얻을 수 있는 대

표 1 각 단백질 검정장치의 특징

장치	얻을 수 있는 정보	측정에 필요한 단백질의 기준 (농도, 양)	
		분자량 1만	분자량 5만
동적 광산란 측정기	균일성, 회합 상태, 분자량, 안정성, 순도	4.0 mg/mL, 20 μL	0.8 mg/mL, 20 μL
질량분석기	분자량, 순도	0.1 mg/mL, 1 μL	0.5 mg/mL, 1 μL
원편광 이색성 분광계 (자외 영역 측정시)	2차구조, 안정성	0.2 mg/mL, 200 μL	0.2 mg/mL, 200 μL

표 2 결정화 조건 검색 kit

상품명	조건	회사명
Crystal Screen I, II	I (50종류), II (48종류)	Hampton Research사(http://www.hamptonresearch.com)
Structure screen I, II	I (50종류), II (50종류)	Molecular Dimensions사(http://www.moleculardimensions.com)
Wizard I, II	I (48종류), II (48종류)	Emerald Biosystems사(http://www.emeraldbiosystems.com)

부분의 경우, 동적 광산란법의 결과로는 정제된 목적단백질 용액 중 분자 크기의 분포가 균일한 단순분산을 나타낸다. 결정을 얻을 수 없는 용액은 대부분이 분자 크기의 분포가 불균일한 다분산성을 나타낸다, 결정을 얻기 위해 동적 광산란에서 중요한 것은 용액 중의 단백질 입자가 단순분산인지 아닌지가 중요하다. 동적 광산란을 미량(2 μL)으로 간단하게 측정할 수 있는 장치로서 Wyatt Technology Inc.의 DynaPro와 Malvern사의 Zetasizer가 있다.

B) 질량분석기

질량분석기(Mass spectrometer)로 구할 수 있는 분자량의 정밀도는 매우 높기 때문에 목적단백질의 아미노산 서열을 알고 있는 경우 예상되는 분자량과 질량분석기의 실측치와의 차이로 변형구조(modification)에 관한 정보를 얻을 수 있다. 특히 목적단백질이 당쇄를 가지고 있는 경우 균일하게 glycosylation된 것을 얻을 수 있는지 어떤지를 판단할 수 있다. 장치는 고가이지만 분자량의 측정에는 미량으로 높은 정밀도의 결과를 얻을 수 있다.

C) 원편광 이색성 분광계

원편광 이색성(CD) 분광계는 좌우의 원편광에 대해서 시료가 흡수하는 빛의 차이를 측정하는 장치이다. 단백질이나 핵산 등의 광학 활성인 물질은 그 2차 구조의 차이에 의해 특징적인 CD 스펙트럼을 얻을 수 있다. CD 스펙트럼의 분석은 경험에 따르는 부분이 많지만, 단백질이 갖는 2차 구조(α-helix, β-sheet, random coil)의 비율을 추정할 수 있기 때문에 목적단백질이 입체구조를 유지하고 있는지 어떤지의 정보를 얻을 수 있다.

5 필요한 양

결정구조분석으로 구조를 얻을 수 있을 때까지 고순도로 정제된 목적단백질의 총량이 어느 정도 필요한지는 판정할 수 없지만 결정구조분석의 제1단계인 결정화 조건 검색에 필요한 단백질량은 1 mg 이상이다. 처음의 결정화 조건의 검색에는 **표 2**와 같은 시판되는 결정화 조건 검색 kit를 이용하는 경우가 대부분이다. 이들 결정화 조건 검색 kit에는 약 100종류의 조건이 포함되어 있고, 이 과정에서는 최저 1 mg의 단백질이 필요하다.

처음의 결정화 조건 검색에 있어서 무정형의 침전이나 미결정을 얻을 수 있던 조건을 단서로, 결정화 조건의 정밀화를 진행한다. 이 과정에서는 얻어진 결정이 구조분석에 견뎌낼 수 있는 결정인 동시에 재현성 좋은 결정을 얻는 것이 중요하다. 이 결정화 조건의 정밀화에도 1 mg 이상 필요하다.

이미 아는 구조에 목적단백질과 유사한 구조가 있는 경우, 1개의 결정만으로 구조를 얻을 수 있는 가능성도 있지만, 신규구조의 경우에는 많은 결정이 필요하게 되기 때문에, 구조가 나올 때까지 정제결정화를 반복하고(가능하다면 2주에 1번 비율) 결정을 계속해서 공급하는 것이 중요하다.

6 결정화의 방법

고순도의 목적단백질을 정제할 수 있다면, 표 2에서 열거한 결정화 조건 검색 kit를 이용해서 결정화를 시도하는 것을 추천한다. 결정화 방법에는 몇 가지 방법이 있지만 그 중에서도 가장 많이 이용되는 현적(hanging drop) 증기확산법(vapor diffusion method)(그림 1)의 순서에 대해서 서술한다. 증기확산법에서는 단백질 용액과 침전제 용액(reservoir 용액)을 밀봉한 동일 용기 안에 넣고 그 사이의 공간을 통해 증기 평형에 의해서 결정화를 한다.

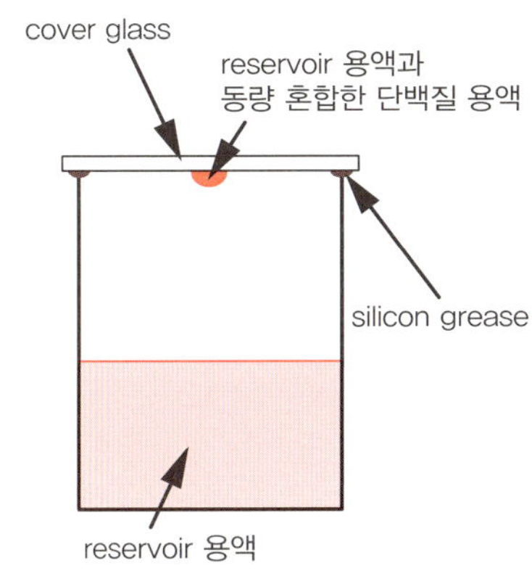

그림 1 Hanging drop 증기확산법

준비물

1) 기구 · 기계

- Pipetman
- 조직배양용 24well plate(그림 2)
- Cover glass: Sigmacote(Sigm사) 등으로 실리콘 발수가공을 해 둔다.
- 실리콘 grease
- 냉동기 부착 incubator

그림 2 조직배양용 24well plate

2) 시약

- 결정화 조건 검색 kit(Hampton Research사: Crystal Screen I, II)
- 10 mg/mL 이상으로 농축된 단백질 용액

Protocol

❶ 조직배양용 24well plate의 각 well 주위에 실리콘 grease를 바른다◎.

⬇

❷ 결정화 조건검색 kit의 용액 300~500 μL를 reservoir 용액으로 사용하여 plate well에 넣는다.

⬇

❸ Cover glass 위에 단백질 용액 1 μL와 reserver액 1 μL를 동량 혼합한다.

◎ 실리콘 grease를 얇게(1 mm 정도) 균일하게 바른다.

④ Cover 유리를 뒤집어 well을 밀폐한다(그림 1).

⑤ 결정화 조건검색 kit에 포함된 98종류에 대해서 각각 셋업한다. 셋업 후, plate를 incubator에 넣고 일정 온도(15℃ 또는 20℃)하에서 1~2주일 정도 둔다.

1) 등전점은 결정화 조건을 선택하기 위한 유익한 정보가 되는 경우가 많다. 등전점은 아미노산 서열 과정을 알면 계산으로도 대략 구할 수 있지만, 등전점 전기영동법(isoelectric focusing)을 이용하여 정확한 수치를 알아둘 것을 권한다.

2) 발현방법에 따라 목적단백질 중의 methionine이 selenomethionine으로 바뀐 selenomethionine 유도체 단백질을 제작할 수 있다면, selenomethionine 유도체 단백질 결정의 제작도 고려하는 편이 좋다. Selenomethionine 유도체는, 결정구조 분석에 있어서 결정화의 다음 과정에서 문제가 되는 위상결정에 매우 유익한 정보를 주는 경우가 있다. 일반적으로 selenomethionine 유도체를 발현시키면 얻을 수 있는 단백질량이 감소하므로, 유도체의 결정화를 행하는 것은 목적단백질의 결정화 조건을 정하고 나서 시행하는 것이 좋다.

3) 결정구조 분석에는 상상 이상의 양을 필요로 하지만, 최초의 목적을 포기하지 않고, 고순도의 목적단백질의 정제계를 만들어 정제 결정화를 반복하는 것이 결정구조분석의 성공으로 이어진다.

참고문헌

1) Charles, W. C. & Robert, M. S. eds.：Methods in Enzymology, 276：13−179, 1997

2) 平山令明：「生命科学のための結晶解析入門」, 丸善, 1996

3) 佐藤 衛：「タンパク質のX線解析」, 共立出版, 1998

4) 長谷俊治, 他編 「やさしい原理からはいるタンパク質科学実験法2 タンパク質をみる」, pp. 121−165, 化学同人, 2009

5) 竹縄忠臣, 伊藤俊樹 編：「改訂 タンパク質実験ハンドブック」, pp.98−102, 羊土社, 2011

IV−2 NMR 분석을 위한 단백질 준비법

NMR(핵자기 공명)에 의한 분석을 목적으로 하는 단백질의 준비법은 분자생물학, 생화학에 있어서의 준비법과 기본적으로는 같지만, 가장 크게 다른 점은 단백질에 ^{15}N이나 ^{13}C, 때로는 ^{2}H 등의 안정동위원소를 도입한다는 점이다. 이 안정동위원소는 NMR로 관측할 수 있는 핵종류이기 때문에 특히 2차원이나 3차원 스펙트럼을 측정하기 위해서는 필수적이다. 1에서는 안정동위원소 도입을 위한 단백질의 발현법을, 2에서는 정제 후의 단백질을 NMR 샘플로 준비하기 위한 최종적인 방법과 유의점에 대해 설명한다.

1 안정동위원소 도입을 위한 단백질 발현법

여기에서는 가장 일반적인 유전자 재조합 대장균을 이용한 단백질의 발현에 대해서 기술한다. 안정동위원소를 효율적으로 목적단백질에 도입하기 위해서는, 일반적으로 M9-salt 배지[1)]라고 불리는 최소 배지를 잘 이용한다. 그러나 여기에서 소개하는 배지는 본래 오사카대학교의 단백질연구소 Kyogoko Yoshmasa 연구실의 Masato Shimizu 박사와 Koichi Uegaki 박사 등에 의해서 M9 배지가 더욱 개량된 것이다.

준비물

1) 기구류

- 제균 filter(0.22 μm)
- 주사기(50 mL)
- 300 mL용 삼각플라스크
- 전배양(pre-culture)용의 배양용기(그림 1)
- 본배양(main-culture)용의 배양용기(그림 1)

2) M9-salt 배지(1 L)의 준비

10× salt 용액		(최종 농도)
Na_2HPO_4 [p]	7.0 g	(493.1 mM)
KH_2PO_4	3.0 g	(220.4 mM)
NaCl	0.5 g	(85.6 mM)

300 mL용 삼각플라스크 안에 DW 100 mL로 녹이고 120℃에서 20분간 autoclave한다.

비타민&핵산용액 [q]	
Adenosine(A)	20 mg
Guanosine(G)	20 mg
Cytidine(C)	20 mg
Thymidine(T)	20 mg
Thiamine(비타민 B_1)	20 mg
Biotin(비타민 H)	20 mg
10 mM $FeCl_3$	1 mL
1 M $MgSO_4$	2 mL
50 mM $MnCl_2$	1 mL

본배양용의 용기 안에 DW 880 mL로 녹이고 autoclave한다.

라벨체용액(label body solution) [r]		
$^{15}NH_4Cl$	1.0~2.0 g	
$^{13}C_6$-라벨된 D형 글루코스	1~4 g	(^{15}N, ^{13}C double label하는 경우)
D형 글루코스(포도당)	4 g	(^{15}N만 single label하는 경우)

DW 20 mL로 잘 녹이고, autoclave 하지 않고 filter(0.22 μm)로 제균한다.

칼슘용액	
$CaCl_2 \cdot 2H_2O$	0.74 g(50 mM)

DW 100 mL에 용해시키고 autoclave한다.

ⓟ $Na_2HPO_4 \cdot nH_2O$ 등의 수화된 것을 사용할 때는, 괄호 내에 최종 mole 농도에 맞춘다. 그렇게 하지 않으면 pH가 7을 밑돌아 균이 잘 성장하지 않는다.

ⓠ 매스실린더 안에서 만들면 본배양 용기에 혼합용액을 옮길 때에 잘 녹지 않는 비타민이 매스실린더 벽에 남기 때문에, 본배양 용기에 직접 비타민을 넣는 것이 확실하다. 녹지 않는 성분도 autoclave하면 녹는다. $MgCl_2$가 아닌 $MgSO_4$를 넣는다. 이것 중 S는, 배지 안에서 유일한 S의 출처이다.

ⓡ ^{13}C를 취급할 때는 filter에 몇 번이고 물을 통하게 해서 보습용 글리세롤을 제거하고 나서 사용한다. Double label인지 single label인지에 따라 ^{13}C로 label된 글루코스를 첨가할지 또는 label 되지 않은 보통의 글루코스를 첨가할지가 다르다. 염화암모늄이나 글루코스의 양은 발현량이나 균의 성장에 크게 영향을 미친다. 4 g/L의 글루코스를 더하면 잘 성장하지만 1 g/L만 넣으면 성장이 나쁘다. 배지량을 반으로 하고, 고가의 ^{13}C 글루코스 농도를 2배로 하는(^{13}C 글루코스 총량은 같다) 쪽이 회수량이 많은 경우도 있기 때문에 이 밸런스를 사전에 검토하는 것이 좋다.

글리세롤 용액ⓢ

75% 글리세롤 용액을 autoclave한 것.

ⓢ ^{15}N, ^{13}C double label을 하는 경우는 이 글리세롤 용액은 사용하지 않는다.

10× 각종 비타민 용액ⓣ

엽산	(비타민 M)	1 mg
염화콜린	(비타민 B)	1 mg
Nicotinamide	(비타민 B)	1 mg
D-판토텐산	(비타민 B)	1 mg
Pyridoxal	(비타민 B_6)	1 mg
Riboflavin	(비타민 B_2, G)	0.1 mg
Inositol		2 mg

멸균증류수 5 mL에 녹여서, 냉동 보관해 둔다.
0.5 mL씩을 eppendorf tube에 소분해서 냉동해 두면 좋다.

ⓣ 균이 증가하지 않을 때에 사용한다. 206페이지 troubleshooting 참고.

Protocol

 약 30시간(overnight 12시간 포함)

1) M9-salt 최소배지의 조합(그림 1 참고)

❶ 10× salt 용액, 비타민 & 핵산용액, 칼슘용액, 글리세롤 용액, 및 전배양용의 빈 배양용기를 autoclave한 후 실온이 될 때까지 잘 식힌다. 진탕배양기(shaking incubator)에서 흔들면 식히기 쉽다.

⬇

❷ 비타민 & 핵산용액 880 mL에 10× salt 용액 100 mL를 첨가하고 잘 혼합한다ⓤ.

⬇

❸ 칼슘용액을 2 mL, 글리세롤 용액 1.5 mL(단, ^{15}N만 label하는 경우)를 첨가하고 잘 혼합한다ⓥⓦ.

ⓤ 혼합한 후 autoclave하면 균이 자라지 않는다. 또한 잘 혼합하지 않으면 나중에 칼슘용액을 첨가했을 때 인산칼슘의 침전이 생긴다.

ⓥ 합계 1 L가 되지만, autoclave에 의한 증발 등으로 조금 감소하는 경우가 많다. 그 경우이거나 또한 배양 중 증발이 심할 경우에는 멸균수를 추가한다.

ⓦ 만약 목적단백질이 zinc-finger처럼 아연이나 그 외 금속이온을 가지는 경우에는 그 금속용액을 적당량을 최소배지에 첨가한다. 예를 들면 아연의 경우에는 $ZnCl_2$ 등을 20 μM이 되도록 첨가한다.

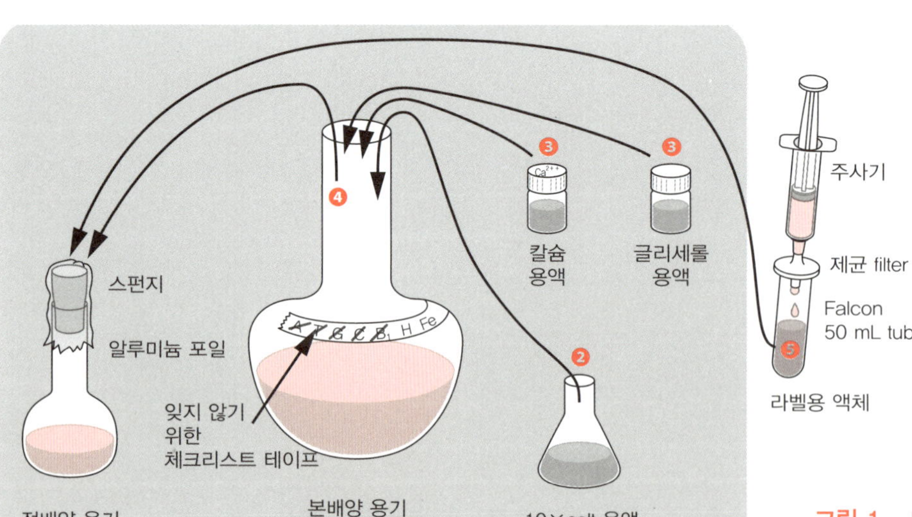

그림 1 M9-salt 최소배지의 조합
그림 안의 번호는 protocol 1)의 번호에 해당함

❹ 배지 200 mL를 취해, 전배양용의 배양용기에 옮긴다. 나머지의 배지는 본배양 배지로 한다.

❺ 라벨체 용액의 4 mL 및 암피실린 등의 항생물질(최종 농도 50~100 μg/mL)을 전배양 배지에 첨가한다.

2) 전전배양

❶ 대장균 글리세롤 stock ⓧ으로 LB 등의 리치배지 plate에 식균한다.

❷ Plate에서 따온 single colony를 리치배지(3 mL)에 접종한다.

❸ OD_{600}이 0.4~0.6 정도가 될 때까지 기른다. 그 사이에 전배양 배지를 37℃에 넣어 둔다.

3) 전배양

❶ 전전배양 1 mL를 eppendorf tube에 넣고 5,000 rpm에서 5분간 원심분리한다.

❷ 리치배지에서의 라벨되지 않은 것들의 혼입을 최소한으로 억제하기 위해 균침전물만을 전배양 배지에 심는다ⓨ.

❸ OD_{600}이 0.6 정도가 될 때까지 배양한다ⓩ.

4) 본배양ⓐ

❶ 본배양 배지에, 라벨체 용액의 나머지 16 mL 및 암피실린 등의 항생물질(50~100 μg/mL)을 첨가하고, 37℃에 세팅한다. 이때 진탕의 조건(~100 rpm 등)을 실제로 시험한다.

❷ 본배양 배지가 37℃에 도달하는 것을 확인하고 나서, 전배양 배지를 모두 혼합해 넣고 본배양을 시작한다ⓑ.

❸ OD_{600}이 0.4~0.5 정도가 되면 IPTG를 첨가한다ⓒ.

❹ 약 3시간 후에 집균한다ⓓ.

ⓧ AraBAD promoter처럼 arabinose에서 operon을 제어하는 발현계를 사용하고 있는 경우에는, catabolite 억제라는 현상을 일으켜, 배지에 넣은 glucose가 발현을 억제한다. ^{15}N 싱글 라벨의 경우에는 2~4 g/L의 glycerol을 glucose 대신에 넣으면 좋다. 그러나 ^{13}C, ^{15}N 더블 라벨의 경우에는, ^{13}C 라벨된 glycerol이 고가이므로 보통의 lac-promoter계로 바꾸는 편이 좋다.

ⓨ Filter로 제균처리한 140 mM의 NaCl 용액으로 균침전물을 1회 세척하고 전배양 배지에 심으면 더욱 좋다. 또한 ^{15}N싱글 라벨의 경우에는 원심분리하지 않고 균체를 리치배지 1 mL마다 데워둔 전배양 배지에 첨가해도 좋다.

ⓩ 27~30℃ 정도의 온도에서 overnight 전배양하면 좋다. 다음날 아침 overgrowth한 경우, 다음에는 온도를 낮춰서 전배양한다.

ⓐ 고가의 라벨체의 낭비를 막기 위해, 전배양의 성공을 끝까지 확인하고 나서 이 과정을 진행한다.

ⓑ Aeration culture할 경우에는 실리콘액을 100 μL 정도 첨가하면 표면장력이 작아지고 거품이 생기지 않는다. 그러나 진탕배양만의 경우는, 산소를 보다 많이 녹아들어 가도록 하기 위해 실리콘은 넣지 않는다.

ⓒ 발현유도는 리치배지의 경우보다 0.1 정도 빨리한다. 생육조건이 좋다면 집균 전의 OD_{600}이 1.0을 초과하지만, 이것은 glucose의 농도에 크게 의존한다. Doubling 시간은 30~90분 정도이다. 또한 발현 체크를 위해 IPTG 첨가 전의 샘플 1 mL를 SDS-PAGE용으로 취해둔다.

ⓓ 발현유도 개시에서 집균까지의 시간은 단백질에 따라 다르다. 발현체크를 위해 집균 직전의 샘플 0.7 mL를 SDS-PAGE용으로 취해둔다. 집균이나 이후의 정제방법은 일반의 비라벨(non-label)체의 방법과 같다. 물론 정제용의 완충용액 등은 non-label이라도 괜찮다.

Troubleshooting

문제점	가능성 있는 원인	해결을 위한 조치
● 균이 잘 성장하지 않는다. 또는 단백질의 발현량이 매우 낮다.	• Autoclave 후 배지가 아직 뜨거운 동안에 각종 성분을 섞지 않았나? • 배양 전, over-growth시키지 않았나?	➡ 발현에 가장 영향을 미치는 조건은 aeration 양이다. 진탕 배양만 할 경우는 baffle 부착의 플라스크(baffled flask)를 사용하면 좋다. 또한 pet shop에서 판매하는 금붕어 사육용의 기포 발생기구는 매우 효과적이다. 특히 발육이 나쁠 경우는 앞에 기술한 10× 각종 비타민 용액을 배지 1 L당 0.5 mL 첨가하면 좋다.

원포인트 어드바이스

최소배지에 대해서

최소배지는 보통의 리치배지와 비교해서 질소나 탄소원이 부족하기 때문에, 균의 발육이나 단백질의 발현량은 절반 이하 정도로 떨어지는 경우가 많다. 심한 경우에는 전혀 균이 자라지 않는다. 이와 같은 최소배지에서도 영향을 쉽게 받지 않는 균종은 BL21(DE3)주이다. NMR로 ^{1}H–^{15}N–HSQC 이차원 스펙트럼을 측정할 목적이라면, 앞에 기술한 1 L의 배양으로 충분하다. 그러나 입체구조 분석용의 샘플을 준비할 경우에는 2 L 이상의 배양을 여러 번 실시할 필요가 있고, ^{13}C 라벨체의 비용이 매우 높게 든다. 따라서 라벨체를 이용하지 않고 보통(cold라고 불림)의 염화암모늄과 glucose를 이용하여 시뮬레이션 실험을 사전에 하는 편이 좋다.

^{15}N, ^{13}C 및 ^{2}H(100%)를 도입한 단백질의 제작

^{15}N, ^{13}C double label의 경우와 기본적으로 같지만 다음과 같은 점에 주의한다.

1) 모든 배지 성분을 중수($^{2}H_2O$)로 제작하고, autoclave하지 않고 filtering으로 제균한다.
2) 탄소원으로서, $^{2}H_7$, $^{13}C_6$ label화 D형 glucose를 넣는다.
3) 배양 중 aeration하지 않고 진탕배양을 실시한다(^{1}H 성분인 수증기의 혼입을 막기 위해).
4) 단백질의 core 부분에 묻혔던 amide 수소의 ^{2}H 핵을 ^{1}H으로 되돌리기 위해 정제 도중에 용액을 pH 8 정도의 염기성 조건으로 하거나, 완만한 denature–renature(단백질의 변성과 복원)를 실시할 필요가 있다.

2 NMR sample의 최종 조제 (그림 2)

이 시점에서 목적단백질의 정제가 끝나 있고 농축 직전이다ⓔ.

ⓔ 물론 단백질 순도가 높은 것일수록 좋다. 어떠한 NMR 실험을 하느냐에 따라 필요로 하는 순도가 다르지만, SDS–PAGE gel의 외관으로 95% 이상의 순도가 필요하다.

Protocol

overnight를 제외하면 12시간

overnight를 포함하면 24시간

❶ 농축과 Ultrafiltration에 사용한 Amicon Ultra–4(Millipore)를 10회 수돗물로 씻은 후, 1 L의 DW에 overnight으로 넣어둔다ⓕ.

↓ 

ⓕ Amicon Ultra–4(Millipore)의 filter에는 보습제로 glycerol이 쓰인다. 이것의 NMR signal이 단백질의 methylene 영역의 signal을 방해하기 때문에, 세척 및 담가두는 과정은 필수이다. 흘려 씻는 것만으로는 절대 부족하므로 주의한다.

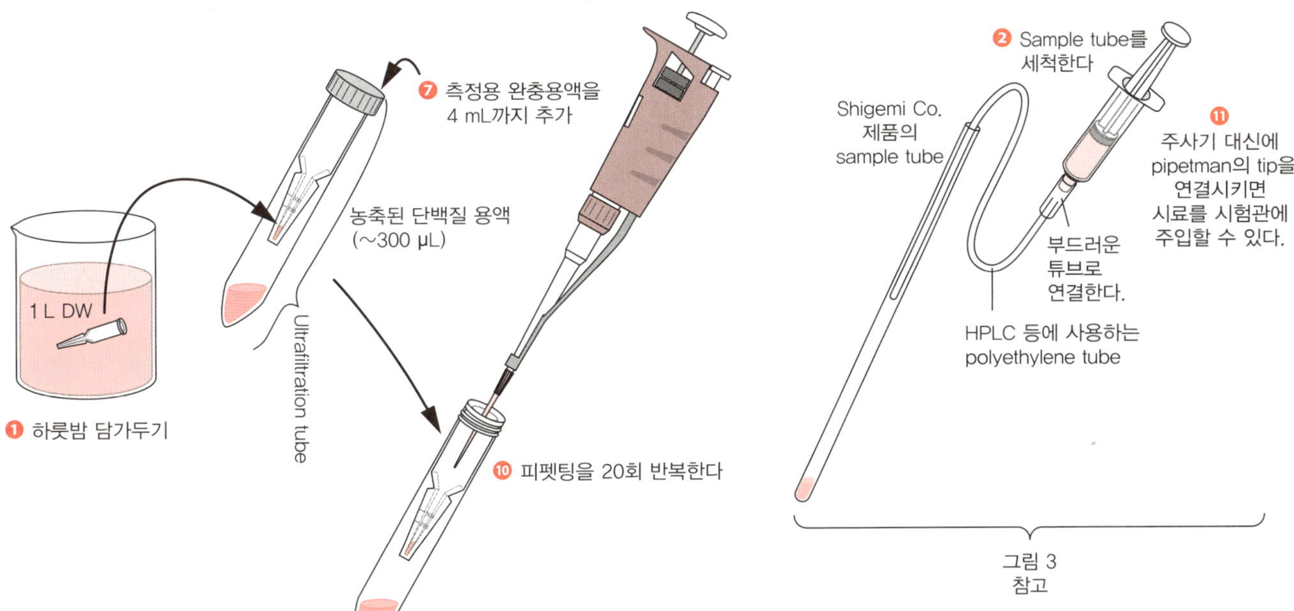

그림 2 NMR 샘플의 최종 조제
그림 속의 번호는 protocol의 번호에 해당한다.

❷ NMR sample tube에 에탄올을 통하게 한 후 수돗물로 30회 헹구고 DW를 5회 통과시킨다(그림 3 참고). 40℃ 이하에서 overnight으로 건조시킨다ⓖ.

↓

❸ NMR 측정에 사용하기 위한 완충용액ⓗ을 30 mL 만든다.

↓

❹ 중수(^2H_2O)ⓘ 3 mL를 측정용 완충액에 더하고 4℃로 식힌다.

↓

❺ 필요에 따라 다음의 시약을 측정용 완충용액에 첨가한다.

- Sodium azide(NaN_3): 0.02%
  샘플을 1개월 이상 유지할 필요가 있는 경우, 박테리아의 번식을 방지하기 위해 필요하다. 동결건조한 단백질을 중수에 녹인 샘플인 경우에는 고농도 중수가 박테리아 번식을 비교적 억제해주므로 sodium azide가 없어도 오래 유지가능하다.
- EDTA: 10~100 µM
  혼입 오염된 protease의 저해와 상자성 금속이온의 chelating이 목적이고, 측정대상의 단백질이 금속단백질(metalloprotein)이 아닌 경우에 사용할 것. 니켈용액을 사용하여 정제한 His-tag 단백질이나, 스테인리스제 튜브를 붙인 HPLC로 정제한 샘플의 경우는, EDTA에 의한 상자성 금속이온의 chelating은 필수이다.
- Protease inhibitor cocktail
  농도는 각 제품의 카탈로그에 따른다. 혼입된 protease에 의해서 단백질의 loop 부분이나 말단부분이 소화되기 쉬운 경우에, 분해저해를 위해 유효하다.

ⓖ 이것은 새로운 sample tube를 세척하는 경우이다. 중수로 녹인 단백질 용액을 측정하는 경우에는 마지막에 중수를 통과시킨다. 고온에서 건조시키면, sample tube의 형태가 일그러져 NMR에 악영향을 준다. 또한 낡은 sample tube의 경우에는 guanidine 용액, 요소용액, 에탄올, 세제, EDTA 용액 등을 통과시켜 세척하면 좋다. 크롬산 용액은 상자성(paramagnetic)으로서 마지막까지 오염되기 때문에 사용하지 않는다. 또한 sample tube glass의 음전하가 단백질을 불안정하게 하는 경우에는 sample tube의 내벽을 실리콘 처리하는 경우도 있다.

ⓗ 50 mM 인산완충용액이 비교적 NMR 측정에 적합하다. 목적 pH에 따라 제1인산과 제2인산 비율을 조절하여 pH를 맞춘다. 이것은 인산완충액이 물의 공명수치 이외에 signal을 내보내지 않는 것과 온도 변화에 의한 pH 변화가 적기 때문이다. Tris-HCl(20 mM)과 sodium acetate 등을 완충용액으로서 반드시 사용하고 싶은 경우에는, 중수소화 시약을 사용한다. 또한 Tris 완충용액의 pH는, 측정온도와 같은 조건하에서 조정한다. 만일 단백질이 안정적이면 pH 6 등의 낮은 pH 쪽이 아미드 수소의 감도가 좋다. 그러나 이것은 목적단백질의 안정성과의 balance 문제이다.

ⓘ 이것은 NMR 측정의 중수소 locking을 위해 필요하다. 또한 단백질 용액을 농축 후에 10% 용량으로 중수를 더하는 일도 가능하지만, 염농도에 대해 불안정한 단백질의 경우는, 응집, 침전하는 일이 있으므로 주의한다.

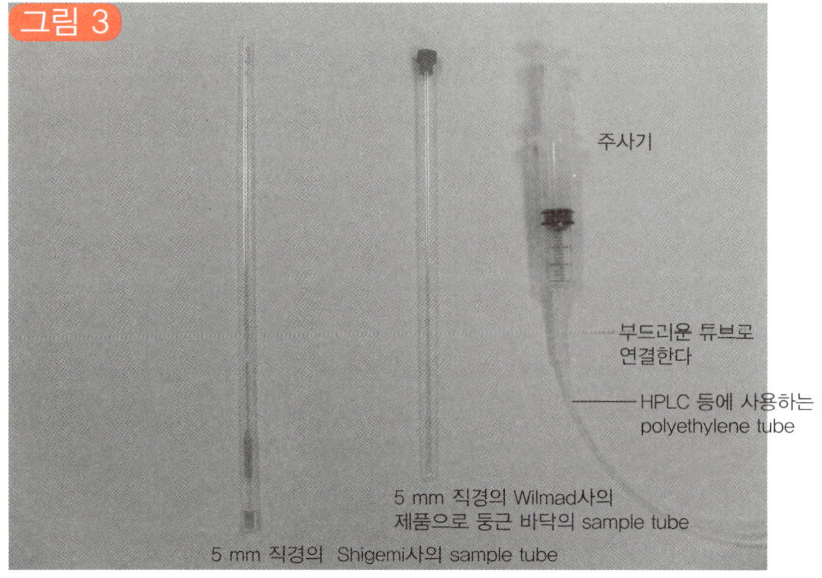

❷ NMR sample tube를 물로 헹굴 경우, 주사기와 polyethylene tube를 접속하여 직접 제작한 기구(사진의 오른쪽)를 사용하면 효과가 좋다.

- DSS(5,5-dimethylsilapentanesulfonate): 20 μM
  화학적 이동(chemical shift)의 표준치를 엄밀하게 정하고 싶은 경우에 사용한다. 그러나 외부표준 방법이어도 상관 없을 경우에는 필수가 아니다.
- 중수소화 DTT: 1~10 mM
  Cysteine의 산화가 원인이 되어 비특이적인 응집이 일어나기 쉬운 단백질의 경우.

⬇

❻ ❶에서 하룻밤 담가 둔 Ultrafiltration 튜브를 차게 해 둔 측정용 완충용액으로 수회 헹군 후, 단백질 용액 4 mL을 첨가한다. 그림 2 참고

⬇

❼ 4℃에서 단백질 용액을 300 μL까지 농축하여 Ultrafiltration tube에 넣고 차게 해둔 측정용 완충 용액을 4 mL가 될 때까지 첨가하고, 농축과 동시에 완충액 교환을 진행한다.

⬇

❽ 위의 과정을 3회 반복한다.

⬇

❾ 최종 용량을 600 μL(5 mm 직경의 Wilmad사의 둥근 바닥의 sample tube인 경우), 혹은 280 μL(adapter가 부착된 5 mm 직경의 Shigemi사의 sample tube인 경우)가 될 때까지 농축한다ⓙ. 그림 3 참고

ⓙ 100~200개 정도의 아미노산 잔기로 된 단백질의 최적 농도는, 0.1~1.5 mM이다. 2 mM을 초과하면, 높은 점성 때문에 역으로 NMR 감도를 떨어뜨리는 경우가 있다. 또한 ^{1}H–^{15}N–HSQC 이차원 스펙트럼만을 측정할 목적이라면, 0.05 mM 정도에서도 충분히 측정 가능하다.

⬇

❿ 거품이 생기지 않도록 주의하면서 Ultrafiltration tube의 filter 부근을 20회 pipetting을 반복한 후 eppendorf tube로 옮긴다ⓚ. 그림 2 참고

ⓚ 200 μL 정도까지 더 농축하고 농축액을 1차 회수한 후 filter를 측정용 완충액 80 μL로 세척하여 회수하면 좋다. 타종의 Ultrafiltration tube를 사용하면서 pipetting하지 않고 filter를 거꾸로 기울여서 농축액을 회수한다면, 농도가 1/10 이하가 되는 경우도 있다. 이것은 filter의 표면 부근에 농축된 용액이 모여 있어서 그것을 거꾸로 하는 것만으로는 회수할 수 없기 때문이다.

⬇

⓫ Eppendorf tube 안에 거품이 있는 경우, 원심분리하여 거품을 없앤다. 긴 pasteur's pipette이나, pipetman의 tip과 polyethylene tube를 연결한 자체 제작 기구를 사용하여 거품이 생기지 않도록 단백질 용액을

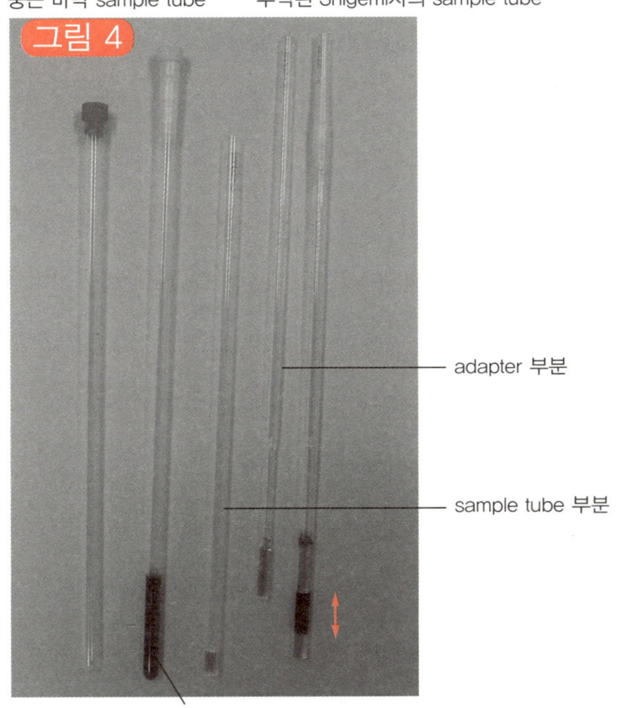

5mm 직경의 adapter가 부착된 Shigemi사의 sample tube

그림 5

adapter 부분

sample tube 부분

Bruker사 NMR의 경우,
용액 부분의 높이가
1.8 cm 정도가 좋다

(알기 쉽게 하기 위하여, 색이
있는 단백질 용액이 들어 있음)

NMR sample tube로 옮긴다. Sample tube 내에서 거품이 생긴 경우는, 수동원심분리기로 거품을 제거한다. 그림 2 참고

⬇

⑫ Adapter 부착 Shigemi사의 sample tube를 사용하는 경우에는, 탈기해 두면 좋다①.

① 진공도가 매우 약한 펌프로 5~10분 정도 공기를 뺀다. 며칠 동안의 3차원 스펙트럼 측정 중에 거품이 생겨서 NMR 측정이 떨어지는 것을 상당히 방지할 수 있다. 또한 대신에 질소, 아르곤가스 등을 용해시켜 두면 용존 산소에 의한 상자성의 완화 및 cysteine, methionine 잔기의 산화 등도 억제할 수 있다. 또한 280 μL의 샘플 용량을 Shigemi사의 sample tube에 옮겨 adapter를 장착하면, 용액부분의 높이가 1.8 cm가 되고, Bruker사 NMR에서는 NMR과 물을 없애는 처리를 비교적 효율적으로 진행할 수 있다. 그림 4, 그림 5 참고

원포인트 어드바이스

Ultrafiltration기를 사용하는 과정에서 pH는 이미 측정용 완충용액에 의해 조정되어 있다. 농축된 단백질 용액에 극세 pH 전극을 넣거나 조정을 위해 HCl, NaOH(또는 DCl, NaOD)를 더하는 것은 적정실험 등의 경우를 제외하고는 가능한 한 피한다. 중수소화되지 않은 Tris나 DTT 등의 시약을 사용하면, NMR 스펙트럼 결과가 매우 나빠진다. 그러나 gradient magnetic field를 이용할 수 있는 NMR 장치에서는, ^{15}N나 ^{13}C를 포함하지 않는 시약 유래의 signal을 소거 가능한 측정법이 일단은 가능하다. 막단백질이나 합성 peptide 등을 chloroform, DMSO나 메탄올 등의 유기용매에 녹일 때는 중수소화 용매를 이용한다(단, 메탄올의 교환성 수소의 위치는, ^{1}H일 필요가 있기 때문에 CD_3OH 등을 이용한다).

Peptide의 labeling

고체상의 합성 peptide는 고비용의 문제 때문에 여전히 labeling되지 않는 경우가 많다. 이것을 labeling하는 방법으로서 thioredoxin[3]이나 ubiquitin[4]과의 융합단백질로, 유전자 재조합 대장균에서 발현시키고, 융합된 곳을 효소로 절단할 수 있다. 또한 수소나 탄소 핵을 부위 특이적으로 안정동위원소로 labeling한 각 아미노산을 사용하는 SAIL법[5], 무세포계에서의 단백질합성 등이 개발되고 있다.

참고문헌

1) Sambrook, J. & Russell, D. W. : Molecular Cloning − A Laboratory Manual − 3rd, A.3 : Cold Spring Harbor Laboratory Pr , 2001

2) 荒田洋治 :「タンパク質のNMR −構造データの解釈と評価−」, 共立出版, 1996

3) Uegaki, K. et al. : FEBS Lett., 379 : 47−50, 1996

4) Kohno, T. et al. : J. Biomol. NMR., 12 : 109−121, 1998

5) 鳥澤拓也, 他 :「特集 構造生物学の最前線 : 構造生物学におけるNMR 研究手法の最近の進歩」, 生化学, 第74 巻, 第10 号, p.1279, 2002

6) 竹縄忠臣, 伊藤俊樹 編 :「改訂 タンパク質実験ハンドブック」, pp.98−102, 羊土社, 2011